ISBN 978-3-11-074631-0
e-ISBN (PDF) 978-3-11-074637-2
e-ISBN (EPUB) 978-3-11-074649-5

Library of Congress Control Number: 2021940714

Bibliografische Information der Deutschen Nationalbibliothek
Die Deutsche Nationalbibliothek verzeichnet diese Publikation in der Deutschen Nationalbibliografie; detaillierte bibliografische Daten sind im Internet über http://dnb.dnb.de abrufbar.

Druck und Bindung: CPI books GmbH, Leck

www.degruyter.com

Vorwort der Herausgeber

Die Herausforderungen, mit denen die Aufsichtsräte nicht nur, aber insbesondere in börsennotierten Gesellschaften konfrontiert sind, haben in den letzten Jahrzehnten stetig zugenommen. Die zunehmende Komplexität der Geschäftstätigkeit hat dazu ebenso beigetragen wie die vielfältigen zusätzlichen Aufgaben, die der deutsche und der europäische Gesetzgeber dem Aufsichtsrat und seinem Prüfungsausschuss nach und nach zugewiesen haben. Neue Herausforderungen ergeben sich auch daraus, dass sich der Aufsichtsrat einem neu formierten, international geprägten Aktionariat gegenübersieht, in dem institutionelle Investoren, Vermögensverwalter, Stimmrechtsberater und Ratingagenturen das Geschehen zunehmend außerhalb der im Aktiengesetz vorgespurten Bahnen bestimmen. Nicht zuletzt hat sich die Arbeit im Aufsichtsrat und seinen Ausschüssen auch in der Blickrichtung erheblich erweitert. Stand anfänglich die retrospektive Überwachung des Vorstands im Vordergrund, hat sich die Tätigkeit zunehmend auch auf die prospektive Beratung des Vorstands und auf unternehmerische Mitentscheidungen des Aufsichtsrats ausgedehnt.

Trotz dieser tiefgreifenden Veränderungen sind die gesetzlichen Vorschriften über den Aufsichtsrat seit Inkrafttreten des Aktiengesetzes 1965 bisher nur punktuell überarbeitet worden. Dies hat dazu geführt, dass heute viele wesentliche Fragen zum Aufsichtsrat im Gesetz nicht oder allenfalls ansatzweise geregelt sind – etwa die Beratungsaufgabe des Aufsichtsrats, die persönlichen Anforderungen an seine Mitglieder und ihre Unabhängigkeit, die Ausstattung des Aufsichtsrats, die Rolle des Vorsitzenden, die Kommunikation mit Investoren und anderen Stakeholdern und vieles Weitere mehr. Auch haben sich einige Vorschriften weit von inzwischen anerkannten Standards der Praxis entfernt und sind offensichtlich nicht mehr zeitgemäß; man denke nur an die Vorschriften zur Ämterhäufung (*overboarding*). Statt selbst aktiv zu werden, hat der Gesetzgeber die Aufgabe, die gestiegenen Anforderungen an den Aufsichtsrat und seine Mitglieder zu reflektieren, die Professionalisierung des Aufsichtsrats voranzutreiben und auf neuere Entwicklungen der Unternehmenspraxis und der internationalen Corporate Governance-Diskussion zu reagieren, weithin der Regierungskommission Deutscher Corporate Governance Kodex überlassen. Der Kodex allein kann die bestehenden Lücken aber nicht hinreichend ausfüllen. Für die wesentlichen Regeln der Organisationsverfassung ist schon aus verfassungsrechtlichen Gründen der demokratisch legitimierte Gesetzgeber zuständig und verantwortlich. Nur er kann zudem in Zweifelsfragen durch verlässliche Rechtsgrundlagen für Rechtssicherheit sorgen.

https://doi.org/10.1515/9783110746372-001

Vor diesem Hintergrund hat sich ein Arbeitskreis aus Wissenschaftlern, Anwälten sowie Aufsichts- und Vorstandsmitgliedern („Arbeitskreis Recht des Aufsichtsrats") zusammengeschlossen, um gemeinsam Eckpunkte für eine Modernisierung des Rechts des Aufsichtsrats zu erarbeiten. Diese Eckpunkte sind im ersten Teil dieses ZGR-Sonderhefts abgedruckt. Den Vorschlägen zugrunde liegen Referate, die auf einem Symposium am 4./5. Dezember 2020 gehalten und intensiv diskutiert wurden. Die Schriftfassungen dieser Referate finden sich im zweiten Teil dieses Hefts. Ihnen beigefügt sind jeweils Berichte über die Diskussionen auf dem Symposium und einer gemeinsamen Arbeitssitzung am 29. Januar 2021, in der die Vorschläge mit den Aufsichtsrats- und Vorstandsmitgliedern des Arbeitskreises eingehend erörtert wurden.

Mit dem in diesem Band vorgelegten Eckpunkten einer Reform des Aufsichtsratsrechts verbindet sich die Hoffnung aller Mitglieder des Arbeitskreises, den Gesetzgeber in der kommenden Legislaturperiode für dieses viel zu lange vernachlässigte Feld der Rechtspolitik zu interessieren – sei es mit einer auf den Aufsichtsrat begrenzten Reform, sei es im Rahmen einer großen „Aktienrechtsreform 2025", die auch weitere reformbedürftige Bereiche des Aktienrechts (wie das Recht der virtuellen Hauptversammlung) in sich aufnimmt. Möge der Gesetzgeber den Mut zu einer solchen Reform aufbringen!

Heidelberg und Köln, im April 2021

Peter Hommelhoff
Karl Ludwig Kley
Dirk Verse

Inhalt

Erster Teil: Gemeinsames Eckpunktepapier

Arbeitskreis Recht des Aufsichtsrats*

Eckpunkte für eine Reform des Aufsichtsratsrechts

Inhaltsübersicht

* Dem Arbeitskreis gehören an *Dr. Kurt Bock, Prof. Dr. Christian E. Decher, Prof. Dr. Mathias Habersack, Prof. Dr. Dr. h.c. mult. Peter Hommelhoff, Renata Jungo Brüngger, Prof. Dr. Karl-Ludwig Kley, Prof. Dr. Jens Koch, Prof. Dr. Gerd Krieger, Dr. Marc Löbbe, Dr. Michael Niggemann, Prof. Dr. Dörte Poelzig, Dr. Gabriele Roßkopf, Dr. Johannes Teyssen, Prof. Dr. Dirk A. Verse, Prof. Dr. Jochen Vetter, Prof. Dr. Norbert Winkeljohann.* Das nachstehend abgedruckte Eckpunktepapier ist bereits in NZG 2021, 477 veröffentlicht worden; für den vorliegenden Band ist es lediglich redaktionell aktualisiert worden.

https://doi.org/10.1515/9783110746372-002

A. Anlass und Ziele einer Reform des Aufsichtsratsrechts

I. Ausgangslage

1 Die Anforderungen an die Tätigkeit des Aufsichtsrats von Aktiengesellschaften haben sich in den letzten Jahrzehnten tiefgreifend verändert und verschärft – nicht nur, aber insbesondere in börsennotierten Gesellschaften.

2 Die Ursachen dafür sind vielschichtig. Als übergreifende Entwicklung ist hervorzuheben, dass der Aufsichtsrat einen grundlegenden Bedeutungswandel erfahren hat. Stand anfänglich die nachträgliche, retrospektive Kontrolle der Geschäftsleitung im Vordergrund, ist heute als mindestens ebenso wichtige Aufgabe anerkannt, dass dem Aufsichtsrat als präventive, strategische Kontrolle auch die Beratung des Vorstands hinsichtlich der künftigen Ausrichtung der Gesellschaft obliegt und ihm damit eine mit-unternehmerische Funktion zukommt. Diese prospektive Komponente der Aufsichtsratstätigkeit hat vor allem in den letzten zwanzig Jahren stark an Bedeutung gewonnen.

3 Darüber hinaus haben der deutsche und der europäische Gesetzgeber dem Aufsichtsrat in zahlreichen Einzelreformen eine Vielzahl von zusätzlichen Pflichten übertragen – etwa im Rahmen der Entsprechenserklärung zum Deutschen Corporate Governance Kodex (DCGK), der Auswahl und Kontrolle des Abschlussprüfers, der Vorstandsvergütung, der Kontrolle von Related Party Transactions oder der Förderung der Geschlechtergerechtigkeit. Hinzu kommt, dass sich mit jeder Erweiterung oder Komplexitätssteigerung der Vorstandsaufgaben indirekt auch die Anforderungen an die Überwachungs- und Beratungsaufgabe des Aufsichtsrats erhöhen. Die zunehmende Komplexität der Geschäftstätigkeit (infolge Globalisierung, technologischen Fortschritts etc.), die sich immer weiter verdichtenden Organisationspflichten (etwa in Bezug auf konzernweite interne Kontroll-, Risikomanagement- und Compliance-Systeme) und neue Aufgabenzuweisungen an den Vorstand (wie im Bereich der Corporate Social Responsibility) spiegeln sich zwangsläufig immer auch in den Aufgaben des Aufsichtsrats wider.

4 Neue Herausforderungen ergeben sich schließlich auch daraus, dass sich der Aufsichtsrat in börsennotierten Gesellschaften einem grundlegend neuformierten Aktionariat aus vornehmlich internationalen Investoren und Vermögensverwaltern (unterstützt durch Stimmrechtsberater und Ratingagenturen) gegenübersieht, das nicht immer ausreichendes Verständnis für das deutsche Aufsichtsratssystem, seine Spezifika und seine Leistungskraft hat.

5 Trotz dieser tiefgreifenden Veränderungen sind die gesetzlichen Vorschriften über den Aufsichtsrat (§§ 95 ff. AktG) seit Inkrafttreten des Aktiengesetzes 1965 nur punktuell überarbeitet worden. Auch das als Reaktion auf den Fall Wirecard

erlassene Gesetz zur Stärkung der Finanzmarktintegrität (FISG) hat daran nichts geändert. Stattdessen hat der Gesetzgeber die Aufgabe, die gestiegenen Anforderungen an den Aufsichtsrat und seine Mitglieder zu reflektieren, die Professionalisierung des Aufsichtsrats proaktiv zu gestalten und auf neuere Entwicklungen der Unternehmenspraxis und der internationalen Corporate Governance-Diskussion zu reagieren, weithin dem DCGK überlassen (von Sonderentwicklungen im Aufsichtsrecht abgesehen). Dies hat dazu geführt, dass wesentliche Fragen zum Aufsichtsrat im Gesetz nicht oder allenfalls ansatzweise geregelt sind; man denke etwa an die Beratungsaufgabe des Aufsichtsrats, die persönlichen Anforderungen an Aufsichtsratsmitglieder, ihre Unabhängigkeit, die Ausstattung des Aufsichtsrats, die Rolle des Vorsitzenden oder die Frage der Kommunikation mit Investoren und anderen Stakeholdern. Zudem sind einige der bestehenden gesetzlichen Vorschriften nicht mehr zeitgemäß und haben sich weit von anerkannten Standards der Praxis entfernt (z. B. die Grenze der Ämterhäufung erst bei zehn Aufsichtsratsmandaten selbst in börsennotierten, konzernexternen Gesellschaften).

II. Ziele einer Reform

In Reaktion auf diese Entwicklung ist in neuerer Zeit in Praxis und Wissenschaft der Ruf nach einer grundsätzlichen Überarbeitung des Rechts des Aufsichtsrats laut geworden (dezidiert *Kley* AG 2019, 818; *Habersack* Der Aufsichtsrat 02/2020). Die Verfasser dieses Eckpunktepapiers schließen sich dieser Forderung an. Wie im Folgenden skizziert werden soll, offenbart eine Durchsicht des Rechts des Aufsichtsrats in einer Reihe von Fragen Verbesserungsbedarf oder -potenzial. Der DCGK allein kann die bestehenden Lücken nicht hinreichend ausfüllen. Für die wesentlichen Regeln der Organisationsverfassung ist schon aus verfassungsrechtlichen Gründen der demokratisch legitimierte Gesetzgeber zuständig und verantwortlich. Nur er kann zudem in Zweifelsfragen durch Schaffung einer verlässlichen Rechtsgrundlage für Rechtssicherheit sorgen. 6

Im Bestreben, das Aufsichtsratssystem im internationalen Wettbewerb der Unternehmensverfassungen nachdrücklich zu stärken, erscheint eine Modernisierung des Rechts des Aufsichtsrats insbesondere zur Erreichung folgender Ziele sinnvoll (s. dazu im Einzelnen unter lit. B.): 7

- Klarstellung der Aufgaben des Aufsichtsrats entsprechend dem gewandelten Rollenverständnis (bei gleichzeitiger Begrenzung der Überwachungsaufgabe auf die wesentlichen Führungsentscheidungen),
- Präzisierung/Nachschärfung einzelner Handlungsbefugnisse des Aufsichtsrats und ihrer Grenzen im Interesse einer effektiven und zugleich rechtssi-

cheren Aufgabenerfüllung (Direktinformation bei Mitarbeitern, Außenkommunikation, Vertretungsbefugnisse),
- Förderung der Professionalisierung und qualifizierten, ausgewogenen Besetzung des Aufsichtsrats (persönliche Anforderungen, zeitgemäße Mandatsbegrenzungen),
- Stärkung der Unabhängigkeit der Kontrolle (Wiedereinführung der Unabhängigkeit des *financial expert*, gesetzliche Definition der Unabhängigkeit),
- Einführung klarer und verlässlicher Regeln für den Umgang mit Interessenkonflikten,
- Konkretisierung der Rolle des Aufsichtsratsvorsitzenden,
- aufgabenadäquate Ausstattung des Aufsichtsrats,
- Klärung von Zweifelsfragen bei der Delegation von Aufgaben auf Ausschüsse (Präzisierung der Delegationsverbote, Informationsrechte),
- Klärung von Zweifelsfragen im Verhältnis zur Hauptversammlung, Rechtssicherheit bei angefochtenen Wahlbeschlüssen,
- Neujustierung des Verhältnisses von Gesetz und DCGK (Regelung wesentlicher Fragen im Gesetz, Begrenzung der Kodexempfehlungen auf weithin anerkannte Standards).

8 Zusammengefasst geht es darum, dem Aufsichtsrat wieder einen zeitgemäßen und verlässlichen Rechtsrahmen zu geben, der Aufgaben und Anforderungsprofil adäquat abbildet, Handlungsbefugnisse des Aufsichtsrats und seines Vorsitzenden präzisiert und im Interesse der Rechtssicherheit Zweifelsfragen des geltenden Rechts beseitigt.

III. Themenbegrenzung

9 Weithin ausgeklammert bleiben im Folgenden Fragen der unternehmerischen Mitbestimmung (s. aber noch Rn. 22, Rn. 53). Gleiches gilt für die Haftung der Aufsichtsratsmitglieder, da diese eng mit der Haftung der Vorstandsmitglieder verzahnt ist (§§ 93, 116 AktG). Reformen der Organhaftung, wie sie insbesondere der 70. Deutsche Juristentag 2014 angemahnt hat, können daher sinnvollerweise nicht auf den Aufsichtsrat beschränkt bleiben (zu der Spezialfrage der Enthaftung des Aufsichtsrats durch Vorlage an die Hauptversammlung s. aber Rn. 46).

B. Eckpunkte für eine Reform des Aufsichtsratsrechts

Die folgenden Eckpunkte für eine Reform des Aufsichtsratsrechts werden nicht notwendig in jedem einzelnen Punkt von allen Mitgliedern des Arbeitskreises mitgetragen. Sie werden aber jedenfalls mehrheitlich und in vielen Fällen auch einstimmig befürwortet. 10

I. Aufgaben und Befugnisse des Aufsichtsrats und ihre Konkretisierung

Die dem Aufsichtsrat obliegenden zentralen Aufgaben der Überwachung und Beratung des Vorstands sollten im Gesetz klarer gefasst werden. Zudem empfiehlt es sich, einzelne bisher umstrittene Befugnisse des Aufsichtsrats auf eine sichere Rechtsgrundlage zu stellen. Im Einzelnen: 11

Konzentration der Überwachungsaufgabe auf wesentliche Entscheidungen: In § 111 Abs. 1 AktG sollte klargestellt werden, dass sich die Überwachungsaufgabe des Aufsichtsrats nur auf Geschäftsführungsmaßnahmen von besonderer Bedeutung und grundlegende Fragen der Unternehmensorganisation bezieht (statt wie bisher pauschal auf „die Geschäftsführung"). 12

Klarstellung der Beratungsaufgabe: Die Überwachungsaufgabe des Aufsichtsrats beschränkt sich nach heutigem Verständnis nicht auf die nachträgliche, retrospektive Kontrolle der Geschäftstätigkeit, sondern schließt auch die Beratung des Vorstands hinsichtlich der künftigen Leitung der Gesellschaft ein. Diese wichtige Beratungsaufgabe sollte im Gesetz zum Ausdruck kommen, anstatt dies dem Kodex zu überlassen (vgl. Grundsatz 6 Abs. 1 DCGK). 13

Eigenverantwortliche Aufgabenwahrnehmung (Aufsichtsratsautonomie): Zudem sollte das Gesetz – ähnlich wie in § 76 Abs. 1 AktG für den Vorstand – zum Ausdruck bringen, dass der Aufsichtsrat sämtliche ihm übertragene Aufgaben in eigener Verantwortung zu erfüllen hat. Damit würde nicht nur klargestellt, dass die Aufsichtsratsmitglieder keinen Weisungen unterliegen, sondern insbesondere auch ein gesetzlicher Anknüpfungspunkt für den Grundsatz der Organisationsautonomie (Selbstorganisation) des Aufsichtsrats geschaffen. 14

Direktinformationsrecht gegenüber Mitarbeitern als zusätzliches Kontrollinstrument: Die umstrittene Frage, ob (jenseits der speziellen Regeln des § 25d Abs. 8, 9, 12 KWG) der Aufsichtsrat zur Erfüllung seiner Aufgaben am Vorstand vorbei direkt bei nachgeordneten Mitarbeitern Informationen einholen kann, bedarf einer gesetzlichen Regelung. Die durch das FISG eingeführte Vorschrift, die 15 allein den Mitgliedern des Prüfungsausschusses in Unternehmen von öffentlichem Interesse ein (über den Ausschussvorsitzenden vermitteltes) Auskunftsrecht gegenüber den Leitern der für den Prüfungsausschuss relevanten Zentralbereiche gewährt (§ 107 Abs. 4 S. 4–5 AktG), genügt nicht. Zu empfehlen ist vielmehr eine allgemeine Vorschrift des Inhalts, dass der Aufsichtsrat zu derlei Kontakten nach pflichtgemäßem Ermessen befugt ist (verbunden mit der Verpflichtung, den Vorstand spätestens im Nachgang zu unterrichten, sobald dies möglich ist, ohne die Erfüllung der Überwachungsaufgabe zu gefährden). Eine solche Regelung soll und würde freilich nichts daran ändern, dass der primäre Informationsschuldner des Aufsichtsrats der Vorstand ist (vgl. § 90 AktG); eine generelle Ausforschung bei nachgeordneten Mitarbeitern ist nicht beabsichtigt. In der Gesetzesbegründung sollte klargestellt werden, dass es sich im Interesse einer vertrauensvollen Zusammenarbeit von Vorstand und Aufsichtsrat regelmäßig empfehlen wird, die Auskunftseinholung im Benehmen mit dem Vorstand zu betreiben, besondere Umstände aber auch ein anderes Vorgehen rechtfertigen können. Flankierend könnte eine Empfehlung oder Anregung in den DCGK aufgenommen werden, die Grundsätze der Ausübung des Direktinformationsrechts in einer Informationsordnung zu regeln.

16 *Befugnis zur Kommunikation nach außen (insbes. Investorendialog):* Im geltenden Recht fehlt es an klar formulierten Vorgaben, in welchen Grenzen Mitglieder des Aufsichtsrats – vor allem der Vorsitzende – befugt sind, Erklärungen nach außen (z. B. gegenüber der Presse) abzugeben und in einen Dialog mit Investoren oder sonstigen Stakeholdern einzutreten. Von Seiten der Investoren wird eine Dialogbereitschaft jedenfalls des Vorsitzenden zunehmend erwartet; entsprechende Gespräche finden in der Praxis auch schon vielfach statt. Der Gesetzgeber sollte eine verlässliche Rechtsgrundlage schaffen, die eine im Gesellschaftsinteresse liegende Kommunikation nach außen zwar grundsätzlich ermöglicht, zugleich aber ihre Grenzen klar definiert. Eine solche Regelung sollte insbesondere zweierlei klarstellen:

– dass Investorengespräche des Aufsichtsratsvorsitzenden (oder eines anderen vom Aufsichtsrat beauftragten Mitglieds) auf *aufsichtsratsspezifische Themen* beschränkt sind (vgl. Anregung A.3 DCGK). Darunter fallen z. B. die Kriterien für die Auswahl von Vorstandsmitgliedern, die Nachfolgeplanung für den Vorstand, die Vorstandsvergütung, die Zusammensetzung des Aufsichtsrats und dessen Arbeitsweise, nicht aber solche Themen, die – wie insbesondere der Inhalt der Geschäftsstrategie – in die primäre Zuständigkeit des Vorstands fallen.
– dass die so beschränkte Außenkommunikation nur auf Grundlage einer *Ermächtigung des Gesamtaufsichtsrats* erfolgen darf. Die Ermächtigung sollte auch in allgemeiner Form (z. B. in der Geschäftsordnung oder einer Infor-

mationsordnung) über einen konkreten Anlass hinaus erteilt werden können. Es sollte aber vorgesehen werden, dass das Aufsichtsratsplenum und der Vorstand zumindest im Nachgang der Kommunikation zu informieren sind (wobei ähnlich wie in § 107 Abs. 3 S. 8 AktG ein knapper, zusammenfassender Bericht genügen sollte).

Flankierend sind Maßnahmen zu erwägen, die den Schutz der informationellen Gleichbehandlung der Aktionäre (§ 53a AktG) präzisieren. In Betracht kommt insbesondere eine gesetzliche Vorgabe, dass wesentliche neue Tatsachen, die einzelnen Aktionären mitgeteilt wurden, unverzüglich auch allen anderen Aktionären zugänglich zu machen sind (z. B. über die Website der Gesellschaft), sofern nicht überwiegende Gründe des Gesellschaftswohls die selektive Information rechtfertigen (vgl. Empfehlung F.1 DCGK). Dieser Punkt betrifft freilich nicht nur die Außenkommunikation des Aufsichtsrats, sondern auch diejenige des Vorstands. Konzerninternen Informationen ist gesondert Rechnung zu tragen. 17

Präzisierung der Vertretungsbefugnis gegenüber den Vorstandsmitgliedern: Die Reichweite der Vertretungsmacht des Aufsichtsrats gegenüber den Vorstandsmitgliedern (§ 112 AktG) lässt sich der aktuellen Gesetzesfassung nur unvollständig entnehmen und sollte daher klarer gefasst werden. Dies betrifft namentlich die Einbeziehung von Rechtsgeschäften mit künftigen und ehemaligen Vorstandsmitgliedern sowie (bei Versorgungszusagen) Angehörigen von Vorstandsmitgliedern. Hilfreich wäre zudem eine Klärung der umstrittenen Frage, unter welchen Voraussetzungen eine Gesellschaft, an der ein Vorstandsmitglied beteiligt ist, diesem gleichgestellt wird (zur Vertretungsbefugnis bei Hilfsgeschäften mit Dritten s. auch noch Rn. 40). 18

II. Persönliche Anforderungen an Aufsichtsratsmitglieder und Höchstzahl ihrer Mandate

Die Wirksamkeit der Aufsichtsratstätigkeit hängt entscheidend von der Zusammensetzung, der Qualifikation und der Persönlichkeit der Mitglieder ab. Das AktG regelt die persönlichen Anforderungen an Aufsichtsratsmitglieder aber nur sehr punktuell. Die Bestrebungen nach einer weiteren Professionalisierung und einer qualifizierten, integren, ausgewogenen und hinreichend unabhängigen Besetzung des Aufsichtsrats sollte der Gesetzgeber durch eine Reihe von Maßnahmen unterstützen. 19

Stärkung der Vorschlagsverantwortung des Aufsichtsrats: Für eine qualifizierte und ausgewogene Besetzung der Anteilseignermandate im Aufsichtsrat kommt den Wahlvorschlägen an die Hauptversammlung große, oftmals vorent- 20 scheidende Bedeutung zu. Um die Vorschlagsverantwortung der Aufsichtsratsmitglieder zu unterstreichen und eine informierte Wahlentscheidung der Aktionäre zu gewährleisten, empfiehlt es sich, die bisher nur rudimentären Vorgaben zum Wahlvorschlag nach § 124 Abs. 3 S. 4 AktG (Name, Beruf, Wohnort) und § 125 Abs. 1 S. 5 AktG (Mitgliedschaften in anderen Kontrollgremien) auszubauen. Der Wahlvorschlag sollte – zumindest in börsennotierten Gesellschaften – in konzentrierter Form angeben, warum gerade dieser Kandidat nach Einschätzung des Aufsichtsrats dem geforderten Anforderungsprofil entspricht. Anzugeben wäre somit,

- warum der Aufsichtsrat den Kandidaten als hinreichend sachkundig ansieht und wie der Kandidat nach Einschätzung des Aufsichtsrats unter Berücksichtigung der übrigen im Aufsichtsrat vorhandenen Fähigkeiten und Erfahrungen zur erforderlichen Gesamtqualifikation des Aufsichtsrats beiträgt,
- warum der Aufsichtsrat die hinreichende zeitliche Verfügbarkeit des Kandidaten als gewährleistet ansieht,
- ob und ggf. welche geschäftlichen und persönlichen Beziehungen nach den vom Aufsichtsrat eingeholten Angaben des Kandidaten zwischen ihm und der Gesellschaft, den Organen und wesentlichen (mit mehr als 10 % der stimmberechtigten Aktien beteiligten) Aktionären bestehen.

21 Die Einführung dieser Pflicht zur Begründung des Wahlvorschlags (und damit eines möglichen neuen Anfechtungsgrunds) setzt allerdings voraus, dass gleichzeitig die Rechtsunsicherheit bei Anfechtung von Wahlbeschlüssen reduziert wird (s. dazu noch Rn. 49 f.).

22 *Qualifikation der Arbeitnehmervertreter:* Spiegelbildlich dazu könnte man auch eine funktional vergleichbare Regelung auf Arbeitnehmerseite in Betracht ziehen. Diese könnte etwa vorsehen, dass in Wahlvorschläge des Betriebsrats (die bisher nur im DrittelbG vorgesehen sind, künftig aber auch im MitbestG geregelt werden könnten) und Wahlvorschläge der Gewerkschaften ebenfalls Angaben zu Qualifikation, Erfahrung und zeitlicher Verfügbarkeit des Kandidaten aufzunehmen sind.

23 *Vorgaben zur Unabhängigkeit:* Das Gesetz sollte in Unternehmen von öffentlichem Interesse (kapitalmarktorientierte Unternehmen, bestimmte Kreditinstitute und Versicherungsunternehmen) zum Erfordernis der Unabhängigkeit des Finanzexperten i. S. des § 100 Abs. 5 AktG zurückkehren (wie vor dem AReG 2016). In diesem Zusammenhang sollte die Unabhängigkeit, verstanden als Unabhängigkeit im Verhältnis zu den Vorstandsmitgliedern, der Gesellschaft und Aktionären mit beherrschendem Einfluss, im Gesetz definiert werden. Flankierend sollte wegen der verbleibenden Randunschärfen des Sachkunde- und Unabhängigkeitserfordernisses vorgesehen werden, dass allenfalls evidente Verstöße ge-

gen § 100 Abs. 5 AktG zur Anfechtbarkeit der Wahl führen können, sofern das Problem der angefochtenen Aufsichtsratswahl nicht anderweitig gelöst wird (s. noch Rn. 49f.). Im Interesse der Transparenz sollte vorgeschrieben werden, dass im Wahlvorschlag an die Hauptversammlung anzugeben ist, welcher Kandidat die Position des unabhängigen Finanzexperten einnehmen soll.

Nach Inkrafttreten der durch das FISG eingeführten Regelung, dass dem Aufsichtsrat in Unternehmen von öffentlichem Interesse mindestens zwei Finanzexperten angehören müssen (ein Mitglied mit Sachverstand auf dem Gebiet der Rechnungslegung und ein weiteres mit Sachverstand auf dem Gebiet der Abschluss-/Systemprüfung), sollte mindestens einer dieser beiden Experten den genannten Unabhängigkeitsanforderungen genügen. 24

Bestellungshindernisse: Die Bestellungshindernisse für Vorstandsmitglieder nach § 76 Abs. 3 S. 2 Nr. 2–3, S. 3 AktG (Verhängung eines Berufsverbots, Verurteilung wegen einschlägiger Straftaten) sollten auch für Aufsichtsratsmitglieder gelten; § 100 Abs. 1 AktG ist entsprechend zu erweitern. Um die Einhaltung zu kontrollieren, sollte der dem Handelsregister zu übersendenden Liste der Aufsichtsratsmitglieder (§ 106 AktG) eine Versicherung der neuen Mitglieder beizufügen sein, dass kein Hinderungsgrund vorliegt (entsprechend § 81 Abs. 3 AktG zum Vorstand). 25

Höchstzahl der Mandate: Die Höchstzahl an Kontrollmandaten nach § 100 Abs. 2 S. 1 Nr. 1, S. 2–3 AktG sollte in kapitalmarktorientierten Gesellschaften reduziert werden, um den gestiegenen Anforderungen an Aufsichtsratsmitglieder Rechnung zu tragen. 26

- Die Höchstzahl der (konzernexternen) Kontrollmandate sollte von zehn auf sechs reduziert werden. Die Position als Aufsichtsratsvorsitzender sollte wie bisher doppelt zählen. Zu erwägen ist, die Position als Prüfungsausschussvorsitzender 1,5-fach zu zählen.
- Bei der Zählung sollten nicht nur wie bisher Kontrollmandate in „Handelsgesellschaften“ (unter Ausblendung von VVaG, eG, SCE, Unternehmensstiftung) berücksichtigt werden, sondern Kontrollmandate in Unternehmen. Dabei sollten auch ausländische Unternehmen einbezogen werden (bisher umstritten). Als Kontrollmandat soll auch die Position eines nicht geschäftsführenden Verwaltungsratsmitglieds (*non-executive director*) in einer Gesellschaft mit *one-tier board* gelten.
- Statt des bisherigen Kriteriums, dass nur Kontrollmandate in Gesellschaften zählen, in denen gesetzlich ein Aufsichtsrat zu bilden ist, sollte ein auch international möglichst leicht praktikables Abgrenzungskriterium maßgeblich sein, das eine gewisse Bedeutung/Größe des Unternehmens widerspiegelt (z. B., dass das Unternehmen kapitalmarktorientiert ist oder in der Regel mehr als [x] Arbeitnehmer beschäftigt).

- Zusätzlich sollte in kapitalmarktorientierten Gesellschaften in Anlehnung an Regelungsvorbilder im KWG und im DCGK eine strengere Mandatsobergrenze von maximal zwei konzernexternen Kontrollmandaten für Personen eingeführt werden, die Geschäftsleiter eines bedeutenden Unternehmens (i. S. der vorstehenden Definition) sind.

27 *Nachjustierungen/Ergänzungen zur Geschlechterquote:* Die Regeln zur zwingenden Geschlechterquote im Aufsichtsrat (§ 96 Abs. 2–3 AktG) und zur Zielgrößenfestlegung des Frauenanteils (§ 111 Abs. 5 AktG, § 289 f Abs. 2 Nr. 4 HGB) sind teilweise überarbeitungsbedürftig.

- Während ein Verstoß gegen die zwingende Quote aufseiten der Anteilseignervertreter stets zur Nichtigkeit der Wahl führt (§ 96 Abs. 2 S. 6 AktG), ist diese Rechtsfolge auf Arbeitnehmerseite nach dem Wortlaut des Gesetzes nur im Fall der Getrennterfüllung der Quote vorgesehen (§ 18a MitbestG, § 10 f MitbestGErgG i.V.m. § 96 Abs. 2 S. 3 AktG). Ein sachlicher Grund für diese Ungleichbehandlung ist nicht ersichtlich. Die Rechtsfolge der Nichtigkeit der Wahl bei Verstoß gegen die Quote sollte daher bei Gesamterfüllung auch auf Arbeitnehmervertreter erstreckt werden.
- Die Regelung über die Zielgröße für den „Frauenanteil" im Aufsichtsrat (§ 111 Abs. 5 AktG) sollte geschlechterneutral formuliert werden, da sie in ihrer aktuellen Fassung theoretisch eine Benachteiligung von Männern ermöglichen würde.

III. Größe des Aufsichtsrats

28 *Kein zwingender 20-köpfiger Aufsichtsrat:* Das geltende Recht sieht für Gesellschaften mit mehr als 20.000 Arbeitnehmern zwingend einen 20-köpfigen Aufsichtsrat vor (§ 7 Abs. 1 S. 1 Nr. 3 MitbestG). Die Möglichkeit einer Reduzierung der Mitgliederzahl besteht derzeit vor allem in der Europäischen Aktiengesellschaft (SE); sie wird von den in dieser Rechtsform organisierten Gesellschaften auch häufig genutzt, da sich die Leistungsfähigkeit eines so großen Gremiums erheblichen Zweifeln ausgesetzt sieht. Im Interesse der Effizienzsteigerung der Aufsichtsratsarbeit und zur Stärkung der Attraktivität der deutschen Gesellschaften im Wettbewerb der Rechtsformen, namentlich im Verhältnis zur SE, sollte auch den dem MitbestG unterliegenden Gesellschaften die Möglichkeit eröffnet werden, die Zahl der Aufsichtsratsmitglieder zu reduzieren. Konkret empfiehlt sich, die Festlegung der Mitgliederzahl der Satzung zu überlassen und nur eine Mindest- und eine Höchstgrenze sowie eine gerade Mitgliederzahl vorzuschreiben. Die Mindestgrenze könnte (in Anlehnung an § 7 Abs. 1 S. 1 Nr. 1 MitbestG) bei 12,

die Höchstgrenze bei 20 angesetzt werden. Die Parität zwischen Anteilseigner- und Arbeitnehmerseite wird durch diesen Vorschlag nicht berührt.

IV. Umgang mit Interessenkonflikten im Aufsichtsrat

Der Umgang mit Interessenkonflikten im Aufsichtsrat und die Rechtsfolgen sol- 29
cher Konflikte sind im AktG bisher nur in Ansätzen geregelt. Im Interesse der Rechtsklarheit empfehlen sich mehrere Ergänzungen, die im Zusammenhang mit der Beschlussfassung des Aufsichtsrats (§ 108 AktG) geregelt werden sollten.

Offenlegung von Interessenkonflikten: Es sollte im Gesetz klargestellt werden, 30
dass jedes Aufsichtsratsmitglied Interessenkonflikte, die den übrigen Aufsichtsratsmitgliedern nicht ohnehin bekannt sind, unverzüglich offenzulegen hat (in E.1 DCGK irreführend als bloße Empfehlung bezeichnet), sofern dem nicht ausnahmsweise Geheimhaltungspflichten entgegenstehen. Offenzulegen ist ggf. auch der Umstand, dass ein Mitglied für seine Aufsichtsratstätigkeit eine Vergütung von einem Dritten erhält (s. zu Drittvergütungen auch noch Rn. 48).

Regelung des Stimmverbots: Bisher fehlt im AktG (jenseits des Sonderfalls 31
des § 111b Abs. 2 AktG) eine Regelung dazu, wann Interessenkonflikte zu einem Stimmverbot des konfliktbefangenen Aufsichtsratsmitglieds führen. Man greift daher auf eine analoge Anwendung des § 34 BGB zurück, der ein Stimmverbot (nur) vorsieht, wenn die Beschlussfassung die Vornahme eines Rechtsgeschäfts oder die Einleitung oder Erledigung eines Rechtsstreits der Gesellschaft mit dem Mitglied betrifft. Im Zusammenhang mit einer Regelung über den Umgang mit Interessenkonflikten könnte/sollte dieses Stimmverbot – unter Beachtung der im Schrifttum herausgearbeiteten Konkretisierungen – im AktG verankert werden. Ein weiter gefasstes Stimmverbot, das bei jedem offenzulegenden Interessenkonflikt eingreifen würde, ist wegen der Unschärfen des Konfliktbegriffs nicht zu empfehlen. Das Stimmverbot muss aus Gründen der Rechtssicherheit auf bestimmte besonders eindeutige und vergleichsweise leicht abgrenzbare Interessenkonflikte beschränkt bleiben.

Umgang mit Interessenkonflikten unterhalb der Schwelle des Stimmverbots: 32
Unklar und umstritten ist im geltenden Recht, wie mit Interessenkonflikten unterhalb der Schwelle des Stimmverbots umzugehen ist. Es sollte klargestellt werden, dass sich ein Aufsichtsratsmitglied, das einem erheblichen Interessenkonflikt unterliegt, von Beratung und Abstimmung zurückziehen kann, sofern dem keine gewichtigen Gründe des Gesellschaftswohls entgegenstehen (z. B. Beeinträchtigung der Beschlussfähigkeit, Betroffenheit aller Aufsichtsratsmitglieder). Zieht sich das betroffene Aufsichtsratsmitglied nicht zurück, kann es sich bei Vorliegen eines erheblichen Interessenkonflikts nicht auf die Business Judg-

ment Rule (§§ 93 Abs. 1 S. 2, 116 S. 1 AktG) berufen. Diese Haftungsverschärfung trifft aber nur das konfliktbefangene Aufsichtsratsmitglied, nicht die übrigen Mitglieder (was zumindest in der Gesetzesbegründung klargestellt werden sollte). Wegen des Entzugs des Haftungsprivilegs der Business Judgment Rule ist zu erwarten, dass sich konfliktbefangene Aufsichtsratsmitglieder nach Offenlegung des Konflikts in der Regel freiwillig von Beratung und Abstimmung zurückziehen werden, wie dies in der Praxis schon jetzt üblich ist. Um zu verhindern, dass sich ein Mitglied missbräuchlich durch vorschnellen Rückzug der Verantwortung entzieht, sollte in Zweifelsfällen eine verbindliche Plenumsentscheidung darüber gefasst werden können, ob ein erheblicher Interessenkonflikt vorliegt. Als weitergehende, rigidere Regelungsoption könnte erwogen werden, dass ein Aufsichtsratsmitglied, das einem erheblichen Interessenkonflikt unterliegt, durch Mehrheitsentscheidung des Aufsichtsrats auch gegen seinen Willen von Beratung und Abstimmung ausgeschlossen werden kann.

33 *Definition erheblicher Interessenkonflikte:* Zu erwägen ist, ob man den Begriff des erheblichen Interessenkonflikts in diesem Zusammenhang gesetzlich definiert. Dabei könnte man sich an den Grundsätzen orientieren, die im Schrifttum zur Business Judgment Rule entwickelt worden sind. Ein erheblicher Interessenkonflikt liegt danach vor, wenn aufgrund objektiver Umstände für einen neutralen Beobachter die Besorgnis begründet ist, dass gesellschaftsfremde Sonderinteressen die Entscheidung zum Nachteil der Gesellschaft beeinflussen können. In diesem Kontext könnte dann auch klargestellt werden, dass bestimmte im Gesetz angelegte und bewusst in Kauf genommene Konflikte keinen erheblichen Interessenkonflikt i. S. der vorstehenden Regelung bilden (z. B. die Teilnahme der Arbeitnehmervertreter an Entscheidungen, die sich unmittelbar auf die Belegschaft auswirken, oder die Teilnahme der Vertreter des herrschenden Unternehmens an der Beschlussfassung über Wahlvorschläge, die auf die Wahl von Repräsentanten des herrschenden Unternehmens in den Aufsichtsrat gerichtet sind). Auch wenn man auf eine gesetzliche Definition verzichtet, sollte die zuletzt genannte Klarstellung zumindest aus der Gesetzesbegründung hervorgehen.

V. Der Aufsichtsratsvorsitzende und die Konkretisierung seines Handlungsrahmens

34 Die besondere Bedeutung und Funktion des Aufsichtsratsvorsitzenden wird aus der gesetzlichen Regelung bisher nicht hinreichend deutlich. Es finden sich im AktG einzelne verstreute Regelungen, aber keine Zentralnorm, welche die Rolle des Aufsichtsratsvorsitzenden und seinen Handlungsrahmen konkretisiert. Im Interesse der Transparenz und der Rechtssicherheit erscheint es zweckmäßig,

zumindest die Grundzüge seiner Rolle klarer zu formulieren. Dabei geht es vorrangig um Präzisierungen, nicht darum, seine Befugnisse zulasten des Gesamtaufsichtsrats und damit auch zulasten der Mitbestimmung auszubauen.

Bindeglied zum Vorstand: Der Aufsichtsratsvorsitzende ist das zentrale Bindeglied zwischen Vorstand und Aufsichtsrat, was im Gesetz bisher aber nur angedeutet wird (§ 90 Abs. 1 S. 3, Abs. 5 S. 3 AktG). Klarer zum Ausdruck kommt die Bindegliedfunktion in Empfehlung D.6 DCGK, der zufolge der Aufsichtsratsvorsitzende mit dem Vorstand (insbesondere dem Vorstandsvorsitzenden) regelmäßig Kontakt halten soll. Zumindest für börsennotierte/kapitalmarktorientierte Gesellschaften, aber wohl auch darüber hinaus, erscheint es ratsam, diese Empfehlung als Pflicht im Gesetz zu verankern. Flankierend sollte bestimmt werden, dass es im pflichtgemäßen Ermessen des Aufsichtsratsvorsitzenden steht, wann und wie er den Aufsichtsrat von neuen Erkenntnissen aus den Kontakten mit dem Vorstand unterrichtet. In der Gesetzesbegründung könnte hinzugefügt werden, dass der Aufsichtsratsvorsitzende dieses Ermessen unter Abwägung des Vertrauensverhältnisses mit dem Vorstand einerseits und der funktionierenden Aufgabenwahrnehmung des Gesamtaufsichtsrats andererseits auszuüben hat. Unberührt hiervon bleibt die Pflicht des Aufsichtsratsvorsitzenden, die übrigen Aufsichtsratsmitglieder spätestens in der nächsten Aufsichtsratssitzung über die Sonderberichte des Vorstands nach § 90 Abs. 1 S. 3 AktG zu unterrichten. 35

Koordination der Aufsichtsratsarbeit: Die Aufgabe des Aufsichtsratsvorsitzenden zur Koordinierung des Informationsflusses, der Aufgabenverteilung und der Entscheidungsprozesse innerhalb des Aufsichtsrats wird im Gesetz bisher nicht erwähnt und nur in Grundsatz 7 DCGK knapp angesprochen. Diese wichtige Koordinierungsaufgabe sollte im Gesetz verankert werden. 36

Leitungsbefugnisse: Im Rahmen einer konkretisierenden Regelung zur Stellung des Vorsitzenden wäre es zudem hilfreich, auch die bisher nicht geregelte Frage zu beantworten, inwieweit dem Vorsitzenden bei der Vorbereitung und Durchführung der Beschlussfassung des Aufsichtsrats eigene, nicht von der Aufsichtsratsmehrheit abgeleitete Leitungsbefugnisse zustehen. 37

Repräsentation des Aufsichtsrats: Schließlich wäre eine Klarstellung hilfreich, dass der Vorsitzende befugt ist, die Beschlüsse des Aufsichtsrats gegenüber den Vorstandsmitgliedern und außenstehenden Dritten zu vollziehen und im Namen der Gesellschaft diejenigen Hilfsgeschäfte abzuschließen, die zur Erfüllung der Aufgaben des Vorsitzenden erforderlich sind. Zur Kommunikation nach außen (Investorendialog) s. schon Rn. 16; zur Fragenbeantwortung in der Hauptversammlung s. noch Rn. 46. 38

VI. Ausstattung des Aufsichtsrats

39 Zur Erfüllung seiner Aufgaben benötigt der Aufsichtsrat eine angemessene Ausstattung und bestimmte, aufgabenadäquate Vertretungsbefugnisse im Außenverhältnis der Gesellschaft. Auch dies kommt im AktG bisher nicht hinreichend zum Ausdruck.

40 *Vertretungsbefugnis für Hilfsgeschäfte:* Es sollte klargestellt werden, dass der Aufsichtsrat befugt ist, die Gesellschaft bei Hilfsgeschäften, die zur Erfüllung seiner Aufgaben erforderlich sind, im Außenverhältnis wirksam zu vertreten (im Anschluss an BGHZ 218, 22). Darunter fallen z. B. die Beauftragung von Sachverständigen oder die Durchführung von Fortbildungsveranstaltungen. Jedenfalls in größeren Gesellschaften muss hiervon auch die Einstellung von Mitarbeitern des Aufsichtsratsbüros gedeckt sein, die allein den Weisungen des Aufsichtsrats unterliegen. Wenn sich der Aufsichtsrat auf diese Weise eine angemessene Ausstattung und Unterstützung selbst verschaffen kann, sind daneben die Einrichtung eines eigenen Aufsichtsratsbudgets und die Einräumung der Verfügungsbefugnis über ein eigenes Aufsichtsratskonto entbehrlich; dies gilt auch in sensiblen Fragen wie der Beauftragung eines Headhunters oder einer Compliance-Untersuchung. Für die Erfüllung von Zahlungspflichten der Gesellschaft, die der Aufsichtsrat im Rahmen seiner Vertretungsbefugnis begründet hat, sollte im Außenverhältnis der Vorstand zuständig bleiben.

41 *Erstattung von Aufwendungen:* Jedes Aufsichtsratsmitglied hat schon nach geltendem Recht Anspruch auf Erstattung von Aufwendungen, die es zur Wahrnehmung seiner Aufgaben für erforderlich halten darf (§§ 670, 675 BGB analog). Dies sollte anlässlich einer Reform im Gesetz klargestellt werden. Umstritten ist jedoch, wer über die Erstattungsfähigkeit der Auslagen entscheidet. Das Gesetz sollte diese Kompetenz dem Aufsichtsrat zuweisen. Die Erfüllung der Zahlungspflichten aus den vom Aufsichtsrat gebilligten Auslagen obliegt aber auch hier dem Vorstand; dieser ist damit in der Lage, bei evident unangemessenen Auslagen zu intervenieren.

VII. Aufsichtsratsausschüsse

42 Die Bildung von Aufsichtsratsausschüssen hat in den vergangenen Jahren wesentlich zur Steigerung der Effektivität und Verbesserung der Qualität der Aufsichtsratsarbeit beigetragen. Der hierfür geltende Rechtsrahmen hat sich im Kern bewährt; insbesondere sollte der Grundsatz der Organisationsautonomie (Selbstorganisation) des Aufsichtsrats jenseits der zwingenden Vorgaben zum Vermittlungsausschuss (§ 27 Abs. 3 MitbestG, § 8 Abs. 2 MontanMitbestG) und zum

Prüfungsausschuss (§ 107 Abs. 4 AktG, neue DAX-Regeln der Deutschen Börse) erhalten bleiben. Ungeachtet dessen empfehlen sich einzelne punktuelle Ergänzungen.

Präzisierung des Katalogs der nicht-delegationsfähigen Entscheidungen: Zum 43
geltenden Recht ist anerkannt, dass der Katalog der nicht-delegationsfähigen Entscheidungen in § 107 Abs. 3 S. 7 AktG nicht abschließend ist, sondern der Ergänzung durch ungeschriebene Delegationsverbote bedarf. Darunter fallen namentlich die allgemeine Überwachungs- und Beratungsaufgabe, Fragen der Selbstorganisation des Aufsichtsrats (Erlass einer Geschäftsordnung), die Wahl des Vorsitzenden und seines Stellvertreters, die Abgabe der Entsprechenserklärung (§ 161 AktG), die Festlegung von Zielgrößen für den Geschlechteranteil (§ 111 Abs. 5 AktG), nach bestrittener Ansicht auch die Entscheidung über das System der Vorstandsvergütung (§ 87a AktG) und Vorschläge für die Wahl von Aufsichtsratsmitgliedern (§ 124 Abs. 3 S. 1 AktG). Aus Transparenzgründen und zur Beseitigung von Rechtsunsicherheiten erscheint es zweckmäßig, die ungeschriebenen Delegationsverbote ins Gesetz aufzunehmen. Bei dieser Gelegenheit sollte zumindest in der Gesetzesbegründung klargestellt werden, dass eine Selbstbefreiung von der ad-hoc-Veröffentlichungspflicht durch einen Aufsichtsratsausschuss (insbes. in Personalangelegenheiten durch den Präsidial- oder Personalausschuss) nicht am Delegationsverbot scheitert.

Informationsfluss zwischen Ausschüssen und Plenum/Nicht-Ausschussmitgliedern: Das Aufsichtsratsplenum kann schon nach geltendem Recht von den Aus- 44
schüssen durch entsprechenden Beschluss jederzeit umfassende Informationen verlangen (auch über die regelmäßige Berichterstattung nach § 107 Abs. 3 S. 8 AktG hinaus). Unklar und umstritten ist dagegen, ob auch einzelne Nicht-Ausschussmitglieder Berichtsansprüche gegenüber den Ausschüssen erheben können. Es wäre hilfreich, diese Frage im Gesetz zu regeln; eine entsprechende Regelung sollte einen angemessenen Ausgleich zwischen dem berechtigten Informationsinteresse der Nicht-Ausschussmitglieder und den legitimen Vertraulichkeitsinteressen der Ausschussberatung gewährleisten und könnte sich an der Wertung des § 109 Abs. 2 AktG (Erfordernis der Zustimmung des Aufsichtsratsvorsitzenden) orientieren.

VIII. Aufsichtsrat und Hauptversammlung

Auch im Verhältnis zwischen Aufsichtsrat und Hauptversammlung besteht in 45
mehrfacher Hinsicht Reformbedarf (s. auch schon Rn. 20 zu Wahlvorschlägen des Aufsichtsrats).

46 *Vorlagekompetenz des Aufsichtsrats in Fragen der Geschäftsführung:* Das Gesetz sieht bislang nur vor, dass der Vorstand der Hauptversammlung Fragen der Geschäftsführung zur Beschlussfassung vorlegen kann (§ 119 Abs. 2 AktG). Es gibt aber auch Geschäftsführungsfragen, die ausnahmsweise in die originäre Kompetenz des Aufsichtsrats fallen (z. B. der Abschluss von Rechtsgeschäften mit Vorstandsmitgliedern nach § 112 AktG). § 119 Abs. 2 AktG sollte daher so erweitert werden, dass der Aufsichtsrat diese Geschäftsführungsfragen der Hauptversammlung vorlegen kann. Dieser Weg eröffnet dem Aufsichtsrat nicht nur die Möglichkeit, in Zweifelsfragen die wirtschaftlichen Eigentümer einzubeziehen, sondern ebnet ihm auch den Weg zu einer möglichen Enthaftung (§ 93 Abs. 4 S. 1 i.V.m. § 116 S. 1 AktG). Es ist kein Grund ersichtlich, warum diese Möglichkeit allein dem Vorstand vorbehalten sein sollte. Soweit es um Entscheidungen über die (Nicht-) Verfolgung von Ansprüchen gegen die Vorstandsmitglieder geht, sollte allerdings klargestellt werden, dass die qualifizierten Anforderungen des § 93 Abs. 4 S. 3 AktG für Verzicht und Vergleich nicht durch Vorlagen nach § 119 Abs. 2 AktG unterlaufen werden können.

47 *Auskunftserteilung in der Hauptversammlung:* § 131 Abs. 1 AktG sieht lediglich vor, dass der Vorstand die Fragen der Aktionäre in der Hauptversammlung beantwortet. Für Fragen, die in die alleinige Kompetenz des Aufsichtsrats fallen, ist dies nicht sachgerecht; für diese Fragen sollte das Gesetz eine Beantwortung durch den Aufsichtsrat vorsehen, die in der Praxis auch schon seit langem üblich ist. Die zum geltenden Recht entwickelten Behelfskonstruktionen (Delegation der Fragenbeantwortung vom Vorstand an den Aufsichtsrat; Vorstand macht sich Antworten des Aufsichtsrats zu Eigen) werden dann entbehrlich.

48 *Aufsichtsratsvergütung/Offenlegung von Drittvergütungen:* Drittvergütungen, die ein Mitglied für seine Aufsichtsratstätigkeit von einem anderen Konzernunternehmen – z. B. der Muttergesellschaft – bezieht, sind nach § 162 Abs. 1 S. 1 AktG in den Vergütungsbericht aufzunehmen (Umsetzung von Art. 9b Abs. 1 UA 2 lit. c ARRL). Für Drittvergütungen, die von konzernexternen Dritten gewährt werden, fehlt dagegen eine entsprechende Regelung (§ 162 Abs. 2 Nr. 1 AktG erwähnt nur Vorstandsmitglieder). Dieses Transparenzdefizit sollte behoben werden.

49 *Rechtssicherheit bei der Anfechtung von Wahlbeschlüssen:* Erhebliche Schwierigkeiten bereitet im geltenden Recht der Umgang mit Beschlussmängelklagen, die von Aktionären gegen die Wahl von Aufsichtsratsmitgliedern durch die Hauptversammlung erhoben werden. Da die Rechtsprechung davon ausgeht, dass eine erfolgreiche Anfechtung auf den Zeitpunkt der Wahl zurückwirkt (BGHZ 196, 195), sind in diesem Fall grundsätzlich alle zwischenzeitlich gefassten Beschlüsse des Aufsichtsrats unwirksam, für die gerade die Stimme des von der Anfechtung betroffenen (Schein-)Mitglieds ausschlaggebend war. Bei kleinen Gesellschaften mit einem dreiköpfigen Aufsichtsrat betrifft dies sogar alle Beschlüsse, da die Be-

schlussfähigkeit die Mitwirkung von mindestens drei wirksam bestellten Mitgliedern voraussetzt (§ 108 Abs. 2 S. 3 AktG). Diese Rechtslage führt dazu, dass die Erhebung von Klagen gegen die Aufsichtsratswahl eine gravierende Bedrohung für die Handlungsfähigkeit des Aufsichtsrats darstellen kann, sofern sich die Gesellschaft nicht mit Notlösungen (z. B. der vorsorglichen Amtsniederlegung und einer anschließenden gerichtlichen Ersatzbestellung des betroffenen Mitglieds) behelfen kann.

Abhilfe könnte im Rahmen einer allgemeinen Reform des Beschlussmän- 50
gelrechts geschaffen werden, wie sie der 72. Deutsche Juristentag 2018 dem Gesetzgeber empfohlen hat. Falls diese große Reform des Beschlussmängelrechts in der kommenden Legislaturperiode nicht angegangen wird, muss wenigstens für die angefochtene Aufsichtsratswahl kurzfristig eine Lösung gefunden werden. Schon seit Jahren liegen entsprechende Vorschläge vor, die darauf gerichtet sind, bei erhobenen Klagen schnell Rechtssicherheit zu schaffen (in Anlehnung an das Freigabeverfahren bei Strukturmaßnahmen) und die rückwirkende Vernichtung der Wahl auf besonders eklatante, schwere Rechtsverstöße zu begrenzen. Alternativ könnte man auch in Betracht ziehen, die Möglichkeit einer aufschiebend bedingten gerichtlichen Ersatzbestellung in § 104 AktG aufzunehmen.

IX. Aufsichtsrat und DCGK

Verfassungsrechtliche Grundlage und Reichweite der Kodexempfehlungen: Die 51
eingangs beschriebene Regelungsabstinenz des Gesetzgebers hat dazu geführt, dass viele Fragen der Aufsichtsratstätigkeit nicht im Gesetz, sondern allein im DCGK angesprochen werden. Diese Entwicklung ist in zweierlei Hinsicht problematisch: einerseits, weil jedenfalls die wesentlichen Fragen der Organisationsverfassung zwingend dem Gesetzgeber vorbehalten sind und nur er durch verlässliche Rechtsgrundlagen Rechtssicherheit schaffen kann. Und andererseits, weil die Empfehlungen des bisher nicht hinreichend demokratisch legitimierten DCGK – auch wenn sie im Rechtssinne nicht verbindlich sind – eine gewisse faktische Bindungswirkung entfalten, da die Unternehmen Abweichungen und den damit verbundenen Begründungsaufwand vielfach scheuen. Im Ergebnis wird dadurch (u. a.) die Aufsichtsratsautonomie nicht unerheblich eingeschränkt.

Aus diesem Befund folgt nicht, dass der DCGK und der *comply or explain*- 52
Mechanismus des § 161 AktG grundsätzlich in Frage gestellt werden sollten. Die Ziele des Kodex, in- und ausländische Investoren zu informieren und anerkannte Standards als Empfehlung auszusprechen, verdienen im Gegenteil weiterhin Unterstützung. Es sollte aber sichergestellt werden, dass (i) die wesentlichen Fragen im Gesetz geregelt werden (wozu die in diesem Eckpunktepapier unter-

breiteten Vorschläge dienen sollen) und (ii) die Arbeit der Kodexkommission künftig auf eine solide, unangreifbare verfassungsrechtliche Grundlage gestellt wird. Um letzteres Ziel zu erreichen, empfiehlt es sich, die Aufgaben der Kodexkommission – ähnlich wie in § 342 HGB für das DRSC – im Gesetz zu präzisieren (z. B. in § 161 AktG). Im Rahmen dieser Aufgabenzuschreibung sollte zugleich klargestellt werden, dass sich die Empfehlungen des DCGK auf Standards beschränken, die – entsprechend der Zielsetzung in Abs. 3 der Präambel des DCGK – allgemein oder zumindest weithin anerkannt sind. Darüber hinausgehende Vorstellungen der Kodexkommission sollten auf bloße Anregungen beschränkt bleiben. Dieser Vorschlag geht freilich über eine Reform des Aufsichtsratsrechts hinaus und könnte ggf. auch gesondert verfolgt werden.

X. Anhang: Hinweis auf unternehmerische Mitbestimmung

53 Nicht verschwiegen sei schließlich, dass eine wirklich umfassende Reform des Rechts des Aufsichtsrats auch einzelne Aspekte der unternehmerischen Mitbestimmung einbeziehen müsste, auch wenn sich diese in den letzten Jahrzehnten grundsätzlich bewährt hat. Gute Gründe sprechen insbesondere dafür, die Option von Mitbestimmungsvereinbarungen zu eröffnen. Da entsprechende Vorschläge seit langem auf dem Tisch liegen (hingewiesen sei insbesondere auf den Entwurf des Arbeitskreises Unternehmerische Mitbestimmung, ZIP 2009, 885, der im Schrifttum auf positive Resonanz gestoßen ist), wird in diesem Eckpunktepapier darauf verzichtet, zusätzliche eigene Empfehlungen zu formulieren. Ohnehin wären Änderungen oder Ergänzungen des Mitbestimmungsrechts nur eine zusätzliche Regelungskomponente, die auch separat angegangen werden kann. Auch ohne sie ist eine Reform des Aufsichtsratsrechts mit den vorstehend skizzierten Eckpunkten ein Vorhaben, das eine Reformanstrengung des Gesetzgebers allemal lohnt.

Zweiter Teil: Vorbereitende Referate und Diskussion

Mathias Habersack*

Aufgaben und Befugnisse des Aufsichtsrats und ihre Konkretisierung

Zusammenfassung: Das Aktiengesetz regelt die Aufgaben und Befugnisse des Aufsichtsrats nur sehr unvollkommen und lückenhaft. Der Grundsatz, dass der Aufsichtsrat ein reines Innenorgan ist, das den Vorstand zu überwachen und die Vorstandsmitglieder zu bestellen und abzuberufen hat, gilt zwar unverändert. Gewandelt haben sich indes die Erwartungen des Kapitalmarkts an die Wahrnehmung der Überwachungs- und Personalkompetenz des Aufsichtsrats und die nähere Ausgestaltung dieser Kompetenzen durch Gesetzgeber und Rechtsprechung. Vor diesem Hintergrund bietet es sich an, Aufgaben und Befugnisse des Aufsichtsrats gesetzlich zu präzisieren und durch Klärung mancher Streitfragen – genannt seinen die Stichworte Direktkontakte zu Angestellten, Investorendialog und Reichweite der Vertretungsbefugnis – für Rechtssicherheit zu sorgen.

Abstract: The Stock Corporation Act regulates the tasks and powers of the supervisory board only very imperfectly and with gaps. The principle that the supervisory board is purely an internal body that has to monitor the management board and appoint and dismiss the management board members remains unchanged. However, the expectations of the capital market regarding the perception of the supervisory and personal competence of the supervisory board and the more detailed design of these competencies by legislators and case law have changed. Against this background, it makes sense to specify the tasks and powers of the supervisory board in law and to ensure legal certainty by clarifying some disputes – the keywords being direct contacts with employees, investor dialogue and the scope of the power of representation.

Inhaltsübersicht

* Der Verfasser ist Inhaber des Lehrstuhls für Bürgerliches Recht und Unternehmensrecht der Ludwig-Maximilians-Universität München.

https://doi.org/10.1515/9783110746372-003

I. Grundlagen

1. Überwachungs- und Beratungsaufgabe des Aufsichtsrats

Nach § 111 Abs. 1 AktG obliegt dem Aufsichtsrat der AG[1] die Überwachung der Geschäftsführung durch den Vorstand. Hinzu kommen vor allem[2] die Personalkompetenz gegenüber den Vorstandsmitgliedern[3] sowie – eng damit zusammenhängend – die Befugnis zur Vertretung der AG gegenüber den Vorstandsmitgliedern nach Maßgabe des § 112 AktG.[4] Auch letztere ändert nichts daran, dass der Aufsichtsrat nach außen kaum in Erscheinung tritt und deshalb ein „Innenorgan" bildet.[5] Dies kommt nicht zuletzt in dem Geschäftsführungsverbot des § 111 Abs. 4 S. 1 AktG zum Ausdruck.

An den vorstehend skizzierten Grundgegebenheiten hat sich seit Inkrafttreten des AktG 1965 nichts geändert. Gewandelt haben sich freilich die Erwartungen an die Wahrnehmung der Überwachungs- und Personalkompetenz des Aufsichtsrats und die nähere Ausgestaltung dieser Kompetenzen durch Gesetzgeber und Rechtsprechung. So umfasst die Überwachungsaufgabe nach heutigem

1 Der AG soll im Folgenden die dualistisch verfasste SE gleichstehen; auf Besonderheiten der KGaA ist im Folgenden im jeweiligen Sachzusammenhang einzugehen; die monistisch verfasste SE bleibt unberücksichtigt.

2 Zu weiteren Aufgaben und Befugnissen des Aufsichtsrats s. sogleich im Haupttext.

3 Sie ist bei der KGaA in Ermangelung von Vorstandsmitgliedern gegenstandslos, s. Koch, in: Hüffer/Koch, AktG, 15. Aufl. 2021, § 278 Rn. 11; Habersack, in: Habersack/Henssler, Mitbestimmungsrecht, 4. Aufl. 2018, § 31 MitbestG Rn. 4.

4 Zur KGaA s. Bachmann, AG 2019, 581 ff.; Habersack, ZIP 2019, 1453 ff., aber auch Sethe, AG 2021, 78, 85 ff.

5 Lutter/Krieger/Verse, Rechte und Pflichten des Aufsichtsrats, 7. Aufl. 2020, Rn. 40.

Verständnis auch die in die Zukunft gerichtete Beratung des Vorstands.[6] Die sich über Vetorechte vollziehende Teilhabe des Aufsichtsrats an wesentlichen Geschäftsführungsmaßnahmen des Vorstands, die § 111 Abs. 4 S. 2 AktG zunächt in das Belieben von Satzung und Aufsichtsrat gestellt hatte, ist, um ein weiteres Beispiel anzuführen, durch das TransPuG[7] verpflichtend geworden.[8]

Vieles mehr ließe sich anführen.[9] Erwähnt seien etwa die durch das ARUG II[10] erfolgte Einbindung des Aufsichtsrats in Geschäfte mit nahestehenden Personen gem. §§ 111a ff. AktG, die gleichfalls durch das ARUG II begründete Pflicht des Aufsichtsrats, nach Maßgabe des § 87a AktG ein „klares und verständliches System zur Vergütung der Vorstandsmitglieder" zu beschließen und sodann die Vorstandsvergütung in Übereinstimmung mit dem von der Hauptversammlung nach § 120a Abs. 1 AktG gebilligten Vergütungssystem festzusetzen, die Einbindung des Aufsichtsrats in die CSR-Strategie des Vorstands,[11] die dem Aufsichtsrat zunehmend abverlangte Kommunikation mit Investoren,[12] die Herausforderungen der um sich greifenden Digitalisierung[13] und die zunehmend betonte Compliance-Verantwortung des Aufsichtsrats nebst der Pflicht zur Prüfung und Verfolgung von Schadensersatzansprüchen aus § 93 Abs. 2, 3 AktG.[14]

Diese Veränderungen haben den Aufsichtsrat ungeachtet des nach wie vor bestehenden Geschäftsführungsverbots kontinuierlich zu einem mit-unterneh-

---

6 BGHZ 114, 127, 130 f.; BGHZ 126, 340, 344; Lutter/Krieger/Verse, aaO (Fn. 5), Rn. 103 ff.; Habersack, in: Münchner Komm. z. AktG, 5. Aufl. 2018, § 111 Rn. 12 mit weit. Nachw.; s. dazu noch unter II.2.

7 Gesetz zur weiteren Reform des Aktien- und Bilanzrechts, zu Transparenz und Publizität (Transparenz- und Publizitätsgesetz – TransPuG) vom 19.7.2002, BGBl. I S. 2681.

8 Näher Habersack, NZG 2020, 881 ff. – Auch das TransPuG hat allerdings nichts daran geändert, dass die Vertretungsbefugnis des Vorstands gegenüber Dritten durch ein eigenmächtiges Handeln des Vorstands nicht berührt wird, s. Koch, in: Hüffer/Koch, aaO (Fn. 3), § 111 Rn. 49; ferner BGH ZIP 2018, 1923 Rn. 38 ff., dort auch zur Schadensersatzhaftung der Vorstandsmitglieder.

9 Zur jüngeren Entwicklung s. Lutter, in: Bayer/Habersack, Aktienrecht im Wandel, Bd. II: Grundsatzfragen des Aktienrechts, 2007, S. 421 ff.; Lutter/Krieger/Verse, aaO (Fn. 5), Rn. 45 ff.

10 Gesetz zur Umsetzung der zweiten Aktionärsrechterichtlinie (ARUG II) vom 12. Dezember 2019, BGBl. I, 2637 ff.

11 Dazu Ekkenga, FS E. Vetter, 2019, S. 115 ff.; E. Vetter, FS Seibert, 2019, S. 1007 ff.

12 Dazu noch unter IV.

13 Dazu aus Sicht des Aufsichtsrats Strohn, ZHR 182 (2018), 371 ff.; Noack, ZHR 183 (2019), 105 (140 ff.); Noack, FS E. Vetter, 2019, 497 ff.

14 BGHZ 135, 244 = NJW 1997, 1926 – ARAG/Garmenbeck; BGHZ 219, 356 = NZG 2018, 1301 – Easy Software; näher dazu Cahn, ZHR 184 (2020), 297 ff.; Grigoleit, FS K. Schmidt, 2019, Band I, 367 ff.; Habersack, NZG 2016, 321 ff.; Reichert, ZIP 2016, 1189 ff.; Schnorbus/Ganzer, WM 2015, 1832 ff., 1877 ff.

merischen Organ der Gesellschaft aufgewertet[15] und zugleich die Organpflichten – und mit diesen das Haftungsrisiko – ganz erheblich ausgeweitet. Bedenkt man darüber hinaus die mit der Globalisierung verbundene Involvierung der Gesellschaft in Lieferketten und Auslandsrechtsordnungen, so tritt der fundamentale Wandel, mit dem sich die Aufsichtsratsmitglieder konfrontiert sehen, in aller Deutlichkeit zutage.[16] Umso mehr erscheint es veranlasst, Aufgaben und Befugnisse des Aufsichtsrats hinreichend klar im AktG zum Ausdruck zu bringen.

2. Zur Entwicklung der Geschäftsführungsteilhabe des Aufsichtsrats

Das Geschäftsführungsverbot des § 111 Abs. 4 S. 1 AktG gilt zwar keineswegs ausnahmslos; vielmehr weisen nicht nur § 32 MitbestG, § 15 MitbestErgG, sondern auch zahlreiche aktienrechtliche Bestimmungen dem Aufsichtsrat eine Reihe ausschließlicher oder gemeinsam mit dem Vorstand wahrzunehmender spezieller Geschäftsführungsbefugnisse zu,[17] die sich überdies auf Annexkompetenzen erstrecken.[18] Ungeachtet dessen hat es sich bislang als nachgerade strukturprägendes Kennzeichnen der dualistisch verfassten AG deutschen Rechts erwiesen und fand sich bereits in § 95 Abs. 5 S. 1, 2 AktG 1937 geregelt.[19]

Tatsächlich ist allerdings die Beschränkung des Aufsichtsrats auf eine Beratungs- und Überwachungsfunktion der dualistischen Verfassung alles andere als wesensimmanent. Noch § 246 Abs. 3 HGB a.F. sah nämlich die Möglichkeit vor, dass dem Aufsichtsrat durch den Gesellschaftsvertrag über die gesetzlich gere-

15 Lutter/Krieger/Verse, aaO (Fn. 5), Rn. 57 ff.; eingehend zu Bedeutungswandel und zunehmender unternehmerischer Mitverantwortung des Aufsichtsrats Hopt, ZGR 2019, 507 ff.

16 S. die Nachw. in Fn. 15.

17 S. neben § 32 MitbestG und § 15 MitbestErgG insbesondere §§ 58 f., 88, 89, 114, 115, 124 III, 161, 204 I 2 AktG; ferner die Zusammenstellung bei Hopt/Roth, GroßKomm. z. AktG, 5. Aufl. 2019, § 111 Rn. 597 ff.; Habersack, aaO (Fn. 6), § 111 AktG Rn. 113.

18 S. am Beispiel des § 111 Abs. 2 S. 2 AktG BGH NZG 2018, 629 Rn. 11 ff. mwN; näher J. Flume, ZGR 2018, 928 ff.; E. Vetter, ZGR 2020, 35 ff.; allg. Grigoleit/Tomasic, in: Grigoleit, Komm. z. AktG, 2. Aufl. 2020, § 111 Rn. 63.

19 In § 111 Abs. 4 S. 2 AktG a.E. ist das Wort „sollen“ durch das Wort „dürfen“ ersetzt worden, s. Kropff, AktG, 1965, S. 154 f.; näher zur historischen Entwicklung des § 111 Abs. 4 S. 1, 2 AktG Altmeppen, FS K. Schmidt, 2009, S. 23, 26 ff.; Fleischer BB 2013, 835 ff.; Thiessen AG 2013, 573, 574 ff.; Brouwer, Zustimmungsvorbehalte des Aufsichtsrats im Aktien- und GmbH-Recht, 2008, 48 ff. mit weit. Nachw. ferner Hopt/Roth, aaO (Fn. 17), § 111 AktG Rn. 1 ff., 601 ff.; allg. zur Entwicklung der aktienrechtlichen Vorschriften über den Aufsichtsrat Lutter, aaO (Fn. 9), S. 389 ff.; Lieder, Der Aufsichtsrat im Wandel der Zeit, 2006, passim, insbes. S. 77 ff.

gelten Aufgaben hinaus „weitere Obliegenheiten" auferlegt werden.[20] Die Praxis hatte denn auch von dieser weitreichenden Gestaltungsmöglichkeit beherzt Gebrauch gemacht[21] und damit die Grenzen zwischen Geschäftsführung und Aufsicht verwischt, etwa durch die Statuierung von Weisungsrechten des Aufsichtsrats gegenüber dem Vorstand.[22] Diese weitreichende Gestaltungsfreiheit, die es letztlich ermöglicht hat, dass der Vorstand „im großen und ganzen, wenn auch nicht ganz und gar, zum bloßen Vollziehungsbeamten des Aufsichtsrats herabgedrückt" wurde und der Aufsichtsrat „zum Verwaltungsrat" mutierte,[23] haben zunächst das AktG 1937 und sodann das AktG 1965 weit hinter sich gelassen.[24] In der aktuellen rechtspolitischen Debatte wird, soweit ersichtlich, eine Rückkehr zum Modell des HGB nicht gefordert. Tatsächlich konzentriert sich die Diskussion insoweit vielmehr zu Recht auf die Frage, ob nicht auch deutschen Gesellschaften die Wahl zwischen der dualistischen und der monistischen Verfassung eingeräumt werden sollte.[25]

3. Anliegen des Beitrags

Auch die nachfolgenden Überlegungen stellen das Geschäftsführungsverbot des § 111 Abs. 4 S. 1 AktG nicht in Frage und propagieren insbesondere nicht, dass dem Aufsichtsrat ein Initiativ- und Weisungsrecht gegenüber dem Vorstand eingeräumt werden sollte. Sie können und sollen sich deshalb darauf beschränken, systemimmanente Änderungsvorschläge zu unterbreiten. Insbesondere soll es darum gehen, die dem Aufsichtsrat obliegenden zentralen Aufgaben der Überwachung und Beratung des Vorstands im Gesetz klarer zu fassen und einzelne bisher umstrittene Befugnisse des Aufsichtsrats zu schärfen und auf eine sichere

20 Näher dazu sowie zur gleichlautenden Bestimmung in Art. 225 Abs. 3 ADHGB 1884 *Lutter*, aaO (Fn. 9), 8. Kapitel, Rn. 2ff.; *Thiessen* AG 2013, 573, 574 mit weit. Nachw.

21 *Staub/Pinner*, HGB, 12./13. Aufl., 1926, § 246 Anm. 10 („tatsächlich machen die Satzungen der Gesellschaften hiervon den umfassendsten Gebrauch"); *Passow*, Die Aktiengesellschaft, eine wirtschaftswissenschaftliche Studie, 2. Aufl., 1922, 434ff.; *Lutter*, aaO (Fn. 9), S. 389, 396f.

22 *Staub/Pinner*, aaO (Fn. 21), § 246 HGB Anm. 10, dort auch zu Bestimmungen, wonach „der Aufsichtsrat über alles, was geschehen soll, Beschluß zu fassen hat, und der Vorstand nichts tun darf, als was der Aufsichtsrat anordnet oder vorher genehmigt, oder auch in anderer Form alles das tun muß, was der Aufsichtsrat bestimmt."

23 *Staub/Pinner*, aaO (FN. 21), § 246 HGB Anm. 10.

24 Näher zu den historischen und konzeptionellen Grundlagen des AktG 1937 und jew. mit weit. Nachw. *Habersack*, AcP 220 (2020), 594, 603ff.; *Thiessen*, AG 2013, 573 (575f.).

25 Dafür *Habersack*, Staatliche und halbstaatliche Eingriffe in die Unternehmensführung, Gutachten E zum 69. DJT, 2012, S. 71.

Rechtsgrundlage zu stellen. Was die Vertretungsbefugnis anbelangt, so geht es vor allem um die Präzisierung ihrer Reichweite. Hingegen sollen die Personal- und Vergütungskompetenz des Aufsichtsrats gegenüber den Vorstandsmitgliedern schon deshalb ausgeklammert bleiben, weil sie im Kern Fragen des Vorstandsrechts betreffen und deshalb den Rahmen der hiesigen Überlegungen sprengen würden.

II. Präzisierung der Überwachungsaufgabe (§ 111 Abs. 1, Abs. 2 S. 3 AktG)

1. Beschränkung der Überwachung auf Unternehmensleitung

Nach § 111 Abs. 1 AktG hat der Aufsichtsrat die „Geschäftsführung" zu überwachen. Es besteht freilich Einvernehmen darüber, dass sich die Überwachung nicht auf sämtliche Angelegenheiten der Gesellschaft – unter Einbeziehung insbesondere der Routineangelegenheiten – beziehen kann.[26] Schon unter Geltung des Art. 225 ADHGB und des § 246 HGB a.F., die es dem Aufsichtsrat zur Pflicht machten, die Geschäftsführung „in allen Zweigen der Verwaltung" zu überwachen, war anerkennt, dass eine flächendeckende Überwachung schon mit Blick auf den Nebenamtscharakter des Aufsichtsratsmandats nicht zu leisten war.[27] Es besteht vielmehr seit jeher Einvernehmen darüber, dass allein die für die Lage und die Entwicklung des Unternehmens bedeutsamen Geschäftsführungsangelegenheiten der Überwachung unterliegen.[28]

Dem entspricht es, dass der Aufsichtsrat nicht die Angestellten der Gesellschaft, sondern den Vorstand zu überwachen hat.[29] Hieraus – wie im Übrigen auch aus der Beschränkung der Berichtspflichten des Vorstands auf die für die vergangenheitsbezogene Überwachung wesentlichen Aspekte in § 90 Abs. 1 S. 1

26 Vgl. BGHZ 69, 207, 213; OLG München ZIP 2009, 2001, 2002; OLG Stuttgart ZIP 2012, 1965, 1967 f.; *Lutter/Krieger/Verse*, aaO (Fn. 5), Rn. 65; *Habersack*, aaO (Fn. 6), § 111 AktG Rn. 19 mit weit. Nachw.

27 *Rathenau*, Vom Aktienwesen – Eine geschäftliche Betrachtung, 1917, S. 5: „Wollte ein Aufsichtsrat auch nur von den wichtigeren Geschäften einer Großunternehmung Kenntnis nehmen – geschweige denn sie beraten –, so würde es nicht genügen, dass er in Permanenz tagte, und zwar jeden Tag, einschließlich Sonntags, vierundzwanzig Stunden lang."

28 S. die Nachw. in Fn. 26, ferner *Koch*, aaO (Fn. 3), § 111AktG Rn. 2; *Spindler*, in: BeckOGK AktG, § 111 Rn. 8; *Drygala*, in: K. Schmidt/Lutter, AktG, 4. Aufl. 2020, § 111 Rn. 11.

29 Näher Hopt/Roth, aaO (Fn. 17), § 111 AktG Rn. 234 ff., *Habersack*, aaO (Fn. 6), § 111 AktG Rn. 20 f., jew. mit weit. Nachw.

Nr. 2 bis 4 AktG – folgt der Sache nach eine Konzentration der Überwachungsaufgabe auf die dem Vorstand nach § 76 Abs. 1 AktG obliegende Leitung der Gesellschaft.[30]

Wie die Leitungsaufgabe des Vorstands umfasst die Überwachungsaufgabe des Aufsichtsrats damit keineswegs nur wesentliche operative Maßnahmen, sondern auch die Delegation von Geschäftsführungsangelegenheiten auf (leitende) Angestellte nebst deren Überwachung durch den Vorstand sowie ganz allgemein die Implementierung und den Vollzug der vom Vorstand nach §§ 76 Abs. 1, 91 Abs. 2 und 3 AktG[31] einzurichtenden internen Kontrollsysteme.[32] Letzteres ergibt sich im Übrigen auch aus § 107 Abs. 3 S. 2 und 3 AktG, der im Zusammenhang mit der Errichtung eines Prüfungsausschusses unter anderem die Überwachung des Rechnungslegungsprozesses sowie der internen Kontrollsysteme hervorhebt und damit zu erkennen gibt, dass diese Aufgabe – selbstverständlich – Teil der allgemeinen Überwachungsaufgabe des Aufsichtsrats ist. Entsprechendes gilt für die in § 107 Abs. 3 S. 2 AktG gleichfalls angesprochene Überwachung der Abschlussprüfung, die im Übrigen systematisch zu der in § 111 Abs. 2 S. 3 AktG geregelten Kompetenz des Aufsichtsrats zur Beauftragung des Abschlussprüfers gehört.

Vor diesem Hintergrund der skizzierten Ausgangslage empfiehlt es sich, in § 111 Abs. 1 AktG die Beschränkung der Überwachungsaufgabe auf die vorstehend genannten Geschäftsführungsangelegenheiten klar zum Ausdurck zu bringen. Insoweit spielt es an sich keine Rolle, ob das Gesetz die Überwachung auf die „Leitung" der Gesellschaft oder auf „Geschäftsführungsmaßnahmen von besonderer Bedeutung und grundlegende Fragen der Unternehmensorganisation" bezieht. Der inhaltliche Zusammenhang zwischen § 111 Abs. 1 AktG und § 76 Abs. 1 AktG spricht allerdings doch für die erstgenannte Alternative. Sie hätte gegenüber einer Ausrichtung auf „Geschäftsführungsmaßnahmen von besonderer Bedeutung und grundlegende Fragen der Unternehmensorganisation" überdies den Vorteil, dass sich das Gesetz im Zusammenhang mit der Überwachungsaufgabe einer inzidenten Konkretisierung der dem Vorstand obliegenden Organisations-

30 *Lutter/Krieger/Verse*, aaO (Fn. 5), Rn. 65; *Drygala*, aaO (Fn. 28), § 111 AktG Rn. 11; *Habersack*, aaO (Fn. 6), § 111 AktG Rn. 20f. mit weit. Nachw.

31 § 91 Abs. 3 AktG in der Fassung des Gesetzes zur Stärkung der Finanzmarktintegrität vom 3. Juni 2021, BGBl. I, 1534; dazu *Hopt/Kumpan* AG 2021, 129ff.

32 Näher zur diesbezüglichen Überwachungsaufgabe im Allgemeinen sowie zur Compliance-Verantwortung des Vorstands im Besonderen *Habersack*, aaO (Fn. 6), § 107 AktG Rn. 112, § 111 AktG Rn. 20; *Habersack*, AG 2014, 1, 3ff.; *Bürgers*, ZHR 179 (2015), 173, 185ff.; *Winter*, FS Hüffer, 2010, S. 1103, 1107ff.; *E. Vetter*, FS v. Westphalen, 2010, S. 719, 732ff.

pflichten[33] enthalten und damit der „Akzessorietät" der Überwachungspflichten des Aufsichtsrats Rechnung tragen könnte. Dies würde es nicht ausschließen, in § 111 Abs. 2 S. 3 AktG die – in § 107 Abs. 3 S. 2 AktG vorausgesetzte – Pflicht des Aufsichtsrats zur Überwachung der Abschlussprüfung zu betonen.

In jedem Fall unberührt bleibt die Pflicht des Aufsichtsrats, Anhaltspunkten für vorstandsseitiges Fehlverhalten nachzugehen und etwaige Schadensersatzansprüche aus § 93 Abs. 2, 3 AktG zu verfolgen.[34] Entsprechende Anhaltspunkte können sich selbstredend auch aus Fehlverhalten von Angestellten ergeben, wirft ein solches Fehlverhalten doch die Frage auf, ob der Vorstand seinen Organisations- und Überwachungspflichten – und damit seiner Leitungsverantwortung – nachgekommen ist. Vor diesem Hintergrund darf die Beschränkung der Überwachung auf die Leitung der Gesellschaft nicht missverstanden werden: Fehlverhalten von Angestellten kann auf vorstandsseitige Sorgfaltspflichtverletzungen schließen lassen, bildet aber als solches keinen Gegenstand der Überwachungsaufgabe des Aufsichtsrats.[35] Eine entsprechende gesetzliche Klarstellung dürfte entbehrlich sein.

2. Klarstellung der Beratungsaufgabe

Bereits einleitend ist darauf hingewiesen worden, dass sich die Überwachungsaufgabe des Aufsichtsrats nach heutigem Verständnis nicht auf die nachträgliche, retrospektive Kontrolle der Geschäftstätigkeit beschränkt, sondern auch die Beratung des Vorstands hinsichtlich der künftigen Leitung der Gesellschaft umfasst. Soweit BGH und Schrifttum insoweit von einer „präventiven Kontrolle" sprechen,[36] dient dies der Herleitung aus dem Wortlaut des § 111 Abs. 1 AktG, der bislang nun einmal allein die Überwachungsaufgabe betont. In der Sache geht es freilich darum, dass der Vorstand insbesondere die von ihm entwickelte strategische Ausrichtung des Unternehmens mit dem Aufsichtsrat „abstimmt" (so

---

33 Diese Pflichten sind in § 91 Abs. 2, 3 AktG (Fn. 31) nicht abschließend geregelt, s. *Hopt/Kumpan*, AG 2021, 129, 132 f.; näher zu den dem Vorstand obliegenden und über § 91 Abs. 2, 3 AktG (Fn. 31) hinausgehenden Organisationspflichten s. *Spindler*, aaO (Fn. 6), § 91 AktG Rn. 18 ff.

34 S. bereits unter I.

35 Zum Verhältnis zwischen vorstandsseitiger Compliance-Verantwortung und Compliance-Verantwortung des Aufsichtsrats (insbesondere im Zusammenhang mit der Aufklärung und Verfolgung von Fehlverhalten) s. *Habersack*, aaO (Fn. 6), § 111 AktG Rn. 40; *Arnold*, ZGR 2014, 76, 78 ff.; *Bürgers*, ZHR 179 (2015), 173, 175 ff.; *Habersack*, FS Stilz, 2014, S. 191, 192 ff.; *Reichert/Ott*, NZG 2014, 241, 242 ff.

36 S. die Nachw. in Fn. 6.

Grundsatz 2 DCGK), um hierdurch die weiteren geschäftlichen Aktivitäten auf eine gemeinsame Zielvorstellung zu gründen.[37]

Die so verstandene Beratungsaufgabe sollte in § 111 Abs. 1 AktG zum Ausdruck kommen, anstatt dies der entsprechenden Klarstellung in Grundsatz 6 Abs. 1 DCGK zu überlassen.[38] Obgleich die Festlegung der Strategie somit eine gemeinschaftliche Aufgabe von Vorstand und Aufsichtsrat bildet, soll es allerdings doch dabei bleiben, dass es dem Vorstand obliegt, die Strategie zu entwickeln, und dem Aufsichtsrat insoweit kein Initiativ- oder gar Weisungsrecht zukommt. Dem entspricht es, dass der Vorstand nach § 90 Abs. 1 S. 1 Nr. 1 AktG verpflichtet ist, den Aufsichtsrat über „die beabsichtigte Geschäftspolitik und andere grundsätzliche Fragen der Unternehmensplanung" zu informieren, um so dem Aufsichtsrat Gelegenheit zu geben, beizeiten das Gespräch zu suchen und auf die strategische Zielsetzung einzuwirken.

3. Eigenverantwortliche Aufgabenwahrnehmung (Aufsichtsratsautonomie)

Zudem sollte das Gesetz – ähnlich wie in § 76 Abs. 1 AktG für den Vorstand – zum Ausdruck bringen, dass der Aufsichtsrat sämtliche ihm übertragene Aufgaben in eigener Verantwortung zu erfüllen hat. Damit würde nicht nur klargestellt, dass die Aufsichtsratsmitglieder keinen Weisungen unterliegen, sondern insbesondere auch ein gesetzlicher Anknüpfungspunkt für den Grundsatz der Organisationsautonomie des Aufsichtsrats geschaffen. Zwar lässt sich aus § 111 Abs. 6 AktG, wonach die Aufsichtsratsmitglieder ihre Aufgaben nicht durch andere wahrnehmen lassen können, schon jetzt neben dem Gebot höchstpersönlicher Amtsführung auch das Gebot weisungsfreier Amtsführung herleiten.[39] Doch hat das Gesetz insoweit nur das einzelne Aufsichtsratsmitglied, nicht dagegen den Aufsichtsrat als solchen vor Augen. Diese Lücke sollte durch entsprechende Ergänzung des § 111 AktG geschlossen werden, und zwar idealer Weise in Abs. 1 und unter Einbeziehung auch der „in Gesetz und Satzung" geregelten sonstigen (d. h. neben der Überwachungsaufgabe bestehenden) Aufgaben des Aufsichtsrats.

---

37 Vgl. *v. Werder*, in: Kremer/Bachmann/Lutter/v. Werder, Deutscher Corporate Governance Kodex, 8. Aufl. 2021, Grds. 2 Rn. 1, 7 ff.

38 So bereits *Kley*, AG 2019, 818, 821; *Habersack*, Der Aufsichtsrat 2020, 26.

39 S. BGHZ 90, 381, 398; BGHZ 169, 98 Rn. 18; *Mertens/Cahn*, in: Kölner Komm. z. AktG, 3. Aufl. 2013, § 111 Rn. 117; *Habersack*, aaO (Fn. 6), § 111 AktG Rn. 160 mit weit. Nachw.

4. Fazit

§ 111 Abs. 1 AktG sollte nach allem wie folgt gefasst werden:

> *„Der Aufsichtsrat hat die Leitung der Gesellschaft durch den Vorstand zu überwachen und den Vorstand hinsichtlich der künftigen Leitung der Gesellschaft zu beraten. Er handelt hierbei und bei Erledigung seiner sonstigen in Gesetz oder Satzung geregelten Aufgaben in eigener Verantwortung."*

§ 111 Abs. 2 S. 3 AktG sollte wie folgt gefasst werden:

> *„Er erteilt dem Abschlussprüfer den Prüfungsauftrag für den Jahres- und den Konzernabschluss gemäß § 290 des Handelsgesetzbuchs und überwacht die Abschlussprüfung, darunter insbesondere die Auswahl und die Unabhängigkeit des Abschlussprüfers und die vom Abschlussprüfer zusätzlich erbrachten Leistungen."*

III. Direktinformationsrecht gegenüber Mitarbeitern als zusätzliches Kontrollinstrument (§ 111 Abs. 2 S. 1 AktG)

Die umstrittene[40] Frage, ob der Aufsichtsrat zur Erfüllung seiner Aufgaben am Vorstand vorbei direkt bei nachgeordneten Mitarbeitern Informationen einholen kann, bedarf einer gesetzlichen Regelung. Soweit § 25d Abs. 8 S. 7, Abs. 9 S. 4 KWG es dem Vorsitzenden des Risikoausschusses und dem Vorsitzenden des Prüfungsausschusses gestattet, unmittelbar beim Leiter der Internen Revision und beim Leiter des Risikocontrollings Auskünfte einzuholen, lässt sich ihnen nichts für das allgemeine Aktienrecht entnehmen. Aus Sicht derer, die schon jetzt eine Befugnis des Aufsichtsrats zu Direktkontakten bejahen, modifizieren die genannten Vorschriften nur insoweit § 111 Abs. 2 S. 1 AktG, als die Rechte nach dieser Vorschrift nur dem Aufsichtsrat in seiner Gesamtheit zustehen. Aber auch § 107

---

40 Näher zur Problematik und jew. mit weit. Nachw. *Hopt/Roth*, aaO (Fn. 17), § 111 AktG Rn. 480 ff.; *Habersack*, aaO (Fn. 6), § 109 AktG Rn. 19, § 111 AktG Rn. 80; befürwortend ferner *Drygala*, aaO (Fn. 28), § 109 AktG Rn. 11; *Grigoleit/Tomasic*, aaO (Fn. 18), § 111 AktG Rn. 52; *Dreher*, FS Ulmer, 2003, 87 (92 ff.); *Dreher*, FS Goette, 2011, 43 (48 ff.); *Kropff*, NZG 2003, 346, 349 f.; a. A. namentlich *Koch*, aaO (Fn. 3), § 109 AktG Rn. 5; *Hoffmann-Becking*, ZGR 2011, 136 (153 f.); *Arnold/Rudzio*, FS Wegen, 2015, 93 (95 ff.); *Börsig/Löbbe*, FS Hoffmann-Becking, 2013, 125 (137 f.); *Bürgers*, ZHR 179 (2015), 173 (193 ff.).

Abs. 4 S. 3 AktG,[41] wonach den Mitgliedern des Prüfungsausschusses in Unternehmen von öffentlichem Interesse ein Auskunftsrecht gegenüber den Leitern der für den Prüfungsausschuss relevanten Zentralbereiche zustehen soll, genügt nicht. Auch abgesehen davon, dass diese Vorschrift bei einem einzelnen Aufsichtsratsmitglied ansetzt und damit die Frage nach den Befugnissen des Aufsichtsrats unbeantwortet lässt, ist der auf Unternehmen von öffentlichem Interesse und auf die Einholung von Informationen bei den Leitern bestimmter Zentralbereiche begrenzte Anwendungsbereich der Vorschrift zu eng.

Geboten ist vielmehr eine allgemeine Regelung, die in § 111 Abs. 2 AktG eingestellt werden sollte. Sie sollte für sämtliche Aktiengesellschaften bestimmen, dass der Aufsichtsrat nach pflichtgemäßem Ermessen auch ohne Vermittlung durch den Vorstand Informationen von Angestellten der Gesellschaft einholen kann und insoweit zur Ausübung des arbeitvertraglichen Direktionsrechts berechtigt ist. Dass diese Befugnis auch einem vom Aufsichtsrat gebildeten Ausschuss zustünde, ergibt sich aus § 107 Abs. 3 S. 1 AktG und bedarf keiner expliziten Regelung. In sachlicher Übereinstimmung mit § 107 Abs. 3 S. 4 AktG sollte allerdings bestimmt werden, dass der Vorstand über die Einholung von Informationen unverzüglich (und damit sobald dies möglich ist, ohne die Erfüllung der Überwachungsaufgabe zu gefährden, gegebenenfalls also auch vor Kontaktaufnahme) zu unterrichten ist.

Die Ausgestaltung als Überwachungsinstrument des Ausichtsrat erlaubt es diesem, in eigener Verantwortung über die Ausübung des Rechts zu entscheiden. Der Aufsichtsrat kann beispielsweise den Aufsichtsratsvorsitzenden zur Ausübung ermächtigen, der Prüfungsausschuss den Prüfungsausschussvorsitzenden. Dass das Recht nach pflichtgemäßem Ermessen auszuüben ist, bringt hinreichend deutlich zum Ausdruck, dass eine flächendeckende Befragung von Angestellten weder geboten noch angemessen wäre. Auch die Neuregelung würde mit anderen Worten nichts daran ändern, dass nach § 90 AktG der Vorstand primärer Informationsschuldner des Aufsichtsrats ist und eine generelle Ausforschung bei nachgeordneten Mitarbeitern nicht beabsichtigt ist; in der Gesetzesbegründung ließe sich insbesondere klarstellen, dass es sich im Interesse einer vertrauensvollen Zusammenarbeit von Vorstand und Aufsichtsrat regelmäßig empfehlen wird, die Auskunftseinholung im Benehmen mit dem Vorstand zu betreiben. Umgekehrt wäre es allerdings zu eng, das Befragungsrecht von einem

41 In der Fassung des Gesetzes zur Stärkung der Finanzmarktintegrität vom 3. Juni 2021, BGBl. I, 1534; dazu *Hopt/Kumpan*, AG 2021, 129 ff.

konkreten Verdacht auf Unregelmäßigkeiten abhängig zu machen.[42] Gewiss wird sich der Aufsichtsrat bei Ausübung seines Befragungsrechts vom Grundsatz der vertrauensvollen Zusammenarbeit mit dem Vorstand leiten lassen. Doch ist es schon jetzt in der Praxis anzutreffen und im Sinne „guter" Corporate Governance zu empfehlen, dass sich der Aufsichtsrat regelmäßig auch ohne Beisein des Vorstands von den Leitern der Kontrollabteilungen berichten lässt. Überdies dürfte es sich empfehlen (und könnte Gegenstand einer entsprechenden Empfehlung des Kodex sein), dass der Aufsichtsrat die Befragung von Angestellten in der Geschäftsordnung oder einer Informationsordnung präzisiert, um hierdurch allgemein und vorbehaltlich einer für den Einzelfall beschlossenen Abweichung Zuständigkeit und Prozedere festzulegen und zugleich der Befragung den Anschein einer Misstrauenskundgabe gegenüber dem Vorstand zu nehmen.[43]

Hinter § 111 Abs. 2 S. 1 AktG sollte nach allem folgender Satz 2 eingefügt werden:[44]

> *„Der Aufsichtsrat kann nach pflichtgemäßem Ermessen Informationen bei dem Vorstand nachgeordneten Angestellten einholen; hat der Aufsichtsrat von dieser Befugnis Gebrauch gemacht, hat er den Vorstand unverzüglich zu unterrichten."*

Bei der Gelegenheit sollte zugleich der Wortlaut des § 111 Abs. 2 S. 1 AktG an die heutigen Verhältnisse angepasst werden und damit nicht länger von „Büchern und Schriften" und von der „Gesellschaftskasse und den Beständen an Wertpapieren und Waren", sondern allgemein von den „Unterlagen" und „Vermögensgegenständen" der Gesellschaft gesprochen werden.

IV. Befugnis zur Kommunikation nach außen (insbesondere Investorendialog)

Im geltenden Recht fehlt es an klar formulierten Vorgaben, in welchen Grenzen Mitglieder des Aufsichtsrats – vor allem der Vorsitzende – befugt sind, Erklä-

42 *Habersack*, aaO (Fn. 6), § 111 AktG Rn. 80; *Drygala*, aaO (Fn. 28), § 109 AktG Rn. 11; *Habersack*, AG 2014, 1, 6 f.; *Kropff*, NZG 2003, 346, 349 f.; a.A. *Mertens/Cahn*, aaO (Fn. 39), § 109 AktG Rn. 24; *Spindler*, aaO (Fn. 28), § 109 AktG Rn. 21; *Koch*, aaO (Fn. 3), § 90 AktG Rn. 11, § 111 AktG Rn. 21.

43 Dafür bereits *Habersack*, AG 2014, 1, 6 f.; *Habersack*, aaO (Fn. 6), § 111 AktG Rn. 80 mit weit. Nachw.

44 Im bisherigen § 111 Abs. 2 S. 2 AktG wären die Wörter „Er kann damit" wie folgt zu ersetzen: „Der Aufsichtsrat kann mit der Wahrnehmung seiner Rechte aus Satz 1 und Satz 2".

rungen nach außen (z. B. gegenüber der Presse) abzugeben und in einen Dialog mit Investoren oder sonstigen Stakeholdern einzutreten.[45] Von Seiten der Investoren wird jedenfalls eine Dialogbereitschaft des Vorsitzenden zunehmend erwartet; entsprechende Gespräche finden in der Praxis auch schon vielfach statt. Der Gesetzgeber sollte eine verlässliche Rechtsgrundlage schaffen, die eine im Gesellschaftsinteresse liegende Kommunikation nach außen zwar grundsätzlich ermöglicht, zugleich aber ihre Grenzen klar definiert.

Eine solche Regelung sollte insbesondere klarstellen

- dass Investorengespräche des Aufsichtsratsvorsitzenden (oder eines anderen vom Aufsichtsrat beauftragten Mitglieds) auf aufsichtsratsspezifische Themen beschränkt sind. Dies deckt sich mit der Anregung in A.3 DCGK, die freilich offenlässt, welche Themen im einzelnen erfasst sind. Richtigerweise fallen darunter die Kriterien für die Auswahl von Vorstandsmitgliedern, die Nachfolgeplanung für den Vorstand, die Vorstandsvergütung, die Zusammensetzung des Aufsichtsrats und dessen Arbeitsweise, nicht aber Themen, die – wie insbesondere inhaltliche Aspekte der Geschäftsstrategie – in die primäre Zuständigkeit des Vorstands fallen
- dass jegliche Außenkommunikation nur auf Grundlage einer Ermächtigung des Gesamtaufsichtsrats erfolgen darf.[46] Dies verschafft dem Aufsichtsrat hinreichende Flexibliät und ermöglicht es ihm beispielsweise, neben seinen Vorsitzenden auch den Vorsitzenden eines Ausschusses zur Kommunikation zu ermächtigen. In jedem Fall sollte die Ermächtigung auch in allgemeiner Form (z. B. in der Geschäftsordnung oder einer Informationsordnung) über einen konkreten Anlass hinaus erteilt werden können. Es sollte aber vorgesehen werden, dass dem Aufsichtsratsplenum und dem Vorstand über das Kommunikationsverhalten zu berichten ist; in den Materialien sollte klargestellt werden, dass im Regelfall die Berichterstattung im Nachgang zur

---

45 Näher *Koch*, aaO (Fn. 3), § 111 AktG 34a; *Habersack*, aaO (Fn. 6), § 116 AktG Rn. 67 mwN; monografisch *Ebrahimzadeh*, Der Investorendialog des Aufsichtsrats, 2021, passim insbes. S. 39 ff.; zur Zuständigkeit des Aufsichtsrats für die Offenlegung von Informationen nach Maßgabe seiner funktionalen Zuständigkeit s. BGHZ 193, 110 Rn. 40 = NZG 2012, 777; BGHZ 196, 195 Rn. 30 = AG 2013, 387; *Wilsing/v. d. Linden*, ZHR 178 (2014), 419 (432 ff.); ferner BGH NJW 2016, 2569 Rn. 35; zur Zuständigkeit des Aufsichtsrats für die Entscheidung über die Befreiung von der Pflicht zur Offenlegung von im Zuständigkeitsbereich des Aufsichtsrats geschaffenen Insiderinformation s. *Kocher/Schneider*, ZIP 2013, 1607 (1610 f.); *Mülbert*, FS Stilz, 2014, 411 (416 ff.).

46 In diesem Sinne bereits *Koch*, aaO (Fn. 3), § 111 AktG Rn. 34a; *Koch*, AG 2017, 129, 135 f.; *Habersack*, aaO (Fn. 6), § 116 AktG Rn. 67; a. A. *Hirt/Hopt/Mattheus*, AG 2016, 725, 734 f.; *Fleischer/Bauer/Wansleben*, DB 2015, 360, 363; *Roth*, ZGR 2012, 343, 370; differenzierend *Bachmann*, VGR 22 (2017), 135, 171 ff.

Kommunikation erfolgen kann und, wie in § 107 Abs. 3 S. 8 AktG vorgesehen, ein knapper, zusammenfassender Bericht genügt.

Unberührt bleiben Verschwiegenheitspflichten, wie sie sich insbesondere aus §§ 116 S. 1, 93 Abs. 1 S. 3 AktG, § 116 S. 2 AktG sowie aus dem Insiderrecht ergeben; dies sollte im Gesetz klargestellt werden.

Flankierend sind Maßnahmen zu erwägen, die – über § 131 Abs. 4 AktG hinausgehend – den Schutz der informationellen Gleichbehandlung der Aktionäre (§ 53a AktG) präzisieren.[47] In Anlehnung an die Empfehlung in F.1 DCGK kommt insbesondere eine gesetzliche Vorgabe des Inhalts in Betracht, dass wesentliche neue Tatsachen, die einzelnen Aktionären mitgeteilt wurden, unverzüglich auch allen anderen Aktionären zugänglich zu machen sind (z. B. über die Website der Gesellschaft), sofern nicht überwiegende Gründe des Gesellschaftswohls die selektive Information rechtfertigen. Dieser Punkt betrifft freilich nicht nur die Außenkommunikation des Aufsichtsrats, sondern auch diejenige des Vorstands. Entsprechendes gilt für den konzerninternen Informationsfluss.[48]

§ 111 AktG könnte deshalb um folgenden Absatz 7 ergänzt werden:

> *„Der Aufsichtsrat ist nach Maßgabe seiner funktionalen Zuständigkeit zur Kommunikation mit potentiellen oder aktuellen Investoren befugt. Soweit der Aufsichtsrat im Einzelfall oder generell einzelne Mitglieder zur Kommunikation ermächtigt, haben diese dem Aufsichtsrat über die Kommunikation zu berichten. Der Aufsichtsrat hat dem Vorstand zu berichten. Gesetzliche Verschwiegenheitspflichten und § 53a AktG bleiben unberührt."*

V. Präzisierung der Vertretungsbefugnis gegenüber Vorstandsmitgliedern

Die Reichweite der Vertretungsmacht des Aufsichtsrats gegenüber den Vorstandsmitgliedern (§ 112 AktG) lässt sich der aktuellen Gesetzesfassung nur unvollständig entnehmen und sollte daher klarer gefasst werden.[49] Dies betrifft

---

47 Näher zu dieser hier nicht zu entfaltenden Problematik *Koch*, ZGR 2020, 183, 206 ff.; *Verse*, Der Gleichbehandlungsgrundsatz im Recht der Kapitalgesellschaften, 2006, S. 532 ff.

48 *Löbbe*, Unternehmenskontrolle im Konzern, 2003, S. 124 ff.; *Verse*, aaO (Fn. 47), S. 342 ff.; *Pentz*, FS Priester, 2007, S. 593, 602 ff.; *Habersack*, in: Emmerich/Habersack, Aktien- und GmbH-Konzernrecht, 9. Aufl. 2019, § 311 Rn. 51a, § 312 Rn. 5 mit weit. Nachw.

49 Dafür bereits *Habersack*, Der Aufsichtsrat 2020, 26. – Zur Befugnis des Aufsichtsrats zur Vertretung der Gesellschaft bei Hilfsgeschäften, die zur Erfüllung seiner Aufgaben erforderlich sind, s. *Rosskopf*, S. 189 f. (in diesem Band).

namentlich die Einbeziehung von Rechtsgeschäften mit künftigen und ehemaligen Vorstandsmitgliedern sowie (bei Versorgungszusagen) Angehörigen von Vorstandsmitgliedern; insoweit sollte klargestellt werden, dass das Geschäft einen Bezug zur vormaligen oder künftigen Vorstandstätigkeit aufweisen muss.[50] Was amtierende Vorstandsmitglieder anbelangt, so sollte dem Aufsichtsrat für Geschäfte des täglichen Lebens und sonstige Geschäfte ohne konkreten Bezug zur Vorstandstätigkeit das Recht eingeräumt werden, einen Angestellten der Gesellschaft zu bevollmächtigen.[51] Hilfreich wäre zudem eine Klärung der umstrittenen Frage, unter welchen Voraussetzungen eine Gesellschaft, an der ein Vorstandsmitglied beteiligt ist, diesem gleichgestellt wird; insoweit bietet es sich an, Gesellschaften, deren alleiniger Gesellschafter ein Vorstandsmitglied ist, in den Anwendungsbereich des § 112 AktG einzubeziehen.[52]

§ 112 AktG sollte nach allem wie folgt gefasst werden:

„Vorstandsmitgliedern sowie Gesellschaften gegenüber, deren alleiniger Gesellschafter ein amtierendes Vorstandsmitglied ist, vertritt der Aufsichtsrat die Gesellschaft gerichtlich und außergerichtlich. Einem amtierenden Vorstandsmitglied steht ein künftiges oder ehemaliges Vorstandsmitglied gleich, soweit die Vertretung einen Bezug zur künftigen oder vormaligen Vorstandstätigkeit hat. § 78 Abs. 2 Satz 2 gilt entsprechend.“

VI. Vorschlag de lege ferenda

§§ 111, 112 AktG sollten nach allem wie folgt gefasst werden:

§ 111 AktG
„(1) Der Aufsichtsrat hat die Leitung der Gesellschaft durch den Vorstand zu überwachen und den Vorstand hinsichtlich der künftigen Leitung der Gesellschaft zu beraten. Er handelt hierbei und bei Erledigung seiner sonstigen in Gesetz oder Satzung geregelten Aufgaben in eigener Verantwortung.

---

50 Vgl. BGHZ 26, 236, 238; OLG Brandenburg AG 2015, 428, 429; *Koch*, aaO (Fn. 3), § 112 AktG Rn. 2; *Habersack*, aaO (Fn. 6), § 112 Rn. 11, 13 mit weit. Nachw.

51 Für Zulässigkeit de lege lata s. *Hopt/Roth*, aaO (Fn. 17), § 112 AktG Rn. 47; *Habersack*, aaO (Fn. 6), § 112 AktG Rn. 20; *Lutter/Krieger/Verse*, aaO (Fn. 5), Rn. 456; im Ergebnis auch *Mertens/Cahn*, aaO (Fn. 39), § 112 AktG Rn. 38.

52 Für Einbeziehung dieser Fälle BGHZ 220, 377 Rn. 11 ff.; OLG Brandenburg AG 2015, 428, 429; OLG Zweibrücken NZG 2012, 1348, 1349 f.; *Mertens/Cahn*, aaO (Fn. 39), § 112 AktG Rn. 18; *Habersack*, aaO (Fn. 6), § 112 AktG Rn. 9; *Grigoleit/Tomasic*, aaO (Fn. 18) , § 112 AktG Rn. 8 mit weit. Nachw.; a. A. OLG München AG 2012, 518 Rn. 45; *Hopt/Roth*, aaO (Fn. 17), § 112 AktG Rn. 66 f.; offengelassen von BGHZ 196, 312 Rn. 9; BGH NZG 2015, 792 Rn. 32.

(2) Der Aufsichtsrat kann die Unterlagen sowie die Vermögensgegenstände der Gesellschaft einsehen und prüfen. Der Aufsichtsrat kann nach pflichtgemäßem Ermessen Informationen bei dem Vorstand nachgeordneten Angestellten einholen und ist insoweit zur Ausübung des arbeitsvertraglichen Direktionsrechts befugt; hat der Aufsichtsrat von dieser Befugnis Gebrauch gemacht, hat er den Vorstand unverzüglich zu unterrichten. Er kann mit den Aufgaben nach Satz 1 und Satz 2 auch einzelne Mitglieder oder für bestimmte Aufgaben besondere Sachverständige beauftragen. Er erteilt dem Abschlussprüfer den Prüfungsauftrag für den Jahres- und den Konzernabschluss gemäß § 290 des Handelsgesetzbuchs und überwacht die Abschlussprüfung, darunter insbesondere die Auswahl und die Unabhängigkeit des Abschlussprüfers und die vom Abschlussprüfer zusätzlich erbrachten Leistungen.

(3), (4), (5), (6) – unverändert

(7) Der Aufsichtsrat ist nach Maßgabe seiner funktionalen Zuständigkeit zur Kommunikation mit potentiellen oder aktuellen Investoren befugt. Soweit der Aufsichtsrat im Einzelfall oder generell einzelne Mitglieder zur Kommunikation ermächtigt, haben diese unverzüglich, jedenfalls im Anschluss an die Kommunikation den Aufsichtsrat zu informieren. Der Aufsichtsrat hat unverzüglich, jedenfalls im Anschluss an die Kommunikation den Vorstand zu informieren. Gesetzliche Verschwiegenheitspflichten und § 53a AktG bleiben unberührt.“

§ 112 AktG
„Vorstandsmitgliedern sowie Gesellschaften gegenüber, deren alleiniger Gesellschafter ein amtierendes Vorstandsmitglied ist, vertritt der Aufsichtsrat die Gesellschaft gerichtlich und außergerichtlich. Einem amtierenden Vorstandsmitglied steht ein künftiges oder ehemaliges Vorstandsmitglied gleich, soweit die Vertretung einen Bezug zur künftigen oder vormaligen Vorstandstätigkeit hat. § 78 Abs. 2 Satz 2 gilt entsprechend.“

Martin de Wall

Diskussionsbericht

I. Korreferat

Das Korreferat zum Thema „Aufgabenfelder des Aufsichtsrats und ihre Konkretisierung“ hielt *Jochen Vetter*. Nach umfassender Zustimmung zu den Thesen von *Mathias Habersack* betonte er, dass in den vergangenen Jahren eine kontinuierliche Erweiterung der Aufsichtsratsaufgaben stattgefunden habe: Einerseits seien dem Aufsichtsrat im Lauf der Jahre zahlreiche neue Einzelaufgaben übertragen worden, etwa im Rahmen der Entsprechenserklärung zum DCGK, der Auswahl und Kontrolle des Abschlussprüfers, der Vorstandsvergütung, der Förderung der Geschlechtergerechtigkeit oder der Kontrolle von Related Party Transactions. Andererseits sei zu bedenken, dass mit jeder Erweiterung oder Komplexitätssteigerung der Vorstandsaufgaben indirekt auch eine Verschärfung der Anforderungen an die Überwachungs- und Beratungsaufgabe des Aufsichtsrats verbunden sei.

In diesem Zusammenhang bemerkte der Korreferent ein Ungleichgewicht in den Reaktionsmöglichkeiten von Vorstand und Aufsichtsrat. Während für Vorstände die Aufstockung der personellen Ressourcen verbreitet sei, könne man auf Seiten des Aufsichtsrats keine entsprechenden Entwicklungen erkennen. Ähnliches sei bezüglich der Mandatierung von externen Beratern zu beobachten. Bei den Anforderungen an den Aufsichtsrat sei daher stets die Knappheit seiner Ressourcen zu berücksichtigen.

Aus diesem Grund hielt der Korreferent eine Priorisierung innerhalb der verschiedenen Aufsichtsratsaufgaben für notwendig. An erster Stelle sah er dabei die Personalkompetenz des Aufsichtsrats, welche von keinem anderen Organ wahrgenommen werden könne. Die ebenfalls zu priorisierende Überwachungsaufgabe wurde im Zusammenhang mit der Leistungsfähigkeit des Aufsichtsrats thematisiert. Dabei wurde als problematisch angesehen, dass im Fall eines komplexen, global tätigen Konzerns die Aufsichtsräte zuweilen mit den extremen Ausmaßen der bereitgestellten und zu prüfenden Informationen überfordert und hinsichtlich der Informationsversorgung weitestgehend abhängig vom Vorstand seien. Auch nach dem Eindruck aus der beratenden Praxis könne der Aufsichtsrat bei wichtigen strategischen Entscheidungen teilweise nicht mehr als eine rein intuitive Überprüfung leisten. Eine detaillierte Auseinandersetzung mit denkbaren Alternativen zu der vom Vorstand vorgeschlagenen Entscheidung sei vielfach nicht möglich. Bei der Überwachungsaufgabe sei daher eine Schärfung der An-

https://doi.org/10.1515/9783110746372-004

forderungen an den Aufsichtsrat und der daran anknüpfenden Haftung mit großer Zurückhaltung zu betrachten. Auf dritter Prioritätsstufe sah der Korreferent dann die Dokumentations- und Berichtspflichten des Aufsichtsrats. Hier seien weitgehende Entlastungen angebracht.

Neben dieser Priorisierung solle bei Aufgabenzuweisungen an den Aufsichtsrat stets auch die Befähigung des Aufsichtsrats, weitere Aufgaben erfüllen zu können, kritisch hinterfragt werden. Zum einen sei eine ehrliche Diskussion über den zu erwartenden Zeitaufwand der Aufsichtsratsmitglieder zu führen, was mit einer Überprüfung der Overboarding-Regelungen einhergehe. Zum anderen sei auch die Einrichtung zusätzlicher Stabsstellen für den Aufsichtsrat zu diskutieren; die Schaffung einer umfangreichen Parallelorganisation sei allerdings tunlichst zu vermeiden.

Eine abschließende Lösung konnte und wollte der Korreferent ausdrücklich nicht anbieten. Sein erklärtes Ziel war es, das Knappheitsproblem in die Diskussion einzuführen und im weiteren Verlauf der Diskussion auf dessen Berücksichtigung zu drängen.

II. Schwerpunkte der Diskussion

Die Thesen des Referenten trafen in der anschließenden Diskussion insgesamt auf breite Zustimmung. Erörtert wurden insbesondere eine Präzisierung der Aufgaben des Aufsichtsrats (1.) und die Thesen zur Investorenkommunikation (2.). Den Beobachtungen des Korreferenten wurde allgemein zugestimmt, sowohl in Bezug auf die Notwendigkeit einer Priorisierung der Aufgaben (3.), als auch bezüglich der Befähigung des Aufsichtsrats (4.). Schließlich wurde auch die Frage nach einem Direktinformationsrecht des Aufsichtsrats diskutiert (5.).

1. Präzisierung der Aufgaben des Aufsichtsrats

Zur Präzisierung der Aufgaben des Aufsichtsrats wurde angeregt die Beratungsaufgabe ausdrücklich im Gesetz klarzustellen, sodass diese nicht mehr nur aus § 90 AktG abzuleiten wäre. Zudem wurde die Frage aufgeworfen, ob der Katalog der Zustimmungsvorbehalte nach § 111 Abs. 4 S. 2 AktG einer gesetzlichen Präzisierung bedürfe. Hiergegen wurde jedoch eingewandt, dass die bisherige Fassung in der Praxis nicht zu Unzuträglichkeiten geführt habe. Die Gefahr, dass mit einer gesetzlichen Präzisierung eine zu starke unternehmerische Einschränkung einherginge, würde im Gegenteil überwiegen.

2. Investorenkommunikation

Unterschiedliche Ansichten bestanden in der Frage des Investorendialogs. Ein Vertreter der Anwaltschaft machte geltend, dass die Investorenkommunikation in der Praxis kaum ein Problem sei, sodass eine gesetzliche Regelung entbehrlich sei. Demgegenüber äußerte sich ein Vertreter aus dem Kreis der Organmitglieder dahingehend, dass eine klare Begrenzung der Kommunikationstätigkeit des Aufsichtsratsvorsitzenden auf aufsichtsratsspezifische Themen wünschenswert sei. Ein weiterer Teilnehmer hielt die vom Referenten vorgeschlagene Bindung einer Auskunftserteilung an einen Beschluss des Gesamtaufsichtsrates für problematisch, da der Kommunikationsbedarf auch spontan entstehen könne und eine Verzögerung der Kommunikation zu vermeiden sei. Der Referent stellte jedoch klar, dass es nicht in jedem Einzelfall einer neuerlichen Beschlussfassung bedürfe, da die Ermächtigung auch in allgemeiner Form, etwa in der Geschäftsordnung, erteilt werden könne. Schließlich wurde noch die Nachinformation der weiteren Aktionäre (§ 53a AktG) erörtert.

3. Priorisierung der Aufgaben des Aufsichtsrats

Die Beobachtungen des Korreferenten hinsichtlich der knappen Aufsichtsratskapazitäten wurden von allen Diskussionsteilnehmern geteilt. Deshalb wurde auf die grundlegende Frage der Rolle des Aufsichtsrats eingegangen. Dabei wurde darauf hingewiesen, dass diese Rolle nicht die einer „BaFin im Unternehmen" sei, sondern die eines kritischen Zuhörers und Beraters, der die Strategiebesprechung begleitet und eine Plausibilitätskontrolle mit Blick auf die Entscheidungen des Vorstands vornimmt. Insbesondere von den Vorstands- und Aufsichtsratsmitgliedern wurde die Beratung des Vorstands bei Fragen der Unternehmensstrategie als besonders wichtig hervorgehoben. Eine Präzisierung des § 111 Abs. 1 AktG, die beinhalten würde, dass die Überwachung auf eine strategische Dimension beschränkt wäre, erschien mehreren Diskussionsteilnehmern wünschenswert. Zudem wurde eine Entlastung des Aufsichtsrats bei seiner Überwachungsfunktion durch eine Präzisierung der Anforderungen an die Kontrollsysteme des Vorstands erwogen. Zum derzeitigen Ausmaß von Dokumentations- und Berichtspflichten äußerten sich die Diskussionsteilnehmer kritisch.

Abschließend wurde die Konzernperspektive beleuchtet. Insbesondere wurde die Frage aufgeworfen, ob und wie die Arbeit des Aufsichtsrats an der Konzernspitze durch weitere konzerninterne Aufsichtsräte beeinflusst wird.

4. Befähigung des Aufsichtsrats

Bei der Frage, ob man dem Aufsichtsrat zusätzliche Kapazitäten für die Erfüllung des stetig zunehmenden Aufgabenspektrums zuweisen sollte, wurde die Gefahr der Schaffung eines Parallelunternehmens zu bedenken gegeben. Eine Vergrößerung des Aufsichtsrats wurde allgemein abgelehnt. Vielmehr seien in der Praxis bereits Lösungen gefunden worden, etwa durch verstärkte Bildung von Ausschüssen und die Schaffung von Assistentenstellen für Aufsichtsratsvorsitzende oder Prüfungsausschussvorsitzende. Eine rechtliche Regelung der Zulässigkeit solcher Assistentenstellen wurde zur Diskussion gestellt. Die Ausgestaltung des Aufsichtsratsamtes als Nebenamt wurde insbesondere im Fall des Aufsichtsratsvorsitzes einer börsennotierten Gesellschaft teilweise kritisiert. Als Regelungsmöglichkeit wurde auch ein Vorschlag an die Kodexkommission ins Spiel gebracht, welche die zeitlichen Anforderungen an das Aufsichtsratsamt konkretisieren könnte.

5. Direktinformationsrecht

Kontrovers diskutiert wurde der Vorschlag eines Direktinformationsrechts des Aufsichtsrats gegenüber Mitarbeitern des Unternehmens unterhalb der Vorstandsebene. Mehrere Teilnehmer sahen die Gefahr, dass bei einer weiten Fassung des Direktinformationsrechts und entsprechend extensiver Nutzung durch den Aufsichtsrat die Autorität des Vorstands untergraben werden könnte und die befragten Mitarbeiter in Loyalitätskonflikte gebracht würden. Dem wurde entgegengehalten, dass der Aufsichtsrat selbst am besten beurteilen könne, wie er das Direktinformationsrecht effizient und in einer das Vertrauensverhältnis zum Vorstand möglichst schonenden Weise ausübt. Einigkeit bestand, dass der Vorstand der primäre Informationsschuldner des Aufsichtsrats bleiben solle. Auf breite Zustimmung stieß der Vorschlag, in der Gesetzesbegründung klarzustellen, dass es sich im Interesse einer vertrauensvollen Zusammenarbeit von Vorstand und Aufsichtsrat regelmäßig empfehlen wird, die Auskunftseinholung im Benehmen mit dem Vorstand zu betreiben, besondere Umstände aber auch ein anderes Vorgehen rechtfertigen können. Diskutiert wurden ferner der Prozess der Informationsbeschaffung sowie die Zuständigkeit. Überwiegend hielt man eine Zuständigkeit des Gesamtorgans für angezeigt. Die Diskussionsteilnehmer hielten jedoch eine allgemeine Regelung in der Geschäftsordnung des Aufsichtsrats, durch die die Ausübung des Rechts auf einzelne Mitglieder, insbesondere Ausschuss- oder Aufsichtsratsvorsitzende, übertragen werden kann, für unbedenklich.

Peter Hommelhoff*

Aufsichtsratsautonomie

Zusammenfassung: Die Eigenverantwortlichkeit des Aufsichtsrats in der Erfüllung seiner Aufgaben, also die Aufsichtsratsautonomie, ist ein ungeschriebenes Grundprinzip des Aktienrechts. Sie sollte, abgesichert durch wenige Begleitregelungen, im Gesetzestext ausdrücklich verlautbart werden, um vor allem dem deutschen, aber auch dem europäischen Gesetzgeber und der Kodex-Kommission als Leitlinie bei der künftigen Regulierung der Unternehmensverfassung auch und namentlich der Börsengesellschaften zu dienen.

Abstract: The supervisory board's autonomy in the fulfilment of its tasks is an unwritten basic principle of German stock corporation law. It should be expressly laid down in the Stock Corporation Act and be secured by a few accompanying provisions. The supervisory board's autonomy should serve all regulators, European and German, as a guideline in the future regulation of corporate governance, particularly in publicly listed companies.

Inhaltsübersicht

* Der Autor ist em. Ordinarius für Bürgerliches Recht, Handels- und Wirtschaftsrecht, Rechtsvergleichung an der Universität Heidelberg und Richter am Oberlandesgericht Hamm aD.

https://doi.org/10.1515/9783110746372-005

In der Unternehmensverfassung der deutschen Aktiengesellschaft fungiert die Eigenverantwortlichkeit des Vorstands (§ 76 Abs. 1 AktG) als Leitstern. Auf sie sind die Kompetenzen der beiden anderen Organe, namentlich in ihrer Abgrenzung gegenüber der Vorstandszuständigkeit zugeschnitten. Dagegen findet sich für den Aufsichtsrat und dessen Eigenverantwortlichkeit im Text des Aktiengesetzes kein vergleichbarer Grundsatz, so dass sich die Frage stellt, ob ein solches Grundprinzip der Aufsichtsratsautonomie überhaupt im Aktienrecht gilt.

I. Strukturelemente der Vorstandsautonomie

Auf der Suche nach einer möglichen Aufsichtsratsautonomie ist zunächst an die Autonomie des Vorstands in ihrer strukturellen Ausprägung zu erinnern. Dessen Eigenverantwortlichkeit ist gegen Eingriffe des Aufsichtsrats ebenso abgesichert wie gegen die der Hauptversammlung. Diese kann aus eigener Rechtsmacht keine Fragen der Geschäftsführung an sich ziehen (arg. § 119 Abs. 2 AktG) und vermag allein dort die Initiative zu ergreifen, wo sie (und sei es in Form der Zustimmung) gesetzlich zur Entscheidung aufgerufen ist (§ 83 Abs. 1 AktG) – wie etwa für Satzungsänderungen einschließlich der Kapitalmaßnahmen oder für Umstrukturierungen nach dem Umwandlungsgesetz.[1] Allein der Satzungsgeber zieht dem Vorstand mit dem statutarischen Unternehmensgegenstand (§ 23 Abs. 3 Nr. 2 AktG) den Rahmen für seine Aktivitäten.[2] Dem Aufsichtsrat sind Geschäftsführungsinitiativen verwehrt (arg. § 111 Abs. 4 Satz 1 AktG);[3] im Übrigen kann er, abgesehen von der Ausübung eines Zustimmungsvorbehalts (§ 111 Abs. 4 Satz 2 AktG), auf die Leitung und Geschäftsführung des Vorstands bloß mittel-

1 Koch, in: Hüffer/Koch, Komm. z. AktG, 14. Aufl., 2020, § 119 Rdn. 1; Kubis, Münchener Komm. z. AktG, 4. Aufl., 2018, § 119 Rdn. 1.

2 Koch, aaO (Fn. 1), § 23 AktG Rdn. 21; Grigoleit/Vedder, Komm. z. AktG, 2. Aufl., 2020, § 23 Rdn. 25; Seibt, in: Schmidt/Lutter, Komm. z. AktG, 4. Aufl., 2020, § 23 Rdn. 32; Fleischer, ZIP 2003, 1, 2.

3 Koch, aaO (Fn. 1), § 23 AktG Rdn. 33.

baren Einfluss nehmen: über die Besetzung der Vorstandspositionen (§ 84 Abs. 1 AktG) und über die Gestaltung der Vorstandsvergütung in ihrer incentivierenden Struktur (§ 87 Abs. 1 AktG).[4]

So in seiner eigenverantwortlichen Aufgabenerfüllung abgesichert, ist es dem Vorstand zugleich grundsätzlich versagt, die Wahrnehmung seiner Leitungs- und Geschäftsführungsaufgabe auf andere zu übertragen. Für den Aufsichtsrat stellt dies § 111 Abs. 4 Satz 1 AktG in Reaktion auf die ungeordneten Verhältnisse vor dem Aktiengesetz 1937[5] klar und auch von der Hauptversammlung kann der zur Eigenverantwortung aufgerufene Vorstand lediglich die Entscheidung einzelner Geschäftsführungsfragen verlangen (§ 119 Abs. 2 AktG), aber nicht Leitung und Geschäftsführung insgesamt übertragen. In gleicher Weise sind dem Satzungsgeber entsprechende Kompetenzverlagerungen, etwa auf den Alleinaktionär (außerhalb eines Beherrschungsvertrages, arg. § 308 Abs. 1 AktG) versagt.[6]

Die Eigenverantwortlichkeit des Vorstands in Wahrnehmung seiner gesetzlich zugewiesenen Leitungs- und Geschäftsführungsaufgabe hat das Aktiengesetz somit in zwei Richtungen abgesichert: zum einen gegenüber Eingriffen des Aufsichtsrats oder der Hauptversammlung sowie zum anderen gegenüber der Selbstaufgabe eigenverantwortlicher Aufgabenwahrnehmung durch den Vorstand. Das nach außen gerichtete Eingriffsverbot und das nach innen auf das Organ selbst gerichtete Aufgabeverbot stützen die Eigenverantwortlichkeit bei der Wahrnehmung vom Gesetz auferlegter Organaufgaben und kennzeichnen jene strukturell: Selbstaufgabe- und Eingriffsverbot sind die Voraussetzungen und Merkmale effektiv praktizierbarer Eigenverantwortlichkeit.

II. Aufsichtsratsbezogene Selbstaufgabe- und Eingriffsverbote

Wie verhält sich in dieser Hinsicht das Aktiengesetz zum Aufsichtsrat? Ihm sind die Besetzung des Vorstands, dessen Überwachung und Beratung sowie eine Reihe unternehmerischer Mitentscheidungen als Kernaufgaben gesetzlich zugewiesen. Gilt für ihre Wahrnehmung ebenfalls ein Selbstaufgabe- und Eingriffsverbot?

4 Hommelhoff, FS Hopt, 2020, S. 467.

5 Dazu W. Schmidt, in: Gadow/Heinichen, Komm. z. AktG, 1939, § 70 Rdn. 7.

6 BGH, AG 2008, 541, 542; Fleischer, beck-online Großkomm. z. Aktienrecht, Stand 1.2.2021, § 76 AktG Rdn. 66; Koch, aaO (Fn. 1), § 76 AktG Rdn. 25; Spindler, Münchener Komm. z. AktG, 5. Aufl., 2019, § 76 Rdn. 22 m.w.N.

1. Vorstandsbesetzung

Die Besetzung der Vorstandspositionen (§ 84 Abs. 1 AktG) kann der Aufsichtsrat weder auf die Hauptversammlung übertragen, noch dem Vorstand zur Eigenbesetzung im Wege der Kooptation überlassen.[7] Ebenso sind dem Satzungsgeber solche Kompetenzverlagerungen verwehrt.[8] Für die Vorstandsbesetzung gilt mithin das Selbstaufgabeverbot. Dies jedoch hindert den Aufsichtsrat nicht daran, sich für die Auswahl von Vorstandsmitgliedern oder für deren Wiederbestellung (§ 84 Abs. 1 Satz 2 AktG) vom amtierenden Vorstand, insbesondere von dessen Vorsitzendem anregen und beraten zu lassen.[9] Dies jedoch lässt die Besetzungsverantwortung des Aufsichtsrats unberührt.

Ebenso wenig können die Hauptversammlung oder gar einzelne Aktionäre durch Weisungen dem Aufsichtsrat vorgeben, wie er seine Besetzungsaufgabe auszuführen hat. Sogar dann, wenn die Hauptversammlung einem Vorstandsmitglied die Entlastung verweigert (§ 120 Abs. 1 AktG) und damit das Vertrauen entzogen hat, ist der Aufsichtsrat keineswegs gezwungen, die Vorstandsbestellung nach § 84 Abs. 3 Satz 2 AktG zu widerrufen; die vorzeitige Abberufung liegt vielmehr im pflichtgemäßen Ermessen des Aufsichtsrats.[10] Für die Besetzungsaufgabe gilt somit über das Selbstaufgabeverbot hinaus auch ein Eingriffsverbot.

Allerdings kann der Satzungsgeber die Zahl der Vorstandsmitglieder, also die Größe des Leitungsorgans festlegen (arg. § 76 Abs. 2 i.V.m. § 23 Abs. 3 Nr. 6 AktG) und nach herrschender Meinung zudem Eignungsvoraussetzungen über § 76 Abs. 3 AktG hinaus.[11] Dabei darf freilich der Aufsichtsrat nicht über Gebühr in seinem Auswahlermessen eingeschränkt werden.[12] Solche Satzungsbestimmungen lassen die eigenverantwortliche Wahrnehmung der Besetzungsaufgabe unberührt; sie ziehen dem Aufsichtsrat für die Ausübung seiner Eigenverantwort-

7 Allg. M., s. nur Koch, aaO (Fn. 1), § 84 AktG Rdn. 5.

8 Spindler, aaO (Fn. 6), § 84 AktG Rdn. 12; Grigoleit/Grigoleit, Komm. z. AktG, 2. Aufl., 2020, § 84 Rdn. 7; Kort, Großkomm. z. AktG, 5. Aufl., 2015, § 84 Rdn. 27a.

9 Dazu Spindler, aaO (Fn. 6), § 84 AktG Rdn. 16.

10 Kubis, aaO (Fn. 1), § 120 AktG Rdn. 31; Mülbert, Großkomm. z. AktG, 5. Aufl., 2015, § 120 Rdn. 57.

11 Fleischer, aaO (Fn. 6), § 76 AktG Rdn. 136; Koch, aaO (Fn. 1), § 76 AktG Rdn. 60; Spindler, aaO (Fn. 6), § 84 AktG Rdn. 30; Seibt, aaO (Fn. 2), § 76 AktG Rdn. 61; Grigoleit/Grigoleit, aaO (Fn. 8), § 76 AktG Rdn. 116; Kort, aaO (Fn. 8), § 76 AktG Rdn. 276; a. A. Mertens/Cahn, Kölner Komm. z. AktG, 2010, § 76 Rdn. 116; Lutter/Krieger/Verse, Rechte und Pflichten des Aufsichtsrats, 7. Aufl., 2020, Rdn. 341; Behme/Zickgraf, AG 2015, 841, 846 f; Hommelhoff, BB 1977, 322, 326.

12 Spindler, aaO (Fn. 6), § 84 AktG Rdn. 30; Kort, aaO (Fn. 8), § 76 AktG Rdn. 276.

lichkeit lediglich einen Rahmen, können aber rechtlich nicht als Eingriffe in die Eigenverantwortlichkeit des Aufsichtsrats qualifiziert werden.

2. Vorstandsüberwachung

Die gesetzliche Zentralaufgabe, den Vorstand in seiner Geschäftsführung, vor allem in der Wahrnehmung der Leitungsaufgabe zu überwachen (§ 111 Abs. 1 AktG), kann der Aufsichtsrat nicht auf andere übertragen: weder auf die Hauptversammlung, noch auf einzelne Aktionäre, auch nicht auf den Alleinaktionär.[13] Das Selbstaufgabeverbot erstreckt sich mithin auf die Vorstandsüberwachung. Konsequent ist es daher dem Aufsichtsrat versagt, entgegen dem gesetzlichen Auftrag aus § 171 Abs. 1 AktG auf die Prüfung der Rechnungslegung (als zentralem Instrument der Vorstandsüberwachung) mit der Begründung zu verzichten, das habe bereits der Abschlussprüfer höchst fach- und sachkundig erledigt.[14] Dies ist lediglich Vorarbeit für den Aufsichtsrat (und ggf. dessen Prüfungsausschuss), damit dieser auch und vornehmlich anhand des Prüfungsberichts (§ 321 HGB) seinem Prüfungsauftrag aus § 171 Abs. 1 AktG effektiv nachkommen kann.

Auf welche Weise und mithilfe welcher Maßnahmen der Aufsichtsrat seinen gesetzlichen Überwachungsauftrag erfüllen will, liegt in seinem eigenen pflichtgemäßen Ermessen.[15] Weder die Hauptversammlung, noch einzelne Aktionäre, noch gar der Vorstand können den Aufsichtsrat anweisen, wie die Überwachung durchzuführen ist; niemand kann ihm etwa Prüfungsschwerpunkte vorgeben.[16] Auch die Überwachungsaufgabe hat der Aufsichtsrat eigenverantwortlich wahrzunehmen und hierfür der Hauptversammlung Rede und Antwort zu stehen (§§ 171 Abs. 2, 120 Abs. 1 AktG). Für die Überwachungsaufgabe des Aufsichtsrats gilt ebenfalls das Eingriffsverbot.

Dieser Feststellung lässt sich mitnichten die vornehmlich in Unternehmen der öffentlichen Hand genutzte Möglichkeit entgegenhalten, deren Aufsichtsrat und dessen Mitgliedern Weisungen zu erteilen. Wenn solche Unternehmen als GmbH organisiert sind und auf gesellschaftsrechtlicher Grundlage einen fakultativen

---

13 BGHZ 85, 293, 295 f („Hertie"); SPINDLER, aaO (Fn. 6), § 111 AktG Rdn. 107; KORT, aaO (Fn. 8), § 111 AktG Rdn. 790; HABERSACK, Münchener Komm. z. AktG, 5. Aufl., 2019, § 111 Rdn. 60; HOMMELHOFF, ZGR 1983, 551, 563.

14 E. VETTER, Großkomm. z. AktG, 5. Aufl., 2018, § 171 Rdn. 20.

15 Dazu HOPT/ROTH, Großkomm. z. AktG, 5. Aufl., 2018, § 111 Rdn. 106 f; RICHTER, ZHR 177 (2013), 577, 579 m.w.N.

16 HOPT/ROTH, aaO (Fn. 15), § 111 AktG Rdn. 106 f; HABERSACK, aaO (Fn. 13), § 111 AktG Rdn. 3; ALTMEPPEN, NJW 2003, 2561, 2564.

Aufsichtsrat etabliert haben, dann steht es den Kommunen etc. nach höchstrichterlicher Rechtsprechung in der Tat frei, ein Weisungsrecht sogar gegenüber dem Aufsichtsrat in der Satzung rechtlich zulässig vorzusehen.[17] Hier gilt kein Eingriffsverbot; dies aber deshalb nicht, weil es dem GmbH-Satzungsgeber freisteht, ob er einen freiwilligen Aufsichtsrat einrichten, mit welchen Aufgaben er ihn betrauen und wie er dessen Rechtsposition ausgestalten will. Die Überwachungsaufgabe beruht in einem solchen Fall nicht auf dem Gesetz, sondern auf dem Willen des Satzungsgebers in Ausübung seiner Gestaltungsfreiheit (§ 45 GmbHG). In diesem Bereich gilt das Eingriffsverbot nicht. Anders hingegen bereits dann, wenn das öffentliche Unternehmen als Aktiengesellschaft organisiert wird: Ihr Pflichtaufsichtsrat amtiert auf der Grundlage seines gesetzlichen Überwachungsauftrags konsequent eigenverantwortlich und weisungsfrei.[18]

3. Unternehmerische Mitentscheidungen

Über die Überwachungsaufgabe hinaus weist das Aktiengesetz dem Aufsichtsrat eine Reihe unternehmerischer Mitentscheidungen zu, die dieser zusammen mit dem Vorstand zu fällen hat: die Feststellung des Jahresabschlusses (§ 171 AktG) und die Verwendung des Jahresüberschusses (§ 58 Abs. 2 AktG) etwa, die Bedingungen der Aktienausgabe beim genehmigten Kapital (§ 204 Abs. 1 Satz 2 AktG), die Zustimmung des Aufsichtsrats bei Geschäften mit nahestehenden Personen (§ 111b Abs. 1 AktG) oder (bis jetzt jedenfalls) dessen Zustimmung oder die seines Prüfungsausschusses zu Nichtprüfungsleistungen des Abschlussprüfers (§ 319a Abs. 3 HGB). Mit Ausnahme der Abschlussfeststellung sind diese Entscheidungsgegenstände sämtlich unübertragbar auf andere Organe und weisungsfest gegenüber diesen dem Aufsichtsrat gesetzlich zugewiesen. Bloß die Feststellung des Jahresabschlusses können Vorstand und Aufsichtsrat der Hauptversammlung überlassen (§ 172 Abs. 1 AktG). Diese punktuelle Ausnahme ändert jedoch an der Geltung des Selbstaufgabe- und des Eingriffsverbots bei den genannten Aufsichtsratsentscheidungen nichts. Schon der Vorstand verliert wegen § 172 Abs. 1 AktG nicht seine Eigenverantwortlichkeit.

---

17 BVerwG, Urt. v. 31. 8. 2011 – 8 C 16/10 (OVG Münster), GWR 2011, 521 = ZIP 2011, 2054 = GmbHR 2011, 1205; im Anschluss daran Hommelhoff, in: Lutter/Hommelhoff, Komm. z. GmbHG, 20. Aufl., 2020, § 52 Rdn. 30a; so auch schon Altmeppen, NJW 2003, 2561, 2564; Kiethe, NZG 2006, 45, 49; a.A. Zöllner/Noack, in: Baumbach/Hueck, Komm. z. GmbHG, 22. Aufl., 2019, § 52 Rdn. 130; Michalski/Giedinghagen, Komm. z. GmbHG, 2017, § 52 Rdn. 174.

18 So die h.M., vgl. dazu Koch, aaO (Fn. 1), § 394 AktG Rdn. 28 m.w.N.

Einer gesonderten Betrachtung bedarf der statutarische Zustimmungsvorbehalt nach § 111 Abs. 4 Satz 2 AktG, also der Vorbehalt, mit dem der Satzungsgeber bestimmt, welche Angelegenheiten vom Aufsichtsrat zugleich vorbeugend zu überwachen und unternehmerisch mitzuentscheiden sind. Ein so in der Satzung festgesetzter Zustimmungsvorbehalt zwingt das Überwachungsorgan, sich mit der Maßnahme zu befassen, sobald der Vorstand sie beschlossen hat.[19] Der Hauptversammlung kann die Zustimmung weder statutarisch, noch durch ad hoc-Entscheid des Aufsichtsrats zugewiesen werden.[20] Allenfalls dort, wo dieser anstelle des Vorstands geschäftsführend tätig wird (z. B. § 112 AktG), kann er die Entscheidung entsprechend § 119 Abs. 2 AktG den Aktionären überantworten.[21]

Der Aufsichtsrat kann sich mithin nicht selbst freistellen; auch hier gilt das Verbot der Selbstaufgabe. Anders dagegen das Eingriffsverbot: Mit dem statutarischen Zustimmungsvorbehalt verwehrt der Satzungsgeber dem Aufsichtsrat die Entscheidung, wann er die im Vorbehalt erfasste Maßnahme prüfend überwachen will: präventiv oder reaktiv im Nachhinein.[22] Mit dem Zustimmungsverhalt greift der Satzungsgeber daher in die Entscheidungsautonomie des Aufsichtsrats ein. Das aber tut dem Grundsatz der Eigenverantwortlichkeit keinen Abbruch. Ihm bleibt es unbenommen, über die Satzung hinaus weitere Maßnahmen ad hoc oder im Rahmen einer Geschäftsordnung seiner Zustimmung zu unterwerfen.[23] Die Satzung kann dem Aufsichtsrat das nicht untersagen;[24] insoweit gilt dann wieder das Eingriffsverbot.

---

19 A.A. Falkenhausen, NZG 2016, 601, 605, der dem Aufsichtsrat die Möglichkeit eröffnen möchte, den Vorstand zu ersuchen, die Angelegenheit nach § 119 Abs. 2 AktG direkt an die Hauptversammlung zu überantworten, um sich aus möglicher Haftungsgefahr gegenüber der Hauptversammlung zu befreien; in Anlehnung an die in der Literatur h.M., welche davon ausgeht, dass der Vorstand auch zustimmungsbedürftige Maßnahmen der Hauptversammlung vorlegen kann, solange diese in Übereinstimmung mit § 111 Abs. 4 Satz 4 AktG durch Dreiviertelmehrheit beschließt; vgl. nur Kubis, aaO (Fn. 1), § 119 AktG Rdn. 24; 26 m.w.N.

20 Fischbach, ZIP 2013, 1153, 1155; so i.E. auch Dietz-Vellmer, NZG 2014, 721, 724 f.

21 Hoffmann, beck-online Großkomm. z. Aktienrecht, Stand 1.2.2021, § 119 AktG Rdn. 19; Habersack, aaO (Fn. 13), § 116 AktG Rdn. 76; Spindler, in: Schmidt/Lutter, Komm. z. AktG, 4. Aufl., 2020, § 119 Rdn. 15; Habersack, NZG 2016, 321, 326 f; Fischbach, ZIP 2013, 1153, 1155; Schüppen, ZIP 2010, 905, 909 f; a.A. Koch, aaO (Fn. 1), § 119 AktG Rdn. 13; Kubis, aaO (Fn. 1), § 119 AktG Rdn. 20; Dietz-Vellmer, NZG 2014, 721, 724; offenlassend Falkenhausen, NZG 2016, 601, 605.

22 Dazu Habersack, aaO (Fn. 13), § 111 AktG Rdn. 117.

23 Habersack, aaO (Fn. 13), § 111 AktG Rdn. 117.

24 Habersack, aaO (Fn. 13), § 111 AktG Rdn. 117; Koch, aaO (Fn. 1), § 111 AktG Rdn. 38; Hopt/Roth, aaO (Fn. 15), § 111 AktG Rdn. 641; Lutter/Krieger/Verse, aaO (Fn. 11), Rdn. 114.

4. Beratung

Zwischen Überwachung und unternehmerischer Mitentscheidung ist ebenfalls die Beratung des Vorstands durch den Aufsichtsrat angesiedelt, wie sie der Bundesgerichtshof als viertes Aufgabenfeld festgelegt hat.[25] Ihren Ansatz findet die Beratungsaufgabe des Aufsichtsrats im Jahresbericht des Vorstands zur von ihm beabsichtigten Geschäftspolitik und anderen Grundsatzfragen der Unternehmensplanung (§ 90 Abs. 1 Satz 1 Nr. 1 AktG).[26] Mit diesem obligatorischen „Politikbericht" verbindet das Aktiengesetz ganz offensichtlich die Erwartung, dass sich Vorstand und Aufsichtsrat über die Zukunftspläne austauschen, der Aufsichtsrat also seinen Rat einbringt. Dem kann er sich nicht mit der Begründung entziehen, über die Zukunftsstrategie der Gesellschaft berate sich der Vorstand besser mit der Hauptversammlung, mit den kontrollierenden Aktionären oder mit dem Alleinaktionär. Das wäre ein Verstoß gegen das Verbot der Selbstaufgabe; ein Vorlagerecht des Aufsichtsrats entsprechend § 119 Abs. 2 AktG kommt allenfalls für Einzelentscheidungen[27] in Betracht, aber keinesfalls für die Unternehmenspolitik als umfassendes Fundament der Vorstandstätigkeit.

Ebenso wenig ist es der Hauptversammlung oder einzelnen Aktionären gestattet, zur Unternehmenspolitik und Zukunftsstrategie auf den Aufsichtsrat einzuwirken. Diese Entscheidungsgegenstände sind keine Angelegenheiten, für die § 83 AktG der Hauptversammlung und den Aktionären in ihr ein Initiativrecht eröffnet. Wenn diese mit den unternehmenspolitischen Ratschlägen des Aufsichtsrats nicht einverstanden sind, können sie diesem und seinen Mitgliedern die Entlastung verweigern (§ 120 AktG) und davon Abstand nehmen, sie erneut zu wählen (§ 101 Abs. 1 AktG). Auch zur Beratungsaufgabe gilt das Eingriffsverbot. Konsequent müssen sich der Aufsichtsrat und sein Vorsitzender dem Ansinnen mancher Investoren verweigern, über strategische Fragen einen Dialog zu führen.

III. Das Grundprinzip der Aufsichtsratsautonomie

Nach allem kann daher festgehalten werden: Den Aufgaben, die das Gesetz dem Aufsichtsrat zur Wahrnehmung überantwortet, kann sich dieser nicht entziehen. Ihm ist es verwehrt, die Aufgabenerfüllung einem anderen Organ zu überlassen oder einzelnen Aktionären. Für den Aufsichtsrat gilt dasselbe wie für den Vor-

25 BGHZ 114, 127, 130; vgl. auch LUTTER/KRIEGER/VERSE, aaO (Fn. 11), Rdn. 103 m.w.N.
26 Dazu KOCH, aaO (Fn. 1), § 90 AktG Rdn. 4d; SPINDLER, aaO (Fn. 6), § 90 AktG Rdn. 25.
27 Vgl. oben II. 3.

stand: Die Selbstaufgabe ist ihm verboten. Und in gleicher Weise ist der Kompetenzbereich des Aufsichtsrats gegenüber Eingriffen anderer abgeschirmt: Das den Vorstand in seiner Eigenverantwortlichkeit schützende Eingriffsverbot gilt ebenfalls für den Aufsichtsrat.

Wenn aber das Aktiengesetz die Wahrnehmung der von ihm zugewiesenen Aufgaben beim Aufsichtsrat in strukturell identischer Weise durch ein Selbstaufgabeverbot stärkt und gegenüber anderen durch ein Eingriffsverbot absichert, wie es das beim eigenverantwortlichen Vorstand tut, dann ist davon auszugehen, dass ebenfalls für den Aufsichtsrat und dessen Wahrnehmung der Grundsatz der Eigenverantwortlichkeit gilt; neben die ausdrücklich im Aktiengesetz ausformulierte Vorstandsautonomie tritt als ungeschriebenes Grundprinzip im deutschen Aktienrecht die Aufsichtsratsautonomie.

Die Autonomie, die dem Aufsichtsrat für die Erfüllung seiner Aufgaben eröffnet ist, findet ihre Legitimation im Gewicht, der Komplexität und in der Schwierigkeit dieser Aufgaben, die das Gesetz im Interesse der Gesellschaft und aller an ihr Beteiligten (*stakeholder*) dem Aufsichtsrat zwingend auferlegt und damit jenem Organ, das mit seiner Befähigung diesen Aufgaben am nächsten steht und sie deshalb optimal erfüllen kann und soll.[28] Innerhalb der Corporate Governance in der dualistischen Unternehmensverfassung fungiert die Aufsichtsratsautonomie als das komplementär notwendige Gegengewicht zur Leitungsautonomie des Vorstands.

Die autonome Erledigung der Aufsichtsratsaufgaben hat Konsequenzen: für die Größe des Aufsichtsrats und seine personelle Zusammensetzung, für die Organisation der Aufgabenerledigung sowie für seine Maßnahmen und Entscheidungen. All das müsste vom Grundsatz der Aufsichtsratsautonomie geprägt sein. Fragt sich nur, inwieweit das geltende Aktienrecht diesem Grundsatz entspricht.

IV. Aufsichtsratsautonomie und Aufgabenerledigung

Um den Aufgabenkatalog, wie ihn das Gesetz allen Aktiengesellschaften gleichförmig vorgibt, für den einzelnen Aufsichtsrat in der individuellen Gesellschaft abarbeitbar zuzuschneiden, müssen sich sämtliche Aufsichtsratsmitglieder in Erfüllung ihrer Gesamtverantwortung für das effektive Funktionieren ihres Organs (unter der Leitung des Aufsichtsratsvorsitzenden und unter Einschaltung des Vorstands) in regelmäßigen Abständen einen Überblick darüber verschaffen,

28 So im Grundsatz schon BGHZ 83, 106, 115.

welche Herausforderungen in den vier Aufgabenbereichen[29] in gerade ihrer Gesellschaft jetzt und in den kommenden vier bis fünf Jahren (arg. § 102 AktG) anstehen, welche Fachexpertise und Erfahrung im Gesamtaufsichtsrat zur Bewältigung dieser Herausforderungen erforderlich sein werden, wieviel Aufsichtsratsmitglieder (vornehmlich der Anteilseignerseite) hierfür notwendig sind und wie die Aufgabenerledigung innerhalb des Aufsichtsrats im Aufbau und im Ablauf organisiert werden soll. Einen solchen Gesamtüberblick werden sich die Aufsichtsratsmitglieder, bevorzugt die in Börsengesellschaften, regelmäßig, wenn schon nicht jährlich, so doch zumindest alle zwei Jahre verschaffen müssen. Für das in dieser Weise konkret zuzuschneidende Arbeitsprogramm sollte die Aufsichtsratsautonomie die erforderliche Gestaltungsfreiheit und Anpassungs-Flexibilität eröffnen; allerdings fragt sich, ob und inwieweit dem Einzelvorgaben des Aktien- und anderer Gesetze entgegenstehen.

1. Größe des Aufsichtsrats

Für Aktiengesellschaften, die dem MitbestG 1976 unterfallen, legt dessen § 7 Abs. 1 Satz 1 die Aufsichtsratsgröße je nach der Arbeitnehmerzahl mit insgesamt 12, 16 und 20 Mitgliedern insgesamt fest. Das wird in aller Regel jeweils ausreichen, um genügend Fachexpertise und Erfahrung schon auf der Anteilseignerseite zu versammeln, zumal nicht selten auch die Arbeitnehmerseite notwendige Expertise und Erfahrung beizusteuern vermag. Sollte die gesetzlich vorgegebene Größe nicht ausreichen, so kann und muss der Aufsichtsrat den Satzungsgeber veranlassen, die Größe auf die nächste Stufe anzuheben (§ 7 Abs. 1 Satz 2 MitbestG); für einen solchen Vorstoß versichert sich der Aufsichtsrat regelmäßig der Mitwirkung des Vorstands (§§ 179, 124 Abs. 3 Satz 1 AktG). Aber auch umgekehrt mag es die effektive Arbeitsfähigkeit des Aufsichtsrats unter Berücksichtigung notwendiger Expertise und Erfahrung erfordern, dessen Größe gegenüber der gesetzlich vorgegebenen zu verringern. Das aber schließt § 7 Abs. 1 Satz 2 MitbestG aus und beschneidet damit nicht zuletzt die Aufsichtsratsautonomie. Auch deshalb sollte der Gesetzgeber in diesem Punkt Gestaltungsfreiheit gewähren.[30]

Außerhalb des MitbestG 1976 steht die Größe des Aufsichtsrats zwischen drei und je nach der Grundkapitalhöhe maximal einundzwanzig Mitgliedern frei zur Entscheidung des Satzungsgebers (§ 95 Satz 1 AktG). Ihn muss der Aufsichtsrat (zusammen mit dem Vorstand) für eine Satzungsänderung gewinnen (§§ 179, 124

29 Vgl. oben II.
30 S. dazu schon Arbeitskreis Recht des Aufsichtsrats, NZG 2021, 477, 480 Tz 28.

Abs. 3 Satz 1 AktG), falls die statutarisch vorgegebene Aufsichtsratsgröße sich für die Erledigung des im Aufsichtsrat anstehenden Arbeitsprogramms als unzureichend erweisen sollte. Die notwendige Satzungsänderung erschwert die Aufsichtsratsautonomie in ihrer Ausübung, aber schließt sie nicht aus.

2. Kompetenz der Aufsichtsratsmitglieder

Die in der jüngeren Zeit, nicht zuletzt durch die drohende Organhaftung (§§ 116, 93 Abs. 2 AktG), nachdrücklich vorangetriebene Professionalisierung der Arbeit im Aufsichtsrat[31] hat dessen diverser, insbesondere fachlich diverser Zusammensetzung ein ganz erheblich gesteigertes Gewicht beigelegt und die Verantwortung des Gesamtaufsichtsrats hierfür, fokussiert in seinem exklusiven Wahlvorschlagsrecht (§ 124 Abs. 3 Satz 1 AktG), entsprechend unterstrichen. Diese Vorschlagsverantwortung reibt sich mit dem Recht (nicht der Verpflichtung) des Satzungsgebers, für Aufsichtsratsmitglieder der Anteilseignerseite persönliche Voraussetzungen zu statuieren (§ 100 Abs. 4 AktG). Mit dieser Satzungsermächtigung will das Gesetz dem Satzungsgeber die Möglichkeit eröffnen, qualifizierende Anforderungen an die Mitglieder des Aufsichtsrats zu stellen – wie etwa ein bestimmtes Höchstalter oder eine bestimmte Staatsangehörigkeit, aber auch eine bestimmte berufliche Qualifikation oder Fachkunde.[32] Eine Grenze ist solchen statutarischen Eignungsvoraussetzungen für Aufsichtsratsmitglieder rechtlich erst dort gezogen, wo sie die Wahlfreiheit der Hauptversammlung in so starkem Maße beschneiden, dass deren Wahlrecht (§ 101 Abs. 1 Satz 1 AktG) faktisch leerläuft.[33]

Statutarische Eignungsvoraussetzungen können, aber müssen nicht unbedingt den Aufsichtsrat in seinem Bestreben beeinträchtigen, das Anforderungsprofil für den Gesamtaufsichtsrat in autonomer Ausnutzung seines Vorschlagsrechts (§ 124 Abs. 3 Satz 1 AktG) optimal nachzubilden. Überdies können solche Eignungsvoraussetzungen es dem Aufsichtsrat erschweren, seine Zusammensetzung relativ zügig und flexibel an geänderte Verhältnisse anzupassen. Zwar sind statutarische Eignungsvoraussetzungen nicht schon deshalb rechtswidrig, weil sie den Aufsichtsrat an einer optimal aufgabenadäquaten Zusammensetzung hindern. Ihm ist dann aber die Aufgabe gestellt, in Abstimmung mit dem Vorstand den Satzungsgeber für den Beschlussvorschlag für eine dahingehende

31 Zur Professionalisierung s. schon LUTTER, ZIP 2003, 417.
32 Vgl. dazu HABERSACK, aaO (Fn. 13), § 100 AktG Rdn. 58.
33 Allg. M., vgl. nur KOCH, aaO (Fn. 1), § 111 AktG Rdn. 38.

Satzungsänderung (§§ 179, 124 Abs. 3 Satz 1 AktG) mit der Begründung zu überzeugen, dass auf statutarische Eignungsvoraussetzungen, die einer optimal aufgabenadäquaten Aufsichtsratsbesetzung entgegenstehen, im Interesse der Gesellschaft besser verzichtet werden sollte. Auch insoweit muss sich der Aufsichtsrat demnach seine Autonomie mit Blick auf die Besetzung der Aufsichtsratspositionen ggf. erst verschaffen.

3. Aufbauorganisation: Aufsichtsratsvorsitzender und Stellvertreter

Nach dem Grundkonzept des Aktiengesetzes ist der Aufsichtsrat, sogar der kleinste mit nur drei Mitgliedern (§ 95 Satz 1 AktG), keine lockere Ansammlung der Aufsichtsratsmitglieder, sondern ein schon in seiner Struktur formalisierter Verbund innerhalb der aktienrechtlichen Unternehmensverfassung, eben eines ihrer drei Organe.[34] Für diese organisationsrechtliche Verfestigung sorgt bereits § 107 Abs. 1 Satz 1 AktG mit der zwingenden Vorgabe an den Aufsichtsrat, aus seiner Mitte einen Vorsitzenden und mindestens einen Stellvertreter zu wählen. Auf diesem Wege soll nicht bloß ein Verantwortlicher[35] berufen werden, der die Aufgabenerledigung im Gesamtaufsichtsrat, insbesondere dessen Sitzungen leitet, sondern zugleich auch derjenige, der den Aufsichtsrat repräsentiert, namentlich gegenüber dem Vorstand (z. B. § 90 Abs. 1 Satz 3 AktG) und der Hauptversammlung (arg. § 130 Abs. 1 Satz 3 AktG, weil der Aufsichtsratsvorsitzende typisch auch in Börsengesellschaften diese leitet). Welches Gewicht das Gesetz der Wahrnehmung dieser Vorsitzendenfunktionen beimisst, verdeutlicht seine Anordnung, selbst im dreiköpfigen Aufsichtsrat einen Stellvertreter zu wählen, der die Aufgaben des Vorsitzenden zu übernehmen hat, falls dieser verhindert ist (§ 107 Abs. 1 Satz 3 AktG).

Abgesehen von den im Gesetz ausdrücklich genannten Einzelaufgaben und von jenen Aufgaben, die regelmäßig mit der Leitung eines Gremiums verbunden sind, spurt das Gesetz die Tätigkeiten des Aufsichtsratsvorsitzenden nicht vor, sondern überlässt es ihm und dem Gesamtaufsichtsrat, in Ausübung dessen Autonomie das Aufgabenfeld des Vorsitzenden im individuellen Unternehmen unter Berücksichtigung dessen Lage näher auszugestalten – etwa wie das Zusammenwirken zwischen Vorstand und Aufsichtsrat über laufende Kontakte

34 Zum Organbegriff WIEDEMANN, Gesellschaftsrecht, Bd. I, 1980, S. 212f m. w. N.
35 Zu den Reformvorschlägen zum Aufsichtsratsvorsitzenden DECHER, in diesem Band, S. 149ff.

zwischen deren Vorsitzenden sichergestellt und die Informationsversorgung ggf. über die Vorgaben in § 90 AktG hinaus intensiviert werden soll.

In diese eigenverantwortliche Ausgestaltung des Vorsitzendenamtes kann der Satzungsgeber nicht vorprägend eingreifen. Ihm verleiht § 107 Abs. 1 Satz 1 AktG lediglich das Recht, die Wahl zum Vorsitzenden und zu seinem Stellvertreter zu regulieren. Weitergehende Möglichkeiten zur Ausgestaltung des Vorsitzendenamtes oder gar zur Besetzung dieser Position sind dem Satzungsgeber verwehrt; er kann sie sich auch nicht über statutarische Vorgaben für die Geschäftsordnung des Aufsichtsrats erschließen.[36] Damit geht die dem Aufsichtsrat eröffnete Autonomie über die des Vorstands hinaus. Während diesem die eigene Berufung eines Vorsitzenden wegen des exklusiven Ernennungsrechts des Aufsichtsrats (§ 84 Abs. 2 AktG) versagt ist, hat der Aufsichtsrat seinen Vorsitzenden und dessen Stellvertreter autonom zu wählen (§ 107 Abs. 1 Satz 1 AktG).[37]

Nach all dem kann festgehalten werden: Ob und ggf. wie das Amt des Aufsichtsratsvorsitzenden als Leiter des Gesamtaufsichtsrats näher ausgestaltet werden soll, hat das Aktiengesetz in die eigenverantwortliche Entscheidung des Aufsichtsrats und seines Vorsitzenden gestellt; hierin kommt die Aufsichtsratsautonomie zum Ausdruck.

4. Aufbauorganisation: Aufsichtsratsausschüsse

Ebenfalls in den eigenverantwortlichen Entscheid des Aufsichtsrats stellt § 107 Abs. 3 AktG die Einrichtung von Aufsichtsratsausschüssen unabhängig davon, ob sie vorbereitend, ersetzend oder die Beschlussausführung kontrollierend tätig werden sollen. Abgesehen von den Unternehmen der Kreditwirtschaft (arg. § 25d Abs. 7 KWG) und dem Vermittlungsausschuss nach § 27 Abs. 3 MitbestG steht es in der allein eigenen Organisationsautonomie des Aufsichtsrats[38] zu entscheiden, ob und welche Ausschüsse gebildet werden, welche Größe sie jeweils haben und wie sie besetzt werden sollen.[39] „Nur er (scl. der Aufsichtsrat selbst) kann und soll nach pflichtgemäßem Ermessen beurteilen, wie er seine Arbeit zweckmäßiger-

---

36 Habersack, aaO (Fn. 13), § 100 AktG Rdn. 58; Hopt/Roth, aaO (Fn. 15), § 107 AktG Rdn. 26 f; Lutter/Krieger/Verse, aaO (Fn. 11), Rdn. 660.

37 Vgl. Habersack, aaO (Fn. 13), § 107 AktG Rdn. 17; Hopt/Roth, aaO (Fn. 15), § 107 AktG Rdn. 26.

38 Drygala, in: Schmidt/Lutter, Komm. z. AktG, 4. Aufl., 2020, § 107 Rdn. 35 ff spricht hierzu trefflich von Delegationsautonomie.

39 Habersack, aaO (Fn. 13), § 107 AktG Rdn. 93 ff; Hopt/Roth, aaO (Fn. 15), § 107 AktG Rdn. 298; anders aber neuestens § 107 IV AktG n.F: kapitalmarktorientierte Kapitalgesellschaften müssen einen Prüfungsausschuss einrichten.

weise einrichtet, um seinen gesetzlichen Funktionen und seiner Allgemeinverantwortung am besten gerecht zu werden"[40]. In seiner Organisationsautonomie prägt sich die Autonomie des Aufsichtsrats, die dem Aktiengesetz ungeschrieben zugrunde liegt, wohl am stärksten aus.

Hinsichtlich der Aufsichtsratsausschüsse entfaltet die vom Aufsichtsrat eigenverantwortlich wahrzunehmende Organisationsautonomie die breitesten und stärksten Abwehrkräfte. So kann der Satzungsgeber dem Aufsichtsrat weder die Einrichtung von Ausschüssen gebieten, noch verbieten,[41] kann weder Einfluss auf die Größe der Ausschüsse nehmen,[42] noch auf ihre Zusammensetzung,[43] kann nicht die Aufgaben von Ausschüssen bestimmen[44] und ebenso wenig, welche Aufsichtsratsmitglieder, etwa der Vorsitzende, bestimmten Ausschüssen, z. B. dem Prüfungsausschuss angehören sollten und welche nicht (etwa: keine Arbeitnehmervertreter im Kreditausschuss).[45] Ebenfalls verwehrt sind dem Satzungsgeber Inkompatibilitätsvorgaben – so etwa die, der Aufsichtsratsvorsitzende könne nicht zugleich den Vorsitz im Prüfungs- oder im Risikokontrollausschuss innehaben.

Der Raum der Freiheit, den das Aktiengesetz dem Aufsichtsrat zur eigenverantwortlichen Gestaltung seiner Aufgabenerfüllung eröffnet und absichert, wird nirgendwo heller an- und ausgeleuchtet als bei den Aufsichtsausschüssen, hinsichtlich derer die Organisationsautonomie die Aufsichtsratsautonomie konkretisiert. Auch hier geht die dem Aufsichtsrat eröffnete Autonomie konzeptionell über die des Vorstands hinaus. Dessen Fachressorts können der Aufsichtsrat (und als Einzelfrage auch der Satzungsgeber) in der Vorstandsgeschäftsordnung verbindlich vorgeben (§ 77 Abs. 1 Satz 2 HS 1, Abs. 2 Satz 1, 2 AktG).[46] Demgegenüber

---

40 BGHZ 83, 106, 115; so auch EU-Empfehlung 2005/162/EG, ABl EU 2005 L 52/51, Erwägungsgrund 10: der Aufsichtsrat kann Anzahl und Zusammensetzung der Ausschüsse festlegen, die er zur Erleichterung seiner Arbeit für nützlich hält.

41 BGHZ 83, 106, 115; Habersack, aaO (Fn. 13), § 107 AktG Rdn. 96; Mertens/Cahn, aaO (Fn. 11), § 107 AktG Rdn. 96; Hopt/Roth, aaO (Fn. 15), § 107 AktG Rdn. 298, 315 ff; Hölters/Hambloch-Gesinn/Gesinn, Komm. z. AktG, 3. Aufl., 2017, § 107 Rdn. 94; Koch, aaO (Fn. 1), § 107 AktG Rdn. 18; Hoffmann-Becking, Münchener Handbuch des Gesellschaftsrechts, Band 4, Aktiengesellschaft, 5. Aufl., 2020, § 32 Rdn. 41; Lutter/Krieger/Verse, aaO (Fn. 11), Rdn. 765.

42 Lutter/Krieger/Verse, aaO (Fn. 11), Rdn. 768; Mertens/Cahn, aaO (Fn. 11), § 107 AktG Rdn. 96.

43 Habersack, aaO (Fn. 13), § 107 AktG Rdn. 97; Lutter/Krieger/Verse, aaO (Fn. 11), Rdn. 772; Mertens/Cahn, aaO (Fn. 11), § 107 AktG Rdn. 96.

44 Mertens/Cahn, aaO (Fn. 11), § 107 AktG Rdn. 96.

45 Habersack, aaO (Fn. 13), § 107 AktG Rdn. 97; Hopt/Roth, aaO (Fn. 15), § 107 AktG Rdn. 298, 324 ff; Mertens/Cahn, aaO (Fn. 11), § 107 AktG, Rdn. 96.

46 Dazu Habersack, aaO (Fn. 13), § 77 AktG Rdn. 56; Kort, aaO (Fn. 8), § 77 AktG Rdn. 43 ff; Lutter/Krieger/Verse, aaO (Fn. 11), Rdn. 466; Bezzenberger, ZGR 1998, 352, 355.

bestimmt der Aufsichtsrat seine Fachressorts (zumeist in Ausschüssen, möglich aber auch über Berichterstatter) eigenverantwortlich.

5. Ablauforganisation: Geschäftsordnungsautonomie

Umso stärker muss erstaunen, auf welch, schwachen Widerstand im Schrifttum Satzungsbestimmungen zu den Verfahrensabläufen im Aufsichtsrat stoßen, seien diese in der Satzung selbst niedergelegt oder in einer Aufsichtsrats-Geschäftsordnung, die in die Satzung inkorporiert ist. So sollen die Arbeitsweise des Aufsichtsrats und somit insbesondere die Beschlussfassung in Plenum und Ausschüssen vom Satzungsgeber geregelt werden können; ja, weitergehend soll sich der Aufsichtsrat nur dort eine Geschäftsordnung selbst geben können, wo die Satzung keine Geschäftsordnung für den Aufsichtsrat vorgegeben hat.[47] Dem ist mit Nachdruck zu widersprechen.

Anders als für den Vorstand und dessen Geschäftsordnung (§ 77 Abs. 2 AktG) findet sich für die des Aufsichtsrats im Aktiengesetz (mit Ausnahme ihrer punktuellen Erwähnung in § 82 Abs. 2 AktG) keine Regelung: weder zur Erlasszuständigkeit, noch zur Kompetenzhierarchie, noch zur Frage, ob die Satzung wenigstens Einzelfragen der Geschäftsordnung bindend regeln kann. Aus dem Schweigen des Gesetzes zur Aufsichtsrats-Geschäftsordnung darf nicht geschlossen werden, dem Satzungsgeber solle freistehen, ob und mit welchem Inhalt er eine Geschäftsordnung für den Aufsichtsrat erlassen wolle. Im Gegenteil lassen sich den gesetzlichen Vorgaben zur Vorstands-Geschäftsordnung (§ 77 Abs. 2 AktG) eine Reihe von Grundsätzen für die Selbstorganisation von Gremien und deren rechtliche Fundamentierung herleiten, die auf die Geschäftsordnung des Aufsichtsrats übertragen werden können: (1) Für seine Geschäftsordnung ist das Gremium primär selbst verantwortlich.[48] (2) Diese Zuständigkeit kann der Satzungsgeber nicht ohne weiteres an sich ziehen. (3) Denn mit Blick auf die Geschäftsordnung bedarf dieser ausdrücklicher Ermächtigung. – Für die Vorstands-Geschäftsordnung ist der Satzungsgeber in zwei Richtungen ermächtigt: Er kann die Erlasszuständigkeit dem Aufsichtsrat zuweisen sowie Einzelfragen

---

47 BGHZ 64, 325, 327 f; SPINDLER, beck-online Großkomm. z. Aktienrecht, Stand 1.2.2021, § 107 AktG Rdn. 13; HABERSACK, aaO (Fn. 13), § 107 AktG Rdn. 176; HOPT/ROTH, aaO (Fn. 15), § 107 AktG Rdn. 298; KOCH, aaO (Fn. 1), § 107 AktG Rdn. 34, der eine Satzungskompetenz für Einzelfragen befürwortet; LUTTER/KRIEGER/VERSE, aaO (Fn. 11), Rdn. 652 f; MERTENS/CAHN, aaO (Fn. 11), § 107 AktG Rdn. 96; a.A. SCHÄDEL, Organisationsautonomie und Geschäftsordnung des Aufsichtsrats, 2005, S. 86.

48 So auch KORT, aaO (Fn. 8), § 77 AktG Rdn. 64.

regeln (§ 77 Abs. 2 Satz 1 und 2 AktG).[49] Für die Geschäftsordnung des Aufsichtsrats dagegen findet sich im Gesetz keine Regelungsermächtigung zugunsten des Satzungsgebers. Daher bleibt es beim Ausgangsprinzip: Für seine Geschäftsordnung ist der Aufsichtsrat selbst und allein verantwortlich.

Das ist zudem von der Sache her geboten: Wenn der Aufsichtsrat über den Aufbau seiner Handlungsorganisation eigenverantwortlich zu entscheiden hat[50], wäre es systemunstimmig, wenn der Satzungsgeber ihm die Gestaltung der Ablauforganisation entziehen oder auch in bestimmten Einzelaspekten vorgeben könnte. Aufbau- und Ablauforganisation müssen aus einem Guss geformt werden können. Andernfalls sind Effektivitäts-schmälernde Regelungswidersprüche zu befürchten. Außerdem würden sich Eingriffe in die Geschäftsordnungsautonomie des Aufsichtsrats beeinträchtigend auf seine Organisationsautonomie auswirken. Daher muss sich Aufsichtsratsautonomie konkretisierend ebenfalls in der Geschäftsordnungsautonomie niederschlagen. Auch insoweit gewährt das Aktiengesetz dem Aufsichtsrat Freiheit.

6. Handlungs- und Entscheidungsfreiheit

Freiheit in den Bahnen des Gesetzes und der Satzung ist dem Aufsichtsrat schließlich für seine Entscheidungen (§§ 116, 93 Abs. 1 Satz 2 AktG), darüber hinaus für sein Handeln insgesamt, eröffnet. Das gilt für die Besetzung der Vorstandspositionen[51] und die Ausgestaltung der Vorstandsbezüge[52] ebenso wie für die Durchführung der Vorstandsüberwachung, die unternehmerischen Mitentscheidungen und die Beratung des Aufsichtsrats mit dem Vorstand.[53] Innerhalb der rechtlichen Bahnen ist sein gesamtes Handeln von unternehmerischem Ermessen geprägt, das ihm Raum verschafft, seine gesetzlich vorgegebenen Aufgaben ohne Furcht vor einer Garantiehaftung zu erfüllen.[54] Diese Handlungs- und Entscheidungsfreiheit des Aufsichtsrats hat noch einmal unlängst ihren Niederschlag in § 120a Abs. 3 AktG gefunden: Falls die Hauptversammlung das Vergütungssystem nicht billigt, muss der Aufsichtsrat dies zwar überprüfen; er ist je-

---

49 Kort, aaO (Fn. 8), § 77 AktG Rdn. 66; Spindler, aaO (Fn. 6), § 77 AktG Rdn. 52; Grigoleit/Grigoleit, aaO (Fn. 8), § 77 AktG Rdn. 20.

50 Vgl. oben II. 3., 4.

51 OLG München AG 2017, 750, 752; OLG Düsseldorf NZG 2015, 1115, 1117; Koch, aaO (Fn. 1), § 84 AktG Rdn. 5; Spindler, aaO (Fn. 6), § 77 Rdn. 52.

52 Kort, aaO (Fn. 8), § 84 AktG Rdn. 286, 345.

53 Hopt/Roth, aaO (Fn. 15), § 111 AktG Rdn. 106; Mertens/Cahn, aaO (Fn. 11), § 111 AktG Rdn. 15.

54 Dazu Koch, aaO (Fn. 1), § 93 AktG Rdn. 8.

doch keineswegs gezwungen, den Verwerfungsgründen der Aktionäre zu folgen, sondern kann das Vergütungssystem nach Überprüfung unverändert der Hauptversammlung erneut zum Beschluss vorlegen.[55] Somit kommt im unternehmerischen Handlungs- und Entscheidungsermessen des Aufsichtsrats ein weiteres Mal seine Autonomie zum Ausdruck.

7. Aufgabenadäquate Satzungsgestaltung

Die Autonomie des Aufsichtsrats, seine eigenverantwortliche Erfüllung der gesetzlich auferlegten Aufgaben, prägt sich als Freiheit zur Selbstgestaltung nach allem vornehmlich in seiner Organisations-, Geschäftsordnungs- und Entscheidungsautonomie aus, aber auch in seinem autonomen Vorschlag zur Besetzung der Anteilseignerpositionen im Aufsichtsrat.[56] Soweit ihm dabei die Satzung zulässige Grenzen mit Eignungsvoraussetzungen für Aufsichtsratsmitglieder und mit Vorgaben zur Aufsichtsratsgröße zieht, die effektiver Erledigung jener Aufgaben entgegen stehen können, die dem Aufsichtsrat in der individuellen Gesellschaft gestellt sind, ist er gehalten, auf eine Satzungsänderung hinzuwirken, muss sich der Aufsichtsrat also selbst Freiraum erschließen.

Für den Antrag auf Satzungsänderung benötigt der Aufsichtsrat zwar nicht zwingend die Mitwirkung des Vorstands, da er bei Meinungsverschiedenheiten mit diesem der Hauptversammlung eigene Beschlussvorschläge unterbreiten kann (§§ 179, 124 Abs. 3 Satz 1 AktG).[57] In der Praxis schließt sich der Aufsichtsrat jedoch in aller Regel der Vorschlagsinitiative des Vorstands an.[58] Diese faktische Einflussmacht des Vorstands widerspricht in ihrer Stoßrichtung sowohl der Überwachungs-, als auch der Besetzungsfunktion innerhalb der dualistischen Unternehmensverfassung. Dagegen ist dem Aufsichtsrat eine solche Selbstentmündigung hinsichtlich der Beschlussgegenstände, für die er nach § 124 Abs. 3 Satz 1 AktG zweiter Teil allein antrags- und vorschlagsberechtigt ist, verwehrt.

---

55 BT-Drucks. 19/9739, S. 93: „Die Pflicht zur Vorlage eines „überprüften" Systems bedeutet nicht die zwingende Verpflichtung zur Überarbeitung". Vgl. dazu weiterhin GRIGOLEIT/HERRLER, Komm. z. AktG, 2. Aufl., 2020, § 120a Rdn. 26; KOCH, aaO (Fn. 1), § 120a AktG Rdn. 9; BACHMANN/PAUSCHINGER, ZIP 2019, 1, 6; LÖBBE/FISCHBACH, AG 2019, 373, 378 f; krit. ANZINGER, ZGR 2019, 39, 82.

56 Dazu KOCH, aaO (Fn. 1), § 124 AktG Rdn. 18; KUBIS, aaO (Fn. 1), § 124 AktG Rdn. 34.

57 So die ganz h.M.: BUTZKE, Großkomm. z. AktG, 5. Aufl., 2018, § 124 Rdn. 58; KOCH, aaO (Fn. 1), § 124 AktG Rdn. 18; KUBIS, aaO (Fn. 1), § 124 AktG Rdn. 33; ZIEMONS, in: Schmidt/Lutter, Komm. z. AktG, § 124 Rdn. 23.

58 KUBIS, aaO (Fn. 1), § 124 AktG Rdn. 33.

Im Rahmen einer Reform des Aufsichtsratsrechts sollte der Gesetzgeber daher § 124 Abs. 3 Satz 1 AktG klarstellend ergänzen: Für Satzungsbestimmungen, die unmittelbar oder mittelbar für aufgabenadäquate und effektive Aufgabenerfüllung des Aufsichtsrats, wie namentlich Satzungsbestimmungen zu dessen Größe oder zu Eignungsvoraussetzungen seiner Mitglieder, bedeutsam sind, ist allein der Aufsichtsrat antrags- und vorschlagsberechtigt. Auch in dieser Exklusivkompetenz sollte sich die Aufsichtsratsautonomie spiegeln.

V. Ausdrücklich zu normierende Aufsichtsratsautonomie

Aber mit dieser punktuellen Fortschreibung des überkommenen Aktienrechts allein ist es nicht getan. Der Gesetzgeber sollte darüber hinaus und vor allem die Aufsichtsratsautonomie, also die Autonomie des Organs Aufsichtsrat als Fundamentalprinzip ausdrücklich im Gesetz ebenso verlautbaren, wie er dies bereits für den Vorstand und dessen eigenverantwortliche Leitung getan hat (§ 76 Abs. 1 AktG). Zwar klingt die Autonomie schon in der Vorgabe des § 111 Abs. 6 AktG an, jedes Aufsichtsmitglied habe seine Aufgaben selbst wahrzunehmen und dürfte sie nicht an andere delegieren, damit keine Person, die nicht gesetzlich zur Erfüllung der Aufsichtsratsaufgaben verpflichtet ist, auf deren Erfüllung Einfluss nimmt.[59] Auch hinter dieser mit der Höchstpersönlichkeit der Amtsführung verbundenen Einflussabwehr leuchtet das Prinzip autonomer Aufgabenerfüllung auf. In § 111 Abs. 6 AktG jedoch ist es auf die Organmitglieder, wenn auch auf alle ausgerichtet, nicht jedoch auf das Organ Aufsichtsrat als solches und unmittelbar. Deshalb kann der bloße Anklang, den die Aufsichtsratsautonomie in dieser Bestimmung findet, nicht jene Strahlkraft entfalten, den diese als Fundamentalprinzip benötigt, um die Rolle des Aufsichtsrats innerhalb der dualistischen Unternehmensverfassung bis in die Einzelheiten seiner Aufgabenerfüllung hinein markant zu prägen.

59 Die Weisungsfreiheit jedes Aufsichtsratsmitglieds: ein „heiliger Grundsatz des Kapitalgesellschaftsrechts“ (LUTTER, ZIP 2007, 1991); zum Zweck des § 111 Abs. 6 AktG vgl. HABERSACK, aaO (Fn. 13), § 111 AktG Rdn. 156.

1. Aufsichtsratsautonomie als Leitlinie

Die Aufsichtsratsautonomie in ihrer Strahlkraft normativ zu verlautbaren, ist vor allem deshalb notwendig, damit die mit der Eigenverantwortlichkeit korrespondierende Freiheit als Leitlinie ihren angemessenen Ausdruck findet: die Organisations-, Handlungs- und Entscheidungsfreiheit, die dem Aufsichtsrat eröffnet und gewährleistet wird, damit er, auf dieses Ziel ist seine Freiheit in ihrer Nutzung hin angelegt, seine gesetzlich zugewiesenen Aufgaben optimal und zugleich effektiv erfülle. Als Fundamentalprinzip im Gesetzestext ausdrücklich verlautbart, könnte die Aufsichtsratsautonomie das Organ und seine Mitglieder zusätzlich anspornen, von der eingeräumten Freiheit steten Gebrauch zu machen, um ihrer Verantwortung gegenüber den Aktionären und sonstigen stakeholdern, namentlich gegenüber der Allgemeinheit[60] gerecht zu werden.

Über den Aufsichtsrat und seine Mitglieder hinaus wäre die Aufsichtsratsautonomie, in ihrer Freiheit gewährenden und sichernden Funktion ausdrücklich im Gesetzestext verlautbart, in einem regulierungsfreudigen Umfeld als Maßstab geeignet, freiheitsbeschränkende Regelungsprojekte schon in ihrem Ansatz, dann aber auch in ihrer konkreten Ausgestaltung kritisch zu verproben. Insofern könnten von der ausdrücklich normierten Aufsichtsratsautonomie selbstdisziplinierende Effekte ausgehen. Die Aufsichtsratsautonomie richtet sich, so gesehen, auch und mit Nachdruck an die unterschiedlichen Regulatoren, deren Wirken auf die Unternehmensverfassung der Aktiengesellschaft abzielt. Das betrifft weniger den deutschen Gesetzgeber; seine Vorgaben zur Arbeit des Aufsichtsrats bedürfen, wie oben II. dargelegt, nur geringer Korrekturen, um der Aufsichtsratsautonomie zu entsprechen – ein deutlicher Hinweis darauf, dass der deutsche Gesetzgeber, in manchem Gegensatz zum europäischen, sich bei seiner Regulierung, zumindest was den Aufsichtsrat anbelangt, (mehr oder minder unvermerkt) vom Gedanken der Freiheit leiten lässt. Eindrucksvoll ablesen lässt sich dies an den Vorgaben an den Aufsichtsrat zur Vorstandsvergütung: Während sich § 87 Abs. 1 AktG im Wesentlichen mit Zielvorgaben begnügt, ist der Unionsrecht umsetzende § 87a AktG auf kleinteilige Detailvorgaben hin ausgerichtet, zusätzlich angereichert durch die Kodexempfehlungen G1 bis G16. Adressaten einer ausdrücklich im Aktiengesetz normierten Aufsichtsratsautonomie sind daher auch und vordringlich der europäische Gesetzgeber und die Kodexkommission.

60 Vgl. BGHZ 83, 106, 115; s. auch SCHAFFER, Die öffentliche Funktion des Prüfungsausschusses, 2019, innerhalb des Aufsichtsrats.

2. Aufsichtsratsautonomie im Prozess europäischer Gesetzgebung

Die eigenverantwortliche Aufgabenerfüllung und die mit ihr verbundenen Freiheiten des Aufsichtsrats gilt es, schon im Prozess europäischer Gesetzgebung zum Tragen zu bringen. Denn der Unionsgesetzgeber neigt, wie sich über den schon mehrfach erwähnten § 87a AktG hinaus ebenfalls an den transformierenden §§ 111a ff. AktG zu den related party transactions und den §§ 134a ff. AktG zu den Investoren, Vermögensverwaltern und Stimmrechtsberatern überdeutlich ablesen lässt, zu betont kleinteiligen Vorgaben, um das Verhalten der Normadressaten zu steuern. Darin ist nicht allein die Gefahr angelegt, dass über bloßes „*box ticking*" die vom Gesetz angestrebten Ziele verfehlt werden.[61] Darüber hinaus werden mit kleinteilig angelegten Vorgaben Verantwortlichkeiten von den Normadressaten weg hin zum Normsetzer verschoben, die dieser wegen der Vielfalt der individuellen Verhältnisse nur suboptimal ausfüllen kann. Das gilt auch und insbesondere für den Aufsichtsrat und die Erfüllung seiner Aufgaben. Für die an europäischer Gesetzgebung Beteiligten ist dieser schon deshalb eine besondere Herausforderung, da ihn betreffendes Unionsrecht, regelmäßig vom monistischen System her konzipiert und konkretisiert, lediglich durch ein Staatenwahlrecht gegenüber dem dualistischen System geöffnet wird.[62] Das aber wird den Besonderheiten des Aufsichtsratssystems allenfalls begrenzt, eher überhaupt nicht gerecht. Der Dreiklang aus Zielsetzung, Aufgabenzuweisung und eigenverantwortlicher Aufgabenerfüllung, fundamentiert auf der Aufsichtsratsautonomie mitsamt ihren Freiheiten, gelangt bei einem bloßen Staatenwahlrecht nicht in den Blick der am europäischen Gesetzgebungsverfahren Beteiligten mit der Folge, dass kleinteilig angelegtes Unionsrecht die Aufsichtsratsautonomie zu verschütten droht. Und noch mehr: Die Eigenverantwortlichkeit des Aufsichtsrats ist ein wesentlicher Generator seiner Leistungskraft, die der Unionsgesetzgeber schon seit langem verkennt, wenn er stets aufs Neue die Aktionäre zu aktivieren versucht, um die Überwachung der Geschäftsleitung zu verbessern (*shareholder activism*).[63]

Gewiss – die ausdrückliche Verlautbarung der Aufsichtsratsautonomie im Text des deutschen Aktiengesetzes bindet die am Verfahren europäischer Gesetzgebung Beteiligten in keiner Weise. Ihnen gegenüber geht es mit einer sol-

---

61 Gleichlautende Kritik zu §§ 134a ff AktG bei Koch, BKR 2020, 1, 9.

62 S. dazu schon die Kritik von Hommelhoff, NZG 2015, 1329, 1335 f.

63 S. etwa Erwägungsgrund 20 der EU-Kommissions-Empfehlung „Qualität der Berichterstattung über die Unternehmensführung („Comply or Explain"), 2014/208/EU, ABl EU 2014 L 109/43: Monitoring durch die Aktionäre.

chen Verlautbarung bloß darum, ein wesentliches und politikleitendes Element des dualistischen Systems vor Augen zu führen und Respekt für seine Grundkonzeption, seine Besonderheiten, seine tragenden Elemente und seine Leistungskraft im Rahmen der Corporate Governance zu erheischen, sobald die Unternehmensverfassung für Börsengesellschaften auf der europäischen Ebene fortgeschrieben werden soll. Um Respekt muss bereits die EU-Kommission für die Ausgestaltung des Rechtsakts-Entwurfs ersucht werden. Im EU-Ministerrat sollte die explizit verlautbarte Aufsichtsratsautonomie der deutschen Verhandlungsdelegation eine Hilfe sein, um für die Besonderheiten des dualistischen Systems mit seinem Mix aus Zielsetzung und freiheitlicher Zielverfolgung zu werben und kleinteiliger Zielansteuerung entgegenzutreten. Auch das gehört zum Wettbewerb der Rechtsordnungen innerhalb der Europäischen Union.[64]

3. Eine Leitlinie für die Kodexkommission

Mit den einzelnen Aspekten der Aufsichtsratsautonomie in ihrer ganzen Breite befasst sich der Deutsche Corporate Governance Kodex. In seiner jüngst überarbeiteten Fassung widmet er in seinem Gesamtvolumen mehr als zwei Drittel dem Aufsichtsrat und seiner Arbeit. Für die Praxis der Börsengesellschaften haben die Kodexempfehlungen und -anregungen unabhängig von der Möglichkeit der Gesellschaften, von Empfehlungen abzuweichen (§ 161 Abs. 1 AktG), sehr großes Gewicht.[65] Die explizit im Aktiengesetz verlautbarte Aufsichtsratsautonomie wäre deshalb vor allem für die Kodexkommission bedeutsam.

a) Die Zwangsbegründung und ihre Wirkung

Trotz der den Kodexempfehlungen inhärenten Abweichungsoption beanspruchen diese für sich, die Börsengesellschaften und speziell deren Aufsichtsräte in aller Regel zutreffend und angemessen anzuleiten – in ihrer Zusammensetzung, in den Voraussetzungen der Aufsichtsratsmitglieder, in der Organisation der Aufsichtsratsarbeit und, besonders gewichtig, in der Ausgestaltung der Vorstandsvergütung. Im praktischen Effekt steuern die Kodexempfehlungen die

64 C. Teichmann, Binnenmarktkonformes Gesellschaftsrecht, 2006, S. 330 ff.

65 Vgl. dazu Koch, aaO (Fn. 1), § 161 AktG Rdn. 3; Goette, Münchener Komm. z. AktG, 4. Aufl., 2018, § 161 Rdn. 34; v. Werder, in: Kremer/Bachmann/Lutter/v. Werder, Komm z. DCGK, 8. Aufl., 2021, Rdn. 133 ff; die Autoren berufen sich allesamt auf eine Studie von v. Werder/Danilov, DB 2018, 1997.

Aufsichtsräte schon deshalb genauso wie normierte Regelungen, weil die Börsengesellschaften sich mit Blick auf die institutionellen Anleger, Vermögensverwalter und Stimmrechtsberater scheuen, von der Abweichungsmöglichkeit Gebrauch zu machen.[66]

Diesem Konformitätsdruck wird allgemein keine rechtliche Bedeutung beigemessen: Kodexempfehlungen seien nicht normgleich – eben wegen der Abweichungsmöglichkeit bloß normähnlich.[67] Aber darauf kommt es nicht entscheidend an; wesentlich sind die (unionsrechtlich vorgegebene)[68] Abweichungsbegründung von Vorstand und Aufsichtsrat (§ 161 Abs. 1 AktG) sowie ihre rechtliche Vermessung.[69] Falls der Aufsichtsrat eine auf ihn und seine Arbeit abzielende Kodexempfehlung nicht befolgen will, genügt nicht die Erklärung der Abweichung; diese muss zusätzlich begründet werden (*explain*). Die Abweichungserklärung samt Begründung sind in die Erklärung zur Unternehmensführung (§ 289f Abs. 2 HGB) als gesonderter Teil des Lageberichts (§ 289f Abs. 1 HGB) aufzunehmen und (künftig: allein über das Unternehmensregister) zu veröffentlichen (§ 325 Abs. 1 HGB). Zusätzlich (und nicht etwa ersetzend[70]) ist die Erklärung nach § 161 Abs. 2 AktG auf der Internetseite der Börsengesellschaft dauerhaft öffentlich zugänglich zu machen. Darüber, ob die Gesellschaft den Kodexempfehlungen folgt und welchen warum nicht, sollen sich mithin sämtliche Publizitätsadressaten auf jeden Fall und leicht informieren können, insbesondere darüber, mit welchen Argumenten die Verwaltungsorgane die einzelne Kodexabweichung begründen wollen. Damit ist der Begründungszwang des § 161 Abs. 1 AktG daraufhin angelegt, die Publizitätsadressaten, namentlich die Aktionäre einschließlich der Vermögensverwalter und Stimmrechtsberater mit sachbezogenen, rationalen und am Unternehmenswohl orientierten Argumen-

---

66 Dieser Befund lässt sich daraus schließen, dass die Befolgungsquote umso höher ist, je kapitalmarktnäher und damit abhängiger von internationalen Großanlegern die Unternehmen sind, Goette, aaO (Fn. 65), § 161 AktG Rdn. 34, der sich auf die Studien von v. Werder/Bartz, DB 2014, 905, 914 sowie v. Werder/Turkali, DB 2015, 1357 beruft; vgl. dazu ebenfalls die Diskussion bei Leyens, Großkomm. z. AktG, 5. Aufl., 2018, § 161 Rdn. 84.

67 Goette, aaO (Fn. 65), § 161 AktG Rdn. 34 m.w.N.; Koch, aaO (Fn. 1), § 161 AktG Rdn. 3; Spindler, aaO (Fn. 21), § 161 AktG Rdn. 7ff; Ulmer, ZHR 166 (2002), 150, 158ff.

68 Dazu in diesem Band näher, S. 280ff.

69 Hierauf stellt auch schon Spindler, aaO (Fn. 21), § 161 AktG Rdn. 11 zutreffend ab: Warum muss sich ein Privatrechtssubjekt dafür rechtfertigen, Normen, die nicht von einem staatlichen, sondern einem privatrechtlichen Gremium gesetzt werden, zu befolgen oder nicht?

70 A.A. Koch, aaO (Fn. 1), § 161 AktG Rdn. 24a, sich berufend auf RegBegr. BT-Drucks. 16/10067, S. 78; im Anschluss daran Goette, aaO (Fn. 65), § 161 AktG Rdn. 81; so auch Leyens, aaO (Fn. 66), § 161 AktG Rdn. 395.

ten[71] zu überzeugen.[72] Gehärtet wird die Notwendigkeit, sie zu überzeugen, durch das Auskunftsrecht der Aktionäre (§ 131 AktG) und die jährliche Entlastung der Verwaltungsorgane und ihrer Mitglieder (§ 120 AktG).

Dass dieser im Recht angelegte Mechanismus in der Praxis der Börsengesellschaften tatsächlich wirkt, erweist deren schon erwähnte Scheu, von Kodexempfehlungen abzuweichen. Somit sorgt § 161 Abs. 1 AktG mit seinem Begründungszwang, rechtlich gewollt,[73] dafür, dass die Kodexempfehlungen einschließlich derer zum Aufsichtsrat und seiner Arbeit in aller Regel befolgt werden; von rechtlich unverbindlichem „soft law"[74] kann, so gesehen, keine Rede sein.[75] Nach dem Konzept des § 161 AktG sollen die Kodexempfehlungen das Verhalten von Vorstand und Aufsichtsrat steuern und lenken – wenn auch nicht unmittelbar über den Mechanismus von Verhaltensgebot und Befolgung, sondern mittelbar über den rechtlich gezielt aktivierten Druck der Publizitätsadressaten.[76] Mit § 161 AktG hat der Gesetzgeber lediglich einen anderen Durchsetzungsmechanismus etabliert; dieser eröffnet im Gegensatz zu dispositivem Recht gerade keine voraussetzungslose Abweichungsfreiheit.[77]

b) Freiheitsbeschränkende Kodexempfehlungen

Wenn aber Kodexempfehlungen, auch die zum Aufsichtsrat, rechtlich gewollt, auf regelmäßige Befolgung hin angelegt sind, dann beschränken all'jene Empfehlungen die Eigenverantwortlichkeit und Freiheit des Aufsichtsrats, die seine Zu-

---

71 BGHZ 220, 36, Rdn. 39 im Anschluss an BAYER/SCHOLZ, in: Spindler/Stilz, Komm. z. AktG, 3. Aufl., 2015, § 161 Rdn. 61; GOETTE, aaO (Fn. 65), § 161 AktG Rdn. 55.

72 A.A. KOCH, aaO (Fn. 1), § 161 AktG Rdn. 18; SPINDLER, aaO (Fn. 21), § 161 AktG Rdn. 42 im Anschluss an BACHMANN, ZIP 2010, 1517, 1518: bloße Information; fragt sich dagegen: Information zu welchem Zweck? Gewiss nicht um ihrer selbst willen. Wie sehr die vorgeschriebene Abweichungsbegründung auf die Überzeugung der Publizitätsadressaten auszurichten ist, zeigen überdies die Empfehlungen Ziff. 8 f der EU-Kommission zur Qualität der Berichterstattung über die Unternehmensführung („Comply or Explain"), (oben Fn. 58): die Beteiligten sollen die Konsequenzen aus der Empfehlungsabweichung beurteilen können; s. dazu auch VERSE/WIERSCH, EuZW 2016, 330, 335.

73 So auch schon SPINDLER, aaO (Fn. 21), § 161 AktG Rdn. 11c: vom Gesetzgeber bezweckte Wirkungsweise des comply or explain-Ansatzes.

74 So KOCH, aaO (Fn. 1), § 161 AktG Rdn. 3; LUTTER, ZGR 30 (2001), 224, 225; v. WERDER, DB 2002, 801.

75 In diese Richtung schon ULMER, ZHR 166 (2002), 150, 160 f.

76 Vgl. BT-Drucks. 14/8769, S. 21; LEYENS, aaO (Fn. 66), § 161 AktG Rdn. 26, 44 ff; ULMER, ZHR 166 (2002), 150, 161.

77 ULMER, ZHR 166 (2002), 150, 160 f; DERS., AcP 202 (2002), 143, 168.

sammensetzung vorspuren sowie die Eignungsvoraussetzungen für seine Mitglieder, seine Arbeitsweise etc. Unter Einsatz des rechtlichen Instrumentariums, das ihr der Gesetzgeber selbst in § 161 Abs. 1 AktG zur Verfügung gestellt hat, reduziert die Kodexkommission dem Aufsichtsrat geradewegs eben jene Freiräume, die das Aktiengesetz diesem eröffnet hat.[78] Oder anders formuliert: Die Aufsichtsratsautonomie ist schon von Gesetzes wegen unter den Einschränkungsvorbehalt der Kodexempfehlungen gestellt.

c) Leitlinienorientierte Kodexempfehlungen

Deshalb verstoßen die Empfehlungen trotz ihrer freiheitsbeschränkenden Wirkungen nicht gegen die aufsichtsrätlichen Autonomiefreiräume des Aktiengesetzes. Aber dennoch benötigt die Kodexkommission noch vor allen Eingrenzungen im Detail eine Leitlinie, an der sie sich bei der Formulierung ihrer Empfehlungen ausrichten sollte. Dies ist die Aufsichtsratsautonomie, die, im Aktiengesetz ausdrücklich niedergelegt, ihr stets aufs Neue die Prüffrage vor Augen führt: Ist die mit der geplanten Empfehlung verbundene Einschränkung der aufsichtsrätlichen Eigenverantwortlichkeit wirklich angezeigt oder genügt es nicht, mit einer bloßen Anregung im Kodex den Aufsichtsrat mit nationalen oder internationalen Standards bekannt zu machen, mit Empfehlungen der EU-Kommission oder mit eigenen Vorstellungen der Kodexkommission von den Grundsätzen ordnungsmäßiger Unternehmensleitung und -überwachung. Um die der Kodexkommission in § 161 Abs. 1 AktG eröffnete Regulierungsmacht für den zentralen Bereich der an den Aufsichtsrat richtbaren Kodexempfehlungen hinreichend stark an das Aktiengesetz und die dualistische Unternehmensverfassung zurückzubinden, sollte der Gesetzgeber die Aufsichtsratsautonomie als Fundamentalprinzip ausdrücklich im Aktiengesetz verlautbaren. Wie sehr die Kodexempfehlungen über das Ziel hinausschießen können, zeigen die zur Vorstandsvergütung (G 1 bis G 16), mit denen der Kodex auf die ohnehin schon kleinteiligen Vorgaben auf § 87a AktG zusätzlich aufsattelt.

---

78 Von der freiheitseinschränkenden Zielsetzung der Kodexempfehlungen spricht auch Hoffmann-Becking, NZG 2014, 801, 806.

d) Eigenverantwortliche Kodexabweichungen

Ausgerichtet auf die Eigenverantwortlichkeit des Aufsichtsrats sollte der Gesetzgeber diesem zugleich die Möglichkeit eröffnen, von auf ihn bezogenen Empfehlungen mit Begründung abweichen zu können, ohne auf die Mitwirkung des Vorstands angewiesen zu sein. Andernfalls wäre auch insoweit die Aufsichtsratsautonomie nicht gesichert. Eine dies klarstellende Umformulierung des § 161 Abs. 1 AktG scheint angezeigt.

VI. Fazit

Aus der Summe der voranstehenden Erwägungen zur Autonomie des Aufsichtsrats folgen diese Vorschläge an den Gesetzgeber zur Ergänzung und Abänderung des Aktiengesetzes:

§ 94a
Der Aufsichtsrat hat die ihm zugewiesenen Aufgaben unter eigener Verantwortung zu erfüllen.

§ 107 Abs. 2 Satz 1
Der Aufsichtsrat kann sich eine Geschäftsordnung geben. (Die bisherigen Sätze 1 bis 4 werden Sätze 2 bis 5)

§ 124 Abs. 3 Satz 1
... zur Beschlussfassung nach § 179, soweit sie den Aufsichtsrat betrifft, nach § 120a Abs. 1 Satz 1. ...

§ 161 Abs. 1 Satz 2
Soweit es um Empfehlungen geht, die allein den Aufsichtsrat und die Erledigung seiner Aufgaben betreffen, gibt dieser die Erklärung nach Satz 1 ab. Sätze 1 und 2 gelten in gleicher Weise für ...

Diese Vorschläge an den Gesetzgeber zur Aufsichtsratsautonomie gründen letztlich auf der Überzeugung, dass ein hoch befähigtes und professionell agierendes Gremium die ihm gestellten Aufgaben und Ziele selbst besser erledigen und erreichen kann als außenstehende Dritte. Das gilt insbesondere für den Aufsichtsrat, dessen Verantwortung im individuellen Unternehmen ihm weder der Satzungsgeber, noch der Gesetzgeber oder die Kodexkommission abnehmen können. Sie sollten deshalb möglichst wenig in die Erledigung seiner Aufgaben eingreifen und dies ausnahmsweise bloß dort, wo es für die geordnete Aufgabenerledigung unverzichtbar ist oder Hilfestellung diese nachdrücklich fördert.

Dirk A. Verse*

Die persönlichen Anforderungen an Aufsichtsratsmitglieder und die Höchstzahl ihrer Mandate

Zusammenfassung: Die Leistungsfähigkeit des Aufsichtsrats hängt entscheidend von seiner Zusammensetzung und der Qualifikation, Integrität, zeitlichen Verfügbarkeit und Unabhängigkeit seiner Mitglieder ab. Das Aktiengesetz regelt die persönlichen Anforderungen an Aufsichtsratsmitglieder aber bisher nur punktuell. Der vorliegende Beitrag geht daher der Frage nach, durch welche Maßnahmen der Gesetzgeber die Bestrebungen nach einer aufgabenadäquaten Besetzung des Aufsichtsrats stärker als bisher unterstützen könnte und sollte.

Abstract: The supervisory board's performance heavily depends on its composition as well as on the skills, integrity, time commitment and independence of its members. The German Stock Corporation Act, however, so far provides only few personal requirements for supervisory board members. The present article therefore seeks to explore how the Act could, and should, be amended in order to help improve adequate supervisory board composition.

Inhaltsübersicht

* Der Autor ist Geschäftsführender Direktor des Instituts für deutsches und europäisches Gesellschafts- und Wirtschaftsrecht an der Ruprecht-Karls-Universität Heidelberg.

https://doi.org/10.1515/9783110746372-006

I. Ausgangslage

Über das Anforderungsprofil eines gut besetzten Aufsichtsrats besteht im Kern weithin Einigkeit: Wir alle wünschen uns im Aufsichtsrat integre Persönlichkeiten mit Durchsetzungskraft und Rückgrat, die fachlich qualifiziert sind, das Geschäftsmodell des Unternehmens verstehen und ihrem Amt hinreichend Zeit widmen. Ihre unterschiedlichen Qualifikationen, Erfahrungen und Hintergründe sollten einander sinnvoll ergänzen und sich so zu einer Gesamtqualifikation zusammenfügen, dass der Aufsichtsrat insgesamt in der Lage ist, die ganze Breite seiner – in den letzten Jahrzehnten deutlich gewachsenen – Aufgaben effektiv wahrzunehmen. Auch eine Mindestanzahl von unabhängigen Mitgliedern gehört nach heutigem Verständnis zu einer aufgabenadäquaten Besetzung fraglos dazu.

Blickt man mit diesem Erwartungshorizont auf die Vorgaben des AktG, stellt man ernüchtert fest, dass dort von alledem wenig zu lesen ist. Sieht man von den Vorschriften zur Mitbestimmung und zur Geschlechterquote (§ 96 AktG) ab, verbleiben im Wesentlichen die Bestimmungen der §§ 100 und 105 AktG, welche die persönlichen Anforderungen an Aufsichtsratsmitglieder jedoch nur fragmentarisch regeln. Ausführlicher äußert sich der Deutsche Corporate Governance Kodex, der die Zusammensetzung des Aufsichtsrats und die persönlichen Anforderungen in drei Grundsätzen (10 – 12) und nicht weniger als fünfzehn Empfehlungen behandelt (C.1– C.15), allein sieben davon zur Unabhängigkeit der Aufsichtsratsmitglieder. Eine sehr viel weitergehende gesetzliche Regulierung findet sich daneben im Bank- und Versicherungsaufsichtsrecht. Dort sind vor einigen Jahren in Reaktion auf die Finanzkrise in Umsetzung unionsrechtlicher Vorgaben (als Teil von CRD IV und Solvency II) detaillierte Vorschriften erlassen worden, die sich auf die Einzel- und Gesamtqualifikation, Zuverlässigkeit, zeitliche Verfügbarkeit und Fortbildung der Aufsichtsratsmitglieder beziehen und der Ämterhäufung wesentlich engere Grenzen setzen als das AktG.[1] In umfangreichen

1 S. insbesondere § 25d Abs. 1 – 4, 7 S.4, 9 S. 2, 11, 12 S. 2 KWG, § 24 VAG und Art. 258 Abs. 1 lit. d,

Leitlinien und Merkblättern der europäischen und deutschen Aufsichtsbehörden werden diese Vorgaben ausführlich beschrieben und konkretisiert.[2]

Vor diesem Hintergrund stellt sich die Frage, ob die Bestrebungen nach mehr Professionalität und Qualität der Aufsichtsratsarbeit, wie sie im Aufsichtsrecht, aber auch im Kodex zum Ausdruck kommen, nicht auch im Aktiengesetz zumindest ansatzweise stärkere Unterstützung erfahren sollten. Nun ist sicher richtig, dass eine umfassende behördliche „fit & proper"-Kontrolle wie im Aufsichtsrecht in der „Normal"-AG keine ernsthaft in Betracht kommende Option ist. Richtig ist auch, dass einige zentrale persönliche Anforderungen auch ohne ausdrückliche Erwähnung im AktG längst anerkannt sind. So hat der BGH schon vor vierzig Jahren in der „Hertie"-Entscheidung klargestellt, dass ein Aufsichtsratsmitglied eine gewisse Mindestqualifikation mitbringen muss, um die normalerweise im Aufsichtsrat anfallenden Aufgaben zumindest grundsätzlich auch ohne fremde Hilfe wahrnehmen zu können.[3] Ebenso folgt schon aus der allgemeinen Sorgfaltspflicht der Aufsichtsratsmitglieder (§§ 116 S. 1, 93 Abs. 1 S. 1 AktG), dass sie ihrem Amt ausreichend Zeit widmen müssen[4] und dass sie bei der Formulierung von Beschlussvorschlägen für die Wahl neuer Aufsichtsratsmitglieder nur Kandidaten vorschlagen dürfen, die nicht nur die gesetzlichen Anforderungen der §§ 100, 105 AktG erfüllen, sondern sowohl individuell als auch mit Blick auf die Gesamtqualifikation des Aufsichtsrats geeignet sind („Vorschlagsverantwortung").[5] All diese Pflichten sind haftungsbewehrt (§§ 116 S. 1, 93 Abs. 2 AktG), und man geht sicher nicht fehl in der Annahme, dass hiervon bereits ein gewisser präventiver Effekt ausgeht.

---

273 Solvabilität II-VO (VO [EU] 2015/35). Näher dazu LUTTER/KRIEGER/VERSE, Rechte und Pflichten des Aufsichtsrats, 7. Aufl. 2020, Rn. 1450 ff.

2 EZB-Leitfaden zur Beurteilung der fachlichen Qualifikation und persönlichen Zuverlässigkeit, Stand: Mai 2018; Leitlinien der EBA und ESMA zur Bewertung der Eignung von Mitgliedern des Leitungsorgans und Inhabern von Schlüsselfunktionen (EBA/GL/2017/12) und zur internen Governance (EBA/GL/2017/11) vom 26.9.2017; EIOPA-Leitlinien zum Governance-System (EIOPA-BoS-14/253) vom 14.9.2015; BaFin-Merkblatt zu den Mitgliedern von Verwaltungs- oder Aufsichtsorganen gemäß KWG und KAGB vom 29.12.2020; BaFin-Merkblatt zur fachlichen Eignung und Zuverlässigkeit von Mitgliedern von Verwaltungs- oder Aufsichtsorganen gemäß VAG vom 6.12.2018.

3 BGH, Urteil vom 15. November 1982 – II ZR 27/82, BGHZ 85, 293, 295 f. (abgeleitet aus dem Gebot der höchstpersönlichen Amtsführung nach § 111 Abs. 5 AktG a. F. = § 111 Abs. 6 AktG).

4 BINDER, ZGR 2018, 88, 114; LUTTER/KRIEGER/VERSE, aaO (Fn. 1) Rn. 1482; vgl. auch Grundsatz 12 DCGK und dazu KREMER in Kremer/Bachmann/Lutter/v. Werder, DCGK, 8. Aufl. 2021, Grds. 12 Rn. 1.

5 HABERSACK in Münchener Komm. z. AktG, 5. Aufl. 2019, § 101 Rn. 17 f.; SPINDLER in BeckOGK z. AktG, Stand: 1.2.2021, § 101 Rn. 42.

Gleichwohl bleibt die Frage, ob es der Gesetzgeber dabei wirklich belassen sollte oder ob es nicht an der Zeit ist, gesetzlich nachzusteuern und das Anliegen einer aufgabenadäquaten Besetzung der Aufsichtsräte mit größerem Nachdruck als bisher einzufordern und zu unterstützen.

II. Ansatzpunkte für eine Reform

Die folgenden Überlegungen mögen zeigen, dass sich in der Tat in mehrfacher Hinsicht Verbesserungen des gesetzlichen Rahmens empfehlen.[6]

1. Stärkung der Vorschlagsverantwortung (Begründungspflicht für Wahlvorschläge)

a) Wahl der Anteilseignervertreter

Der erste Ansatzpunkt für eine Ergänzung des bestehenden Rechtsrahmens betrifft den Wahlvorschlag des Aufsichtsrats für die Wahl neuer Anteilseignervertreter. Bei ihm anzusetzen liegt nahe, weil ihm für eine qualifizierte und ausgewogene Besetzung der Anteilseignermandate im Aufsichtsrat große, im Regelfall vorentscheidende Bedeutung zukommt.[7]

Bisher regelt das Gesetz den Inhalt des Wahlvorschlags nur rudimentär: Anzugeben sind lediglich Name, Beruf und Wohnort des Vorgeschlagenen (§ 124 Abs. 3 S. 4 AktG), bei börsennotierten Gesellschaften ergänzt um Angaben zur Mitgliedschaft in anderen vergleichbaren Kontrollgremien (§ 125 Abs. 1 S. 5 AktG). Nur der Deutsche Corporate Governance Kodex empfiehlt weitere Angaben, namentlich einen Lebenslauf, der über relevante Kenntnisse und Erfahrungen Auskunft gibt (C.14 DCGK), sowie Angaben über Beziehungen des Kandidaten zum Unternehmen, zu den Organen der Gesellschaft und zu wesentlich beteiligten Aktionären (C.13 DCGK). In der Praxis werden diese Empfehlungen in den von § 161 AktG erfassten Unternehmen zwar ganz überwiegend, aber nicht durchweg beherzigt;[8] für börsenferne Gesellschaften gelten sie nicht.

6 Ausgespart bleiben im Folgenden Reformüberlegungen zu Fragen der Diversität, Geschlechtergerechtigkeit und Altersgrenzen; s. dazu das Korreferat von Rosskopf (wiedergegeben im Diskussionsbericht zu diesem Referat) und Rn. 27 des Eckpunktepapiers.

7 Pointiert Lutter, DB 2009, 775, 778: „de facto eine Art Kooptation".

8 Detaillierte Auswertung bei v. Werder/Danilov, DB 2018, 1997, 2003 (zu 5.4.1 Abs. 5 S. 2, Abs. 6–8 DCGK 2017 = C.13–14 DCGK 2020).

Dem Ziel, den Aktionären eine informierte Entscheidung über die Wahl geeigneter Kandidaten zu ermöglichen, wird diese Rechtslage nur unzureichend gerecht. Aus diesem Grund, und um die Sensibilität der Aufsichtsratsmitglieder für ihre Vorschlagsverantwortung zu schärfen, liegt es nahe, die rudimentäre gesetzliche Regelung zu einer echten Begründungspflicht auszubauen.[9] Die Mitglieder des Aufsichtsrats und insbesondere die Mitglieder eines mit der Vorbereitung des Wahlvorschlags betrauten Nominierungsausschusses (D.5 DCGK) sind wie erwähnt aufgrund ihrer Sorgfaltspflicht (§§ 116 S. 1, 93 Abs. 1 AktG) ohnehin gehalten, sich intensiv mit der Frage zu befassen, warum gerade der vorgeschlagene Kandidat dem fachlichen und persönlichen Anforderungsprofil entspricht, wie er zur Gesamtqualifikation beiträgt und ob seine Aufgabenwahrnehmung durch anderweitige Mandate, übermäßige zeitliche Beanspruchung oder erhebliche Interessenkonflikte beeinträchtigt zu werden droht.[10] Für die Mitglieder des Nominierungsausschusses in Aufsichtsräten von Kreditinstituten ist diese Vorschlagsverantwortung in § 25d Abs. 11 S. 1 Nr. 1 KWG ausdrücklich im Gesetz hervorgehoben; sie gilt aber auch darüber hinaus.

Wenn aber jeder Wahlvorschlag schon kraft Gesetzes intensiver Vorbereitung und Überlegung bedarf, liegt es nahe, das Kondensat der dem Vorschlag zugrundeliegenden Erwägungen auch den Aktionären gegenüber offenzulegen.[11] Spätestens auf Nachfrage in der Hauptversammlung müsste dies sowieso geschehen, da das Auskunftsrecht der Aktionäre (§ 131 Abs. 1 AktG) auch die zur Beurteilung der Zweckmäßigkeit der Wahl erforderlichen Umstände umfasst – und dazu gehören gewiss auch Angaben zu den vorgenannten Fragen (fachliche Eignung, anderweitige Mandate, erhebliche Interessenkonflikte).[12] Der Mehraufwand, die Begründung des Wahlvorschlags im Vorfeld der Hauptversammlung zu verschriftlichen, hält sich daher in engen, angesichts der Bedeutung der Entscheidung jedenfalls vertretbaren Grenzen. Es geht auch nicht um eine dickleibige

---

9 Wie hier ausführlich Dreher, FS Windbichler, 2020, S. 552ff.; ferner Weber-Rey, Referat zum 69. Deutschen Juristentag 2012, S. N 51, 71ff.; zuletzt auch Interdisziplinärer Arbeitskreis Corporate Governance (AKCG), DB 2021, 550, 551.

10 S. nochmals die Nachw. in Fn. 5; ferner Dreher, aaO (Fn. 9), S. 552, 556f.; speziell zur Berücksichtigung von Interessenkonflikten Butzke, FS Hoffmann-Becking, 2013, S. 229, 244.

11 Ebenso Dreher, aaO (Fn. 9), S. 552, 559.

12 Deutlich Kubis in Münchener Komm. AktG, 4. Aufl. 2018, § 131 Rn. 56, 59 mit berechtigter Kritik an der Entscheidung OLG Düsseldorf NZG 2013, 178, 179, die aus § 124 Abs. 3 S. 4 AktG den Schluss ziehen will, dass der Gesetzgeber über den ausgeübten Beruf hinausgehende Auskünfte zur beruflichen Qualifikation zumindest im Regelfall nicht für erforderlich halte; hiergegen mit Recht auch Decher in Großkomm. z. AktG, 5. Aufl. 2020, § 131 Rn. 212. Die genannte Entscheidung ist schon aus unionsrechtlichen Gründen unhaltbar, da Art. 9 Aktionärsrechte-RL keine derart enge Auslegung des Auskunftsrechts zulässt.

Begründung, sondern nur um konzentrierte Angaben zu wenigen konkreten Punkten, die eine Plausibilitätskontrolle der Aktionäre ermöglichen.

Tritt man diesem Vorschlag einer gesetzlichen Begründungspflicht näher, wird es sich im Interesse der Rechtsklarheit (und damit der Minimierung von Anfechtungsrisiken[13]) empfehlen, die in die Begründung aufzunehmenden Aspekte möglichst spezifisch im Gesetz zu benennen. Konkret sollte der Aufsichtsrat verpflichtet werden, in dem Vorschlag anzugeben,

(i) warum er den Kandidaten für fachlich geeignet hält und wie er nach Einschätzung des Aufsichtsrats zur Gesamtqualifikation beiträgt,[14]
(ii) warum der Aufsichtsrat unter Berücksichtigung anderweitiger Mandate des Kandidaten die zeitliche Verfügbarkeit als gewährleistet ansieht, und
(iii) welche Beziehungen des Kandidaten zur Gesellschaft, den Organen und wesentlich beteiligten Aktionären (mit mehr als 10 % der Stimmrechte) bestehen.

Einen ähnlichen Weg geht schon seit 2005 das österreichische Recht. Dort ist vorgesehen, dass jedem Beschlussvorschlag für die Wahl von Aufsichtsratsmitgliedern durch die Hauptversammlung eine Erklärung beizufügen ist, in der die fachliche Qualifikation, die beruflichen oder vergleichbaren Funktionen sowie alle Umstände darzulegen sind, welche die Besorgnis einer Befangenheit begründen könnten (§ 108 Abs. 2 S. 2 i.V.m. § 87 Abs. 2 öAktG). Allerdings ist diese Erklärung in Österreich nicht vom Aufsichtsrat, sondern von dem vorgeschlagenen Kandidaten selbst abzugeben. Die Materialien des GesRÄG 2005 geben als Begründung an, dass nur der Kandidat selbst Kenntnis aller relevanten Tatsachen habe.[15] Diese Erwägung spricht jedoch nicht zwingend gegen die hier vorgeschlagene Begründungspflicht des Aufsichtsrats, da dieser die erforderlichen Informationen beim Kandidaten einholen kann und sie im Rahmen einer sorgfältigen Vorbereitung des Vorschlags auch selbst bewerten muss.

---

13 Zu dem allgemeinen Anliegen, die Rechtsunsicherheit im Fall der Anfechtung von Wahlbeschlüssen zu reduzieren, s. Rn. 49f. des Eckpunktepapiers sowie den Beitrag von Poelzig in diesem Band (unter C. I. 2.).

14 Bei Kandidaten, die für die Position eines Finanzexperten i. S. des § 100 Abs. 5 AktG vorgesehen sind, sollte sich die Begründung konsequenterweise auch hierauf beziehen.

15 927 der Beilagen XXII. GP – Regierungsvorlage – Materialien, S. 7 (zu § 87 Abs. 1a öAktG).

b) Wahl der Arbeitnehmervertreter

Entscheidet man sich dafür, eine Begründungspflicht für die Wahlvorschläge der Anteilseignervertreter einzuführen, könnte man spiegelbildlich dazu auch noch eine funktional vergleichbare Regelung für die Arbeitnehmervertreter in Erwägung ziehen. Selbstverständlich sind Qualifikation, Erfahrung, zeitliche Verfügbarkeit und etwaige Interessenkonflikte auch aufseiten der Arbeitnehmervertreter wichtige Parameter. Vorstellbar wäre etwa eine Regelung, dass in Wahlvorschläge des Betriebsrats (§ 6 S. 1 DrittelbG) und – hinsichtlich der Gewerkschaftsvertreter – Wahlvorschläge der Gewerkschaften (§ 16 Abs. 2 MitbestG) ebenfalls entsprechende Angaben aufzunehmen sind. Dabei ist allerdings zu bedenken, dass Wahlvorschläge des Betriebsrats bisher nur im DrittelbG, nicht im MitbestG vorgesehen sind.[16] In sich stimmig wäre eine solche Regelung daher nur, wenn man künftig auch im MitbestG ein Vorschlagsrecht des Betriebsrats etablieren würde. Ob sich der damit verbundene Regelungsaufwand lohnt, mag man unterschiedlich beurteilen. Jedenfalls besteht in dieser Frage aber kein zwingendes Junktim; die vorgeschlagene Begründungspflicht für Wahlvorschläge auf Anteilseignerseite sollte daher auch dann umgesetzt werden, wenn sich der Gesetzgeber zu einer vergleichbaren Regelung auf Arbeitnehmerseite nicht durchringen kann.

2. Stärkung der Unabhängigkeit

Ein zweiter Ansatzpunkt für eine Erweiterung des Aktiengesetzes im Bereich der persönlichen Anforderungen betrifft die international wie national vieldiskutierte Frage der Unabhängigkeit der Aufsichtsratsmitglieder. In dieser Frage haben wir in Deutschland in den letzten Jahren eine merkwürdige Entwicklung erlebt: Einerseits ist auf der Ebene des Gesetzes die erst durch das BilMoG eingeführte Vorgabe, dass der Finanzexperte im Aufsichtsrat kapitalmarktorientierter Unternehmen unabhängig sein muss (§ 100 Abs. 5 AktG a. F.), durch das AReG 2016 wieder gestrichen worden, da die geänderte Abschlussprüferrichtlinie sie nicht mehr zwingend verlangt.[17] Andererseits sind die Empfehlungen zur Unabhängigkeit im Kodex kontinuierlich ausgebaut worden. In der aktuellen Kodexfas-

16 S. nur Henssler in Habersack/Henssler, Mitbestimmungsrecht, 4. Aufl. 2018, § 15 MitbestG Rn. 36, § 6 DrittelbG Rn. 4.

17 Vgl. Art. 39 Abs. 5 Abschlussprüferrichtlinie i. d. F. der Änderungsrichtlinie 2014/56/EU; dazu Habersack/Verse, Europäisches Gesellschaftsrecht, 5. Aufl. 2019, § 9 Rn. 70 f.

sung finden sich dazu nicht weniger als sieben mehr oder weniger detaillierte Empfehlungen (C.6 – C.12 DCGK).[18]

a) Rückkehr zur Unabhängigkeit des Finanzexperten

Diese Entwicklung sollte unbedingt noch einmal überdacht werden. Die im AReG getroffene Entscheidung, die Unabhängigkeit des Finanzexperten nicht mehr gesetzlich vorzuschreiben, ist von Anfang an auf breite Kritik gestoßen,[19] und zunehmend wird die Forderung erhoben, sie wieder im Gesetz zu verankern.[20] Diese Forderung verdient uneingeschränkt Zustimmung.

Dem Finanzexperten kommt nach der Konzeption des Gesetzes eine Schlüsselrolle für die Überwachung der Gesellschaft zu; er ist ein entscheidendes Bindeglied zwischen dem Aufsichtsrat und dem Abschlussprüfer, der den Aufsichtsrat im Rahmen der Prüfung der Rechnungslegung nach § 171 AktG unterstützt.[21] Mit dieser Schlüsselrolle des Finanzexperten und seiner Glaubwürdigkeit verträgt es sich nicht, wenn er einem dauerhaften Interessenkonflikt ausgesetzt ist, sei es aufgrund von Beziehungen zum Vorstand oder zur Gesellschaft, sei es aufgrund von Beziehungen zum Mehrheitsaktionär. Wenn die Regierungsbegründung zum AReG dem entgegenhält, dass durch § 105 Abs. 1 AktG bereits ein „hohes Maß an Unabhängigkeit" sichergestellt sei,[22] ist das eine bloße Scheinbegründung; denn § 105 Abs. 1 AktG regelt bekanntlich nur die Unabhängigkeit vom Vorstand – und auch diese nur partiell –, während anderweitige Interes-

---

18 Näher dazu Regierungskommission DCGK, Begründung des DCGK i.d.F. vom 16.12.2019, S. 2f., 8ff.; Kumpan, ZGR 2020, 749, 760ff.

19 S. etwa Drygala in K. Schmidt/Lutter, AktG, 4. Aufl. 2020, § 100 Rn. 40; Habersack/Verse, aaO (Fn. 17), § 9 Rn. 71; Nodoushani, AG 2016, 381, 383f.; Redenius-Hövermann, WPg 2017, 349, 351; Spindler, aaO (Fn. 5), § 100 Rn. 60; Strenger, WPg 2016, 313; Velte WPg 2015, 482, 489; zustimmend aber Handelsrechtsausschuss DAV, NZG 2015, 752 Rn. 10; Merkt, ZHR 179 (2015), 601, 612.

20 Neben den Vorgenannten Habersack, Der Aufsichtsrat 02/2020, 26; Hopt/Kumpan, AG 2021, 129 Rn. 21; Mattheus, Renaissance des unabhängigen Finanzexperten, Börsen-Zeitung v. 31.10. 2020, S. 6; ferner die Nachw. zu den Stellungsnahmen der Regierungskommission DCGK in Fn. 27.

21 Eingehend Meyer, Der unabhängige Finanzexperte im Aufsichtsrat, 2011, S. 377ff., 384 (Finanzexperte und Prüfer als „geborene Kooperationspartner").

22 Begr. RegE AReG, BT-Drucks. 18/7219, 56; zustimmend Handelsrechtsausschuss DAV, aaO (Fn. 19).

senbindungen außer Betracht bleiben. Eben diese weitergehende Bedeutung der Unabhängigkeit hatte der Gesetzgeber des BilMoG auch noch zutreffend betont.[23]

Schwach ist auch das zweite Argument der AReG-Begründung, dass die Aufhebung der Unabhängigkeitsvorgabe auch Arbeitnehmervertretern den Weg zum Amt des Finanzexperten ebnen solle.[24] Auch wenn man das Anliegen, Arbeitnehmervertreter mit entsprechender Qualifikation nicht von dieser Position auszuschließen, prinzipiell unterstützt, hätte es genügt, die Unabhängigkeitsdefinition entsprechend einzuschränken, anstatt das Unabhängigkeitserfordernis ganz preiszugeben.[25]

Kein triftiger Einwand gegen eine Wiederverankerung der Unabhängigkeit des Finanzexperten im Gesetz ist schließlich auch der Umstand, dass der Kodex die Unabhängigkeit ausführlich behandelt.[26] Unverbindliche Empfehlungen allein werden der Bedeutung der Unabhängigkeit nicht gerecht. Bezeichnenderweise steht die Kodexkommission selbst auf diesem Standpunkt: In ihrer Stellungnahme zum Regierungsentwurf des neuen Finanzmarktintegritätsstärkungsgesetzes (FISG) moniert sie ausdrücklich, dass die Bundesregierung an der Streichung der Unabhängigkeitsvorgabe festhält. Sehr zu Recht betont sie, dass durch dieses Versäumnis des Gesetzgebers „eine gravierende Diskrepanz zwischen dem deutschen Aktienrecht und einhelligen Erwartungen der nationalen und internationalen Investoren" bestehen bleibt.[27]

b) Ein oder zwei unabhängige Finanzexperten?

Wenn somit alles für eine Rückkehr zur Unabhängigkeit des Finanzexperten spricht, bleibt hinsichtlich der näheren Ausgestaltung die Frage, ob man die Unabhängigkeit nur für mindestens einen oder zwei Finanzexperten verlangen sollte. Die Frage stellt sich, weil § 100 Abs. 5 (i.V.m. § 107 Abs. 4 S. 2) AktG in seiner

---

23 Begr. RegE BilMoG, BT-Drucks. 16/10067, S. 101: „Durch § 105 Abs. 1 AktG ist ohnehin eine grundsätzliche Trennung von Vorstand und Aufsichtsrat gewährleistet. Das Tatbestandsmerkmal der Unabhängigkeit des sachverständigen Aufsichtsratsmitglieds geht aber darüber hinaus."

24 Begr. RegE AReG, BT-Drucks. 18/7219, 56.

25 So auch SPINDLER, aaO (Fn. 5), § 100 Rn. 60.

26 Der Kodex empfiehlt, dass ein unabhängiger Finanzexperte den Vorsitz im Prüfungsausschuss innehaben soll (C.10 i.V.m. D.4 S. 1 DCGK); s. dazu noch unter lit. c).

27 REGIERUNGSKOMMISSION DCGK, Stellungnahme vom 12.2.2021 zu einzelnen Vorschlägen im Regierungsentwurf eines Gesetzes zur Stärkung der Finanzmarktintegrität, S. 2; ebenso der Vorsitzende der Regierungskommission NONNENMACHER, Stellungnahme zur Vorbereitung der öffentlichen Anhörung am 15.3.2021 im Finanzausschuss des Deutschen Bundestags, S. 3: „internationalen Investoren nicht ansatzweise zu vermitteln" (jeweils abrufbar auf www.dcgk.de).

jüngst durch das FISG reformierten Fassung nunmehr vorsieht, dass dem Aufsichtsrat und dem Prüfungsausschuss in Unternehmen von öffentlichem Interesse künftig zwei Finanzexperten angehören müssen (je einer mit besonderem Sachverstand auf dem Gebiet Rechnungslegung bzw. Abschlussprüfung).

Die Antwort muss jedenfalls in kleineren Aufsichtsräten mit sechs oder weniger Mitgliedern so ausfallen, dass man sich mit der Mindestvorgabe eines unabhängigen Experten begnügen und es im Übrigen bei § 105 Abs. 1 AktG belassen sollte. Sofern man die Unabhängigkeit richtigerweise in einem umfassenden Sinn so versteht, dass auch Beziehungen zu einem kontrollierenden Aktionär die Unabhängigkeit ausschließen,[28] wäre bei einer Erstreckung der Vorgabe auf beide Finanzexperten zu befürchten, dass der kontrollierende Aktionär je nach Größe des Aufsichtsrats und Mitbestimmung nicht mehr seiner Beteiligung angemessen im Aufsichtsrat repräsentiert wäre. So wären in einem sechsköpfigen drittelmitbestimmten Aufsichtsrat bei zwei Arbeitnehmervertretern (die regelmäßig nicht über die erforderliche besondere Finanzexpertise verfügen) und zwei unabhängigen Finanzexperten nur noch zwei Mandate für Repräsentanten des Mehrheitsaktionärs frei. Im dreiköpfigen drittelmitbestimmten Aufsichtsrat wäre sogar überhaupt kein Raum mehr für einen Repräsentanten des Mehrheitsaktionärs. Aus diesem Grund begnügt sich auch der Kodex zu Recht damit, dass Aufsichtsräten mit sechs oder weniger Mitgliedern mindestens ein vom Kontrollaktionär unabhängiges Mitglied angehören soll (C.9 Abs. 1 S. 2 DCGK).

Aber auch für größere Aufsichtsräte erscheint eine gesetzliche Regelung, dass auch der zweite Finanzexperte in jeder Hinsicht (und damit auch vom Kontrollaktionär) unabhängig sein muss, bei Licht besehen nicht wünschenswert. Die Vorgabe eines weiteren unabhängigen Aufsichtsratsmitglieds mag zwar (wie in C.9 Abs. 1 S. 1 DCGK empfohlen) bei größeren Aufsichtsräten auch in kontrollierten Gesellschaften erwägenswert sein; ein zwingender Grund, dass auch dieses zweite unabhängige Mitglied unbedingt ein Finanzexperte sein muss, ist aber nicht ersichtlich.[29]

---

28 S. dazu noch unter lit. d).

29 In dieselbe Richtung Mülbert, ZHR 185 (2021), 1, 15, der eine gesetzliche Unabhängigkeitsvorgabe auch für mehrere Aufsichtsratsmitglieder (nach dem Vorbild des Kodex) für erwägenswert hält, aber eine zwingende Verknüpfung mit den besonderen Sachverstandsanforderungen des § 100 Abs. 5 AktG ablehnt.

c) Unabhängigkeit des Vorsitzenden des Prüfungsausschusses

Bedenkenswert ist allerdings, in einer anderen Hinsicht noch einen Schritt weiterzugehen und gesetzlich vorzuschreiben, dass die besonderen Anforderungen der Unabhängigkeit und der Finanzexpertise gerade in der Person des Vorsitzenden des Prüfungsausschusses gegeben sein müssen. Der Kodex enthält bekanntlich entsprechende Empfehlungen (C.10, D.4 S. 1 DCGK); zusätzlich empfiehlt er, dass der Vorsitzende des Prüfungsausschusses nicht zugleich den Vorsitz im Aufsichtsrat innehaben soll (D.4 S. 2 DCGK). Im Schrifttum wird zunehmend gefordert, diese Empfehlungen entweder zur Gänze[30] oder immerhin die Empfehlung zur Unabhängigkeit des Ausschussvorsitzenden (C.10 DCGK)[31] zur gesetzlichen Vorgabe aufzuwerten. Für die in den verschiedenen DAX-Indizes notierten Unternehmen ist freilich zu bedenken, dass die neuen Indexregeln der Deutschen Börse bereits jetzt verlangen, dass der Empfehlung C.10 DCGK entsprochen wird.[32]

d) Legaldefinition der Unabhängigkeit

Entschließt man sich, die Unabhängigkeit mindestens eines Finanzexperten oder speziell des Vorsitzenden des Prüfungsausschusses (wieder) im Gesetz zu verankern, bedarf es dieses Mal allerdings auch einer rechtssicher handhabbaren Legaldefinition der Unabhängigkeit. Dass der Gesetzgeber des BilMoG seinerzeit auf eine Legaldefinition verzichtete, hat eine Vielzahl offener Auslegungsfragen zu § 100 Abs. 5 AktG a.F. provoziert.[33] Eine ähnlich große Rechtsunsicherheit muss bei Wiedereinführung des Begriffs in das Gesetz tunlichst vermieden werden. Die Rahmenbedingungen dafür sind günstig, da die Abschlussprüferrichtlinie die Unabhängigkeit des Finanzexperten nicht mehr zwingend vorschreibt. Der deutsche Gesetzgeber hat daher jetzt freie Bahn, den Begriff vollumfänglich

---

30 Interdisziplinärer Arbeitskreis Corporate Governance (AKCG), aaO (Fn. 9), 552; Hopt/Kumpan, AG 2021, 129 Rn. 20; auf EU-Ebene Langenbucher/Leuz/Krahnen/Pelizzon, „What are the wider supervisory implications of the Wirecard case?“, Studie im Auftrag des Ausschusses für Wirtschaft und Währung (ECON) des Europäischen Parlaments, Nov. 2020, S. 18 (abrufbar auf www.europarl.europa.eu). Für Aufwertung der Empfehlungen C.10 und D.4 S. 2 DCGK zu gesetzlichen Vorgaben auch Arbeitskreis Bilanzrecht Hochschullehrer Rechtswissenschaft (AKBR), BB 2020, 2731, 2734.

31 Mülbert, ZHR 185 (2021), 2, 15; Nonnenmacher, aaO (Fn. 27), S. 3f.

32 STOXX Ltd., Guide to the DAX Equity Indices, Version 11.1.5 vom 23.4.2021, Ziff. 4.1.1.2 (S. 28) (mit Bezugnahme auf C.10 DCGK, aber nicht D.4 DCGK).

33 Ausführlich Meyer, aaO (Fn. 21), S. 293ff., 310ff.

selbst festzulegen, ohne den Unwägbarkeiten einer richtlinienkonformen Auslegung ausgesetzt zu sein. Insbesondere kann er nunmehr klar Farbe bekennen, inwieweit die Unabhängigkeitskriterien der Kommissionsempfehlung 2005/162/EG[34] im Rahmen der Begriffsbestimmung zu berücksichtigen sind oder nicht.

Auf die Einzelheiten einer geeigneten Unabhängigkeitsdefinition kann hier nicht eingegangen werden. Hervorgehoben sei aber, dass in grundsätzlicher Übereinstimmung mit den Empfehlungen des Kodex (C.9 Abs. 2, C.10 S. 2 DCGK) nicht nur die Unabhängigkeit im Verhältnis zum Vorstand und zur Gesellschaft, sondern auch diejenige im Verhältnis zu einem kontrollierenden Aktionär erfasst sein muss.[35] Das Erfordernis der Unabhängigkeit vom Kontrollaktionär wird zwar von prominenten Stimmen im Schrifttum nach wie vor kritisiert, vor allem mit dem Argument, dass es in Verbindung mit der paritätischen Mitbestimmung die in den §§ 311 ff. AktG vorausgesetzte Einflussmöglichkeit des herrschenden Unternehmens untergrabe und die Belange der Minderheit durch die konzernrechtlichen Schutzbestimmungen hinreichend gewahrt seien.[36] Dem ist aber entgegenzuhalten, dass sich die Überwachungsaufgabe des Aufsichtsrats auch auf die Geschäfte mit dem Kontrollaktionär und auf dessen Einflussnahmen erstreckt; Repräsentanten aus dem Lager des Kontrollaktionärs sind insoweit einem massiven Interessenkonflikt ausgesetzt.[37] Es kann daher nicht überraschen, dass eine klare Erwartungshaltung des Kapitalmarkts besteht, dass im Aufsichtsrat auch auf der Anteilseignerseite ein Mindestmaß an Unabhängigkeit vom Kontrollaktionär gegeben sein muss.[38]

---

34 Empfehlung der Kommission vom 15.2.2005 zu den Aufgaben von nicht geschäftsführenden Direktoren/Aufsichtsratsmitgliedern börsennotierter Gesellschaften sowie zu den Ausschüssen des Verwaltungs-/Aufsichtsrats (2005/162/EG), ABl. 2005, L 52/51; dazu Habersack/Verse, aaO (Fn. 17), § 4 Rn. 22.

35 Zu § 100 Abs. 5 AktG a.F. war dies umstritten; befürwortend etwa Habersack in MünchKomm. z. AktG, 4. Aufl. 2014, § 100 Rn. 68 mit umfangreichen Nachw. zum Meinungsstand.

36 Besonders dezidiert Hoffmann-Becking, NZG 2014, 801, 806; kritisch auch J. Koch in Hüffer/Koch, AktG, 15. Aufl. 2021, § 100 Rn. 44; Lieder, Der Aufsichtsrat im Wandel der Zeit, 2006, S. 706 f.; Mertens/Cahn in Kölner Komm. z. AktG, 3. Aufl. 2013, § 100 Rn. 67; gegen diese Kritik etwa Bayer, NZG 2013, 1, 11 f.

37 Eindringlich Meyer, aaO (Fn. 21), S. 326 ff.

38 Die Abstimmungsrichtlinien von institutionellen Investoren und Stimmrechtsberatern formulieren detaillierte Anforderungen an die Unabhängigkeit des Aufsichtsrats und seiner Ausschüsse, insbesondere des Prüfungsausschusses, und beziehen ausdrücklich auch die Unabhängigkeit vom Kontrollaktionär mit ein; s. etwa BlackRock Investment Stewardship, Proxy voting guidelines for European, Middle Eastern, and African securities, Jan. 2021, S. 6 – 8, 23 f; ISS, Continental Europe – Proxy Voting Guidelines, Benchmark Policy Recommendations, März 2021, S. 8, 14 (u. a. jeweils mit der Forderung, dass in kontrollierten Gesellschaften mindestens ein Drittel der Anteilseignervertreter unabhängig vom Kontrollaktionär sein muss).

Dass in börsennotierten Unternehmen inzwischen die neuen Regeln über Related Party Transactions (§§ 111a ff., 107 Abs. 3 S. 4–7 AktG) einen zusätzlichen Schutz der Minderheitsaktionäre gewährleisten, hat an diesen Gegebenheiten nichts Entscheidendes geändert – schon deshalb nicht, weil der Schwellenwert des neuen Regimes (1,5% der Konzernaktiva, § 111b Abs. 1, 3 AktG) nur großvolumige Transaktionen erfasst. Im Gegenteil legen es die Regelungen in § 111b Abs. 2 AktG (Stimmverbot für Repräsentanten des Großaktionärs bei Geschäften mit diesem) und § 107 Abs. 3 S. 5–6 AktG (überwiegend interessenkonfliktfreie Besetzung des Related-Party-Ausschusses) schon jetzt nahe, dass mindestens ein vom Großaktionär unabhängiger Anteilseignervertreter bestellt wird. Andernfalls läge die Entscheidung über sämtliche Geschäfte mit dem Großaktionär, die dem Zustimmungsvorbehalt des § 111b Abs. 1 unterliegen, allein in den Händen der Arbeitnehmervertreter; das wird praktisch nie gewollt sein.[39]

e) Rechtsfolgen von Verstößen

Wenn man die Unabhängigkeitsvorgabe wiedereinführt, muss man schließlich auch die Rechtsfolgenseite mitbedenken. Im geltenden Recht ist unklar und umstritten, ob die Wahl bei einem Verstoß gegen § 100 Abs. 5 AktG (also bei unzureichender Sachkunde eines der Finanzexperten oder fehlender Sektorvertrautheit des Gesamtorgans) anfechtbar ist.[40] Diese Unsicherheit würde sich bei der vorgeschlagenen Erweiterung auf die Frage der Unabhängigkeit ausdehnen, was es durch eine klare Regelung der Rechtsfolgen zu verhindern gilt. Sofern man die Anfechtung zulässt, muss – wie generell bei der Anfechtung von Aufsichtsratswahlen – eine Lösung gefunden werden, die bei erhobenen Klagen möglichst schnell Rechtssicherheit schafft.[41] Wegen der tatbestandlichen Unschärfen könnte man auch in Betracht ziehen, Aufsichtsrat und Hauptversammlung eine Einschätzungsprärogative zuzugestehen und die Anfechtung dementsprechend auf evidente Verstöße zu beschränken.

---

39 Näher zur Besetzung des Related-Party-Ausschusses und den Hintergründen Verse, 2. FS Hopt, 2020, 1335, 1343 f.

40 Für Anfechtbarkeit Habersack, aaO (Fn. 5), § 100 Rn. 75 f., 79; Spindler, aaO (Fn. 5), § 100 Rn. 93 m.w.N.; dagegen etwa J. Koch, aaO (Fn. 36), § 100 Rn. 32; Grigoleit/Tomasic in Grigoleit, AktG, 2. Aufl. 2020, § 100 Rn. 32 (mit dem Argument, dass es sich um eine an den Gesamtaufsichtsrat gerichtete, nur schwer rechtssicher feststellbare und einem bestimmten Wahlakt zuzuordnende interne Organisationsanforderung handelt).

41 Allgemein zum Bedürfnis nach mehr Rechtssicherheit bei der Aufsichtsratswahl Eckpunktepapier Rn. 49 f.; Poelzig in diesem Band (unter C. I. 2.).

3. Stärkung der Integrität

Nicht zu leugnender Handlungsbedarf besteht ferner hinsichtlich der Anforderungen an die Integrität der Aufsichtsratsmitglieder. Das AktG spart diese Frage bisher gänzlich aus. Personen, die mit einem einschlägigen Berufsverbot belegt oder in den letzten fünf Jahren wegen bestimmter unternehmensbezogener Straftaten rechtskräftig verurteilt wurden, schließt das Gesetz nur vom Vorstandsamt aus (§ 76 Abs. 3 S. 2 Nr. 2–3, S. 3 AktG). Für Aufsichtsratsmitglieder fehlt eine entsprechende Vorschrift; in § 100 Abs. 1 AktG findet sich nur ein Pendant zu § 76 Abs. 3 S. 1, S. 2 Nr. 1 AktG (natürliche, voll geschäftsfähige Person), nicht zu Abs. 3 S. 2 Nr. 2–3, S. 3. Auch eine analoge Anwendung dieser Bestellungshindernisse lehnt die h.M. mangels Planwidrigkeit der Lücke ab.[42]

Man kann sich mit Fug fragen, ob dieses Regelungsgefälle jemals seine Berechtigung hatte. Möglicherweise beruht es schlicht auf dem entstehungsgeschichtlichen Zufall, dass die genannten Bestellungshindernisse ursprünglich für die GmbH entwickelt und erstmals im Rahmen der GmbH-Novelle 1980 eingeführt wurden[43] und in diesem Kontext die Aufsichtsratsmitglieder nicht im Fokus standen. Jedenfalls in der heutigen Zeit, in der die gestiegenen Anforderungen an die Überwachungs- und Beratungstätigkeit des Aufsichtsrats im Allgemeinen und seine Verantwortung für Compliance im Besonderen allenthalben beschworen werden, ist es ganz offensichtlich ein Anachronismus, an die Integrität von Aufsichtsratsmitgliedern geringere Anforderungen zu stellen als bei Vorstandsmitgliedern. Völlig zu Recht wird daher im Schrifttum gefordert, die genannten Bestellungshindernisse *de lege ferenda* auch auf den Aufsichtsrat zu erstrecken.[44]

Erweitert man § 100 Abs. 1 AktG entsprechend, würde damit zugleich ein systemgerechter Gleichlauf mit der Rechtslage hergestellt, die schon jetzt für die Verwaltungsratsmitglieder – auch die nicht geschäftsführenden – einer monisti-

---

42 Habersack, aaO (Fn. 5), § 100 Rn. 51; Hopt/Roth in Großkomm. z. AktG, 5. Aufl. 2019, § 100 Rn. 27 (mit rechtspolitischer Kritik); Mertens/Cahn, aaO (Fn. 36), § 100 Rn. 7; Spindler, aaO (Fn. 5), § 100 Rn. 47; obiter auch OLG Stuttgart BeckRS 2015, 14340 Rn. 313; abw. Thaten, Die Ausstrahlung des Aufsichts- auf das Aktienrecht am Beispiel der Corporate Governance von Banken und Versicherungen, 2016, S. 283.

43 Zur Genese der Bestellungshindernisse und ihrer Verschärfung durch das MoMiG eingehend Hesseler, Amtsunfähigkeit von GmbH-Geschäftsführern gemäß § 6 Abs. 2 GmbHG, 2009, S. 56 ff.

44 Habersack, Gutachten zum 69. Deutschen Juristentag 2012, S. E 83 f.; Hopt/Roth, aaO (Fn. 42), § 100 Rn. 27; Kley, AG 2019, 818, 820 f.; Spindler, aaO (Fn. 5), § 100 Rn. 47; Wirth ZGR 2005, 327, 331; zur GmbH Haas, WM 2006, 1369, 1372; ablehnend aber Hesseler, aaO (Fn. 43), S. 304 f.

schen SE gilt.[45] Flankierend müsste dann freilich auch eine Regelung geschaffen werden, die sicherstellt, dass das neue Bestellungshindernis auch überprüft werden kann. Hierfür wird es sich anbieten, in Anlehnung an § 81 Abs. 3 AktG vorzusehen, dass der Übersendung der Liste der Aufsichtsratsmitglieder an das Handelsregister (§ 106 AktG) künftig eine Versicherung der neuen Mitglieder beizufügen ist, dass kein Hinderungsgrund vorliegt.

4. Stärkung der zeitlichen Verfügbarkeit (Absenkung der Höchstzahl der Mandate)

Angesichts der gestiegenen Anforderungen nicht mehr zeitgemäß sind schließlich auch die Vorschriften zur Höchstzahl der Mandate eines Aufsichtsratsmitglieds.

a) Vorüberlegungen

Die geltende Höchstgrenze von zehn (konzernexternen) Aufsichtsratsmandaten (§ 100 Abs. 2 S. 1 Nr. 1, S. 2 AktG) stammt noch aus dem Jahr 1937.[46] Als Verschärfung ist mit dem KonTraG 1998 lediglich die Doppelzählung des Vorsitzes hinzugetreten (§ 100 Abs. 2 S. 3 AktG). Mehrere Initiativen, die Grenze auf fünf oder sechs abzusenken,[47] blieben ohne Erfolg. Auch der Deutsche Juristentag 2012 hat sich, wenngleich mit knapper Mehrheit, gegen eine Absenkung ausgespro-

---

45 Habersack, aaO (Fn. 44), S. E 84. Zur im Ergebnis ganz überwiegend anerkannten (entsprechenden) Anwendung der Bestellungshindernisse des § 76 Abs. 3 AktG auf die Verwaltungsratsmitglieder einer monistischen SE näher Verse in Habersack/Drinhausen, SE-Recht, 3. Aufl. 2021, Anh. Art. 43 SE-VO § 27 SEAG Rn. 3 ff. m. w. N. Rechtsvergleichend – zur Anwendung des Companies Directors Disqualification Act 1986 auf *non-executive directors* einer englischen plc – Möser, ZVgRwiss 110 (2011), 324, 346.

46 § 86 Abs. 2 S. 2 AktG 1937 (mit dem Vorbehalt, dass aufgrund ministerieller Anordnung Ausnahmen möglich sind, sofern dies zur Wahrnehmung öffentlicher Interessen erforderlich ist). Zur vorausgehenden Entwicklung und Diskussion Lieder, aaO (Fn. 36), S. 222 ff., 305 ff., 364 ff.

47 Für Absenkung auf fünf etwa Antrag der Fraktion Bündnis 90/Die Grünen vom 20.5.1997, BT-Drucks. 13/7737, S. 17 f.; Gesetzentwurf des Bundesrates vom 29.1.1998, BT-Drucks. 13/9716; Entschließungsantrag der FDP-Fraktion vom 12.11.2008, BT-Drucks. 16/10885; Gesetzesantrag des Landes Nordrhein-Westfalen vom 6.3.2009, BR-Drucks. 211/09; zuvor bereits Lutter, ZHR 159 (1995), 287, 302; für Absenkung auf sechs Habersack, aaO (Fn. 44), S. E 83; Mülbert, Gutachten 61. Deutschen Juristentag 1996, S. E 108 (fünf bis sechs); Überblick über weitere Vorschläge bei Hopt/Roth, aaO (Fn. 42), § 100 Rn. 69.

chen.[48] Eine pauschale Absenkung – so das immer wieder angeführte Argument – werde der Vielgestaltigkeit der Verhältnisse (Größe, Komplexität und Kapitalmarktnähe der beaufsichtigten Unternehmen, haupt- oder nebenberufliche Tätigkeit als Aufsichtsratsmitglied etc.) nicht gerecht.[49]

In der Tat ist der Einwand nicht von der Hand zu weisen, dass eine generelle, undifferenzierte Absenkung überschießend wäre. Dass ein Aufsichtsratsmitglied, das praktisch seine gesamten beruflichen Kapazitäten auf die Kontrollmandate verwendet, zehn Aufsichtsratsmandate in kleineren, börsenfernen Gesellschaften ohne komplexes Geschäftsmodell wahrnimmt, muss man nicht verbieten. Das ändert aber nichts daran, dass sich auch (weit) unterhalb der bisher geltenden Obergrenze Tatbestände formulieren lassen, in denen die hinreichende zeitliche Verfügbarkeit so massiv gefährdet ist, dass ein gesetzliches Bestellungshindernis (und nicht nur eine unverbindliche Kodexempfehlung) geboten erscheint. Nur muss man bei Formulierung dieser Tatbestände differenzierter vorgehen, als es die bisherigen Reformvorschläge mit ihrer Forderung nach einer pauschalen Absenkung auf fünf oder sechs Mandate getan haben.

b) Strengere Regeln für kapitalmarktorientierte Gesellschaften

Nahe liegt es insbesondere, für kapitalmarktorientierte (und damit auch börsennotierte) Gesellschaften strengere Anforderungen zu formulieren, da hier bei typisierender Betrachtung die Komplexität der Aufsichtsratsaufgaben erhöht ist und ein gesteigertes öffentliches Interesse an einer ordnungsgemäßen Aufgabenwahrnehmung besteht. Es dürfte auch weithin Einigkeit bestehen, dass jedenfalls eine Kumulation von zehn Aufsichtsratsmandaten in kapitalmarktorientierten Gesellschaften realitätsfern und schon lange nicht mehr zeitgemäß ist.[50] Stattdessen liegt es nahe, sich zumindest näherungsweise an den strengeren Maßstäben zu orientieren, die für andere Unternehmen von öffentlichem Interesse – Kreditinstitute und Versicherungsunternehmen – gelten. Für diese sehen das KWG (in Umsetzung von CRD IV) und das VAG seit einigen Jahren deutlich niedrigere Mandatsobergrenzen vor, nämlich maximal fünf Kontrollmandate in

---

48 69. Deutscher Juristentag 2012, Wirtschaftsrechtliche Abteilung, Beschluss 18 (abgelehnt 35:41:5).

49 S. etwa Begr. RegE KonTraG, BT-Drucks. 13/9712, 15 f.; Handelsrechtsausschuss DAV, NZG 2011, 936, 938.

50 Deutlich etwa Hopt/Leyens, ZGR 2019, 929, 955 („von der Entwicklung offensichtlich überholt"); Kley, AG 2019, 818, 819 („wirklichkeitsfremd"); Bangert, BOARD 2019, 123, 124 („wird den heutigen Anforderungen an die Aufsichtsratstätigkeit zweifellos nicht mehr gerecht").

von der BaFin beaufsichtigten Unternehmen.[51] Für bedeutende CRR-Institute liegt die Grenze grundsätzlich bei vier Kontrollmandaten, wobei allerdings die Aufsichtsbehörde im Einzelfall noch ein weiteres Mandat gestatten kann.[52] Mandate innerhalb derselben Gruppe zählen dabei ähnlich wie nach § 100 Abs. 2 S. 2 AktG nur als ein Mandat.[53] In eine ganz ähnliche Richtung weist der Kodex mit der neu eingeführten Empfehlung, dass ein Aufsichtsratsmitglied nicht mehr als fünf Aufsichtsratsmandate in konzernexternen börsennotierten Gesellschaften wahrnehmen soll (bei Doppelzählung des Aufsichtsratsvorsitzes, C.4 DCGK). Bereits seit 2005 kennt im Übrigen auch das österreichische Recht eine zwischen börsennotierten und sonstigen Gesellschaften differenzierende Regelung (§ 86 Abs. 2 Nr. 1, Abs. 4 Nr. 1 öAktG). Zulässig sind danach maximal acht Aufsichtsratsmandate in börsennotierten Gesellschaften, ansonsten zehn (jeweils bei Doppelzählung des Vorsitzes).

Eine zeitgemäße gesetzliche Regelung könnte vor diesem Hintergrund vorsehen, dass ein Aufsichtsratsmitglied – bei Beibehaltung der Konzernklausel (§ 100 Abs. 1 S. 2 AktG) – maximal fünf oder sechs Kontrollmandate in kapitalmarktorientierten oder sonstigen Unternehmen von öffentlichem Interesse wahrnehmen kann. Ergänzend ist zu erwägen, neben der schon bisher geltenden Doppelzählung des Aufsichtsratsvorsitzes den Vorsitz im Prüfungsausschuss eines Unternehmens von öffentlichem Interesse künftig 1,5-fach zu zählen.[54] Eine besondere Gewichtung des Vorsitzes im Prüfungsausschuss spiegelt sich schon jetzt in den Vergütungsusancen der börsennotierten Gesellschaften. Entscheidet man sich für diese stärkere Gewichtung, dürfte allerdings eine Obergrenze von sechs angemessener sein als fünf.

c) Strengere Regeln für Aufsichtsratsmitglieder, die ein Hauptamt wahrnehmen

Es liegt auf der Hand, dass die zeitliche Verfügbarkeit der Aufsichtsratsmitglieder nicht nur durch andere Aufsichtsrats- oder vergleichbare Kontrollmandate eingeschränkt sein kann, sondern erst recht durch die Wahrnehmung einer haupt-

---

51 § 25d Abs. 3a Nr. 3 KWG, § 24 Abs. 4 S. 2 VAG.

52 § 25d Abs. 3 S. 1 Nr. 4, S. 7 KWG. Näher zu den aufsichtsrechtlichen Mandatsbeschränkungen Lutter/Krieger/Verse, Rechte und Pflichten des Aufsichtsrats, 7. Aufl. 2020, Rn. 1484 ff.

53 Vgl. § 25d Abs. 3 S. 3 KWG, § 24 Abs. 4 S. 2 VAG; zur Rechtslage im Rahmen des § 25d Abs. 3a KWG Lutter/Krieger/Verse, aaO (Fn. 52), Rn. 1491.

54 Für Doppelzählung Habersack, aaO (Fn. 44), S. E 83 (auch in nicht kapitalmarktorientierten Gesellschaften).

beruflichen Tätigkeit. Anders als das Aktiengesetz tragen das Aufsichtsrecht und der Kodex diesem Umstand immerhin ansatzweise Rechnung. Wer (hauptamtlicher) Geschäftsleiter in einem anderen Unternehmen ist, kann dem Aufsichtsratsmitglied eines bedeutenden CRR-Instituts nur angehören, wenn er insgesamt nicht mehr als zwei Kontrollmandate hat (§ 25d Abs. 3 S. 1 Nr. 3 KWG). Und nach dem Kodex soll, wer dem Vorstand einer börsennotierten Gesellschaft angehört, nicht mehr als zwei Kontrollmandate in konzernexternen börsennotierten Gesellschaften innehaben und auch keinen Aufsichtsratsvorsitz in einer solchen Gesellschaft übernehmen (C.5 DCGK).[55]

Es erscheint naheliegend, den Grundgedanken dieser Bestimmungen/Empfehlungen auch in das Aktiengesetz zu übernehmen und für Aufsichtsratsmitglieder, die hauptberuflich (d. h. in einer Vollzeittätigkeit) einer anderen Tätigkeit nachgehen, strengere Mandatsobergrenzen zu formulieren. Die nähere Ausgestaltung einer solchen – konsequenterweise wieder zwischen kapitalmarktorientierten und sonstigen Gesellschaften differenzierenden – Regelung bedarf noch weiterer Diskussion. Allerdings ist auch hier mit Augenmaß vorzugehen. Die im Schrifttum erhobene Forderung, Vorstandsmitgliedern einer börsennotierten Gesellschaft schon die Übernahme nur eines einzigen Aufsichtsratsmandats in einer anderen börsennotierten Gesellschaft zu versagen,[56] erscheint überzogen; sie wäre, soweit ersichtlich, auch international ohne Vorbild.

d) Einbeziehung von Mandaten in ausländischen Unternehmen

Ein Defizit der geltenden Regelung besteht schließlich auch darin, dass sie nur Mandate in Handelsgesellschaften mitzählt, die kraft Gesetzes einen Aufsichtsrat zu bilden haben, womit nach traditioneller und wohl noch immer überwiegender Ansicht nur Aufsichtsratsmandate in inländischen Gesellschaften gemeint sind.[57]

---

55 Zum Vergleich: Der UK Corporate Governance Code 2018 ist strenger (sec. 15 s. 4: „Full-time executive directors should not take on more than one non-executive directorship in a FTSE 100 company or other significant appointment."), der österreichische Kodex großzügiger (Nr. 26, 57 ÖCGK: nicht mehr als vier Aufsichtsratsmandate für Vorstandsmitglieder börsennotierter Unternehmen).

56 So Arbeitskreis Bilanzrecht Hochschullehrer Rechtswissenschaft (AKBR), BB 2020, 2731, 2735.

57 So (u. a. unter Hinweis auf drohende Rechtsunsicherheit infolge von Abgrenzungsschwierigkeiten und einen Umkehrschluss aus § 125 Abs. 1 S. 5 AktG) etwa J. Koch, aaO (Fn. 36), § 100 Rn. 6; Hoffmann-Becking, in: MünchHdb. AG, 5. Aufl. 2020, § 30 Rn. 14; Mader, ZGR 2014, 430, 432 ff.; zur Gegenansicht Habersack, aaO (Fn. 5), § 100 Rn. 23; Hopt/Roth aaO (Fn. 42), § 100 Rn. 56 ff.; Weller, ZGR 2010, 679, 707; alle m.w.N.

Gleich, wie man nach geltendem Recht zu dieser Frage steht, sollte nicht zweifelhaft sein, dass es jedenfalls *de lege ferenda* nicht bei dieser engen Sichtweise bleiben kann.[58] Mit Blick auf den Normzweck, die hinreichende zeitliche Verfügbarkeit des Aufsichtsratsmitglieds als Vorbedingung einer pflichtgemäßen Aufgabenerfüllung zu sichern,[59] kann es keinen Unterschied machen, ob die Ressourcen des Aufsichtsratsmitglieds durch ein Mandat im In- oder Ausland gebunden werden.

Konkret folgt daraus zweierlei: Zum einen sollte die hier vorgeschlagene strengere Regelung für Mandate in kapitalmarktorientierten Gesellschaften so gefasst werden, dass sie auch Mandate in ebensolchen ausländischen Gesellschaften einschließt. Zum anderen sollte die geltende allgemeine Höchstgrenze von zehn Aufsichtsratsmandaten so abgeändert werden, dass es nicht mehr auf Handelsgesellschaften mit gesetzlich vorgeschriebenem Aufsichtsrat ankommt, sondern auf ein anderes, auch international möglichst leicht praktikables Abgrenzungskriterium, das eine gewisse Bedeutung des Unternehmens widerspiegelt. Denkbar wäre etwa, dass man auf Kontrollmandate in Unternehmen Bezug nimmt, die in der Regel mehr als 500 Arbeitnehmer beschäftigen.[60] Ergänzend mag sich in den Materialien die Klarstellung empfehlen, dass für diese Zwecke die Position eines *non-executive director* in einer monistisch verfassten Gesellschaft – konsistent mit § 27 Abs. 1 S. 1 Nr. 1 SEAG – als Kontrollmandat und nicht als Leitungsmandat zählt.[61]

Die Ausdehnung auf (bedeutende) Unternehmen anstatt Handelsgesellschaften mit Pflichtaufsichtsrat wäre im Übrigen nicht nur für Mandate in ausländischen Gesellschaften relevant. Sie würde erstmals auch Mandate in Versi-

---

58 Ebenso HABERSACK, aaO (Fn. 20).

59 Amtl. Begr. zu § 86 Abs. 2 S. 2 AktG 1937 bei KLAUSING, Aktien-Gesetz, 1937, S. 73 („Dieser [...] Beschränkung liegt die Erwägung zugrunde, daß das einzelne Mitglied, mag es auch noch so sachkundig und erfahren sein, bei Zugehörigkeit zu einer Vielzahl von Aufsichtsräten sich der Ausübung des einzelnen Amts nicht mit der nötigen Sorgfalt widmen kann."); ferner Begr. RegE AktG 1965 bei KROPFF, Aktiengesetz, 1965, S. 136, wo allerdings neben der hinreichenden zeitlichen Verfügbarkeit als zusätzlicher Aspekt auch noch angeführt wird, dass die Vereinigung einer Vielzahl von Aufsichtsratssitzen in einer Hand auch „wirtschaftspolitisch unerwünscht" sei (offenbar wegen der Konzentration der Machtbefugnisse bei einem relativ kleinen Kreis von Personen).

60 Angelehnt an den Schwellenwert, der nach geltendem Recht die Pflicht zur Bildung eines Aufsichtsrats in anderen Rechtsformen als AG und KGaA auslöst (§ 1 Abs. 1 DrittelbG).

61 Zum geltenden Recht HABERSACK, aaO (Fn. 5), § 100 Rn. 23; WELLER, ZGR 2010, 679, 707. Liegt kein Kontroll-, sondern ein (hauptamtliches) Leitungsmandat vor, müsste sich die Ämterhäufung an der vorgeschlagenen strengeren Regelung für Aufsichtsratsmitglieder messen lassen, die ein Hauptamt wahrnehmen; s. o. lit. c).

cherungsvereinen auf Gegenseitigkeit, Genossenschaften und Stiftungen einbeziehen, die bisher wegen der – aus teleologischer Sicht zu engen – Beschränkung auf „Handelsgesellschaften" nicht erfasst werden.[62]

III. Zusammenfassung in Thesen

Als Resümee ist nach alledem festzuhalten, dass hinsichtlich der persönlichen Anforderungen an Aufsichtsratsmitglieder in mehrfacher Hinsicht erheblicher Reformbedarf besteht. Der Gesetzgeber sollte das Anliegen einer aufgabenadäquaten Besetzung der Aufsichtsräte mit größerem Nachdruck als bisher verfolgen und insbesondere durch folgende Maßnahmen unterstützen.

1. *Stärkung der Vorschlagsverantwortung (Begründungspflicht für Wahlvorschläge):* Um die Vorschlagsverantwortung der Aufsichtsratsmitglieder im Rahmen der Wahl neuer Anteilseignervertreter zu unterstreichen und eine informierte Wahlentscheidung der Aktionäre zu gewährleisten, empfiehlt es sich, die bisher nur rudimentären Vorgaben zum Wahlvorschlag nach § 124 Abs. 3 S. 4 AktG (Name, Beruf, Wohnort) und § 125 Abs. 1 S. 5 AktG (Mitgliedschaften in anderen Kontrollgremien) zu erweitern. Konkret sollte der Aufsichtsrat verpflichtet werden, in dem Vorschlag anzugeben, (i) warum er den Kandidaten für geeignet hält und wie er nach Einschätzung des Aufsichtsrats zur Gesamtqualifikation beiträgt, (ii) warum der Aufsichtsrat unter Berücksichtigung anderweitiger Mandate des Kandidaten die zeitliche Verfügbarkeit als gewährleistet ansieht, und (iii) welche Beziehungen des Kandidaten zur Gesellschaft, den Organen und wesentlich beteiligten Aktionären (mit mehr als 10 % der Stimmrechte) bestehen.

2. *Stärkung der Unabhängigkeit:* Das Gesetz sollte in Unternehmen von öffentlichem Interesse zum Erfordernis der Unabhängigkeit von mindestens einem (der nach dem FISG künftig zwei) Finanzexperten i. S. des § 100 Abs. 5 AktG zurückkehren. Erwägenswert ist darüber hinaus, gesetzlich vorzuschreiben, dass die besonderen Anforderungen der Unabhängigkeit und der Finanzexpertise gerade in der Person des Vorsitzenden des Prüfungsausschusses gegeben sein müssen. Der Begriff der Unabhängigkeit, verstanden als Unabhängigkeit im Verhältnis zu den Vorstandsmitgliedern, der Gesellschaft und Aktionären mit beherrschendem Einfluss, sollte im Gesetz definiert werden. Flankierend sollte die bisher bestehende Unklarheit über die Rechtsfolge von Verstößen gegen § 100 Abs. 5 AktG beseitigt werden. Wegen der tatbestandlichen Unschärfen des Sachkunde- und

62 Zur Unanwendbarkeit des geltenden § 100 Abs. 2 S. 1 Nr. 1 AktG auf die genannten Rechtsformen statt aller Spindler, aaO (Fn. 5), § 100 Rn. 18.

Unabhängigkeitserfordernisses ist dabei darauf zu achten, dass dem Anliegen einer rechtssicheren Besetzung des Aufsichtsrats Rechnung getragen wird.

3. Stärkung der Integrität: An die Integrität der Aufsichtsratsmitglieder dürfen keine geringeren Anforderungen gestellt werden als an diejenige von Vorstandsmitgliedern. Die bisher nur für den Vorstand geltenden Bestellungshindernisse des § 76 Abs. 3 S. 2 Nr. 2–3, S. 3 AktG (Berufsverbot, einschlägige Straftaten) sollten daher auf Aufsichtsratsmitglieder ausgedehnt werden. § 100 Abs. 1 AktG ist entsprechend zu erweitern.

4. Stärkung der zeitlichen Verfügbarkeit: Die geltende Regelung, die eine Ämterhäufung von bis zu zehn (konzernexternen) Aufsichtsratsmandaten zulässt, wird den gestiegenen Anforderungen an die Aufsichtsratstätigkeit nicht gerecht und ist jedenfalls in dieser Allgemeinheit nicht mehr zeitgemäß. Für kapitalmarktorientierte Gesellschaften sollte vorgesehen werden, dass ein Aufsichtsratsmitglied – bei Beibehaltung der Konzernklausel (§ 100 Abs. 1 S. 2 AktG) – maximal sechs Kontrollmandate in Unternehmen von öffentlichem Interesse wahrnehmen kann. Ergänzend ist zu erwägen, neben der schon bisher geltenden Doppelzählung des Aufsichtsratsvorsitzes den Vorsitz im Prüfungsausschuss eines Unternehmens von öffentlichem Interesse künftig 1,5-fach zu zählen. Nahe liegt es zudem, für Aufsichtsratsmitglieder, die ein anderweitiges Hauptamt wahrnehmen, in Anlehnung an Regelungsvorbilder im KWG und DCGK strengere Mandatsobergrenzen zu formulieren. Schließlich sollte klargestellt werden, dass künftig auch Mandate in den Organen ausländischer Gesellschaften zu berücksichtigen sind.

Isabelle Tassius

Diskussionsbericht

I. Korreferat

Nach dem Referat von *Dirk Verse* zum Thema „Die persönlichen Anforderungen an Aufsichtsratsmitglieder und die Höchstzahl ihrer Mandate" wurde die anschließende Diskussion noch durch das Korreferat von *Gabriele Roßkopf* mit den ergänzenden und im Folgenden dargestellten Thesen zu Fragen der Diversität, Geschlechtergerechtigkeit und etwaiger Altersgrenzen innerhalb des Aufsichtsrats vorbereitet:

1. *Diversität sollte nicht zu einem aktiengesetzlichen Besetzungskriterium für den Aufsichtsrat gemacht werden. Denn Diversität ist als Begriff unbestimmt und vielschichtig (Ausgewogenheit und Unterschiedlichkeit der Erfahrungen, Alter, Geschlecht, geographische und soziale Herkunft, ethnische Zugehörigkeit, usw.); er könnte auch zu einer unangemessenen Einschränkung des Kandidatenpools führen.*
2. *Zur zwingenden Geschlechterquote im Aufsichtsrat, § 96 Abs. 2, 3 AktG*
   a) *Die zwingende Geschlechterquote im Aufsichtsrat sollte nicht auf nicht börsennotierte paritätisch mitbestimmte Unternehmen ausgedehnt werden.*
   b) *Die gesetzlichen Regelungen zur zwingenden Geschlechterquote im Aktiengesetz einerseits und die mitbestimmungsrechtlichen Regelungen andererseits sind nicht ausreichend aufeinander abgestimmt. Die Rechtsfolge der Unwirksamkeit der Wahl bei Verstoß gegen die Quotenregelung sollte bei Gesamterfüllung auch auf Arbeitnehmervertreter erstreckt werden.*
3. *Zielgröße für den Frauenanteil im Aufsichtsrat, § 111 Abs. 5 AktG*
   a) *Die Vorschrift sollte geschlechterneutral formuliert werden, weil sie in ihrer aktuellen Fassung theoretisch eine Benachteiligung von Männern ermöglichen würde.*
   b) *Die Einführung einer Begründungspflicht für die Festlegung und Veröffentlichung der Zielgröße Null, wie im FüPoG II vorgesehen, ist zu begrüßen.*
4. *Es bedarf keiner Altersgrenze für Aufsichtsratsmitglieder. Die Erfahrung eines älteren Mitglieds kann wertvoller sein als das junge Alter eines anderen Mitglieds.*

https://doi.org/10.1515/9783110746372-007

II. Schwerpunkte der Diskussion

Bei der anschließenden Diskussion standen drei Themen im Vordergrund: die Begründungspflicht für Wahlvorschläge des Aufsichtsrats (1.), die Unabhängigkeit des *financial expert* (2.) und die Höchstzahl der Mandate (3.).

1. Begründungspflicht für Wahlvorschläge

Der Vorschlag des Referenten, eine Begründungspflicht für Wahlvorschläge des Aufsichtsrats zur Wahl der Anteilseignervertreter einzuführen, stieß auf unterschiedliche Reaktionen. Einerseits wurde begrüßt, dass eine solche Regelung das Bewusstsein des Aufsichtsrats für seine Entscheidung schärfen würde, mit welchen Eigenschaften und Kompetenzen er das Gesamtgremium besetzen möchte. Ein Vertreter der Wissenschaft regte in dem Zusammenhang an, diesem Anliegen durch eine Ergänzung des § 176 Abs. 1 AktG (anstelle der §§ 124 Abs. 3 S. 4, 125 Abs. 1 S. 5 AktG) zu entsprechen. Andererseits wurde allerdings (insbesondere aus dem Kreis der Organmitglieder und Anwälte) auf ein erhöhtes Anfechtungsrisiko hingewiesen, was insbesondere dann entstehen könnte, wenn der Gesetzesvorschlag nur teilweise und damit unvollständig übernommen würde. Teilweise wurde deshalb erwogen, von einer Begründungspflicht abzusehen und der Vorschlagsverantwortung des Aufsichtsrats durch eine von diesem auf der Hauptversammlung vorzunehmende Vorstellung des jeweiligen Kandidaten Rechnung zu tragen. Auch plädierte ein Vertreter der Anwaltschaft dafür, die Regelung allenfalls in den Kodex aufzunehmen. Der Referent hielt dem entgegen, dass das Anfechtungsrisiko beherrschbar sei, wenn das Gesetz die geforderten Angaben präzise definiere. Zudem wies er darauf hin, dass die geforderten Angaben schon jetzt auf Nachfrage gemäß § 131 AktG in der Hauptversammlung dargelegt werden müssten und bei unzureichender Beantwortung eine Anfechtung drohe. Unabhängig davon sei es ein wichtiges, gesondert zu verfolgendes Anliegen einer künftigen Reform des Beschlussmängelrechts, die Rechtsunsicherheit bei angefochtenen Aufsichtsratswahlen zu reduzieren.

2. Unabhängigkeit des *financial expert*

Hinsichtlich der These, dass es einer Regelung zur Unabhängigkeit des *financial expert* bedürfe, äußerte ein Diskutant insofern Bedenken, als sich die Unabhängigkeit auch auf das Verhältnis zu einem Aktionär mit beherrschendem Einfluss erstrecken soll. Dies vertrage sich nicht mit den Grundsätzen des Konzernrechts und möglicherweise auch nicht mit dem verfassungsrechtlichen Gebot, den Anteilseignervertretern in mitbestimmten Gesellschaften ein leichtes Übergewicht zu sichern. Hiergegen führte der Referent jedoch an, dass auch ein vom Mehrheitsaktionär unabhängiger *financial expert* von der Wahlentscheidung des Mehrheitsaktionärs getragen werde und im Übrigen die Anteilseignervertreter zur Repräsentation sämtlicher Anteilseigner und nicht nur des Mehrheitsaktionärs berufen seien. Daneben wurden auch bei diesem Themenpunkt wiederum Anfechtungsrisiken vorgebracht. Vorgeschlagen wurde eine Regelung, dass im Rahmen des Wahlvorschlags die für das Amt des *financial expert* vorgesehene Person benannt werden sollte, um die Aktionäre zu informieren und zugleich das Anfechtungsrisiko bei Zweifeln an der Unabhängigkeit oder der Finanzexpertise auf diese Person zu konzentrieren. Außerdem sei zu erwägen, die Anfechtbarkeit des Wahlbeschlusses auf evidente Verstöße gegen das Unabhängigkeitskriterium zu beschränken. Überdies solle klargestellt werden, dass ein gegen § 100 Abs. 5 AktG verstoßender Beschluss jedenfalls nicht die Nichtigkeit zur Folge habe. Aus dem Kreis der Organmitglieder wurde betont, dass es einer klaren und einfach handhabbaren Definition der Unabhängigkeit bedürfe. Eine Diskussionsteilnehmerin präferierte hierbei eine Definition im Kodex, da diese den Unternehmen mehr Flexibilität biete.

3. Höchstzahl der Mandate

Dem Vorschlag des Referenten, die Höchstzahl der Mandate in börsennotierten Gesellschaften im Gesetz stärker zu begrenzen, begegnete man auf Seiten der Vorstands- und Aufsichtsratsmitglieder überwiegend mit Zustimmung. Überwiegend hielt man eine gesetzliche Begrenzung auf fünf oder sechs Aufsichtsratsmandate für angemessen. Ein Vertreter der Anwaltschaft sprach sich hingegen dafür aus, eine entsprechende Regelung ausschließlich dem Kodex zu überlassen. Das habe den Vorteil, dass dort sogar eine strengere Regelung als Leitbild vorgesehen werden könnte, von der die Gesellschaften dennoch (unter Einhaltung der Begründungspflicht) abweichen könnten. Damit würde der Eindruck vermieden, dass der Gesetzgeber die angegebene Höchstzahl als im Regelfall mit den zeitlichen Mandatsanforderungen vereinbar ansähe. Der Referent betonte demgegenüber, es sei wichtig, in dieser Frage ein klares Signal des Gesetzgebers im Hinblick auf die gestiegenen Anforderungen an das Aufsichtsratsmandat zu setzen. Zehn Aufsichtsratsmandate in börsennotierten Gesellschaften seien offensichtlich nicht mehr zeitgemäß. Dem wurde auch von anderen Teilnehmern zugestimmt und ergänzend angemerkt, dass eine Begrenzung auf sechs Kontrollmandate im Hinblick auf die derzeitige Empfehlung des Kodex auch nicht zu strikt ausfiele.

Mit Blick auf die Berechnung der Mandatshöchstzahl sprach sich ein Organmitglied dafür aus, im Falle einer Regelung, die das mitzuzählende Mandat von der Unternehmensgröße abhängig macht, eine Untergrenze bei 5.000 Arbeitnehmern zu ziehen. Von anderer Seite wurde vorgeschlagen, bei der Berechnung der Mandatshöchstzahl ausschließlich Kontrollmandate in börsennotierten Unternehmen zu berücksichtigen. Ein Vertreter der Anwaltschaft merkte überdies an, dass der (anstelle des bisherigen Begriffs der Handelsgesellschaft) vorgeschlagene Begriff des Unternehmens möglicherweise zu unbestimmt sei. Es ließe sich nicht klar feststellen, ob beispielsweise auch eine Stiftung darunterfalle. Ähnliche begriffliche Abgrenzungsschwierigkeiten ergäben sich auch bei Einführung des Begriffs des „Kontrollmandats". Stattdessen sei eine Regelung zu erwägen, die zum einen Auslandsgesellschaften miteinbezieht und zum anderen die Stellung eines nicht geschäftsführenden Direktors in einem Verwaltungsrat einer monistisch verfassten Gesellschaft derjenigen eines Aufsichtsrats gleichstellt.

Gerd Krieger*

Größe des Aufsichtsrats

Zusammenfassung: Für die dem MitbestG unterfallenden Gesellschaften sieht das geltende Recht bei mehr als 20.000 Arbeitnehmern zwingend einen 20köpfigen Aufsichtsrat vor. Demgegenüber besteht vor allem in der SE die Möglichkeit einer niedrigeren Mitgliederzahl, die von den in dieser Rechtsform organisierten Gesellschaften häufig genutzt wird. Im Interesse der Effizienzsteigerung der Aufsichtsratsarbeit sollte auch den dem MitbestG unterliegenden Gesellschaften ermöglicht werden, durch Satzungsregelung die Größe des Aufsichtsrats auf eine gerade Zahl zwischen 12 und 20 Mitgliedern festzulegen. Die Gründe, die den historischen Gesetzgeber bewogen haben, für Großunternehmen einen 20köpfigen Aufsichtsrat vorzuschreiben, sind heute entfallen. Das Ziel des MitbestG, eine paritätische Beteiligung der Anteilseigner und Arbeitnehmer im Aufsichtsrat zu gewährleisten, wird durch eine Flexibilisierung der Aufsichtsratsgröße ebenfalls nicht beeinträchtigt.

Abstract: Under applicable mandatory law, companies that are governed by the German Co-Determination Act (*Mitbestimmungsgesetz*, MitbestG) and have more than 20,000 employees are required to have a 20-member supervisory board. SEs, in contrast, have the option of having a smaller number of supervisory board members. This option is frequently used by companies set up in this particular legal form. In order to make the supervisory board's work more efficient, companies governed by the German Co-Determination Act should also be given the opportunity to amend their articles of association to the effect that their supervisory boards are permitted to have an even number of members, i.e. any even number between 12 and 20. These days, the reasons that prompted past lawmakers to provide for large-scale undertakings to have a 20-member supervisory board are no longer valid. The objective of the German Co-Determination Act to ensure that a company's shareholders and employees are equally represented on the supervisory board will not be adversely affected by giving companies more flexibility regarding the size of their supervisory boards either.

* Der Autor ist Rechtsanwalt bei der Kanzlei Hengeler Mueller und Honorarprofessor an der Heinrich-Heine-Universität Düsseldorf.

https://doi.org/10.1515/9783110746372-008

Inhaltsübersicht

I. Allgemeines

Für die Größe des Aufsichtsrats der nicht mitbestimmten Aktiengesellschaft setzt das Gesetz nur einen Rahmen. Der Aufsichtsrat besteht aus mindestens drei Mitgliedern (§ 95 Satz 1 AktG), die Satzung kann aber eine höhere Zahl festsetzen, die eine vom Grundkapital abhängige Höchstzahl von 9, 15 oder 21 Aufsichtsratsmitgliedern nicht überschreiten darf (§ 95 Satz 3 u. 4 AktG). Sofern dies zur Erfüllung mitbestimmungsrechtlicher Vorgaben nötig ist, muss die Zahl der Aufsichtsratsmitglieder durch drei teilbar sein (§ 95 Satz 2 AktG). Das AktG überlässt es also innerhalb des genannten Größenrahmens den Gesellschaften selbst, durch Satzungsregelung die für sie passende Größe des Aufsichtsrats festzulegen.

Das DrittelbG ändert hieran nichts. Auch in Gesellschaften, die der Drittelmitbestimmung unterliegen, kann die Satzung die Größe des Aufsichtsrats innerhalb des durch § 95 AktG gezogenen Rahmens bestimmen, während sich das DrittelbG darauf beschränkt, seine Zusammensetzung zu regeln.

In den (wenigen) der Montanmitbestimmung unterliegenden Gesellschaften schreibt das Gesetz die Mindestgröße des Aufsichtsrats vor. Er besteht in der Regel aus 11 Mitgliedern (§ 4 Abs. 1 MontanMitbestG), davon je 4 Anteilseigner- und Arbeitnehmervertretern und drei weiteren Mitgliedern, von denen je eins ebenfalls der Anteilseigner- und der Arbeitnehmerseite zugerechnet werden kann. Die Satzung kann den Aufsichtsrat in Abhängigkeit vom Grundkapital auf 15 oder 21 Mitglieder vergrößern (§ 9 MontanMitbestG). Gesellschaften, die der Konzernmitbestimmung nach dem MitbestErgG unterliegen, gibt es nur noch vereinzelt. Für sie besteht der Aufsichtsrat im Regelfall aus 15 Mitgliedern, bei einem Grundkapital von mehr als 25 Mio. Euro lässt das Gesetz eine statutarische Vergrößerung zu (§ 5 Abs. 1 MitbestErgG).

Auch das MitbestG schreibt für die von ihm erfassten Unternehmen die Mindestgröße des Aufsichtsrats vor. Sie liegt bei Unternehmen mit nicht mehr als 10.000 Arbeitnehmern bei 12 Aufsichtsratsmitgliedern, zwischen 10.000 und 20.000 Arbeitnehmern bei 16 Aufsichtsratsmitgliedern und bei Unternehmen mit in der Regel mehr als 20.000 Arbeitnehmern bei 20 Aufsichtsratsmitgliedern (§ 7 Abs. 1 Satz 1 MitbestG). Die Satzung kann die Aufsichtsratsgröße auf eine höhere Stufe anheben, also zum Beispiel für Gesellschaften mit nicht mehr als 10.000 Arbeitnehmern gleichwohl einen 16- oder 20-köpfigen Aufsichtsrat vorsehen, sie kann aber die vom Gesetz vorgeschriebene Größe des Aufsichtsrats nicht verringern (§ 7 Abs. 1 Satz 2 MitbestG). Die großen deutschen Aktiengesellschaften haben daher zwingend einen 20-köpfigen Aufsichtsrat. Entsprechendes gilt für die vom MitbestG erfassten Gesellschaften in der Rechtsform der KGaA, der GmbH und der Genossenschaft.

Die SE-VO überlässt es der Satzung, die Zahl der Mitglieder des Aufsichtsorgans einer (dualistisch verfassten) SE zu bestimmen, erlaubt aber den Mitgliedstaaten die Festlegung einer Höchst- und/oder Mindestzahl (§ 40 Abs. 3 SE-VO). § 17 Abs. 1 SE-AG macht von dieser Möglichkeit Gebrauch und regelt die Größe des SE-Aufsichtsrats im dualistischen System in gleicher Weise wie § 95 AktG. Zwingende mitbestimmungsrechtliche Regelungen zur Größe des Aufsichtsrats der SE bestehen nicht. Vielmehr lässt § 21 Abs. 3 Satz 1 Nr. 1 SEBG es zu, die Größe des Aufsichtsrats durch Mitbestimmungsvereinbarung zu regeln. Die Größenbestimmungen des § 7 Abs. 1 MitbestG kommen nur zur Anwendung, wenn die Parteien dies vereinbaren oder wenn eine Mitbestimmungsvereinbarung scheitert und die Voraussetzungen erfüllt sind, unter denen nach Maßgabe von §§ 34 ff SEBG im Einzelfall das MitbestG als Auffangregelung zur Anwendung kommt. Von der gesetzlichen Möglichkeit der Größenbestimmung durch Mitbestimmungsvereinbarung haben viele der dualistisch verfassten deutschen SE Gebrauch gemacht, wobei häufig eine kleinere Größe gewählt wurde, als sich nach dem MitbestG ergeben würde. Bedeutende Gesellschaften haben – jeweils unter Beibehaltung der paritätischen Mitbestimmung – statt eines 20er Aufsichtsrats einen 12er Aufsichtsrat (z. B. Allianz, BASF, Bilfinger, demnächst auch E.ON) oder 16er Aufsichtsrat (MAN) gewählt, es begegnen aber auch andere Aufsichtsratsgrößen (z. B. SAP 18 Mitglieder, SGL Carbon 8 Mitglieder, Delivery Hero 6 Mitglieder).[1]

II. Zweckmäßigkeit einer Flexibilisierung der Aufsichtsratsgröße

In seinem für den 66. Deutschen Juristentag 2006 erstatteten Gutachten zur Unternehmensmitbestimmung spricht *Raiser* davon, die wohl am häufigsten geübte

1 Detaillierte Angaben bei I.M.U. Institut für Mitbestimmung und Unternehmensführung, SE-Datenblatt, Stand 1. Juli 2020, abrufbar unter www.imu-boeckler.de/de/19372.htm.

Kritik am MitbestG richte sich gegen die Zahl der Aufsichtsratsmitglieder. Schon im Zuge der Vorbereitung des KonTraG 1998 sei versucht worden, die Zahl zu verringern, jedoch hätten sich die Reformer gegen den Widerstand der Gewerkschaften nicht durchsetzen können.[2] Ebenso stellte die von der Bertelsmann Stiftung und der Hans-Böckler-Stiftung eingesetzte Kommission Mitbestimmung im Jahre 1998 in ihren Empfehlungen zur künftigen Gestaltung der Mitbestimmung fest, dass Unternehmensvertreter sich für eine Verkleinerung des mitbestimmten Aufsichtsrats ausspráchen, während die Vertreter der Gewerkschaften für eine Beibehaltung der gesetzlich normierten Anzahl der Aufsichtsratsmitglieder plädierten.[3] Dabei wird für die Größenreduzierung des Aufsichtsrats geltend gemacht, dass dies eine effizientere Arbeitsweise des Aufsichtsrats erlaube[4], während die Gegenposition argumentiert, die wachsenden Aufgaben des Aufsichtsrats ließen eine Verkleinerung nicht zu.[5] Vielleicht mag bei dem einen oder anderen Gegner einer Größenreduzierung aber auch die Überlegung mitschwingen, dass eine Reduzierung der Aufsichtsratsgröße zugleich eine Reduzierung des Gesamtaufkommens der Aufsichtsratsbezüge mit sich brächte, die von den gewerkschaftsangehörigen Arbeitnehmervertretern an die Hans-Böckler-Stiftung abgeführt werden müssen und diese zu mehr als 50 % finanzieren.[6]

Die im Jahre 1966 von der damaligen Bundesregierung eingesetzte Mitbestimmungskommission („Biedenkopf-Kommission“) hatte in dem von ihr im Jahre 1970 vorgelegten Bericht Vorschläge zur Zusammensetzung des mitbestimmten Aufsichtsrats gemacht, diese Überlegungen anhand eines 12-köpfigen Gremiums entwickelt und angemerkt, dies solle einen größeren Aufsichtsrat von 16, 20 oder 24 Mitgliedern nicht ausschließen.[7] Schon die Stellungnahme der Bundesregierung zum Bericht der Mitbestimmungskommission stellte hierzu klar, eine Größe von 24 Mitgliedern sei „ganz allgemein zu groß, wenn eine ersprießliche Arbeit

---

2 Raiser, Unternehmensmitbestimmung vor dem Hintergrund europarechtlicher Entwicklungen, Gutachten B für den 66. Deutschen Juristentag, 2006, S. B 59 f.

3 Bertelsmann-Stiftung/Hans-Böckler-Stiftung, Mitbestimmung und neue Unternehmenskulturen – Bilanz und Perspektiven, Bericht der Kommission Mitbestimmung, 1998, S. 125 (Empfehlung Nr. 16).

4 Vgl. etwa BDA/BDI, Mitbestimmung modernisieren, Bericht der Kommission Mitbestimmung, 2004, S. 21 f, 40; Raiser, aaO (Fn. 2), S. B 89 ff; Kommission zur Modernisierung der deutschen Unternehmensmitbestimmung, Bericht der wissenschaftlichen Mitglieder, 2006, S. 22 ff; Arbeitskreis „Unternehmerische Mitbestimmung“, ZIP 2009, 885, 893; Hommelhoff, ZIP 2009, 1785, 1786; Ders., ZGR 2010, 47, 57; Kraushaar, ZIP 2009, 1789.

5 So insbesondere DGB-Thesen zum Mitbestimmungsentwurf, Beilage zu ZIP 48/2009, 36, 37; Hanau, ZGR 2009, 6, 8.

6 Eingehend zuletzt Krieger, FS E. Vetter, 2019, S. 363 f.

7 Bericht der Mitbestimmungskommission, BT-Drucks. VI/334, Seite 103 Tz. 18.

dieses Gremiums möglich bleiben" solle.[8] Spricht man mit erfahrenen Aufsichtsratsmitgliedern der Anteilseignerseite, besteht weitgehend Einigkeit, dass auch ein Aufsichtsratsgremium mit 20 Mitgliedern in aller Regel zu groß ist, um effektiv arbeiten zu können. An Sitzungen des Aufsichtsrats nehmen üblicherweise auch die Mitglieder des Vorstands und weitere Personen (Führungskräfte der zweiten Führungsebene, Abschlussprüfer, Sachverständige, Protokollführer) teil, so dass bei großen Unternehmen leicht ein Kreis von 30 Personen zusammenkommt. In einer so großen Gruppe entsteht keine offene Diskussion, sondern es besteht die Gefahr, dass nicht mehr alle Mitglieder zur Arbeit des Aufsichtsrats beitragen können oder wollen. Auch wenn es nicht möglich sein dürfte, allgemein gültige Aussagen über die optimale Gruppengröße zu treffen, zeigt die Erfahrung, dass diese mit 20 Mitgliedern zumeist überschritten sein wird. Als Beleg dafür kann es auch dienen, dass große Unternehmen in der Rechtsform der SE sich für eine Reduzierung der Aufsichtsratsgröße gegenüber dem Vorbild des § 7 Abs. 1 MitbestG entschieden haben.

Auch im wissenschaftlichen Schrifttum wird darauf hingewiesen, mit der Gruppengröße wachse die Gefahr von Motivationsverlusten der Mitglieder, und als generelle Regel wird empfohlen, dass sich die Größe einer Gruppe am Minimum der absolut notwendigen Mitglieder orientieren sollte.[9] Als optimale Größe für Arbeitsgruppen werden vielfach Zahlen zwischen 3 und 12 Mitgliedern genannt,[10] und speziell für die Überwachung und Beratung des Vorstands durch den Aufsichtsrat finden sich Äußerungen, die eine Größe zwischen 6 und 12 Mitgliedern als optimal ansehen.[11]

Die Gegenposition spricht sich gegen Größenreduzierungen beim Aufsichtsrat vor allem mit dem Argument aus, die zunehmende Komplexität der Unternehmensführung fordere eine entsprechende Aufsichtsratsgröße.[12] Ein unschätzbarer Vorteil größerer Aufsichtsratsgremien liege darin, dass die Beteiligung unterschiedlicher Stakeholder Aufsichtsratsentscheidungen aus verschiedenen Blickwinkeln ermögliche und somit deren Qualität erhöhe.[13] Heute brauche jeder Aufsichtsrat neben einem Bilanzexperten weitere Fachleute auf den

---

8 Stellungnahme der Bundesregierung zum Bericht der Mitbestimmungskommission, BT-Drucks. VI/1551, Seite 8.

9 Hertel/Scholl, Grundlagen der Gruppenarbeit in Organisationen, abrufbar unter www.psychologie.hu-berlin.de/de/prof/org/download/schollgrundl06.

10 Hertel/Scholl, Grundlagen der Gruppenarbeit in Organisationen, abrufbar unter www.psychologie.hu-berlin.de/de/prof/org/download/schollgrundl06, Seite 6 mwN.

11 Raiser, aaO (Fn. 2), S. B90; Schwalbach, AG 2004, 186/187 mwN (8 – 12 Mitglieder).

12 DGB-Thesen zum Mitbestimmungsentwurf, Beilage zu ZIP 48/2009, Seite 36/37.

13 DGB-Thesen zum Mitbestimmungsentwurf, Beilage zu ZIP 48/2009, Seite 36/37.

Gebieten des Personalwesens, der Finanzplanung und des konkreten unternehmerischen Tätigkeitsfeldes. Das spreche eher für einen großen, jedenfalls aber nicht für einen gegenüber dem heutigen Aufsichtsrat verkleinerten Aufsichtsrat.[14] Der Überzeugungskraft dieser Argumentation steht allerdings schon entgegen, dass bedeutende Unternehmen in der Rechtsform der SE mit einem 12er Aufsichtsrat erfolgreich geführt werden. Vor allem aber ist ihr entgegenzuhalten, dass es kaum eine allgemeingültige Antwort auf die Frage geben dürfte, welche Aufsichtsratsgröße für das individuelle Unternehmen die beste ist. Vielmehr hängt das von den Umständen des Einzelfalls ab, die aber nur das Unternehmen selbst sachgerecht beurteilen kann. Ziel einer Reform der gesetzlichen Regeln über die Größe des Aufsichtsrats kann es deshalb nicht sein, die Größe der Aufsichtsräte zwingend zu verkleinern. Vielmehr kann es nur darum gehen, den Gesellschaften selbst die nötige Flexibilität einzuräumen, um die für ihre individuellen Bedürfnisse passende Größe des Aufsichtsrats zu finden.[15]

Dem Wunsch nach einer Flexibilisierung der Aufsichtsratsgröße wird weiter entgegengehalten, 67 % der paritätisch mitbestimmten Kapitalgesellschaften hätten ohnehin nur 12 Mitglieder[16]. Aber das ist keine Rechtfertigung dafür, den verbleibenden 33 % die Möglichkeit der Verkleinerung ihres Aufsichtsgremiums zu verweigern. Im Gegenteil: Liegt für ein Unternehmen die optimale Aufsichtsratsgröße bei 6 – 12 Mitgliedern liegt, ist es eine Ungleichbehandlung der Großunternehmen, ihnen die Wahl dieser optimalen Größe zu verwehren, die 67 % der paritätisch mitbestimmten Gesellschaften zur Verfügung steht.

Entgegengehalten wird einer möglichen Größenreduzierung des Aufsichtsrats schließlich, dass eine Vielzahl von Unternehmen ihre Aufsichtsräte freiwillig über die gesetzliche Mindestgröße hinaus vergrößere; im Jahre 2004 hätte dies für ca. 25 % der Aktiengesellschaften im Geltungsbereich des MitbestG gegolten.[17] Aber auch das spricht, sofern es zutrifft, nicht gegen eine Flexibilisierung der Aufsichtsratsgröße. Wenn 25 % der Aktiengesellschaften freiwillig über die gesetzliche Mindestgröße hinausgegangen sind, beweist auch dies im Gegenteil, dass das Konzept, den Gesellschaften einen ihren individuellen Bedürfnissen entsprechenden Zuschnitt der Aufsichtsratsgröße zu erlauben, sinnvoll ist und funktioniert. Das wirft nur umso mehr die Frage auf, warum dies nur in eine Richtung möglich sein sollte.

---

14 HANAU, Beilage zu ZIP 48/2009, Seite 6/8.

15 Überzeugend SCHWALBACH, AG 2004, 186/187: „Eine Regulierung der Größe des Aufsichtsrats ist nicht notwendig, denn jedes Unternehmen wird ihrem Aufsichtsrat diejenige Größe geben, die eine effiziente Arbeit ermöglicht (‚one size does not fit all')".

16 DGB-Thesen zum Mitbestimmungsentwurf, Beilage zu ZIP 48/2009, Seite 36/37.

17 DGB-Thesen zum Mitbestimmungsentwurf, Beilage zu ZIP 48/2009, Seite 36/37.

III. Keine Beeinträchtigung der Mitbestimmung durch Flexibilisierung der Aufsichtsratsgröße

Auch wenn das Ziel, die Effizienz der Aufsichtsratstätigkeit zu verbessern für eine Flexibilisierung der Regelungen über die Aufsichtsratsgröße in mitbestimmten Gesellschaften spricht, bleibt allerdings zu fragen, ob es spezifisch mitbestimmungsrechtliche Gesichtspunkte gibt, die die in § 7 Abs. 1 MitbestG beschriebenen Mindestgrößen des Aufsichtsrats nötig machen. Dass die Trennlinie zwischen Befürwortern und Gegnern einer Flexibilisierung der Aufsichtsratsgröße zwischen Anteilseigner- und Arbeitnehmerseite verläuft, legt die Vermutung nahe, dass auf Seiten der Arbeitnehmer die Sorge besteht, dass eine Reduzierung der Aufsichtsratsgröße eine Beeinträchtigung der Mitbestimmung mit sich bringe. Ob eine solche Sorge begründet ist, hängt von der – in der bisherigen Diskussion erstaunlicherweise nicht thematisierten – Frage ab, welchen Zweck § 7 Abs. 1 MitbestG mit seinen fixen Untergrenzen für die Größe des Aufsichtsrats eigentlich verfolgt.

Das vom MitbestG vor allem verfolgte Ziel der gleichberechtigten und gleichgewichtigen Teilnahme von Anteilseignern und Arbeitnehmern an den Entscheidungen des Aufsichtsrats bedingt dessen Zusammensetzung mit einer gleichen Zahl von Anteilseigner- und Arbeitnehmervertretern[18], ist jedoch von der Größe des Aufsichtsrats unabhängig. Die Parität beider Seiten kann in einem 6köpfigen Aufsichtsrat ebenso gut gewahrt werden, wie in einem 20köpfigen. Dementsprechend hat sich die Biedenkopf-Kommission, in ihrem Bericht von Januar 1970 mit der Größe des Aufsichtsrats nicht näher befasst. Sie hat ihre Überlegungen zur Zusammensetzung des Aufsichtsrats allerdings am Beispiel eines 12köpfigen Gremiums erläutert, und damit erkennen lassen, dass sie eine solche Größe grundsätzlich als sachgerecht ansah, auch wenn sie das mit der Klarstellung verband, sie gehe von einem Aufsichtsrat von insgesamt 12 Mitgliedern aus, „ohne selbstverständlich einen größeren Aufsichtsrat von 16, 20 oder 24 Mitgliedern auszuschließen."[19]

Mit den Größenbestimmungen des § 7 Abs. 1 MitbestG ging es dem Gesetz nicht um die Parität als solche, sondern sie sollten einer ausgewogenen Zusammensetzung der Arbeitnehmerbank dienen. Der Gesetzesentwurf der Bundesregierung sah in § 7 MitbestG einen 20-köpfigen Aufsichtsrat als Grundmodell vor und regelte erst in § 22 MitbestG-E eine abweichende Zusammensetzung mit

---

18 BegrRegE MitbestG, BT-Drucks. 7/2172, Seite 17.

19 Bericht der Mitbestimmungskommission, BT-Drucks. VI/334, Seite 103.

12 bzw. 16 Mitgliedern bei Unternehmen mit nicht mehr als 10.000 bzw. 20.000 Arbeitnehmern. Die damalige Entwurfsbegründung führte zu der in § 7 MitbestG-E vorgesehenen Regelgröße von 20 Aufsichtsratsmitgliedern aus, für diese Größe des Aufsichtsrats sei „vor allem der Gedanke bestimmend, dass im Aufsichtsrat die verschiedenen Faktoren der Vertretung der Arbeitnehmer in einem ausgewogenen Verhältnis beteiligt sein" müssten.[20] Die in § 22 MitbestG-E vorgesehene Reduzierung der Regelgröße wurde mit der Erwägung begründet, dass „ein aus 20 Mitgliedern bestehender Aufsichtsrat in Unternehmen, die nicht mehr als 20.000 Arbeitnehmer beschäftigen, unangemessen groß sein" könne. Allerdings lasse das Modell für die Zusammensetzung des Aufsichtsrats auch für kleinere Unternehmen eine Verminderung der Größe des Aufsichtsrats nur begrenzt zu. Dies ergebe sich wiederum „aus der Notwendigkeit, die verschiedenen Faktoren der Vertretung der Arbeitnehmer in einem ausgewogenen Verhältnis zu beteiligen".[21] Im dann verabschiedeten Gesetz wurden die Regelungen der §§ 7 und 22 MitbestG-E in § 7 MitbestG zusammengefasst, sachlich änderte sich jedoch nichts.

Die „Faktoren" der Vertretung der Arbeitnehmer, die in einem ausgewogenen Verhältnis beteiligt sein müssten, griff der Gesetzentwurf in seinen Regelungen über die Zusammensetzung der Arbeitnehmerbank auf. Dabei ging es zum einen um das Verhältnis zwischen den unternehmensangehörigen Arbeitnehmern und den Gewerkschaftsvertretern und zum anderen um die Verteilung der Sitze der unternehmensangehörigen Arbeitnehmer auf Arbeiter, Angestellte und leitende Angestellte.

Zum Verhältnis von unternehmensangehörigen Arbeitnehmern und Gewerkschaftsvertretern sah schon der Regierungsentwurf in §§ 7 Abs. 2, 22 Abs. 1 und 2 MitbestG-E die Zusammensetzung der Arbeitnehmerseite aus 7 (bzw. 6 oder 4) unternehmensangehörigen Arbeitnehmern und 3 (bzw. 2) Vertretern von Gewerkschaften vor. Diese Regelung wurde in § 7 Abs. 2 MitbestG Gesetz und findet sich dort bis heute unverändert. An ihr braucht sich bei einer Flexibilisierung der Aufsichtsratsgröße nichts zu ändern. Auch wenn es den Gesellschaften erlaubt wird, statt eines 20-köpfigen Aufsichtsrats einen 12-köpfigen zu wählen, sind die Gewerkschaften mit zwei Vertretern angemessen repräsentiert; bei einem nur 12-köpfigen Aufsichtsrat sind die Gewerkschaften mit zwei Vertretern sogar prozentual etwas stärker vertreten als in einem 20-köpfigen Aufsichtsrat mit drei Gewerkschaftsvertretern. Einer Regelung bedarf lediglich die Frage, wie viele Gewerkschaftsvertreter dem Aufsichtsrat angehören sollen, wenn sich ein Unternehmen für einen 18-köpfigen Aufsichtsrat entscheiden sollte.

---

20 BegrRegE MitbestG, BT-Drucks. 7/2172, Seite 22.
21 BegrRegE MitbestG, BT-Drucks. 7/2172, Seite 26.

Daneben ging es dem Gesetz ursprünglich um ein ausgewogenes Verhältnis bei der Zusammensetzung des Kreises der unternehmensangehörigen Arbeitnehmer. Dazu statuierte § 15 Abs. 2 MitbestG-E den dann zunächst auch in § 15 Abs. 2 MitbestG a. F. übernommenen Grundsatz, dass sich unter den unternehmensangehörigen Arbeitnehmervertretern Arbeiter, Angestellte und leitende Angestellte entsprechend ihrem zahlenmäßigem Verhältnis im Unternehmen befinden mussten, mindestens aber ein Arbeiter, ein Angestellter und ein leitender Angestellter dem Aufsichtsrat anzugehören hatte. Dieses Ziel, die Relation von Arbeitern, Angestellten und leitenden Angestellten im Unternehmen bei der Zusammensetzung der unternehmensangehörigen Arbeitnehmervertreter im Aufsichtsrat widerzuspiegeln, war augenscheinlich der – allerdings schon damals rechtspolitisch zweifelhafte – Grund dafür, die Aufsichtsräte der Großunternehmen in ein starres Größenkorsett von 20 Mitgliedern zu zwängen. Heute kann dieser Gedanke schon deshalb keine Rolle mehr spielen, weil durch das Gesetz zur Reform des Betriebsverfassungsgesetzes vom 23. Juli 2001[22] die gesetzliche Unterscheidung zwischen Arbeitern und Angestellten durchgängig aufgehoben und die Vorschrift des § 15 Abs. 2 MitbestG a. F. gestrichen wurde. Seither bestimmt das Gesetz zur Zusammensetzung der unternehmensangehörigen Mitglieder des Aufsichtsrats nur noch, dass dem Aufsichtsrat ein leitender Angestellter angehören muss (§ 15 Abs. 1 Satz 2 MitbestG).

Spätestens seit dieser Änderung von § 15 MitbestG steht das Ziel, ein ausgewogenes Verhältnis der verschiedenen „Faktoren" der Vertretung der Arbeitnehmer zu gewährleisten, einer Reduzierung der Aufsichtsratsgröße auf 16 oder 12 Mitglieder nicht mehr entgegen. Zwar wird zur Gewährleistung einer angemessenen Zusammensetzung der Arbeitnehmerseite eine gewisse Mindestgröße des Aufsichtsrats auch künftig nötig sein.[23] Es ist jedoch kein mitbestimmungsrechtlicher Gesichtspunkt erkennbar, der es notwendig oder auch nur zweckmäßig machen würde, an einer Mindestgröße von 20 Aufsichtsratsmitgliedern für Großunternehmen festzuhalten. Dass sich mit der Gesamtzahl der Aufsichtsratsmitglieder auch die Zahl der Arbeitnehmervertreter reduziert, schwächt nicht die Mitbestimmung, sondern stärkt sie eher, wenn die Reduzierung der Aufsichtsratsgröße zu einer Erhöhung der Qualität seiner Arbeit führt.

22 BGBl. 2001 I, 1852.
23 Vgl. dazu nachstehend unter IV.

IV. Verhandlungslösung oder Satzungsregelung?

Spricht damit alles für eine gesetzliche Regelung, die eine Flexibilisierung der Aufsichtsratsgröße zulässt, bleibt die Frage, ob die Festlegung der Aufsichtsratsgröße einer Vereinbarung zwischen Arbeitnehmern und Anteilseignern vorbehalten oder einer Regelung durch die Satzung zugänglich sein sollte.

Die Stimmen, die sich für die Flexibilisierung der Aufsichtsratsgröße aussprechen, tun dies zumeist im Rahmen des deutlich weitergreifenden rechtspolitischen Vorschlags, die gesetzlich zwingenden Regeln des Mitbestimmungsrechts für abweichende Vereinbarungen zwischen Anteilseignern und Arbeitnehmern zu öffnen. Eine von BDA und BDI eingesetzte gemeinsame Kommission Mitbestimmung sprach sich schon im November 2004 für eine Vereinbarungslösung aus, die es Vertretern der Anteilseigner und der Arbeitnehmer erlauben sollte, unter anderem die Größe der mitbestimmten Aufsichtsräte durch Vereinbarung anforderungsgerecht zu gestalten; für den Fall, dass keine Vereinbarung zustande komme, plädierte die Kommission für einen 6-köpfigen Aufsichtsrat, weil schon Aufsichtsräte mit 12 oder mehr Mitgliedern es in der Regel nicht ermöglichten, wichtige Fragen im gesamten Aufsichtsrat offen und effizient zu beraten.[24] Die im Jahre 2005 von der Bundesregierung eingesetzte Kommission zur Modernisierung der deutschen Unternehmensmitbestimmung, die sog. Biedenkopf II-Kommission, sprach sich in den Empfehlungen ihrer wissenschaftlichen Mitglieder ebenfalls dafür aus, das Mitbestimmungsgesetz für Vereinbarungen zu öffnen, u.a. um die Größe des Aufsichtsrats abweichend von den gesetzlichen Vorgaben regeln zu können, wobei sowohl Abweichungen nach unten wie nach oben zulässig sein sollten.[25] Zuletzt hat im Jahre 2009 ein aus 7 Hochschullehrern gebildeter Arbeitskreis „Unternehmerische Mitbestimmung" einen ausformulierten Gesetzesvorschlag unterbreitet, um Mitbestimmungsvereinbarungen zuzulassen, deren Gegenstand auch die Festlegung der Gesamtzahl der Mitglieder des Aufsichtsrats mit einer gesetzlichen Obergrenze von 20 Aufsichtsratsmitgliedern soll sein können.[26]

---

24 BDA/BDI, Mitbestimmung modernisieren, Bericht der Kommission Mitbestimmung, 2004, Seite 21 f., 40.

25 Kommission zur Modernisierung der deutschen Unternehmensmitbestimmung, Bericht der wissenschaftlichen Mitglieder der Kommission mit Stellungnahmen der Vertreter der Unternehmen und Vertreter der Arbeitnehmer, 2006, Seite 22 ff.

26 Arbeitskreis „Unternehmerische Mitbestimmung", ZIP 2009, 885/887 (§ 33a Abs. 3 Nr. 3 MitbestGE), 893; zustimmend hierzu etwa Hommelhoff, ZIP 2009, 1785/1786; ders. ZGR 2010, 48, 57; Kraushaar, ZIP 2009, 1789; ablehnend Hanau, ZGR 2009, 6/8; DGB-Thesen zum Mitbestimmungsentwurf, ZIP 2009, 36/37.

Während diese Vorschläge darauf abzielen, eine Festlegung der Aufsichtsratsgröße durch Mitbestimmungsvereinbarung zuzulassen, spricht sich ein anderer Ansatz dafür aus, die Bestimmung der Größe des Aufsichtsrats der Satzung zu überlassen, wobei allerdings eine gewisse Mindestzahl der Mitglieder festgelegt werden müsse, um eine ausreichende Vertretung der Arbeitnehmer sicherzustellen.[27]

Vorzugswürdig ist das Satzungskonzept. Solange der Zweck der Unternehmensmitbestimmung nicht berührt wird, gibt es keinen Grund, die Größe des Aufsichtsrats von einer Vereinbarung zwischen Anteilseignern und Arbeitnehmern abhängig zu machen. Vielmehr ist es das Grundkonzept des Aktiengesetzes, sich gesetzlicher Regelungen über die Größe der Organe der Gesellschaft zugunsten der Satzungsfreiheit weitestmöglich zu enthalten. Für die Größe des Vorstands lässt es der Satzung freie Hand (§§ 23 Abs. 3 Nr. 6, 76 Abs. 2 AktG), und für den Aufsichtsrat begnügt es sich mit dem Rahmen des § 95 AktG. Von diesem Konzept der Satzungsfreiheit abzuweichen lässt sich nur rechtfertigen, wenn und soweit spezifisch mitbestimmungsrechtliche Gründe das erfordern.

Insoweit ist sicherzustellen, dass auch bei einer Flexibilisierung der Aufsichtsratsgröße eine angemessene Zusammensetzung der Arbeitnehmerseite gewährleistet bleibt. Bei einer Verhandlungslösung würden sich hierzu Regelungen erübrigen, weil die Verhandlungsposition der Arbeitnehmer hinreichenden Schutz vor einer unangemessenen Schwächung ihrer Mitbestimmungsposition böte. Bei einer Satzungslösung muss diesen Schutz das Gesetz gewähren, indem es eine angemessene Mindestgröße festlegt. Will man an dem Prinzip festhalten, dass der Arbeitnehmerseite Gewerkschaftsvertreter und ein leitender Angestellter angehören müssen, bietet es sich deshalb an, für paritätisch mitbestimmte Gesellschaften die Mindestgröße des Aufsichtsrats, die durch Satzungsbestimmung nicht unterschritten werden kann, auf 12 Mitglieder festzulegen. Niedrigere Mindestgrößen scheinen ebenfalls als vertretbar,[28] entfernen sich aber weiter vom derzeitigen Status Quo der paritätischen Mitbestimmung und sollen deshalb hier nicht empfohlen werden.

Nach diesem Vorschlag könnte die Satzung für Gesellschaften, die dem MitbestG unterliegen, die Größe des Aufsichtsrats auf 12, 14, 16, 18 oder 20 Mitglieder festlegen. Eine Anzahl von 20 Mitgliedern könnte wegen des Paritätsgebots und

27 Raiser, aaO (Fn. 2), S. B 89 ff.

28 Vgl. z. B. Raiser, aaO (Fn. 2), S. B 91, der einen 8 köpfigen Aufsichtsrat mit zwei unternehmensangehörigen Arbeitnehmern, einem leitenden Angestellten und einem Gewerkschaftsvertreter erwägt.

der Höchstgrenze des § 95 Satz 4 AktG auch weiterhin nicht überschritten werden.[29]

V. Fazit

Das Gesetz sollte sich von den starren Mindestgrößen des Aufsichtsrats, die heute in § 7 Abs. 1 MitbestG vorgeschrieben sind, lösen und auch den mittleren und großen Gesellschaften erlauben, sich für einen kleineren Aufsichtsrat zu entscheiden, wie es in der Rechtsform der SE möglich und vielfach geschehen ist. Die Gründe, die den historischen Gesetzgeber bewogen haben, für Großunternehmen einen 20-köpfigen und für mittlere Unternehmen einen 16-köpfigen Aufsichtsrat vorzuschreiben, sind heute entfallen. Das Ziel des MitbestG, in den von ihm erfassten Unternehmen eine paritätische Beteiligung der Anteilseigner und Arbeitnehmer im Aufsichtsrat zu gewährleisten, wird durch eine Flexibilisierung der Größe des Aufsichtsrats nicht beeinträchtigt, und andere mitbestimmungsrechtliche Gründe, die dem entgegenstünden, sind nicht erkennbar. Es ist deshalb richtig, auch den paritätisch mitbestimmten Unternehmen die für alle anderen Unternehmen bestehende Möglichkeit zu geben, die Größe des Aufsichtsrats so zu wählen, wie sie es für ihr spezifisches Unternehmen für am sinnvollsten erachten. Nötig ist lediglich eine gewisse Untergrenze, die genug Raum für eine angemessene Repräsentation der Arbeitnehmer lässt. Das spricht für eine Untergrenze von 12 Aufsichtsratsmitgliedern, auch wenn eine weitere Absenkung vertretbar sein könnte. Die Obergrenze bleibt auch bei diesem Konzept bei 20 Aufsichtsratsmitgliedern.

29 Zutreffend Raiser, aaO (Fn. 2), S. B 91.

Julia Rebecca Kohler

Diskussionsbericht

I. Korreferat

Im Anschluss an das Referat von *Gerd Krieger*, welches sich in seiner ursprünglichen Fassung nicht allein mit dem Thema „Größe des Aufsichtsrats“, sondern zudem mit Mitbestimmungsvereinbarungen beschäftigte, folgte das Korreferat von *Mathias Habersack*.

Der Korreferent warf dabei die Grundsatzfrage auf, ob es einerseits überhaupt Sinn ergebe, sich mit dem Thema der Mitbestimmungsvereinbarungen zu befassen. Deren Wiederbelebung werde wohl kaum politisches Gehör finden. Andererseits habe man der „Baums-Kommission“ Ende der 90er-Jahre gerade vorgeworfen, die Mitbestimmung aus den Überlegungen ausgeklammert zu haben.

Ferner hob der Korreferent im Zusammenhang mit der *Societas Europaea* hervor, dass für die Mitbestimmungsautonomie letztlich nur im Rahmen der Satzungsautonomie Raum sei: So müssten beispielsweise Zustimmungsvorbehalte und Ausschussbildungen an der fehlenden Satzungsautonomie scheitern. Die mit Blick auf die Größe des Aufsichtsrats lange Zeit sehr umstrittene Frage, ob ein 14- oder 16-köpfiger Aufsichtsrat zulässig ist, habe sich mit Blick auf die Streichung der Dreiteilbarkeitsvoraussetzung relativiert.

Schließlich wies der Korreferent auf die aktuelle Vorlagefrage des Bundesarbeitsgerichts an den Europäischen Gerichtshof in der Causa *SAP SE* hin, in der es um die Vereinbarkeit der in diesem Fall getroffenen Mitbestimmungsvereinbarung mit dem „Vorher-Nachher-Prinzip“ des § 21 Abs. 6 SEBG geht. Nach der streitgegenständlichen Vereinbarung haben die Gewerkschaftsvertreter keine festen Sitze mehr im Aufsichtsorgan der *SAP SE*, welche ihnen vor der Umwandlung (in der *SAP AG*) noch zustanden. Das Bundesarbeitsgericht neige der Ansicht zu, dass auch die Zusammensetzung innerhalb der Arbeitnehmerbank (und damit ggf. eine Mindestrepräsentation von Gewerkschaftsvertretern) Teil des „Vorher-Nachher-Prinzips“ sei. Aus Sicht des Korreferenten könne die Entscheidung des Europäischen Gerichtshofs auch ein Relevanzposten für das deutsche Aktienrecht sein.

https://doi.org/10.1515/9783110746372-009

II. Schwerpunkte der Diskussion

In der anschließenden Diskussion wurde insbesondere auf die Mitbestimmung im Konzern sowie die politische Durchsetzbarkeit dieses Themas Bezug genommen (1.). Auch über die Größe des Aufsichtsrats wurde schwerpunktmäßig diskutiert (2.).

1. Mitbestimmung im Konzern und politische Durchsetzbarkeit

Während sich die Organmitglieder vorwiegend gegen eine Thematisierung der unternehmerischen Mitbestimmung aussprachen, waren sich die Gruppe der Hochschullehrer und die Vertreter der Anwaltschaft überwiegend einig, dass das Thema der Mitbestimmungsvereinbarungen vorerst nicht unberücksichtigt bleiben sollte. So könne gegebenenfalls doch politisches Gehör gefunden werden, wenn man sich auf wenige relevante Aspekte beschränken würde.

Ein Diskussionsteilnehmer wies darauf hin, dass in der „echten Mitbestimmungsfrage" wohl kaum mit politischer Durchsetzbarkeit zu rechnen sei. Anders könne dies jedoch im Fall einer Konzernstruktur aussehen, wenn mittels Mitbestimmungsvereinbarungen in der Praxis Erleichterungen und Lösungen geschaffen werden können. Je nach Konzernzusammensetzung stelle sich die Frage, wie die Mitbestimmung effizient ausgestaltet werden kann, damit nicht auf allen Ebenen „alles doppelt erzählt werden muss". So könne es sinnvoll sein, auf bestimmten Ebenen auf die Mitbestimmung zu verzichten und diese vielmehr an anderer Stelle zu konzentrieren. Exemplarisch nannte der Diskutant die Strukturen der *Siemens Healthineers AG.*

Der Referent ergänzte hingegen, dass nicht damit zu rechnen sei, dass die Gewerkschaften auf die Mitbestimmung auf jeder Konzernebene verzichten werden, da andernfalls Aufsichtsratsämter gestrichen würden.

2. Größe des Aufsichtsrats

Von Seiten der Organmitglieder wurde einhellig dafür plädiert, die Möglichkeit der Verkleinerung des Aufsichtsrats als vordringliches Anliegen aufzugreifen. In einem zu großen Aufsichtsrat sei einerseits keine intensive Diskussion mehr möglich. Andererseits könne die Belastung im Einzelnen erheblich steigen, wenn viele Ausschüsse gebildet werden. Gute Erfahrungen habe man mit einem Aufsichtsrat aus zwölf Mitgliedern gesammelt, so ein Vertreter aus dem Kreis der Organmitglieder. Im Ergebnis wurde von den Diskussionsteilnehmern eine Regelung in der Satzung präferiert, die einen Spielraum zwischen zwölf und 20 Aufsichtsratsmitgliedern eröffnet.

Ein Hochschullehrer wies schließlich darauf hin, dass die Größe des Aufsichtsrats auch aufgrund des Wettbewerbs der Rechtsformen angegangen werden sollte. Wäre die Beibehaltung eines kleineren Aufsichtsrats auch in der AG möglich, würde das Argument der Größe des Aufsichtsrats für einen Rechtsformwechsel in eine SE entkräftet werden.

Jens Koch*

Umgang mit Interessenkonflikten und Stärkung der Vertraulichkeit

Zusammenfassung: Das geltende Aktienrecht gibt kaum Hinweise darauf, wann Organmitglieder sich in einem Interessenkonflikt befinden und wie sie sich in einer solchen Situation zu verhalten haben. Diese Regelungslücke ist für die betroffenen Organmitglieder sehr unbefriedigend, entscheidet das Vorliegen eines Konflikts doch darüber, ob sie ihre Entscheidung im sicheren Hafen der Business Judgment Rule treffen können. Vor diesem Hintergrund geht der folgende Beitrag der Frage nach, wie der Gesetzgeber den Aufsichtsratsmitgliedern in Konfliktsituationen größere Rechtssicherheit verschaffen könnte.

Abstract: Current stock corporation law provides hardly any guidance for supervisory board members confronted with a conflict of interest. This uncertainty is very unsatisfactory for the board members concerned, as the existence of a conflict determines whether a decision can be made in the safe harbor of the Business Judgment Rule. The following article examines how the legislature could provide greater legal certainty for supervisory board members in conflict situations.

Inhaltsübersicht

---

* Der Autor ist Direktor des Instituts für Handels- und Wirtschaftsrecht und Inhaber des Lehrstuhls für Handels- und Gesellschaftsrecht an der Rheinischen Friedrich-Wilhelms-Universität Bonn.

https://doi.org/10.1515/9783110746372-010

I. Einleitung

Der Umgang mit Interessenkonflikten innerhalb des Aufsichtsrats sorgt in der Praxis immer wieder für Unsicherheiten. Gedanklicher Ausgangspunkt der Entscheidungsträger ist dabei zumeist die Business Judgment Rule. Die Einfahrt in den Safe Harbour des § 93 Abs. 1 S. 2 AktG wird ihnen nämlich nach der klaren Festlegung in den Gesetzesmaterialien dann verwehrt, wenn sie sich in einem Interessenkonflikt befinden.[1] Für die einzelnen Mitglieder ist diese Frage der persönlichen Haftung selbstverständlich von größter Bedeutung und doch bietet ihnen das Gesetz hier nur sehr wenig Handreichungen, um die Konfliktlage selbst einzuschätzen und das eigene Verhalten daran auszurichten. Auch die Kommentarliteratur erweist sich als uneinheitlich und in vielen Punkten als unvollständig. Tatsächlich besteht Klärungsbedarf in dreierlei Hinsicht: (1) Befindet sich das Organmitglied in einem rechtlich relevanten Interessenkonflikt?, (2) Wie muss es sich bei der Entscheidung verhalten?, (3) Wie wirkt sich das Verhalten der Entscheidungsträger in der Beschlusssituation auf die Haftung aus, namentlich auf die Anwendung der Business Judgment Rule auf das konfliktbefangene Mitglied und auf die übrigen Organmitglieder? Diesen drei Fragen soll im Folgenden nachgegangen werden, wobei die Antworten – entsprechend der grundsätzlichen Stoßrichtung des zugrunde liegenden Gesamtprojekts – nicht in der geltenden Rechtslage gesucht werden, sondern der legislative Handlungsbedarf und die denkbaren Gestaltungsmöglichkeiten de lege ferenda vermessen werden sollen.

1 RegBegr. BT-Drs. 15/5092, S. 11; allg. zu diesem Erfordernis HÜFFER/KOCH, Komm. z. AktG, 15. Aufl., 2021, § 93 Rdn. 24ff.

II. Der Konfliktbegriff

1. Bisherige Rechtslage

Schon die erste Frage, ob überhaupt ein Interessenkonflikt vorliegt, wirft seit jeher große Probleme auf, wobei sich allerdings der Grund für diese Probleme in den vergangenen Jahren verschoben hat. Bis vor einem Jahr war der Umgang mit Interessenkonflikten deshalb problematisch, weil sie zwar unbestritten eine große Rolle spielten, der Konfliktbegriff im Aktiengesetz aber nicht an einer einzigen Stelle auftauchte. Die Erwähnung in den Gesetzesmaterialien zur Business Judgment Rule[2] hatte ihm zwar einen prominenten Stellenwert in der Diskussion verliehen, und schon zuvor hatte er in zahlreichen dogmatischen Zusammenhängen, namentlich im Beschlussrecht, eine Rolle gespielt.[3] Gesetzlich verankert war er indes nicht und auch über seine genauen Konturen bestand daher nur wenig Einigkeit. Das erwies sich für die Praxis aufgrund der großen Bedeutung der Business Judgment Rule als misslich, und zwar umso mehr, als der Begriff auch noch in den Deutschen Corporate Governance Kodex Eingang fand und dort für weitere Anwendungsprobleme sorgte.[4]

2. Konfliktbegriff im Aktiengesetz

Ende 2019 hat sich die legislative Ausgangslage aber verschoben, und zwar deshalb, weil mit dem Inkrafttreten des ARUG II[5] auch der Konfliktbegriff gleich mehrfach in das Aktiengesetz eingezogen ist. So ist nach § 87a Abs. 1 Satz 2 Nr. 10 AktG in das Vergütungssystem eine Darstellung aufzunehmen, wie das Vergütungssystem festgesetzt, umgesetzt und überprüft wird, wobei auch die Rolle eventuell betroffener Ausschüsse und die Maßnahmen zur Vermeidung und zur Behandlung von Interessenkonflikten darzustellen sind. Weiterhin haben nach § 134b Abs. 1 Nr. 5 AktG institutionelle Anleger und Vermögensverwalter über den Umgang mit Interessenkonflikten zu berichten.

Für das hier behandelte Thema von noch wesentlich größerer Bedeutung sind allerdings zwei andere Regelungen zum Interessenkonflikt, nämlich § 107 Abs. 3

2 RegBegr. BT-Drs. 15/5092, S. 11.

3 Ausführlich zu diesem Befund unter der bisherigen Rechtslage J. Koch, ZGR 2014, 697, 698 ff.

4 Zur fehlenden Abstimmung dieser Konfliktbegriffe vgl. J. Koch, ZGR 2014, 697, 701 ff.

5 Gesetz zur Umsetzung der zweiten Aktionärsrechterichtlinie vom 12.12.2019 (BGBl. 2019 I, S. 2637).

Satz 6 und § 111b Abs. 2 AktG. Anders als die vorgenannten Regelungen enthalten sie nicht lediglich Berichtspflichten, sondern formulieren für die Konfliktsituation inhaltliche Leitlinien (dazu noch ausführlich unter II 3 b) und ausdrückliche Verhaltensvorgaben. In § 111b Abs. 2 AktG wird für den Beschluss des Aufsichtsrats über Related Party Transactions Folgendes angeordnet:

> *„Bei der Beschlussfassung des Aufsichtsrats nach Absatz 1 können diejenigen Mitglieder des Aufsichtsrats ihr Stimmrecht nicht ausüben, die an dem Geschäft als nahestehende Personen beteiligt sind oder bei denen die Besorgnis eines Interessenkonflikts aufgrund ihrer Beziehungen zu der nahstehenden Person besteht."*

Für den Fall, dass die Entscheidung – was zulässig ist – auf einen Ausschuss übertragen wird, trifft § 107 Abs. 3 Satz 6 AktG die folgende Anordnung:

> *„Er [der Ausschuss] muss mehrheitlich aus Mitgliedern zusammengesetzt sein, bei denen keine Besorgnis eines Interessenkonflikts aufgrund ihrer Beziehungen zu einer nahestehenden Person besteht."*

3. Das Nebeneinander zweier Konfliktbegriffe

a) Der Grundsatz der Konflikttoleranz

Wie es so häufig geschieht, hat diese Aufnahme eines gesetzlichen Ankers in das Gesetz einen regelrechten Deutungsschub ausgelöst.[6] Schon kurz nach dem Erlass des Gesetzes ist der Konfliktbegriff im Rahmen der Related Party Transactions ausführlichst vermessen worden, und zwar in einer Breite, die selbst die ebenfalls wissenschaftlich keinesfalls unterbelichtete Business Judgment Rule weit in den Schatten stellt.[7]

---

6 Vgl. zu diesem Phänomen J. Koch, in: Fleischer/Thiessen, Gesellschaftsrechts-Geschichten, 2018, S. 471, 477 ff.

7 So wird etwa in der kurz nach dem Erlass des Gesetzes erschienenen zweiten Auflage des Aktiengesetzkommentars von Hans-Christoph Grigoleit der Interessenkonflikt im Rahmen der Business Judgment Rule in zwei Randnummern kommentiert (vgl. Grigoleit/Grigoleit/Tomasic, Komm. z. AktG, 2. Aufl., 2020, § 93 Rdn. 44 f), der Konfliktbegriff im Rahmen der Related Party Transactions dagegen in 23 Randnummern (vgl. Grigoleit/Grigoleit/Tomasic, aaO (Fn. 7), § 107 AktG Rdn. 71 – 84 und Grigoleit/Grigoleit, Komm. z. AktG, § 111b Rdn. 31 – 39). Im ebenfalls neu erschienenen Kommentar von Karsten Schmidt und Marcus Lutter zum Aktiengesetz wird der Interessenkonflikt im Rahmen des § 93 Abs. 1 S. 2 AktG in einer Randnummer behandelt (Sailer-Coceani, in: K. Schmidt/Lutter, Komm. z. AktG, 4. Aufl., 2020, § 93 Rdn. 19), der Interessenkonflikt im Rahmen der Related Party Transactions in 33 Randnummern (Drygala, in: K. Schmidt/Lutter,

Wer nun glaubt, dass die Rechtsanwendung damit einfacher geworden sei, sieht sich allerdings getäuscht, weil der neue Konfliktbegriff so gar nicht zur alten Konfliktdogmatik zu passen scheint. Bislang war der aktienrechtliche Konfliktbegriff in Bezug auf den Aufsichtsrat nämlich von dem Gedanken der Konflikttoleranz geprägt.[8] Darunter versteht man, dass es der Gesetzgeber in einem gewissen Maße in Kauf nimmt, dass der Aufsichtsrat aus einer Konfliktsituation heraus handelt. Diese Toleranz äußert sich am prominentesten in der unternehmerischen Mitbestimmung, die einen dauerhaften Interessenkonflikt strukturell im Aufsichtsrat verankert. Als weitere Beispiele seien genannt: § 105 Abs. 2 Satz 4 AktG (kein Wettbewerbsverbot), § 100 Abs. 2 Satz 1 Nr. 1 AktG (Bestellungshindernis erst bei zehn Mandaten), § 100 Abs. 2 Satz 2 AktG (Konzernprivileg), § 100 Abs. 2 Satz 1 Nr. 4 (Begrenzung der Cooling-Off-Periode auf zwei Jahre). Ihre Rechtfertigung findet diese Konflikttoleranz darin, dass der Aufsichtsrat aufgrund seines Aufgabenzuschnitts für Interessenkonflikte weniger anfällig ist, weil er eben nicht das unternehmerische Geschäft leitet, sondern ihm im Wesentlichen eine Überwachungsaufgabe obliegt.[9]

Vor diesem legislativen Hintergrund ist man bislang davon ausgegangen, dass dem Aufsichtsratsmitglied ein Konflikt nicht angelastet werden kann, wenn das Gesetz eine bestimmte Rollenerwartung toleriert oder gar vorschreibt. Angesprochen sind damit in erster Linie die Arbeitnehmervertreter, denen nicht ihre grundsätzliche Ausrichtung auf die Wahrung von Arbeitnehmerinteressen vorgehalten werden kann.[10] Genauso wenig soll nach bislang herrschender Meinung

Komm. z. AktG, 4. Aufl., 2020, § 107 Rdn. 90 – 92 und J. VETTER, in: K. Schmidt/Lutter, Komm. z. AktG, 4. Aufl., 2020, § 111b Rdn. 114 – 143).

8 Ausf. dazu J. KOCH, FS Ebke, 2021, im Erscheinen; vgl. ferner – unter ausdrücklicher Verwendung dieses Begriffs oder doch zumindest in der Sache – GRIGOLEIT/GRIGOLEIT/TOMASIC, aaO (Fn. 7), § 115 AktG Rdn. 26; HOPT/ROTH, Großkomm. z. AktG, 5. Aufl., 2019, § 100 Rdn. 268; HÜFFER/KOCH, aaO (Fn. 1), § 116 AktG Rdn. 6; HÖLTERS/SIMONS, Komm. z. AktG, 3. Aufl., 2017, § 100 Rdn. 50; SPINDLER, BeckOGK z. AktG, Stand: 10/2020, § 116 Rdn. 49; DIEKMANN/FLEISCHMANN, AG 2013, 141 147; DREHER, JZ 1990, 896, 902 ff; HARNOS, Gerichtliche Kontrolldichte im Gesellschaftsrecht, 2021, S. 468 ff; J. KOCH, ZGR 2014, 697, 700 f, 707 f; KOCHER/VON FALKENHAUSEN, AG 2016, 847, 851; LEYENDECKER/LANGNER, NZG 2016, 1213, 1215; MARTINEK, WRP 2008, 51, 53; REICHERT, FS E. Vetter, 2019, S. 597, 598; SEMLER/STENGEL, NZG 2003, 1; ULMER, NJW 1980, 1603 ff.

9 MATTHIESSEN, Stimmrecht und Interessenkollision im Aufsichtsrat, 1989, S. 189; zust. J. KOCH, ZGR 2014, 697, 700 f.

10 HABERSACK, Münchener Komm. z. AktG, 5. Aufl., 2019, § 116 Rdn. 43; HÜFFER/KOCH, aaO (Fn. 1), § 108 AktG Rdn. 12; BUNZ, Der Schutz unternehmerischer Entscheidungen durch das Geschäftsleiterermessen, 2011, S. 240 f; HARNOS, aaO (Fn. 8), S. 471 f; J. KOCH, ZGR 2014, 697, 707 f; DERS., FS Ebke, im Erscheinen; aA LUTTER, FS Canaris, Bd. 2, 2007, S. 245, 254; zu den namentlich im Fall Lufthansa/Bsirske aufgezeigten Grenzen dieses Engagements vgl. LUTTER/KRIEGER/VER-

ein Interessenkonflikt dadurch begründet werden, dass von Seiten der Anteilseignervertreter Shareholderinteressen berücksichtigt werden, und zwar auch nicht in einer Konzernsituation.[11]

Weiterhin wurde bislang bei Vorständen und Aufsichtsräten gleichermaßen eine gewisse Relevanzschwelle angenommen, die für Aufsichtsratsmitglieder aber noch einmal deutlich angehoben werden sollte.[12] Wenn das konfliktbefangene Aufsichtsratsmitglied vom Gesetzgeber hingenommen und Konflikte damit geradezu provoziert werden, dann kann das Korrektiv nicht in gesteigerten Haftungsgefahren des einzelnen Mitglieds liegen, das mit den Verhaltensanforderungen in einzelnen Beschlusssituationen völlig überfordert wäre.[13] Klare Abgrenzungskriterien waren allerdings nach alter Rechtslage noch nicht entwickelt worden, so dass man schon bislang von einem auch nur einigermaßen erträglichen Zustand der Rechtssicherheit weit entfernt war.

b) Konfliktbegriff im Rahmen der Related Party Transactions

Diese Unsicherheiten haben sich durch das Inkrafttreten des ARUG II noch einmal deutlich verschärft. Insbesondere von der Konflikttoleranz ist im Begriff des Interessenkonflikts, wie er nach § 107 Abs. 3 Satz 6 und § 111b Abs. 2 AktG für die Related Party Transactions verwendet wird, nichts mehr übrig geblieben.[14] Nach dem Wortlaut der Vorschriften kommt es darauf an, ob bei den betroffenen Organmitgliedern „aufgrund ihrer Beziehungen zu einer nahestehenden Person" die Gefahr eines Interessenkonflikts besteht. Ausweislich der Regierungsbegründung zum ARUG II können die Beziehungen, die Anlass zur Besorgnis eines Interessenkonflikts geben, „geschäftlichen, finanziellen oder persönlichen Charakter" haben.[15] Weiter wird vorgegeben, dass der Aufsichtsrat die für seinen Interessenkonflikt sprechenden Kriterien selbst präzisieren und sich dabei an den EU-

---

SE, Rechte und Pflichten des Aufsichtsrats, 7. Aufl., 2020, Rdn. 908; LUTTER/QUACK, FS Raiser, 2003, S. 259, 266; ausf. zur Streikteilnahme auch schon MERTENS, AG 1977, 306, 312 ff.

11 Deutlich dazu HABERSACK, aaO (Fn. 10), § 116 AktG Rdn. 42; DERS., Karlsruher Forum 2009: Managerhaftung, 2010, S. 5, 22; HARNOS, aaO (Fn. 8), S. 471 f; J. KOCH, ZGR 2014, 697, 707 f; DERS., FS Ebke, im Erscheinen.

12 Zu der für beide Organe unterschiedlich gezogenen Relevanzschwelle vgl. bereits J. KOCH, ZGR 2014, 697, 706 ff.

13 Zum Brückenschlag von der Konflikttoleranz zur Business Judgment Rule vgl. J. KOCH, ZGR 2014, 697, 707.

14 Vgl. zum Folgenden bereits J. KOCH, FS Ebke, im Erscheinen.

15 RegBegr BT-Drs. 19/9739, S. 77.

Empfehlungen zur Unabhängigkeit von Aufsichtsratsmitgliedern und von Abschlussprüfern orientieren könne.[16]

Gerade in der letztgenannten Vorgabe wird besonders deutlich, was hinter dieser begrifflichen Ausfüllung steht: Der Gesetzgeber hat den Begriff des Interessenkonflikts mit dem Begriff der Unabhängigkeit gleichgesetzt. Das sind aber nach bisherigem Verständnis zwei ganz unterschiedliche Zündstufen: Dass ein Aufsichtsratsmitglied unabhängig ist, das ist in einer Aktiengesellschaft keinesfalls eine Selbstverständlichkeit, die deshalb mittlerweile auch an keiner Stelle des Aktiengesetzes mehr verlangt wird. Selbst für den Finanzexperten nach § 100 Abs. 5 AktG, für den seit dem BilMoG 2009[17] Unabhängigkeit gefordert wurde, ist dieses Erfordernis seit dem AReG 2016 wieder entfallen.[18] Nur der Kodex empfiehlt die Unabhängigkeit für einzelne Mandatsträger (vgl. die Grundsätze GS 10 – 12 DCGK und die daraus abgeleiteten Empfehlungen C.6 – C.12 DCGK); auch von Investorenseite wird diese Forderung verbreitet aufgestellt.[19] Das Gesetz selbst nimmt die aus der Abhängigkeit erwachsenden Konfliktlagen aber in Kauf.

Dagegen sahen es das Aktiengesetz und der Kodex bislang gleichermaßen als problematisch an, wenn ein Aufsichtsratsmitglied einem Interessenkonflikt unterliegt. Der Unterschied zwischen den beiden Begriffen liegt gerade in der Konflikttoleranz verborgen. Danach wird ein Interessenkonflikt verneint, auch wenn eine Unabhängigkeit nicht mehr gegeben ist. So liegt namentlich in den Fällen, in denen eine besondere Nähe zu einem herrschenden Unternehmen besteht (sei es aufgrund einer Beteiligung, sei es aufgrund eines Arbeitsverhältnisses) nach bisherigem Verständnis kein Interessenkonflikt im Sinne des § 93 Abs. 1 Satz 2 AktG vor, obwohl Unabhängigkeit nicht gegeben ist.[20]

c) Friktionen zwischen altem und neuem Konfliktbegriff

Die Folgen dieser Diskrepanz liegen auf der Hand: Wollte man den neuen Konfliktbegriff kurzerhand über die alte Konfliktdogmatik stülpen, wäre das Erfordernis der Unabhängigkeit von Aufsichtsratsmitgliedern ein Stück weit durch die Hintertür des Haftungsrechts eingeführt. Auch weiterhin dürften Aufsichtsratsmitglieder zwar einem Anteilseigner nahestehen, doch müssten sie befürchten,

16 RegBegr BT-Drs. 19/9739, S. 77.

17 Bilanzrechtsmodernisierungsgesetz vom 25.5.2009 (BGBl. 2009, I, S. 1102).

18 Zu den Hintergründen vgl. Hüffer/Koch, aaO (Fn. 1), § 100 AktG Rdn. 25.

19 Vgl. dazu Hüffer/Koch, aaO (Fn. 1), § 100 AktG Rdn. 36; Hopt/Leyens, ZGR 2019, 929, 946 f; Rieckers, DB 2020, 207, 209 f.

20 Vgl. dazu schon J. Koch, ZGR 2014, 697, 726 ff.

damit der Haftungsprivilegierung des § 93 Abs. 1 Satz 2 AktG verlustig zu gehen und möglicherweise auch noch Einschränkungen auf der Ebene der Stimmrechtsausübung hinnehmen zu müssen.[21] Ein generelles Verständnis des aktienrechtlichen Interessenkonflikts in dem Sinne, wie er jetzt § 111b Abs. 2 und § 107 Abs. 3 Satz 6 AktG zugrunde liegt, würde also dazu führen, dass sich der Aufsichtsrat entweder nicht mehr als Aktionärsrepräsentanz eignen würde, was aber nun einmal seine historische Bestimmung ist, oder aber diese Repräsentanten letztlich in einen dauerhaften Interessenkonflikt gesetzt wären.

Beides kann nicht richtig sein. Vielmehr ist davon auszugehen, dass es sich bei dem Konfliktbegriff des § 107 Abs. 3 Satz 6 AktG und des § 111b Abs. 2 AktG um einen kontextabhängigen Konfliktbegriff handelt, der unionsrechtlich für eine ganz spezielle Transaktionsform vorgegeben ist, gerade deshalb aber nicht flächendeckend für das gesamte Aktienrecht gelten muss.[22] Es mag speziell im Bereich der Related Party Transactions auch durchaus angemessen sein, für den Sonderfall derart gewichtiger Austauschgeschäfte zwischen der Gesellschaft und (etwa) der Konzernobergesellschaft strengere Maßstäbe zugrunde zu legen, zumal diese Maßstäbe dann ja durch ein recht großzügig designtes Abstimmungsverfahren doch wieder relativiert werden. Würde man diese Maßstäbe aber verallgemeinern, wäre das System des Aufsichtsrats ad absurdum geführt.

d) Legislative Schlussfolgerungen

aa) Gesetzlicher Klarstellungsbedarf

Auch wenn sich danach die Diskrepanz zwischen altem und neuem Konfliktbegriff im Auslegungswege auflösen lässt, ist doch zu überlegen, ob nicht spätestens mit der Einführung dieses kontextabhängigen Konfliktbegriffs auch die Zeit gekommen ist, die Konfliktdogmatik einer generellen gesetzlichen Regelung zuzuführen. Dieser Gedanke liegt deshalb nahe, weil der Umgang mit Interessenkonflikten für die Betroffenen schon bislang mit größten Unsicherheiten verbunden war. Gerade Aufsichtsratsmitglieder finden sich nach landläufigem Begriffsverständnis schon aufgrund ihrer Repräsentantenfunktion nahezu durchgängig in einem Interessenkonflikt, der sich auch in ihrer gesellschaftsinternen Rolle fortsetzt.[23] Sie sind verpflichtet, einen von ihnen selbst ausgewählten Vorstand zu

21 Vgl. zu dieser Verknüpfung J. KOCH, ZGR 2014, 697, 710 ff.

22 Zur zurückhaltenden Verallgemeinerung „aufgezwungenen Rechts" s. auch J. VETTER, FS Hopt, 2020, S. 1383 ff.

23 Vgl. zu dieser allgegenwärtigen Konfliktsituation – bezogen auf den Vorstand – auch schon J. KOCH, ZGR 2014, 697, 706.

überwachen, seine möglichen Pflichtverletzungen aufzudecken und diese gegebenenfalls auch zu verfolgen. Gerade in dieser letztgenannten Pflichtenkonstellation tritt der daraus resultierende Konflikt besonders deutlich zutage, kann doch letztlich jeder Pflichtenverstoß des Vorstands auch stets in ein Überwachungsversagen des Aufsichtsrats umgemünzt werden, so dass die Geltendmachung fremder Haftung die eigene Inanspruchnahme provozieren kann.[24] Diese demnach ohnehin schon äußerst problematische Konfliktbegrifflichkeit wird nun noch einmal deutlich verschärft durch die Einführung eines sehr detailliert ausbuchstabierten Konfliktbegriffs, der als gesetzlicher Anker durchaus die Gefahr provoziert, von seinem originären Anwendungsbereich im Rahmen der Related Party Transactions auch auf andere Konfliktkonstellationen übertragen zu werden.

Diese Unsicherheit schlägt sich sodann auch auf das weitere Rechtsfolgenprogramm nieder, wo zum Teil sehr geringe Anforderungen an den Umgang mit Interessenkonflikten gestellt werden (reine Offenlegung genügt), zum Teil aber auch für einen strengeren Umgang plädiert wird (Rückzug aus dem Entscheidungsprozess).[25] Die erste Auffassung ist nachvollziehbar, wenn man den Konfliktbegriff weit auslegt, wie er etwa auch in der neu gefassten Aktionärsrechte-Richtlinie und in dem daran anknüpfenden ARUG II verwendet wird. Wenn die Konflikttoleranz des Aufsichtsratsamtes danach nicht schon im Tatbestand enthalten ist, muss sie sich zumindest in einem behutsamen Umgang auf Rechtsfolgenseite niederschlagen. Wer dagegen die Konflikttoleranz des Aufsichtsratsamtes auf Tatbestandsebene weit fasst, für den bleibt nur noch eine deutlich geringere Zahl schwerwiegender persönlicher Konflikte, die ein strengeres Regime rechtfertigen. Die Festlegung des Konfliktbegriffs ist daher eine zentrale Weichenstellung für das dadurch ausgelöste Rechtsfolgenprogramm.

bb) Mögliche legislative Ausgestaltung

Vor diesem Hintergrund spricht viel dafür, den Normadressaten größere Rechtssicherheit zu geben, indem man sich um eine Umschreibung des Konfliktbegriffs bemüht, wie er jenseits der Related Party Transactions gelten soll. Bedenkt man, wie wichtig Aufsichtsratsmitgliedern aus nachvollziehbaren Gründen ihre haftungsrechtliche Situation ist und welche ungesund verhaltenssteuernden Wir-

---

24 Vgl. dazu schon BACHMANN, Verhandlungen des 70. DJT, 2014, Bd. I, S. E 68f; zur zunehmenden Tendenz, der in Anspruch genommenen Vorstände, auf Klage mit Streitverkündung gegenüber den Aufsichtsratsmitgliedern zu reagieren vgl. HÜFFER/KOCH, aaO (Fn. 1), § 116 AktG Rdn. 1.

25 Vgl. zu beiden Auffassungen noch die Ausführungen unter D II c bb (3).

kungen sich aus einer übermäßigen Risikoaversion ergeben können, ist es nicht sinnvoll, den Rechtsanwender mit den an dieser Stelle bestehenden Unsicherheiten allein zu lassen.

So leicht aber der Befund fällt, dass der Konfliktbegriff der Aktionärsrechterichtlinie für die Konfliktbehandlung im Rahmen des § 93 Abs. 1 Satz 2 AktG nicht das Richtige trifft, so schwer ist es doch, den hier tatsächlich relevanten Begriff näher zu konturieren. Die Kommentarliteratur bietet dazu wenig Anleitung, zumal sie – der Verortung des Begriffs im Vorstandsrecht geschuldet – selbstverständlich auch mehr dieses Organ als den konflikttoleranten Aufsichtsrat vor Augen hat. Möglicherweise ist der Begriff des Konflikts auch zu schillernd und zu facettenreich, um ihn gesetzlich detailliert verankern zu können. Das spricht aber nicht gegen eine gesetzliche Regelung, sondern nur dafür, sich auf die legislative Fixierung einiger Leitplanken zu beschränken, den Konfliktbegriff im Übrigen aber offen zu umschreiben, um diese Vielgestaltigkeit einzufangen. Die nähere Konkretisierung kann sodann Rechtsprechung und Wissenschaft überlassen bleiben.

Als grundsätzliche gesetzliche Weichenstellung sollte der Praxis aber zumindest eine einigermaßen belastbare Handreichung gegeben werden, wie weit die Konflikttoleranz des Aufsichtsrates reicht und ab welcher Relevanzschwelle ein Konflikt überhaupt anzunehmen ist. Dabei wird es darauf möglicherweise keine binäre Pauschalantwort etwa in dem Sinne geben, dass die Nähe eines Aufsichtsratsmitglieds zu einem Anteilseigner niemals einen Interessenkonflikt begründen kann. Vielmehr ist es auch durchaus denkbar, dass die grundsätzliche Konflikttoleranz bei einer bestimmten Transaktionsstruktur oder bei Überschreitung einer Relevanzschwelle endet (wie es etwa bei § 111b Abs. 2 AktG der Fall ist). Das grundsätzliche Bekenntnis zur Konflikttoleranz sollte dem Gesetz aber klar entnommen werden können.

III. Beschlussrechtlicher Umgang mit Interessenkonflikten

1. Verortung im Beschlussrecht

Entschließt sich der Gesetzgeber zu einer näheren Regelung und Definition des Konfliktbegriffs, ist zunächst darüber nachzudenken, was der legislative Anknüpfungspunkt sein könnte. Dafür bietet es sich wahlweise an, die Business Judgment Rule – generell oder beschränkt auf den Aufsichtsrat – um eine gesonderte Regelung zu ergänzen[26] oder im Beschlussrecht anzusetzen. Für den ersten Ansatz könnte sprechen, dass dies der Perspektive der Praxis entspricht, die gedanklich wohl meist von der Frage ausgeht, wie man sich verhalten muss, um in den sicheren Hafen der Business Judgment Rule zu gelangen und auf diese Weise eine haftungsbegründende Pflichtwidrigkeit zu vermeiden.

Grundgedanke der Business Judgment Rule ist es allerdings, dass eine unternehmerische Entscheidung keiner vollständigen gerichtlichen Kontrolle unterliegt, wenn sie unter optimalen Entscheidungsvoraussetzungen getroffen worden ist.[27] Aus diesem Verständnis heraus dürfte es näher liegen, sich zunächst darüber Gedanken zu machen, wie ein optimaler Umgang mit Interessenkonflikten im Beschlussverfahren aussehen sollte, um erst im Anschluss daran zu erwägen, wie es sich haftungsrechtlich auswirkt, wenn gegen diese Regeln verstoßen wurde.

Ein solcher Aufbau dürfte auch der gesetzgeberischen Regelungstechnik am ehesten entsprechen. Der Gesetzgeber hat die Business Judgment Rule ganz bewusst schlank und deutungsoffen formuliert[28] und auf dieser Grundlage ist eine umfassende Entschlüsselung ihrer Funktionsweise und Tatbestandsvoraussetzungen gelungen. Es erscheint nicht sinnvoll, bei dieser wichtigen Regelung den schon so weit fortgeschrittenen Dogmatisierungsprozess wieder rückgängig zu machen und die generelle Regelung durch einzelne Detailpräzisierungen zu ergänzen. Schon rein optisch wäre es eine eigenwillige Lösung, die schlanke Regelung zur Klärung einer Untervoraussetzung mit zusätzlichen Inhalten zu belasten.

2. Konkrete Ausgestaltung

a) Festschreibung der Konflikttoleranz im beschlussrechtlichen Kontext

Vorzugswürdig erscheint es stattdessen, den verfahrensrechtlichen Umgang mit Interessenkonflikten im Kontext des Beschlussrechts zu regeln. Dem schließt sich sodann allerdings gleich die Frage an, ob diese Regelung in einer speziell für den Aufsichtsrat geltenden Vorschrift verortet sein sollte oder ob sich das Problem nicht gleichermaßen auch beim Vorstand stellt. Diese Frage ist durchaus be-

---

26 Vgl. etwa Reichert, FS E. Vetter, S. 597, 616 f.

27 Vgl. dazu Hüffer/Koch, aaO (Fn. 1), § 93 AktG Rdn. 9.

28 Vgl. zu dieser Ausgestaltung als „Merkpostengesetzgebung“ Ihrig, WM 2004, 2098, 2012; J. Koch, ZGR 2006, 769, 783.

rechtigt. Vor der Einführung der §§ 107 Abs. 3 Satz 6, 111b Abs. 2 AktG war der Interessenkonflikt – wie oben gezeigt – allein in den Gesetzesmaterialien zur Business Judgment Rule ansatzweise mit dem Gesetz verknüpft und diese Regelung gilt vornehmlich für den Vorstand. Auch im Schrifttum wird die Kategorie des Interessenkonflikts oftmals für beide Organe gemeinsam behandelt.[29] Selbst eine rechtsformübergreifende Regelung ist keinesfalls fernliegend.

Trotzdem soll hier nur eine kleine Lösung für den Aufsichtsrat der Aktiengesellschaft skizziert werden. Je ambitionierter und umwälzender ein Gesetzgebungsvorschlag ausfällt, desto geringer sind seine Umsetzungschancen. Im Übrigen ist es auch stets sinnvoller, einen Gedanken erst in einer weniger komplexen Konstellation auszutesten, um sodann seine Übertragbarkeit auf größere Zusammenhänge zu überprüfen. Schließlich ist aus den genannten Gründen auch die Konflikttoleranz der Organe unterschiedlich,[30] so dass spätestens an dieser Stelle eine weitere Ausdifferenzierung erfolgen müsste.

Vorzugswürdig erscheint es deshalb, die Frage des Interessenkonflikts im Kontext des § 108 AktG zu regeln und – im Anschluss an das unter II 3 d bb Gesagte – an den Beginn der Regelung eine Definition des Konfliktbegriffs zu stellen, aus der sich zumindest einige Grundwertungen ergeben, anhand welcher Kriterien eine Konfliktsituation festzustellen ist.

b) Offenlegung

In einem zweiten Schritt kann als heute schon konsentierte Erkenntnis festgehalten werden, dass das Aufsichtsratsmitglied, das einem Interessenkonflikt unterliegt, diesen gegenüber dem Aufsichtsrat beziehungsweise dem Aufsichtsratsvorsitzenden offenzulegen hat.[31] Hier sollte man die tatbestandliche Schwelle möglichst niedrig setzen und schon die Besorgnis eines Interessenkonflikts bzw. einen potenziellen Interessenkonflikt genügen lassen, um die Offenlegungspflicht zu begründen, damit das Plenum sich der Gefahr einer Beeinflussung bewusst ist

---

29 Vgl. etwa J. Koch, ZGR 2014, 697 ff.

30 Vgl. zu diesem Befund bereits J. Koch, ZGR 2014, 697, 703 ff, 707 f.

31 Vgl. dazu statt aller Fleischer, BeckOGK z. AktG, Stand: 1/2021, § 93 Rdn. 161. In der zweiten Konstellation müsste der Aufsichtsratsvorsitzende natürlich dann seinerseits zur Offenlegung gegenüber dem Gesamtgremium verpflichtet sein – zum Offenlegungserfordernis statt aller Hüffer/Koch, aaO (Fn. 1), § 108 AktG Rdn. 11, 13.

und gegebenenfalls über die beschlussrechtlichen Folgen entscheiden kann (zu möglichen Konsequenzen vgl. noch die Ausführungen unter III 2 c).[32]

Allerdings darf auch nicht übersehen werden, dass es durchaus Situationen gibt, in denen der Offenlegungspflicht eine gegenläufige Geheimhaltungspflicht gegenübersteht.[33] Die Offenlegungspflicht ist deshalb keine absolute, was im Tatbestand oder in den Gesetzesmaterialien zum Ausdruck gebracht werden könnte. Verzichtet man darauf, würden die allgemeinen Regeln der Pflichtenkollision eingreifen,[34] die aber derart vage sind, dass die Rechtsanwender nicht auf diese unsichere Reling verwiesen werden sollten.

Unterbleibt die Offenlegung aufgrund einer solchen (gesetzlich geregelten oder nicht geregelten) Pflichtenkollision, kann dem Aufsichtsratsmitglied kein pflichtwidriges Verhalten vorgeworfen werden. Es bleibt dann aber trotzdem dabei, dass keine optimalen Entscheidungsvoraussetzungen vorliegen, so dass es sich auf die Business Judgment Rule nicht berufen kann, was aber keinesfalls zur Pflichtwidrigkeit führt, sondern nur zur Aufhebung der gerichtsfreien Einschätzungsprärogative, die § 93 Abs. 1 Satz 2 AktG sonst einräumt (zur haftungsrechtlichen Behandlung eines verdeckten Interessenkonflikts vgl. noch die Ausführungen unter IV 2).[35]

c) Rückzug aus Beratung und Abstimmung

aa) Stimmverbote

Eine grundsätzliche legislative Entscheidung ist es sodann, ob die bloße Offenlegung genügt, um für eine hinreichende Beschlusshygiene innerhalb des Aufsichtsrats zu sorgen oder ob es bei schwerwiegenden Konflikten nicht doch noch zusätzlich erforderlich ist, dass sich der Betroffene aus der Beratung und Abstimmung zurückzieht.

---

32 Zur bisherigen Differenzierung bei aktuellen und potenziellen Interessenkonflikten s. J. Koch, ZGR 2014, 697, 723 ff.

33 Ausführlich zu dieser Frage Dubovitskaya, Offenlegungspflichten der Organmitglieder in Kapitalgesellschaften, 2020, S. 318 ff.

34 Vgl. dazu etwa Poelzig/Thole, ZGR 2006, 836 ff.

35 Zu dem weitestgehend anerkannten Befund, dass die Nichtanwendung der Business Judgment Rule nicht auch zur Annahme einer Pflichtwidrigkeit führt, vgl. BGH NZG 2017, 116 Rdn. 31; OLG München AG 2017, 750, 753; Hüffer/Koch, aaO (Fn. 1), § 93 AktG Rdn. 12; Spindler, Münchener Komm. z. AktG, 5. Aufl., 2019, § 93 Rdn. 47; aA P. Scholz, AG 2015, 222 ff; P. ders., AG 2018, 173 ff.

Ein weitgehender Konsens besteht hier insofern, als die Vorschrift des § 34 BGB analog auch in das Aktienrecht übertragen werden soll und in ihrem Anwendungsbereich ein Stimmverbot begründet.[36] So anerkannt dieser Wertungstransfer ist, so überraschend ist er doch auch, weil damit die Regelung des Stimmverbots einer Vorschrift überlassen wird, die auf die Aktiengesellschaft schlechterdings nicht passt und kaum einen Anwendungsbereich hat. Nach § 34 BGB ist ein Mitglied nicht stimmberechtigt, wenn die Beschlussfassung die Vornahme eines Rechtsgeschäfts mit ihm oder die Einleitung oder Erledigung eines Rechtsstreits zwischen ihm und dem Verein betrifft. Diese Situation kann indes in der Aktiengesellschaft kaum eintreten, weil für Rechtsgeschäfte mit einem Mitglied des Aufsichtsrats sowie für die Einleitung eines Rechtsstreits gegen ein solches Mitglied nach § 78 AktG der Vorstand zuständig ist.[37] Wichtiger als dieser Analogieschluss sind daher die daran anknüpfenden Verallgemeinerungen des § 34 BGB zu einem generellen Verbot des Richtens in eigener Sache.[38] Sollte der Gesetzgeber sich dazu entschließen, die Konfliktregeln einer gesetzlichen Regelung zuzuführen, könnte es sich deshalb anbieten, dieses Stimmverbot aus der Rechtsfortbildung herauszulösen und einer passgenaueren, originär aktienrechtlichen Lösung zuzuführen, die dann auch noch um etwaige Rückausnahmen vom Verbot des Richtens in eigener Sache zu ergänzen wären, etwa in Gestalt einer Rückausnahme für die Wahl des Aufsichtsratsmitglieds zum Aufsichtsratsvorsitzenden.[39] Denkbar ist es auch, die Stimmverbote moderat zu erweitern, doch sollte es als generelle Marschroute dabei bleiben, dass mit dieser Kategorie nur sehr behutsam verfahren wird. Stimmverbote führen speziell in einem paritätisch mitbestimmten Aufsichtsrat zu einer Störung der Bänkeparität, die nur in Ausnahmefällen hingenommen werden sollte.

---

36 BGH AG 2007, 484 Rdn. 13; BayObLGZ 2003, 89, 92; OLG Stuttgart AG 2007, 873, 876; Hüffer/Koch, aaO (Fn. 1), § 108 AktG Rdn. 9; Habersack, aaO (Fn. 10), § 108 AktG Rdn. 29; Hoffmann-Becking, Münchener Handbuch des Gesellschaftsrecht, Band 4, Aktiengesellschaft, 5. Aufl., 2020, § 31 Rdn. 70; Lutter/Krieger/Verse, aaO (Fn. 10), Rdn. 731; aA (nämlich für § 181 BGB) Wilhelm, NJW 1983, 912, 913.

37 Zum verbleibenden Anwendungsbereich vgl. Habersack, aaO (Fn. 10), § 108 AktG Rdn. 29; Hoffmann-Becking, aaO (Fn. 36), § 31 Rdn. 70.

38 Hüffer/Koch, aaO (Fn. 1), § 108 AktG Rdn. 9; Habersack, aaO (Fn. 10), § 108 AktG Rdn. 29; Mertens/Cahn, Kölner Komm. z. AktG, 3. Aufl., 2013, § 108 Rdn. 65.

39 Vgl. dazu Habersack, aaO (Fn. 10), § 108 AktG Rdn. 29, 32; Hüffer/Koch, aaO (Fn. 1), § 108 AktG Rdn. 9; Mertens/Cahn, aaO (Fn. 38), § 108 AktG Rdn. 67; Hoffmann-Becking, aaO (Fn. 36), § 31 Rdn. 70; Lutter/Krieger/Verse, aaO (Fn. 10), Rdn. 733.

bb) Konflikte unterhalb des Stimmverbots

(1) Ausgangsproblem

Jenseits dieser Schwerstkonflikte fällt das Meinungsbild schon jetzt kontroverser aus, was aber auch darauf zurückzuführen sein dürfte, dass zum einen über den konkreten Konfliktbegriff keine Einigkeit besteht (vgl. zu diesem Befund schon die Ausführungen unter II 3 d aa), zum anderen aber auch in vielen Köpfen die rein verfahrensrechtliche Frage schon gleich mit der haftungsrechtlichen Frage gedanklich verknüpft wird. Um zu einer sachgerechten Lösung zu gelangen, ist es vorzugswürdig, diese Fragen klar voneinander abzuschichten und zunächst der isolierten Frage nachzugehen, welche Entscheidungsabläufe dem Kollegialorgan Aufsichtsrat nahegelegt werden sollen, wenn es sich mit Interessenkonflikten in seinen Reihen konfrontiert sieht.

(2) Meinungsstand

Ein Teil der Literatur hält es in einer solchen Situation für ausreichend, wenn der Interessenkonflikt offengelegt werde. Die übrigen Entscheidungsträger seien sich dann der Konfliktbefangenheit in dieser Konstellation bewusst und könnten die Argumente des Betroffenen entsprechend wägen.[40] Nach einem anderen Teil des Schrifttums ist die bloße Offenlegung dagegen nicht genügend. Wenn das konfliktbefangene Organmitglied den übrigen Mitgliedern mitteile, dass es eigene Interessen verfolge, so würde gerade auf diese Weise bei den bisher unbefangenen Mitgliedern ein neuer Konflikt entstehen, wenn sie nunmehr in der Gegenwart des Betroffenen über den Beschlussgegenstand diskutieren müssten.[41]

(3) Künftige gesetzliche Ausgestaltung

Auf die damit aufgeworfene Frage nach dem optimalen Entscheidungsablauf beim Auftreten von Interessenkonflikten gibt es keine dogmatisch zwingende

---

40 So FLEISCHER, aaO (Fn. 31), § 93 AktG Rdn. 94; MERTENS/CAHN, aaO (Fn. 38), § 93 AktG Rdn. 29; ähnlich J. BAUER, VGR, Gesellschaftsrecht in der Diskussion 2014, 2015, S. 195, 213; BLASCHE, AG 2010, 692, 698; OLTMANNS, Geschäftsleiterhaftung und unternehmerisches Ermessen, 2001, S. 323 f; REICHERT, FS E. Vetter, S. 597, 613 ff; SCHLIMM, Das Geschäftsleiterermessen des Vorstands einer AG, 2008, S. 322 f; VERSE, FS Hopt, 2020, S. 1335, 1354 f.

41 Vgl. etwa BÜRGERS, in: Bürgers/Körber, Komm. z. AktG, 4. Aufl., 2017, § 93 Rdn. 14; BUNZ, NZG 2011, 1294, 1296; HABERSACK, Karlsruher Forum 2009: Managerhaftung, 2010, S. 5, 22; HARNOS, aaO (Fn. 8), S. 324 f; HOLTKAMP, Interessenkonflikte im Vorstand der Aktiengesellschaft, 2016, S. 215 f; J. KOCH, ZGR 2014, 697, 713 f; LUTTER, FS Canaris, Bd. 2, S. 245, 250. Zur entsprechenden Einschätzung im amerikanischen Recht s. Supreme Court of Delaware in *Cinerama, Inc. v. Technicolor, Inc.*, 663 A.2d 1156, 1168 (Del. Supr. 1995).

Antwort im Sinne eines Ja oder Nein, sondern die gesetzliche Festlegung hängt von einer Einschätzung über die menschliche Konfliktbereitschaft und die Gefahr missverstandener Kollegialität und Rücksichtnahme in einem Kollegialorgan ab. Folgt man allerdings der hier vertretenen Auffassung, dass auf der Tatbestandsebene der Konfliktbegriff eng gefasst werden sollte, weil die Konflikttoleranz des Aufsichtsrats sehr weit verstanden wird (vgl. dazu die Ausführungen unter II 3 d), bleiben für diesen Konfliktlösungsmechanismus nur noch schwerwiegende Konflikte über, auf die das Gesetz dann aber auch mit gesteigerter Sensibilität reagieren sollte.

Um eine solche Konfliktlage zu veranschaulichen, führe man sich etwa den Fall vor Augen, der sich im Jahr 2012 in der VOLKSWAGEN AG zugetragen hat. Dort hatte der mächtige Aufsichtsratsvorsitzende, Ferdinand Piëch, darum gebeten, seine zweite Ehefrau, Ursula Piëch, für die Wahl in den Aufsichtsrat vorzuschlagen.[42] Kann in einem solchen Fall ernstlich behauptet werden, die anderen Aufsichtsratsmitglieder hätten die Möglichkeit gehabt, im Beisein von Herrn Piëch unbefangen über die Eignung und Qualifikation seiner Ehefrau zu diskutieren? In solchen Konfliktlagen muss sich der Betroffene von der Beratung und Abstimmung zurückziehen; anderenfalls kann von einer optimalen Entscheidungssituation nicht mehr die Rede sein. Später wird noch die Frage nach den haftungsrechtlichen Konsequenzen einer solchen Festlegung zu beantworten sein und es mag darüber nachzudenken sein, ob hier eine großzügigere Sichtweise anzuerkennen ist.[43] Denkt man den Vorgang aber zunächst von der beschlussrechtlichen Seite, kann es kaum Zweifel geben, dass aus Gründen der Beschlusshygiene ein Rückzug des Beteiligten vorzugswürdig wäre.

(4) Verbleibende Schwierigkeiten

Man muss sich allerdings bewusst sein, dass diese Lösung – so einfach sie klingt – auf nachgelagerten Ebenen durchaus zu Problemen führen kann. Sie treten etwa dann auf, wenn durch den Rückzug des Konfliktbefangenen mit Sitz in einem mitbestimmen Aufsichtsrat die Bänkeparität gestört wird.[44] Denkbar ist es auch, dass durch den Rückzug eines oder mehrerer Mitglieder die Beschlussfähigkeit

---

42 Vgl. dazu FAZ vom 11.3.2012: „Piëch will seine Frau in den Aufsichtsrat holen" – abrufbar unter https://www.faz.net/aktuell/wirtschaft/volkswagen-piech-will-seine-frau-in-den-aufsichtsrat-holen-11680577.html (zuletzt abgerufen am 27.1.2021).

43 Das ist nahezu durchgängig die Perspektive der in Fn. 40 genannten Stimmen.

44 Selbstverständlich sind die meisten dieser Probleme auch heute schon in den anerkannten Konfliktfällen des § 34 BGB analog (vgl. dazu die Ausführungen unter III 2c) vorstellbar, ohne dass dies die Praxis vor nennenswerte Probleme zu stellen scheint.

gefährdet wird oder dass sogar alle Aufsichtsratsmitglieder konfliktbefangen sind, wie es sich etwa in einer Übernahmesituation ergeben kann.[45] Schließlich kann es auch sein, dass sich Mitglieder vorschnell auf einen Interessenkonflikt berufen, um bei einer potenziell haftungsträchtigen Entscheidung der Verantwortung auszuweichen.[46] In diesem Fall stellt sich die Frage, ob es die verbleibenden Mitglieder hinnehmen müssen, dass sich einzelne aus der Verantwortung stehlen.[47]

(5) Denkbare Lösungsansätze

Um die verbleibenden Probleme zu lösen, gibt es drei Wege: Die erste Möglichkeit besteht darin, dass man vor den Schwierigkeiten kapituliert, sich mit der schlichten Offenlegung begnügt und es dann gegebenenfalls sogar noch mit einer heute verbreiteten Auffassung[48] bei der Anwendung der Business Judgment Rule belässt. Das ist aber – wie der oben skizzierte Fall aus dem Haus VOLKSWAGEN illustriert – schon in der Sache sehr bedenklich und entspricht überdies auch nicht dem Grundgedanken der Business Judgment Rule, weil in einer solchen Situation von optimalen Entscheidungsvoraussetzungen schlechterdings nicht mehr die Rede sein kann.[49]

Eine zweite Lösung könnte darin liegen, die möglichen Problemfälle in Gesetzesform zu gießen, was allerdings möglicherweise recht kleinteilig ausfallen würde, weil sehr viele unterschiedliche Konfliktkonstellationen in verschiedensten Stärkegraden denkbar sind, zugleich aber auch einem freiwilligen Rückzug oder gar einem Ausschluss zahlreiche Gründe entgegenstehen können.

Als vorzugswürdige Kompromisslösung bietet es sich an, sich mit einer Generalklausel zu begnügen, wonach sich der Betroffene von der Abstimmung und Beratung zurückziehen soll, sofern dadurch nicht eine sachgerechte und ausgewogene Beschlussfassung gefährdet würde. Diese Entscheidung könnte den Be-

45 Vgl. zu dieser Konstellation J. KOCH, FS Säcker, 2011, S. 403, 417 ff (gemünzt auf Vorstandsmitglieder); zur Übertragung auf AR-Mitglieder vgl. J. KOCH, ACI-Quarterly II/2013, 7, 9.

46 Gegen die Möglichkeit des freiwilligen Rückzugs deshalb HABERSACK, aaO (Fn. 10), § 100 AktG Rdn. 81; dagegen wiederum REICHERT, FS E. Vetter, S. 597, 606 ff.

47 Im Schrifttum wird darüber hinaus auch die Konstellation problematisiert, dass der Ausschluss gerade ein besonders kompetentes Mitglied betrifft, auf das bei der Beratung nicht verzichtet werden soll (vgl. dazu J. KOCH, FS Säcker, S. 403, 416; SCHLIMM, aaO (Fn. 40), S. 315. Dieses Problem dürfte aber eher die Beschlussfassung im Vorstand betreffen, die hier – aus den oben genannten Gründen (s. die Ausführungen unter III 1) – nicht in die Untersuchung einbezogen werden soll.

48 Vgl. dazu die Nachw. in Fn. 40.

49 Vgl. zu diesem Grundgedanken schon den Nachw. in Fn. 27.

troffenen erleichtert werden, wenn man im Gesetz oder in den Materialien den Konfliktbegriff möglichst konturenscharf umreißt. In den Gesetzesmaterialien könnte man überdies Leitlinien dafür formulieren, wann eine Beschlussteilnahme im Sinne einer sachgerechten und ausgewogenen Beschlussfassung als geboten angesehen wird. Das kann etwa der Fall sein, wenn bei einem Rückzug in einem mitbestimmten Aufsichtsrat die Bänkeparität gefährdet wäre oder wenn ein Rückzug sinnlos wäre, weil alle Aufsichtsratsmitglieder (etwa in einer Übernahmesituation) gleichermaßen von dem Konflikt betroffen sind.

Die Ausgestaltung als bloße Sollvorschrift bezweckt, dass die Entscheidung nicht übermäßig verrechtlicht und durch die Hintertür doch ein umfassendes Stimmverbot eingeführt wird. Um dieses Ziel zu erreichen, sollte in den Gesetzesmaterialien klargestellt werden, dass die Beachtung dieser Regel der gerichtlichen Überprüfung entzogen ist (was bei Sollvorschriften sonst zweifelhaft sein kann). Das würde zwar ihre rechtliche Durchsetzung schwächen, aber die wünschenswerte Verhaltenssteuerung wäre durch die Anreizwirkung der Business Judgment Rule gewährleistet, die dann unanwendbar bleibt, wenn die Entscheidung im Interessenkonflikt getroffen wird (ausführlich dazu unter IV).

Schließlich müsste ein Lösungsmechanismus für den Fall gefunden werden, dass über das Vorliegen eines Interessenkonflikts zwischen den Organmitgliedern Uneinigkeit besteht. Zu dieser Situation kann es einmal kommen, wenn das Mitglied nicht weichen will, aber auch umgekehrt, wenn es sich vorschnell zurückziehen und damit aus der Verantwortung stehlen will, obwohl die nötige Relevanzschwelle in den Augen der anderen nicht überschritten ist. In diesem Fall sollte das Gesetz die Entscheidung über die Teilnahme von einem Mehrheitsbeschluss abhängig machen. Auch bei diesem Mehrheitsbeschluss darf es aber nicht zu Missbräuchen kommen, weshalb auch hier namentlich im mitbestimmten Aufsichtsrat sichergestellt werden muss, dass etwa die Bänkeparität gewahrt bleibt. Dazu wäre erforderlich, dass der Betroffene selbst an der Abstimmung teilnehmen darf und die mitbestimmungsrechtlichen Beschlussregeln gelten. Auf diese Weise könnte etwa die Anteilseignerseite den Ausschluss eines ihrer Mitglieder verhindern, wenn sich nicht auf der Arbeitnehmerseite ebenfalls ein Mitglied der Abstimmung enthält (was in der heutigen Unternehmenspraxis wohl durchaus üblich ist). Sieht man auch dadurch allfällige Missbrauchsgefahren noch nicht als gebannt, könnte man auch an das Erfordernis einer qualifizierten Mehrheit denken, doch drängt sich diese Lösung beim Aufsichtsrat nicht unbedingt auf.

Im Ergebnis würde das Gesetz durch ein solches System auf eine unterschiedliche Konfliktrelevanz mit entsprechend abgestuften rechtlichen Konsequenzen reagieren. Bei Schwerstkonflikten würde durch ein Stimmverbot von Gesetzes wegen für die nötige Beschlusshygiene gesorgt, und zwar selbst auf

Kosten der Bänkeparität (das entspricht schon bislang der herrschenden Meinung). Bei weniger relevanten, aber auch nicht unbedeutenden Konflikten bliebe es dem Aufsichtsrat selbst überlassen, für saubere Verhältnisse zu sorgen. Kommt er der Verantwortung nach, wird auch die Anwendung der Business Judgment Rule gewährleistet (dazu im Folgenden unter IV 3). Gelingt ihm das nicht, bleibt der Beschluss davon unberührt, kann aber im (seltenen) Fall eines Intraorganstreits einer umfassenden gerichtlichen Überprüfung unterzogen werden.

IV. Business Judgment Rule

1. Konfliktneutralisierung durch Beschlussverfahren

Die schwierigste Frage ist sodann die Verknüpfung mit der Business Judgment Rule. Hier ist durch die beschlussrechtliche Vorarbeit schon Einiges geklärt. Ist es nach dem dort skizzierten Verfahren gelungen, durch einen Rückzug des Betroffenen den Interessenkonflikt zu neutralisieren, ist die Business Judgment Rule ohne weiteres auf die Mitglieder des Aufsichtsrats anwendbar. Richtigerweise sollte sich dieser Rückzug gleichermaßen auf Beratung und Abstimmung erstrecken, um der prägenden Wirkung einer konfliktbefangenen Beratungsteilnahme Rechnung zu tragen. Für Vorstandsmitglieder ist in diesem Punkt zwar eine großzügigere Behandlung empfohlen worden,[50] doch erklärt sich dies aus dem Umstand, dass möglicherweise auf ein ressortverantwortliches Mitglied nicht ohne weiteres verzichtet werden kann.[51] Bei Aufsichtsratsmitgliedern gibt es eine solche Ressortverantwortlichkeit nicht, so dass regelmäßig ein vollständiger Rückzug zu verlangen ist.

2. Verdeckter Interessenkonflikt

Ist die korrekte beschlussrechtliche Behandlung daran gescheitert, dass der Konflikt nicht offengelegt wurde, werden die übrigen Organmitglieder entsprechend der schon heute herrschenden Meinung von dem Konflikt nicht berührt und können sich hinsichtlich ihrer persönlichen Haftung auf die Business Judg-

50 Vgl. J. KOCH, FS Säcker, S. 403, 416; grundsätzlich immer für einen vollständigen Ausschluss LUTTER, FS Canaris, Bd. 2, S. 245, 248 f.

51 Vgl. zu dieser Konstellation J. KOCH, FS Säcker, S. 403, 415 f.

ment Rule berufen.[52] Wo es um den Bestand der Entscheidung innerhalb eines Inter- oder Intraorganstreits geht, genügt dagegen die Teilnahme des (verdeckt) befangenen Mitglieds, um die gerichtliche Kontrolle vollständig zu eröffnen.[53] Beide Befunde sind an anderer Stelle schon ausführlich begründet worden[54] und haben den Zuspruch der heute herrschenden Meinung gefunden.[55] Zur Vermeidung von Wiederholungen sei auf diese früheren Ausführungen verwiesen.

3. Offengelegter Konflikt

Wurde der Konflikt offengelegt und machen die Mitglieder von der Möglichkeit des Ausschlusses (vgl. dazu die Ausführungen unter III 2 c bb (5)) bewusst keinen Gebrauch, obwohl eine ausgewogene Beschlussfassung nicht gefährdet gewesen wäre, ist die Rechtslage schon heute sehr umstritten, wobei sich weitestgehend die bereits oben zur beschlussrechtlichen Behandlung vertretenen Auffassungen gedanklich fortsetzen: Verbreitet wird in dieser Situation angenommen, die übrigen Mitglieder seien mit der Offenlegung der Konfliktlage hinreichend informiert, wüssten damit, dass die Diskussionsbeiträge des befangenen Mitglieds kritisch zu würdigen seien und würden deshalb von dessen Konflikt nicht infiziert.[56]

Wie bereits oben am Beispiel aus dem VOLKSWAGEN-Konzern illustriert wurde, ist das aber eine bedenkliche Sichtweise. Es geht nicht darum, dass der Konflikt andere „infiziert", sondern es geht darum, dass ein neuer Konflikt geschaffen wird, weil die Aufsichtsratsmitglieder sich ohne Not in eine Lage bringen, in der sie in der Anwesenheit eines konfliktbefangenen Aufsichtsratsmitglieds über dessen Interessen verhandeln müssen (im Fall Piëch: über die Organeignung seiner Ehefrau). Geht man davon aus, dass die Business Judgment Rule nur dann zur Anwendung gelangen soll, wenn die Entscheidung unter optimalen Voraussetzungen getroffen ist, kann davon haftungsrechtlich ebenso wie

52 J. KOCH, FS Säcker, S. 403, 405 ff; DERS., ZGR 2014, 697, 708 f; s. auch FLEISCHER, aaO (Fn. 31), § 93 AktG Rdn. 72b; HOPT/ROTH, aaO (Fn. 8), § 93 AktG Rdn. 96; SAILER-COCEANI, aaO (Fn. 7), § 93 AktG Rdn. 19; SPINDLER, aaO (Fn. 35), § 93 AktG Rdn. 71; BUNZ, NZG 2011, 1294 ff; HARNOS, aaO (Fn. 8), S. 321 ff; LÖBBE/FISCHBACH, AG 2014, 717, 725; REICHERT, FS E. Vetter, S. 597, 612 f; C. SCHÄFER, ZGR 2014, 731, 746 f; aA noch MERTENS/CAHN, aaO (Fn. 38), § 93 AktG Rdn. 29; BLASCHE, AG 2010, 692, 694 ff; J. BAUER, aaO (Fn. 40), S. 195, 212 f; HABERSACK, aaO (Fn. 41), S. 5, 23; LUTTER, FS Canaris, Bd. 2, S. 245, 248 ff.

53 J. KOCH, FS Säcker, S. 403, 411 ff.

54 Vgl. dazu J. KOCH, FS Säcker, S. 403, 411 ff.

55 Vgl. die Nachw. in Fn. 52.

56 Vgl. dazu schon die Nachw. in Fn. 39.

beschlussrechtlich keine Rede sein. Dass diese suboptimale Konfliktbehandlung dennoch hingenommen wird, mag sich de lege lata daraus erklären, dass die Befürchtung besteht, die Mehrheit verfüge über keine Mittel, den Betroffenen aus dem Gremium auszuschließen, oder die ausgewogene Beschlussfassung könne in einer solchen Situation nicht mehr gewährleistet werden.[57] Wenn man sich der Problematik aber aus der gesetzgeberischen Perspektive de lege ferenda nähert, besteht kein Grund, dem gesetzgeberischen Anliegen, optimale Entscheidungsvoraussetzungen zu schaffen, nicht besser zur Durchsetzung zu verhelfen. Wenn man deshalb annimmt, dass der Aufsichtsrat schon de lege lata eine Ausschlussmöglichkeit hat[58] oder sie ihm de lege ferenda – entsprechend dem hier unterbreiteten Vorschlag – eingeräumt wird (vgl. dazu die Ausführungen unter III 2 c bb (5)), sollten auch die anderen Aufsichtsratsmitglieder nur in den Genuss der Haftungsprivilegierung kommen, wenn sie von dieser Möglichkeit Gebrauch machen.

Die Konfliktbereinigung wird damit, sobald der Konflikt einmal offengelegt wird, eine kollektive Aufgabe. Das Gremium muss gemeinsam darüber befinden, wie mit dem Konflikt umzugehen ist und wird dadurch zu einer sorgfältigen Vorgehensweise dergestalt angehalten, dass alle Mitglieder gleichermaßen die haftungsrechtlichen Folgen eines fortdauernden Konflikts zu tragen haben. Geradezu alternativlos ist dieses Ergebnis insbesondere in dem Fall, dass ein konfliktbefangenes Mitglied sich aus der Abstimmung zurückziehen möchte, die übrigen Mitglieder ihm diesen Rückzug aber verweigern, da sie den Konflikt – anders als der Betroffene selbst – für irrelevant halten oder schlicht nicht wollen, dass sich ein Einzelner der Verantwortung entzieht. Sollte es anschließend zu einer gerichtlichen Kontrolle dieser Entscheidung kommen, wäre es ein absurdes Ergebnis, müsste das rückzugswillige Mitglied die haftungsrechtlichen Folgen tragen, während sich die übrigen Mitglieder auf die Privilegierung des § 93 Abs. 1 Satz 2 AktG berufen könnten. In diesem Fall muss die Privilegierung des § 93 Abs. 1 Satz 2 AktG für alle Mitglieder entfallen.[59] Dabei sei allerdings auch noch einmal daran erinnert, dass diese belastende Folge nicht etwa schon mit der

---

57 Vgl. zu diesen Befürchtungen etwa Holtkamp, aaO (Fn. 41), S. 154 ff; Löbbe/Fischbach, AG 2014, 717, 727 f.

58 Ausf. dazu J. Koch, ZGR 2014, 697, 710 ff, 719 ff, 725 f mwN; für eine solche Ausschlussmöglichkeit auch Bayer/P. Scholz, NZG 2019, 201, 204; Lutter/Krieger/Verse, aaO (Fn. 10), Rdn. 900; Diekmann/Fleischmann, AG 2013, 141, 147, 149; Habersack, aaO (Fn. 41), S. 5, 23; aA Holtkamp, aaO (Fn. 41), S. 154 f; C. Schäfer, ZGR 2014, 731, 746 f; zurückhaltend Haarmann, FS Wegen, 2015, S. 423, 431.

59 Anders in diesem Punkt aber die Mehrheitsmeinung in der Arbeitsgruppe – vgl. dazu Eckpunktepapier Nr. 31.

Feststellung einer Pflichtwidrigkeit oder gar einer haftungsrechtlichen Verantwortung einhergeht, sondern allein die umfassende gerichtliche Kontrolle eröffnet, die, selbst wenn das Gericht zu einer abweichenden Beurteilung gelangt, noch hinreichend auf der Verschuldensebene zugunsten der übrigen Aufsichtsratsmitglieder korrigiert werden könnte.[60]

4. Rückzug nicht möglich

a) Zwei kollidierende Grundanliegen

Am problematischsten stellt sich der Fall dar, dass ein Rückzug nicht möglich ist, ohne eine ausgewogene Beschlussfassung zu gefährden. Das kann etwa dann der Fall sein, wenn sämtliche Aufsichtsratsmitglieder konfliktbefangen sind, sich deshalb nicht von der Entscheidungsfindung zurückziehen können und im Interessenkonflikt einen Beschluss fassen müssen. In diesem Fall ist es nicht möglich, dass der Aufsichtsrat eine Entscheidung frei von Interessenkonflikten trifft. Damit kollidiert in dieser Situation der Grundsatz, dass die gerichtliche Kontrolle nur bei einer Beschlussfassung unter optimalen Entscheidungsvoraussetzungen reduziert wird,[61] mit dem Anliegen, dass Organmitglieder grundsätzlich die Möglichkeit erhalten sollen, unternehmerische Entscheidungen im Safe Harbour der Business Judgment Rule zu treffen.[62]

b) Anwendung des § 93 Abs. 1 Satz 2 AktG

Dieser Konflikt lässt sich nicht auflösen, aber es sind drei unterschiedliche Gestaltungen denkbar, die wahlweise das eine oder das andere Anliegen stärker gewichten. Die erste dieser Möglichkeiten liegt darin, dem Schutz der Aufsichtsratsmitglieder den Vorrang einzuräumen und die beschlussrechtlichen Regeln um die Aussage zu ergänzen, dass § 93 Abs. 1 Satz 2 AktG Anwendung findet, wenn der

---

60 Vgl. dazu schon die Nachw. in Fn. 35.

61 Vgl. schon den Nachw. oben in Fn. 27.

62 Vgl. dazu HÜFFER/KOCH, aaO (Fn. 1), § 93 AktG Rdn. 26; J. KOCH, FS Säcker, S. 403, 410 f; zust. VERSE, FS Hopt, S. 1335, 1357. Dieser zweite Gesichtspunkt ist hier bewusst nicht als Grundsatz, sondern als Anliegen umschrieben. Aufsichtsratsmitglieder haben nicht stets die Option, schwierige Entscheidungen im sicheren Hafen der Business Judgment Rule zu treffen, sondern auch in anderen schwierigen Entscheidungssituationen findet § 93 Abs. 1 S. 2 AktG keine Anwendung (vgl. dazu noch die Ausführungen unter IV 4 c).

Interessenkonflikt nicht aufgelöst werden konnte, ohne eine sachgerechte und ausgewogene Beschlussfassung zu gefährden.[63] Damit wäre eine recht organfreundliche Lösung gefunden, die den Mitgliedern einen hinreichenden Anreiz setzt, sich um eine möglichst beschlusshygienische Lösung zu bemühen, ihnen die Haftungsprivilegierung aber dann erhält, wenn sich dies schlechterdings als nicht möglich erweist. Kritisch anzumerken bleibt zu dieser Lösung aber, dass sie dem Grundgedanken der Business Judgment Rule selbstverständlich nicht entspricht. Es kann von optimalen Entscheidungsvoraussetzungen sicherlich nicht die Rede sein, wenn sich alle Entscheidungsträger in einem Interessenkonflikt befinden.

c) Verschiebung auf Pflichtwidrigkeits- und Verschuldensebene

Geht man deshalb davon aus, dass in einer solchen Situation die Voraussetzungen nicht gegeben sind, um die gerichtliche Prüfungsdichte zu reduzieren, muss die Anwendung der Business Judgment Rule ausgeschlossen werden und der gebotene Schutz der Organmitglieder vor übermäßiger Haftung auf die Ebenen der Pflichtwidrigkeit und des Verschuldens verlagert werden. Auch dieser Weg ist durchaus gangbar. Organmitglieder können auch in anderen Situationen in schwierige Entscheidungssituationen geraten, in denen sie die Entscheidung außerhalb des sicheren Hafens der Business Judgment Rule treffen müssen. Zu nennen sind hier etwa Entscheidungen unter rechtlicher Unsicherheit[64] oder die Verfolgungsentscheidung gegenüber pflichtvergessenen Aufsichtsratsmit-

---

63 Für diese organfreundliche Gestaltung im Falle eines Übernahmeangebots etwa J. Koch, FS Säcker, S. 403, 417 ff; zust. Harnos, aaO (Fn. 8), S. 312 ff; Klöhn/Schmolke, ZGR 2016, 866, 891; aA Spindler, aaO (Fn. 35), § 93 AktG Rdn. 75.

64 Ausführlich zur Verortung dieser Fälle auf der Verschuldensebene BGH AG 2011, 876 Rdn. 16; BGH NZG 2015, 792 Rdn. 28; Born, Handbuch Managerhaftung, 3. Aufl., 2017, Rdn. 14.15; Buck-Heeb, BB 2013, 2247 ff; Damler/Zeyher, AcP 218 (2018), 905, 927 ff; Hauger/Palzer, ZGR 2015, 33, 46 ff; Harnos, Geschäftsleiterhaftung bei unklarer Rechtslage, 2013, S. 129 ff, 149 ff, 253 ff; Holle, Legalitätskontrolle im Kapitalgesellschafts- und Konzernrecht, 2014, 62 ff; Ders., AG 2016, 270 ff; J. Koch, FS Bergmann, 2018, S. 413 ff; Langenbucher, FS Lwowski, 2014, S. 333, 340 ff; Strohn, CCZ 2013, 177 f; Verse, ZGR 2017, 174, 192; aA (§ 93 Abs. 1 S. 2 AktG direkt oder analog) Fleischer, aaO (Fn. 31), § 93 AktG Rdn. 39; Grigoleit/Grigoleit/Tomasic, aaO (Fn. 7), § 93 AktG Rdn. 21 ff; Spindler, aaO (Fn. 35), § 93 AktG Rdn. 88 ff; Bicker, AG 2014, 8, 10 ff; Cahn, Konzern 2015, 105, 107 f; Hasselbach/Ebbinghaus, AG 2014, 873 ff; Nietsch, ZGR 2015, 631, 650 ff; Ott, ZGR 2017, 149, 158 f.

gliedern[65]. In beiden Fällen erfolgt der Schutz auf der Verschuldensebene. Noch weiter gemildert wird das Haftungsrisiko, wenn man mit einer zunehmend vertretenen Auffassung annimmt, dass auch beim Vorliegen eines Interessenkonflikts die Entscheidung nicht vollständig gerichtlich überprüfbar sei, sondern dem Mitglied ein (engerer) gerichtlich nicht überprüfbarer Entscheidungsspielraum verbleibe.[66]

d) Differenzierung zwischen Haftung und Bestand

Will man diesen Weg nicht gehen und den Aufsichtsratsmitgliedern die Haftungsprivilegierung auch in dieser Situation erhalten, bleibt schließlich noch als dritte Gestaltung die Möglichkeit, zwischen der gerichtlichen Prüfung hinsichtlich des Bestands der Entscheidung im Intraorganstreit und hinsichtlich der Haftung zu differenzieren. Auf der Haftungsebene würde die Privilegierung des § 93 Abs. 1 Satz 2 AktG auch dann fortgelten, wenn der Konflikt schlechterdings nicht vermieden werden kann. Trotzdem könnte das Gericht eine vollständige inhaltliche Überprüfung vornehmen, wenn die Entscheidung im Rahmen eines Intraorganstreits auf den gerichtlichen Prüfstand gestellt würde. Damit könnte den beiden oben genannten Anliegen weitestgehend Rechnung getragen werden. Es wäre allerdings der dogmatische Kollateralschaden hinzunehmen, dass man die Doppelfunktionalität der Business Judgment aufbrechen würde, die einerseits über die gerichtliche Bestandsprüfung entscheidet, andererseits aber auch über

---

65 Gegen eine Anwendung des § 93 Abs. 1 S. 2 AktG hier BGHZ 219, 356 Rdn. 37 = NZG 2018, 1301 in Bekräftigung von *BGHZ* 135, 244, 255 = NJW 1997, 1926; LG Essen NZG 2012, 1307; Hüffer/Koch, aaO (Fn. 1), § 111 AktG Rdn. 23 f; Kort, Großkomm. z. AktG, 5. Aufl., 2015, Vor § 76 Rdn. 59; Wachter/Schick, Komm. z. AktG, 3. Aufl., 2018, § 93 Rdn. 8; Heidel/U. Schmidt, Komm. z. Aktienrecht und Kapitalmarktrecht, 5. Aufl., 2020, § 93 AktG Rdn. 148; Altmeppen, ZIP 2019, 1253; Bayer/Scholz, NZG 2014, 926, 929; Cobe/Kling, NZG 2015, 48, 50 m. Fn. 40; Dendl, Disposition über Organhaftungsansprüche, 2018, S. 46 ff; Gaul, AG 2015, 109, 112 f; Harnos, aaO (Fn. 8), S. 503 f; Henze, NJW 1998, 3309, 3311; Holle, ZHR 182 (2018), 569, 579 ff; J. Koch, AG 2009, 93 ff; Ders., NZG 2014, 934 ff; Ders., aaO (Fn. 6), S. 471, 481 ff; Lutter, FS Hoffmann-Becking, 2013, S. 747, 752 f; aA in direkter, analoger oder sinngemäßer Anwendung des § 93 Abs. 1 S. 2 AktG Sailer-Coceani, aaO (Fn. 7), § 93 AktG Rdn. 46; Mertens/Cahn, aaO (Fn. 38), § 111 AktG Rdn. 46; Hoffmann-Becking, aaO (Fn. 36), § 29 Rdn. 42; Casper, ZHR 176 (2012), 617, 624, 628 ff; Goette, GS M. Winter, 2011, S. 153 ff; Paefgen, AG 2008, 761, 762 ff; Ders., AG 2014, 554, 571 ff; Reichert, FS Hommelhoff, 2012, S. 907 ff; ausf. zum sehr verworrenen Meinungsstand J. Koch, NZG 2014, 934, 935 ff.

66 Vgl. dazu Harbarth, FS Hommelhoff, 2012, S. 323, 336 ff; s. auch Schürnbrand/Verse, Münchener Komm. z. AktG, 5. Aufl., 2021, § 186 Rdn. 115; Harnos, aaO (Fn. 8), S. 362 ff; Wandrey, Materielle Beschlusskontrolle im Aktienrecht, 2012, 162 f.

die persönliche Haftung.[67] Das wäre eine tiefgreifende Neuausrichtung, die dann möglicherweise auch für den Vorstand gespiegelt werden müsste, durchaus aber in beiden Organkonstellation ihre Berechtigung haben könnte.[68]

e) Zwischenfazit

Welchen dieser Wege der Gesetzgeber konkret zu beschreiten gedenkt, bleibt der legislativen Wertung überlassen, wie stark die einzelnen Schutzanliegen, wie stark aber auch der Wille zur dogmatischen Konsistenz letztlich gewichtet werden sollen. Auch wenn diese Fragen im Schrifttum gerade auf der Haftungsebene unter Einsatz erheblicher wissenschaftlicher Energie ausgefochten werden, dürften die praktischen Unterschiede zumeist äußerst gering sein. Die wesentlichen Unterschiede stellen sich auf der Ebene von Intraorganstreitigkeiten, die aber ohnehin relativ selten sind. Auf der Haftungsebene dagegen, auf der das praktische Interesse schwerpunktmäßig ruht, wird es meist keinen erheblichen Unterschied machen, ob ein Gericht dem Aufsichtsratsmitglied die volle Haftungsprivilegierung der Business Judgment Rule zukommen lässt, ihm eine eingeschränkte Einschätzungsprärogative zugesteht oder den Schwierigkeiten der Entscheidungsfindung erst auf der Verschuldensebene Rechnung trägt.

V. Stärkung der Vertraulichkeit

Neben dem Umgang mit Interessenkonflikten ist auch die Verschwiegenheitspflicht innerhalb des Aufsichtsrats eine Pflicht, die aus der organschaftlichen Treupflicht resultiert.[69] Verstöße gegen diese Pflicht treten immer wieder auf und können sich für ein Unternehmen in der Tat als hochproblematisch erweisen. Unterschiedlichste Transaktionen, Projekte, Personalentscheidungen etc. können gefährdet werden, wenn Informationen darüber vorschnell an die Öffentlichkeit gelangen. Deshalb ist auch hier in jüngerer Zeit der rechtspolitische Ruf nach einer strengeren Sanktionierung laut geworden.[70]

---

67 Vgl. dazu schon Hüffer/Koch, aaO (Fn. 1), § 93 AktG Rdn. 13; Paefgen, AG 2004, 245, 249 ff; Verse, FS Hopt, S. 1335, 1351 Fn. 63.

68 Vgl. zu einem solchen Gedanken auch schon Verse, FS Hopt, S. 1335, 1351.

69 Vgl. zu diesem Pflichtenursprung statt aller Hüffer/Koch, aaO (Fn. 1), § 93 AktG Rdn. 29; Spindler, aaO (Fn. 35), § 93 AktG Rdn. 130.

70 Kley, AG 2019, 818, 822.

Im Schrifttum findet sich zu dieser Frage vielfach der Hinweis, dass es gerade auf der Arbeitnehmerseite verstärkt zu Brüchen der Vertraulichkeit komme,[71] doch sind auch auf Anteilseignerseite Beispielsfälle zur Genüge bekannt geworden. Als besonders problematisch erweist sich hier in neuerer Zeit insbesondere der in den letzten Jahren verstärkt propagierte Investorendialog des Aufsichtsrats. Ob ein solcher Dialog generell zulässig ist, ist im Schrifttum weiterhin stark umstritten.[72] Selbst die Befürworter eines solchen Dialogs begrenzen ihn aber auf aufsichtsratsspezifische Themen unter ausdrücklicher Ausklammerung der Strategie, über die nur der Vorstand sprechen darf.[73] In der Praxis wird diese Beschränkung jedoch offensichtlich nicht eingehalten, sondern Hauptthema derartiger Gespräche sind Strategiefragen.[74] Nach ganz herrschender Meinung im Schrifttum sind solche Äußerungen des Aufsichtsratsvorsitzenden zu Strategiefragen unzulässig und können deshalb ebenfalls einen Bruch der Vertraulichkeit darstellen.

Dieser Befund zeigt zum einen, wie dringend erforderlich es ist, den Investorendialog in klarere rechtliche Form zu gießen (vgl. dazu Nr. 16 des Eckpunktepapiers), illustriert darüber hinaus aber auch, dass manchen Vertraulichkeitsverstößen keinesfalls stets ein gehobenes Unrechtsbewusstsein oder gar kriminelle Energie zugrunde liegen muss. Trotzdem sind die Sanktionen schon nach geltendem Recht außerordentlich scharf und gehen zum Teil weit über das hinaus, was bei anderen Pflichtverstößen üblich ist. Vertraulichkeitsverstöße sind nach § 404 Abs. 1 AktG bei nicht börsennotierten Gesellschaften mit Freiheitsstrafe bis zu einem Jahr, bei börsennotierten Gesellschaften bis zu zwei Jahren

71 Vgl. dazu etwa LUTTER/KRIEGER/VERSE, aaO (Fn. 10), Rdn. 255 f.

72 Weitgehende Gestattung bei BACHMANN, VGR, Gesellschaftsrecht in der Diskussion 2016, 2017, S. 135 ff; DRYGALA, aaO (Fn. 7), § 107 AktG Rdn. 25; HOPT/ROTH, aaO (Fn. 8), § 111 AktG Rdn. 567 ff; LUTTER/KRIEGER/VERSE, aaO (Fn. 10), Rdn. 284; FLEISCHER/BAUER/WANSLEBEN, DB 2015, 360 ff; HIRT/HOPT/MATTHEUS, AG 2016, 725 ff; LANDSITTEL, Investorenkommunikation, 2019, 195 ff; M. ROTH, FS Bergmann, 2018, S. 567, 580 f; SCHIESSL, FS Krieger, 2020, S. 813 ff; zurückhaltend bis ablehnend DAV-HRA, NZG 2017, 57, 59 f; VGR, AG 2017, 1, 4 f; GRIGOLEIT/GRIGOLEIT/TOMASIC, aaO (Fn. 7), § 111 AktG Rdn. 71 ff; HABERSACK, aaO (Fn. 10), § 116 AktG Rdn. 67; HÜFFER/KOCH, aaO (Fn. 1), § 111 AktG Rdn. 54; KORT, aaO (Fn. 64), § 76 AktG Rdn. 9a; HOFFMANN-BECKING, aaO (Fn. 36), § 29 Rdn. 18; HEXEL, AR 2014, 121; HOLLE, ZIP 2019, 1895, 1897 ff; J. KOCH, in: Fleischer/Koch/Kropff/Lutter, 50 Jahre AktG, 2016, S. 65, 87 ff DERS., AG 2017, 129 ff; SPINDLER, FS Seibert, 2019, S. 855, 865 ff; E. VETTER, AG 2016, 873 ff.

73 HABERSACK, aaO (Fn. 10), § 116 AktG Rdn. 67; HÜFFER/KOCH, aaO (Fn. 1), § 111 AktG Rdn. 54; LUTTER/KRIEGER/VERSE, aaO (Fn. 10), Rdn. 284; VGR, AG 2017, 1, 4; BACHMANN, aaO (Fn. 72), S. 135, 175; GRUNEWALD, ZIP 2016, 2009, 2010 f; HOLLE, ZIP 2019, 1895, 1898; J. KOCH, AG 2017, 129, 134; SPINDLER, FS Seibert, S. 855, 866 f; aA HIRT/HOPT/MATTHEUS, AG 2016, 725.

74 TIETZ/HAMMANN/HOFFMANN, AR 2019, 69 ff; vgl. dazu auch schon J. KOCH, ZGR 2020, 183, 213.

oder mit Geldstrafe bedroht. Darüber hinaus begründen sie auch einen Pflichtenverstoß, der überdies Haftungsfolgen nach § 116 Satz 1 iVm § 93 Abs. 2 AktG nach sich ziehen kann.

Es handelt sich um einen der vielen Fälle innerhalb der Rechtsordnung, wo nicht so sehr ein Gesetzesdefizit, sondern ein Vollzugsdefizit besteht, weil Vorstände vor der Stellung des Strafantrags nach § 404 Abs. 3 AktG zurückschrecken und zum Teil augenscheinlich wohl auch bei den zuständigen Verfolgungsbehörden kein hinreichendes Problembewusstsein besteht. Der Beißhemmung des Vorstands könnte abgeholfen werden, wenn das bisherige Antragsdelikt in ein Offizialdelikt umgewandelt würde. Damit würde der Umgang innerhalb des Organs aber nicht nur noch weiter verrechtlicht, sondern auch noch mit staatsanwaltschaftlichen Ermittlungsverfahren belastet, was nicht sinnvoll erscheint. Eher empfehlenswert erscheint es, durch klarere Regeln – etwa durch eine Vorgabe zum Investorendialog – den Akteuren klar vor Augen zu führen, wo die Grenzen zwischen erlaubter Informationsweitergabe und Vertraulichkeitsverstoß verlaufen.

Darüber hinaus könnte man auch erwägen, die Antragsbefugnis nach § 404 Abs. 3 AktG auf den Aufsichtsrat selbst zu erstrecken, doch ist es nicht leicht, die Anforderungen an einen entsprechenden Beschluss zu formulieren. Würde man es bei den herkömmlichen Regeln belassen, könnte in einem mitbestimmten Aufsichtsrat die Anteilseignerseite aufgrund des doppelten Stimmrechts zwar Mitglieder der Arbeitnehmerseite anzeigen, wohingegen das umgekehrt nicht möglich wäre – ein offensichtlich sachwidriges Ergebnis. Man müsste also für einen solchen Beschluss wohl eine Ausnahme vom doppelten Stimmrecht vorsehen oder eine qualifizierte Mehrheit verlangen. Ob damit Vertraulichkeitsverstößen tatsächlich effektiver entgegengewirkt werden könnte, bleibt indes fragwürdig.

VI. Zusammenfassung in Thesen

1. Der Begriff des Interessenkonflikts war bislang im Aktiengesetz nicht geregelt, wurde aber in den Materialien zu § 93 Abs. 1 Satz 2 AktG als Tatbestandsvoraussetzung der Business Judgment Rule erwähnt, hat die Beschlussrechtsdogmatik sowie weitere Fragestellungen (zB Bestellungshindernis oder Pflicht zur Amtsniederlegung) geprägt und schließlich auch im DCGK einen Niederschlag gefunden.
2. In diesen Zusammenhängen war für das Verständnis des Interessenkonflikts speziell im Kontext des Aufsichtsrats der Begriff der „Konflikttoleranz“ prägend, wonach es der Gesetzgeber in Kauf nimmt, dass der Aufsichtsrat aus

einer Konfliktsituation heraus handelt (gesetzliche Verankerung etwa in §§ 100 Abs. 1 Satz 1 Nr. 1 und 4, Abs. 2 Satz 2, 105 Abs. 2 Satz 4 AktG sowie in der unternehmerischen Mitbestimmung).

3. Als Ausfluss dieser Toleranz war es anerkannt, dass der Konflikt eine Relevanzschwelle überschreiten muss und dem Organmitglied nicht angelastet werden kann, wenn das Gesetz eine bestimmte Rollenerwartung toleriert oder gar vorschreibt. Das wurde in erster Linie angenommen für Arbeitnehmervertreter, aber ebenso für Anteilseignervertreter, und zwar namentlich auch in einer Konzernsituation.
4. Mittlerweile hat in §§ 107 Abs. 3 Satz 6, 111b Abs. 2 AktG ein Konfliktbegriff Eingang in das Aktiengesetz gefunden, der weit über diesen Zuschnitt hinausgeht und auch die Nähe zu einem Eigentümer oder einer Konzernmutter als Interessenkonflikt deutet. Der Gesetzgeber hat sich dabei am bisher verwendeten Unabhängigkeitsbegriff orientiert, der mit dem Konfliktbegriff verwandt, davon aber trotzdem streng zu trennen ist. Würde dieser Konfliktbegriff auf den des § 93 Abs. 1 Satz 2 AktG oder die Beschlussrechtsdogmatik ausstrahlen, wäre die Business Judgment Rule auf Anteilseignervertreter kaum noch anwendbar.
5. Um eine solche Ausstrahlung zu vermeiden, sollte der Konfliktbegriff, der jenseits der Related Party Transactions gilt, gesetzlich festgeschrieben werden. Dabei sollte insbesondere der Grundsatz der Konflikttoleranz deutlich zum Ausdruck kommen. Auch das Stimmverbot des § 34 BGB, das bislang nur im Analogiewege auf den Aufsichtsrat übertragen wird, könnte bei dieser Gelegenheit – unter Beachtung der im Schrifttum herausgearbeiteten Konkretisierungen – gesetzlich verankert werden.
6. Gesetzlicher Standort für diese Regelung sollte das Beschlussrecht (zB § 108 AktG) sein. Auch wenn die Praxis den Interessenkonflikt meist von der Business Judgment Rule her denkt, ist deren Grundgedanke doch, dass bei bestimmten Entscheidungen die gerichtliche Kontrolldichte reduziert wird, wenn der Beschluss unter optimalen Entscheidungsvoraussetzungen zustande gekommen ist. Deshalb liegt es nahe, erst gesondert den Entscheidungsgang in Konfliktsituationen zu skizzieren.
7. Als beschlussrechtliche Minimalvoraussetzung sollte das konfliktbefangene Mitglied verpflichtet sein, den Konflikt offenzulegen. Darüber hinaus sollte er sich auch aus Beratung und Abstimmung zurückziehen, um den anderen eine unbefangene Beschlussfassung zu ermöglichen.
8. Diesem Rückzug können aber auch wichtige Gründe entgegenstehen, zB Störung der Bänkeparität, Beeinträchtigung der Beschlussfähigkeit, Betroffenheit aller Aufsichtsratsmitglieder etc. Auch können andere Organmitglie-

der es als bedenklich ansehen, wenn sich Einzelne der Verantwortung entziehen.

9. Um diesen Fällen Rechnung zu tragen, sollte die Regel des Rückzugs von Beratung und Abstimmung durch eine Ausnahme für die Fälle ergänzt werden, in denen anderenfalls eine sachgerechte und ausgewogene Beschlussfassung nicht gewährleistet ist. Zur weiteren Flexibilisierung bietet es sich an, die Regel nicht als Muss-, sondern als Soll-Vorschrift zu formulieren. Ein hinreichender Befolgungsdruck könnte auf haftungsrechtlicher Ebene über den dadurch beeinflussten Zugang zur Business Judgment Rule erzeugt werden.
10. Um zu verhindern, dass ein einzelnes Mitglied missbräuchlich aus der Beschlussfassung gedrängt wird oder sich umgekehrt durch vorschnellen Rückzug der Verantwortung entzieht, sollte in Zweifelsfällen eine verbindliche Plenumsentscheidung gefasst werden können. Für diesen Beschluss sollte eine einfache Mehrheit genügen, doch kann auch ein qualifiziertes Mehrheitserfordernis erwogen werden.
11. Die Anwendung der Business Judgment Rule wird für andere Organmitglieder nicht beeinträchtigt, wenn bei einem Mitglied ein verdeckter Interessenkonflikt vorliegt.
12. In den Fällen, in denen ein Rückzug des konfliktbefangenen Mitglieds nicht möglich ist, ohne eine ausgewogene Beschlussfassung zu gewährleisten, liegen optimale Entscheidungsvoraussetzungen nicht vor, was allerdings den Organmitgliedern nicht zum Vorwurf gemacht werden kann.
13. In dieser Situation kollidiert der Grundsatz, dass die gerichtliche Kontrolle nur bei einer Beschlussfassung unter optimalen Entscheidungsvoraussetzungen reduziert wird, mit dem Anliegen, dass Organmitglieder grundsätzlich die Möglichkeit erhalten sollen, unternehmerische Entscheidungen im Safe Harbour der Business Judgment Rule zu treffen.
14. Dieser Konflikt lässt sich nicht auflösen, aber es sind drei unterschiedliche Gestaltungen denkbar, die wahlweise das eine oder das andere Anliegen stärker gewichten:
    a) Ergänzung der beschlussrechtlichen Regelung, um die Aussage, dass § 93 Abs. 1 Satz 2 AktG Anwendung findet, wenn der Interessenkonflikt nicht aufgelöst werden konnte, ohne eine sachgerechte und ausgewogene Beschlussfassung zu gefährden.
    b) Keine Anwendung der Business Judgment Rule und Schutz der Organmitglieder vor übermäßiger Haftung auf Ebene der Pflichtwidrigkeit und des Verschuldens.

c) Differenzierung zwischen der gerichtlichen Prüfung hinsichtlich des Bestands der Entscheidung im Intraorganstreit (volle Prüfung) und hinsichtlich der Haftung (Anwendung des § 93 Abs. 1 Satz 2 AktG).

15. Verstöße gegen die Vertraulichkeit sind über §§ 93 Abs. 2, 404 Abs. 1 AktG hinreichend sanktioniert. Es besteht hier eher ein Vollzugsdefizit, weil Vorstände vor der Stellung des Strafantrags nach § 404 Abs. 3 AktG zurückschrecken. Die Umwandlung in ein Offizialdelikt erscheint trotzdem nicht ratsam.
16. Verstöße gegen die Vertraulichkeit begegnen mittlerweile auch verstärkt auf Anteilseignerseite, und zwar namentlich im Rahmen des Investorendialogs. Selbst die Befürworter eines solchen Dialogs halten es für unzulässig, dass der Aufsichtsratsvorsitzende sich zur Geschäftsstrategie äußert. In der Praxis sind aber gerade Strategiefragen Hauptgegenstand derartiger Gespräche.
17. Eine gesetzliche Regelung des Investorendialogs könnte hier in mehrfacher Hinsicht Klarheit schaffen und zumindest auf dieser Seite Verstößen gegen die Vertraulichkeit entgegenwirken. Für verbleibende Verstöße kann erwogen werden, dem Aufsichtsrat ein eigenes Strafantragsrecht einzuräumen, wobei allerdings die Beschlussfassung so gestaltet werden muss, dass die Arbeitnehmerseite gegenüber der Anteilseignerseite nicht benachteiligt wird.

Julia Rebecca Kohler

Diskussionsbericht

I. Korreferat

An das Referat von *Jens Koch* zum Thema „Treuepflichten des Aufsichtsrats: Umgang mit Interessenkonflikten und Stärkung der Vertraulichkeit“ schloss sich zunächst das Korreferat von *Marc Löbbe* an.

In vielen Punkten stimmte der Korreferent den Thesen des Referenten zu. Eine strikte Trennung der beiden Konfliktbegriffe im Zusammenhang mit den *Related Party Transactions* einerseits und der *Business Judgment Rule* andererseits hielt der Korreferent allerdings für unrealistisch. Es sei vielmehr mit einer Wechselwirkung zu rechnen. Es solle jedoch daran festgehalten werden, dass auch im Rahmen der *Related Party Transactions* der Konflikt tatsächlich vorliegen und rechtlich relevant sein muss, um die Ausstrahlung des weiten Konfliktbegriffs einzugrenzen.

Eine Kodifizierung des (jenseits der *Related Party Transactions* geltenden) Konfliktbegriffs leuchtete dem Korreferenten nicht ein. Dies käme einer „Leerformel“ gleich, da weder eine Positiv-, noch eine Negativdefinition gelingen könne.

Die vom Referenten geforderte verbindliche Plenumsentscheidung in Zweifelsfällen hielt der Korreferent für einen sehr interessanten Gedanken, der auch im Rahmen des ARUG II angedacht worden sei. Bei schwerwiegenden Konflikten müsse der Beurteilungsspielraum jedoch den Gerichten zustehen. Für den Fall einer mitbestimmten Gesellschaft sprach sich der Korreferent zudem gegen das zur Diskussion gestellte qualifizierte Mehrheitserfordernis aus.

Die vom Referenten vorgeschlagenen Gestaltungsmöglichkeiten in Fällen, in denen die Ausgewogenheit mit der Konfliktfreiheit einer Beschlussfassung kollidiert, hielt der Korreferent für zu kompliziert. Außerdem sei bei der Offenlegung des Konflikts die Infizierung der übrigen Aufsichtsratsmitglieder zu verneinen.

II. Schwerpunkte der Diskussion

Die anschließende Diskussion hatte im Wesentlichen den Konfliktbegriff (1.), die Kompetenzen des Aufsichtsratsvorsitzenden im Verhältnis zum Plenum (2.), den Investorendialog (3.) sowie die Thematik um Offenlegungspflichten und die Sanktion von Verstößen gegen die Vertraulichkeit (4.) zum Gegenstand.

https://doi.org/10.1515/9783110746372-011

1. Konfliktbegriff

Von Seiten der Organmitglieder wurde die Regelungsbedürftigkeit im Umgang mit Interessenkonflikten im Aufsichtsrat bestätigt und die Thesen des Referenten begrüßt. Es handele sich um ein praktisches Problem, für das es bisher sehr wenige „Leitplanken" gebe. Die vorgeschlagene Definition für den Begriff des erheblichen Interessenkonflikts wurde insgesamt für plausibel gehalten. Der Referent betonte in dem Zusammenhang erneut, dass es nicht gleichgültig hinzunehmen sei, dass der Konfliktbegriff und das Verfahren aus den *Related Party Transactions* auf die wichtige *Business Judgment Rule* übertragen werde. Der Korreferent schwächte diese Einschätzung einer Eins-zu-Eins-Übertragung ab, hielt aber zumindest eine Ausstrahlungswirkung für denkbar, da der Konfliktbegriff bisher wenig konturiert sei. Der Referent ergänzte in dem Zusammenhang noch, dass der Konfliktbegriff durch eine Aufnahme ins Gesetz einen Bedeutungsschub erlangen könne, der die Diskussion weiterbringe.

Daran anschließend befürworteten zwei weitere Diskussionsteilnehmer in Übereinstimmung mit dem Referenten eine präzise Kodifizierung des analog § 34 BGB bestehenden Stimmverbots im Aktiengesetz. Ferner sei die „Infektionsthese" rundum – auch beim verdeckten Konflikt – abzulehnen. Zudem wurde darauf hingewiesen, dass der BGH auch im Falle des Vorliegens eines Konflikts beim betroffenen Organ keine eigene unternehmerische Entscheidung (anstelle dieses Organs) treffe. Vielmehr entscheide das betroffene Organ selbst, allerdings mit einem engeren Ermessensspielraum. Die Abgrenzung sei jedoch nicht ganz einfach.

2. Kompetenzverteilung zwischen Aufsichtsratsvorsitzendem und Plenum

Mehrere Diskussionsteilnehmer (insbesondere aus dem Kreis der Organmitglieder) äußerten sich positiv über den Vorschlag des Referenten, in Zweifelsfällen das Aufsichtsratsplenum über die Mitwirkung eines konfliktbefangenen Mitglieds bei der Beschlussfassung entscheiden zu lassen, auch wenn sonst grundsätzlich der Aufsichtsratsvorsitzende für den Umgang mit Rechtsfragen zuständig sei.

3. Investorendialog

Hinsichtlich einer gesetzlichen Regelung des Investorendialogs war man sich uneins. Einerseits wurde darauf hingewiesen, dass dies zu einer Überfrachtung des Vorhabens führen könne; dem Aufsichtsratsvorsitzenden solle vielmehr „Beinfreiheit" eingeräumt werden. Hinsichtlich des hohen Haftungsrisikos könne man sich dadurch behelfen, so der Korreferent, dass man rechtliche Beratung einschaltet und gegebenenfalls auch die *ISION*-Rechtsprechung zur Anwendung bringt. Andererseits sprach sich ein weiterer Diskutant für eine gesetzliche Regelung des Investorendialogs aus. Je schärfer die Haftung, desto klarer müssten die Vorgaben sein. In diesem Zusammenhang sei auch die Gleichbehandlung der Aktionäre, insbesondere § 131 Abs. 4 AktG, zu erörtern.

4. Offenlegungspflicht und Sanktion von Verstößen gegen die Vertraulichkeit

Ein Diskutant äußerte sich zu einer etwaigen Pflicht, einen Konflikt offenzulegen, kritisch, zumal es in der Praxis teilweise vorkäme, dass ein Konflikt nicht offengelegt werden könne. Möglicherweise könne unter Vertraulichkeitsgesichtspunkten nicht einmal gesagt werden, dass ein Konflikt vorliegt.

Mit Blick auf die ebenfalls angesprochenen Verstöße gegen die Vertraulichkeit bestätigte ein Diskutant, dass er Aufsichtsratssitzungen erlebt habe, bei denen Aufsichtsratsmitglieder direkt im Anschluss an die Schließung der Sitzung „Hintermännern" Bericht erstattet haben. Hinsichtlich der ebenfalls im Referat angeklungenen unzureichenden Sanktionierung eines Vertraulichkeitsverstoßes wurde von verschiedenen Organmitgliedern sodann vorgebracht, dass eine Sanktionierung eines konfliktbefangenen Aufsichtsratsmitglieds in unterschiedlichen Fällen daran gescheitert sei, dass die Staatsanwaltschaft sich nicht berufen gefühlt habe, tätig zu werden. Dennoch sei es richtig, dass es sich nicht um ein Offizialdelikt handelt. Der Vorschlag eines Hochschullehrers, vor diesem Hintergrund das Strafantragsrecht auf den Aufsichtsrat zu erweitern, wurde von Seiten der Organmitglieder sehr begrüßt.

Schließlich sprach ein Organmitglied die Situation an, dass einem Aufsichtsratsmitglied wegen eines Interessenkonflikts die Entlastung durch die Hauptversammlung verweigert wurde. Aus seiner Sicht müsse noch diskutiert werden, ob sich der Aufsichtsrat mit der Verweigerung der Entlastung beschäftigen müsse.

Christian E. Decher*

Der Aufsichtsratsvorsitzende und die Konkretisierung seines Handlungsrahmens

Zusammenfassung: Im Rahmen einer gesetzlichen Reform des Rechts des Aufsichtsrats sollte die Stellung des Aufsichtsratsvorsitzenden konkretisiert und an die Rechtswirklichkeit angepasst werden. Dadurch könnte seine zentrale Rolle innerhalb des deutschen dualistischen Systems und die Konvergenz zwischen diesem und dem international verbreiteten monistisch System verdeutlicht werden. Der folgende Beitrag behandelt Themenbereiche für eine entsprechende gesetzliche Regelung des Aufsichtsratsvorsitzenden im Verhältnis zum Vorstand, zum Aufsichtsratskollegium und gegenüber Dritten.

Abstract: As an integral part of a legislative reform of the law of the supervisory board the role of the chairman of the supervisory board should be put into concrete form in accordance with corporate practice. As a result, the central role of the chairman of the supervisory board for the German corporate governance and the convergence between the two-tier system and the internationally wide-spread one-tier system could be made transparent. The following article covers areas for such legislative reform of the role of the chairman of the supervisory board in relation to the managing board, the supervisory board and third parties.

Inhaltsübersicht

* Der Autor ist Retired Partner und Of Counsel der Kanzlei Freshfields Bruckhaus Deringer sowie Lehrbeauftragter an der Goethe-Universität Frankfurt am Main.

https://doi.org/10.1515/9783110746372-012

I. Der Aufsichtsratsvorsitzende – Bestandsaufnahme

Die Beurteilung der Notwendigkeit einer Gesetzesreform zur Rechtstellung des Aufsichtsratsvorsitzenden einer AG setzt zunächst eine Bestandsaufnahme zum rechtstatsächlichen Befund und zur rechtlichen Behandlung nach dem geltenden Gesetzesrecht voraus. Die Betrachtung beschränkt sich dabei auf die Stellung des Aufsichtsratsvorsitzenden in der konzernunabhängigen Gesellschaft und nimmt insbesondere börsennotierte und kapitalmarktnahe Unternehmen in den Fokus.

1. Rechtstatsächlicher Befund: Erheblicher Bedeutungszuwachs

Betrachtet man zunächst die Bedeutung des Aufsichtsratsvorsitzenden einer AG in der Rechtswirklichkeit, so ist eine erhebliche Typenvielfalt von Aufsichtsratsvorsitzenden festzustellen. Vor allem im letzten Jahrhundert war der Aufsichtsratsvorsitzende nicht selten der „Buddy" des Vorstandsvorsitzenden und anderer Vorstandsmitglieder, dem es gelegentlich an einer kritischen Grundhaltung hinsichtlich der Tätigkeit des Vorstands fehlte. Diesem stand gegenüber der Aufsichtsratsvorsitzende als kritischer Kontrolleur des Vorstands.

In den letzten Jahrzehnten hat der Aufsichtsrat einen Bedeutungswandel erfahren.[1] Seine Rolle wird nicht mehr nur in der Kontrolle des Vorstands gesehen, sondern auch in der Beratung des Vorstands zu strategischen Entscheidungen.[2] Er wird dadurch nicht zum Mitgeschäftsführungsorgan (s. auch § 111 Abs. 4 Satz 1 AktG), wohl aber zu einem mitunternehmerischen Organ.[3] Gleichzeitig förderten die gestiegenen rechtlichen Anforderungen an die Verwaltung insbesondere von börsennotierten bzw. kapitalmarktnahen Gesellschaften die Bedeutung des Aufsichtsrates.

Der erhebliche Bedeutungszuwachs des Aufsichtsrates kulminiert in der Rolle des Aufsichtsratsvorsitzenden, der über den Kontrolleur hinaus zum aktiven Berater und Sparringspartner des Vorstands wird[4].

An der Spitze der Skala steht der Aufsichtsratsvorsitzende als der eigentliche „Chef" des Unternehmens. Solche Konstellationen sind in Konzernsachverhalten auf der Ebene der abhängigen Gesellschaft verbreitet, sie finden sich aber auch in der unabhängigen AG. Sie sind gefördert worden durch den Übergang des Vorstandsvorsitzenden in die Rolle des Aufsichtsratsvorsitzenden nach Beendigung seiner Vorstandstätigkeit. Als Beispiel wird etwa genannt der Aufsichtsratsvorsitzende *Reitzle* bei der Linde AG, der als der Einfädler des Unternehmenszu-

---

1 Börsig/Löbbe, FS Hoffmann-Becking, 2013, S. 125; Hopt, ZGR 2019, 507; Koch, FS 50 Jahre Aktiengesetz, 2016, S. 65, 90; Lutter, DB 2009, 775; Leyens, Information des Aufsichtsrats, 2006, S. 131 ff; Lutter/Krieger/Verse, Rechte und Pflichten des Aufsichtsrats, 7. Aufl., 2020, Rdn. 58; v. Werder, DB 2017, 977; umfassend zur geschichtlichen Entwicklung Lieder, Der Aufsichtsrat im Wandel der Zeit, 2006.

2 BGHZ 114, 127, 130; Habersack, Münchener Komm z. AktG, 5. Aufl., 2019, § 111 Rdn. 50; Hopt/Roth, Großkomm z. AktG, 5. Aufl., 2018, § 111 Rdn. 274; Hüffer/Koch, Komm. z. AktG, 15. Aufl., 2021, § 111 Rdn. 13; aus betriebswirtschaftlicher Sicht ebenso Arbeitskreis „Externe und Interne Überwachung der Unternehmung" (AKEIÜ) der Schmalenbach-Stiftung für Betriebswirtschaft, DB 2018, 2189, 2193; PWC, Der Aufsichtsratsvorsitz, 2017, S. 3; v. Werder, DB 2017, 977, 982.

3 Drygala, in: K. Schmidt/Lutter, Komm. z. AktG, 4. Aufl., 2020, § 111 Rdn. 5; Leyens, aaO (Fn. 1) S. 132; Lieder, ZGR 2018, 523, 524; Lutter/Krieger/Verse, aaO (Fn. 1), Rdn. 57; Roth, ZGR 2012, 343, 349; s. auch Habersack, NZG 2020, 881, 883; zurückhaltend Mertens/Cahn, Kölner Komm z. AktG, 3. Aufl., 2013, Vorbem. § 95 Rdn. 10; s. auch BGHZ 219, 193, Rdn. 50: präventive Kontrolle, die dem Aufsichtsrat in Geschäftsführungsaufgaben einen Mitgestaltungsspielraum überträgt; zur begrenzten Aussagekraft dieser Abgrenzung s. Koch, FS 50 Jahre Aktiengesetz, S. 65, 78; s. auch Hoffmann-Becking, Münchener Handbuch des Gesellschaftsrechts, Band 4, Aktiengesellschaft, 5. Aufl., 2020, § 29 Rdn. 51; von Schenck, in: Semler/von Schenck/Wilsing, Arbeitshandbuch für AR-Mitglieder, 5. Aufl., 2021, § 6 Rdn. 173, 174.

4 Kley, AG 2019, 818, 821; von Schenck, aaO (Fn. 3), § 6 Rdn. 170, 172, 181; v. Werder, DB 2017, 977, 980; s. auch Busse/Fromm, Süddeutsche Zeitung v. 19.5.2018, S. 25 „Das diskrete Netz der Macht", unter Hinweis auf den Aufsichtsratsvorsitzenden *Achleitner* (Deutsche Bank).

sammenschlusses mit Praxair gilt und zwischenzeitlich auch den insoweit weniger positiv eingestellten Vorstandsvorsitzenden durch einen Unterstützer seines Kurses auswechselte.[5] Praktische Fälle für diesen Typ des machtvollen Aufsichtsratsvorsitzenden finden sich auch nach Einsetzung eines externen Sanierers in dieser Position anlässlich einer Krise des Unternehmens.

Auch heute finden sich Aufsichtsratsvorsitzende auf allen Stufen der Skala. So wird der Aufsichtsratsvorsitzende bei Wirecard in der Öffentlichkeit verbreitet als unkritischer „Buddy" des Vorstands angesehen.[6] Modernem Verständnis entspricht der Aufsichtsratsvorsitzende, der kritischer Kontrolleur und zusätzlich aktiver Berater des Vorstands ist. Durch das vermehrte Auftreten von Berufsaufsichtsräten gewinnt dieser Typ auch in der Praxis immer mehr an Gewicht.[7]

Letztlich hängt die Wahrnehmung der Stellung des Aufsichtsratsvorsitzenden auch stark von seiner Persönlichkeit und nicht zuletzt von der Persönlichkeit des Vorstandsvorsitzenden ab.

Als Ergebnis des erheblichen Bedeutungszuwachses des Aufsichtsrats in den letzten Jahrzehnten wird eine (weitgehende) Konvergenz zwischen dem deutschen dualistischen (*two-tier*) System und dem internationalen monistischen (*one-tier*) System konstatiert.[8] Diese wird nicht zuletzt verkörpert durch den Aufsichtsratsvorsitzenden und dessen Annäherung an den *Chairman of the Board* des monistischen Systems, sofern dieser, wie in der internationalen Praxis zunehmend der Fall[9], nicht gleichzeitig der *Chief Executive Officer* (CEO) ist.[10] Als aktiver Berater des Vorstands gibt der Aufsichtsratsvorsitzende auch Impulse zur strategischen Entwicklung des Unternehmens.

---

5 Busse/Fromm, aaO (Fn. 4) unter Hinweis auf eine Aussage von *Kaserer*.

6 Schreiber, Süddeutsche Zeitung v. 27.11.2020 „Zum Schweigen verdammt"; Schreiber, Süddeutsche Zeitung v. 3.7.2020 „Ein eingeschworener Kreis"; Thorborg, manager magazin v. 29.7.2020 „Wirecard – das Versagen der Aufsichtsräte".

7 Busse/Fromm, aaO (Fn. 4).

8 Börsig/Löbbe, FS Hoffmann-Becking, S. 125, 131; Drygala, aaO (Fn. 3), § 111 AktG Rdn. 5; Hopt, ZGR 2019, 507, 517; Leyens, aaO (Fn 1), S. 132; Lieder, aaO (Fn. 1), S. 641 ff; Lutter/Krieger/Verse, aaO (Fn. 1), Rdn. 60; Roth, FS Hopt II, 2020, S. 1053, 1056; v. Werder, DB 2017, 977, 978; skeptisch Theisen, ZGR 2013, 1, 10, 22.

9 Hopt/Roth, aaO (Fn. 2), § 111 Rdn. 93 f; s. auch UK Corporate Governance Code 2018, Prov. 9, keine Personalunion von Chairman of the Board und CEO; zur insoweit nach wie vor verbreiteten Personalunion in den USA Spencer Stuart, Board Index 2020, p. 18: 45 % Personalunion, 34 % Trennung. Für Trennung beider Positionen mindestens als Empfehlung s. auch die Stellungnahmen zum Grünbuch „Europäischer Corporate Governance-Rahmen", KOM (2011) 164/3 v. 5.4.2011, dazu Weber-Rey, Corporate Governance in Europa: die Initiativen der EU-Kommission, Zentrum für Europäisches Wirtschaftsrecht, Nr. 193, 2012, S. 16 f.

10 S. etwa Seibt, manager magazin v. 18.05.2018, S. 75: Annäherung an den Präsidenten des Verwaltungsrats in der Schweiz; zustimmend Freund, NZG 2018, 1381, 1382.

Zusammenfassend kann als rechtstatsächlicher Befund festgehalten werden, dass der Aufsichtsratsvorsitzende „Dreh- und Angelpunkt einer erfolgreichen Aufsichtsratsarbeit“ ist.[11]

2. Rechtliche Behandlung de lege lata

Die besondere Bedeutung des Aufsichtsratsvorsitzenden wird aus der rechtlichen Regelung nicht deutlich.[12] Es finden sich im Aktiengesetz einzelne Regelungen, aber keine Zentralnorm, die die Bedeutung des Aufsichtsratsvorsitzenden und seinen Handlungsrahmen konkretisiert. In der mitbestimmten Gesellschaft wird dem Aufsichtsratsvorsitzenden durch das Zweitstimmrecht des § 29 Abs. 2 MitbestG eine hervorgehobene Rolle zugewiesen. Daneben finden sich in § 25d KWG Regelungen zum Informationsrecht des Aufsichtsratsvorsitzenden oder, sofern eingerichtet, des Ausschussvorsitzenden.

Der Deutschen Corporate Governance Kodex (DCGK) enthält Konkretisierungen (insbes. Grundsatz 7 mit Anregung A.3 und Grundsatz 16 mit Empfehlung D.6), aber keine die Tätigkeit des Aufsichtsratsvorsitzenden umfassend adressierenden Regelungen. Zusätzlich finden sich in den vom Aufsichtsratsplenum verabschiedeten Geschäftsordnungen für den Aufsichtsrat regelmäßig auch nähere Regelungen für den Aufsichtsratsvorsitzenden.

Die rechtliche Stellung des Aufsichtsratsvorsitzenden *de lege lata* lässt sich dahingehend zusammenfassen, dass das Gesetz ihm keine eigene Organqualität zuweist, ihn aber, wie sich aus einzelnen Regelungen ableiten lässt, als *primus inter pares* behandelt.[13] Diese Stellung des Aufsichtsratsvorsitzenden ist aber nur sehr lückenhaft regelt.

---

11 AKEIÜ (Fn. 2), DB 2018, 2189; KLEY, AG 2019, 818, 821; s. auch HOPT/KUMPAN, AG 2021, 129, 136; LIEDER, aaO (Fn. 1), S. 749; ROTH, ZGR 2012, 343, 362; VON SCHENCK, aaO (Fn. 3), § 1 Rdn. 56; v. WERDER, DB 2017, 977, 980.

12 DRINHAUSEN/MARSCH-BARNER, AG 2014, 337; HOPT/ROTH, aaO (Fn. 2), § 107 AktG Rdn. 84; KREMER, in: Kremer/Bachmann/Lutter/v. Werder, Komm z. DCGK, 8. Aufl., 2021, Grds.7 Rdn. 2; REICHERT, FS Hopt II, 2020, S. 973, 974; SEMLER, Erinnerungen an die praktische Tätigkeit eines Aufsichtsratsmitglieds, Studien des Deutschen Aktieninstituts, H. 37, 2007, S. 40 f.

13 HABERSACK, aaO (Fn. 2), § 107 AktG Rdn. 45; HOPT/ROTH, aaO (Fn. 2), § 107 AktG Rdn. 63, 85; LUTTER/KRIEGER/VERSE, aaO (Fn. 1), Rdn. 677; VON SCHENCK, aaO (Fn. 3), § 1 Rdn. 58, 72; E. VETTER, in: Marsch-Barner/Schäfer, Handbuch börsennotierte AG, 4. Aufl. 2018, Rz. 27.8; abw. nur PEUS, ZGR 1987, 545, 552; SCHÜRNBRAND, Organschaft im Recht der privaten Verbände, 2007, S. 60 f; s. auch LG München I NZG 2008, 348 Rdn. 72.

3. Reformüberlegungen

Der seit Mitte der 90er Jahre des vergangenen Jahrhunderts einsetzende und in diesem Jahrhundert verstärkt deutlich werdende Bedeutungswandel des Aufsichtsrats im Allgemeinen und des Aufsichtsratsvorsitzenden im Besonderen (oben 1.) hat dazu geführt, dass in den letzten zehn Jahren Forderungen nach einer näheren gesetzlichen Regelung (auch) der Rolle des Aufsichtsratsvorsitzenden laut geworden sind.

Zunächst stellte *von Schenck* eine „breites Delta" zwischen gesetzlicher Regelung und tatsächlicher Bedeutung des Aufsichtsratsvorsitzenden fest und unterbreitete einen konkreten Vorschlag für einen neuen § 100 Abs. 6 AktG sowie ergänzende Empfehlungen und Anregungen im DCGK.[14] *Börsig/Löbbe* konstatierten wenig später, dass „das gestiegene Anforderungsprofil an den Aufsichtsratsvorsitzenden nur noch schwer mit dem gesetzlichen Leitbild des Nebenamtes in Einklang zu bringen [ist]."[15] Den Anstoß zur Einsetzung dieser Expertenkommission gaben sodann *Kley* und *Habersack* in zwei kurz aufeinander folgenden Beiträgen, in denen beide auch für eine Konkretisierung der gesetzlichen Leitungs- und Kommunikationsbefugnisse des Aufsichtsratsvorsitzenden warben.[16]

Gleichzeitig wird aber auch darauf hingewiesen, dass für die Beurteilung der Reformbedürftigkeit die Regelungen im DCGK berücksichtigt werden müssen.[17] Zusätzlich ist die Praxis der Geschäftsordnungen für den Aufsichtsrat als für die Gesellschaften wesentliches ergänzendes Regelwerk zu berücksichtigen.

Die Vorschläge zur Reform der Stellung des Aufsichtsratsvorsitzenden sind regelmäßig in das Konzept einer Gesamtreform für den Aufsichtsrat eingebettet. Dieser Befund legt die Annahme nahe, dass die Beurteilung des Reformbedarfs für den Aufsichtsratsvorsitzenden durch die Frage der Notwendigkeit einer Reform des Aufsichtsrats insgesamt vorgeprägt wird. Sofern die Reform des Rechts des Aufsichtsrats insgesamt befürwortet wird, liegen danach auch Regelungen für den Aufsichtsratsvorsitzenden nahe; würde eine Reform des Aufsichtsrats insgesamt verworfen, dürfte sich auch eine isolierte Reform für den Aufsichtsratsvorsitzenden nicht empfehlen.

Den nachfolgenden Untersuchungen wird folgende These vorangestellt:

- Ein Vorschlag zur Reform des Aufsichtsratsrechts könnte auf eine Verdeutlichung der mittlerweile in der Praxis festzustellenden (weitgehenden) prak-

---

14 VON SCHENCK, AG 2010, 649, DERS., aaO (Fn. 3), § 1 Rdn. 57, 72.

15 BÖRSIG/LÖBBE, FS Hoffmann-Becking, S. 125, 143.

16 KLEY, AG 2019, 818, 821; Habersack/Thümmel, Der Aufsichtsrat 2020, Heft 2, S. 26.

17 HABERSACK, aaO (Fn. 2), § 100 AktG Rdn. 10: *„DCGK ... macht ein Eingreifen des Gesetzgebers ... zu einem Gutteil entbehrlich."*

tischen Konvergenz zwischen dem deutschen dualistischen System und dem international verbreiteten monistischen System abzielen. Eine konkretisierende gesetzliche Regelung des Aufsichtsratsvorsitzenden könnte in diesem Gesamtkonzept dessen Stellung als Hauptpfeiler dieser praktischen Konvergenz deutlich machen.

- Eine gesetzliche Konkretisierung der Rolle des Aufsichtsratsvorsitzenden könnte dessen herausgehobene Stellung transparent machen; gleichzeitig könnte eine gesetzliche Regelung eine Anpassung seiner Rolle an die Rechtswirklichkeit zum Gegenstand haben und den Aufsichtsratsvorsitzenden damit in die Lage versetzen, die an ihn vom Rechtsverkehr (Kapitalmarkt, Aktionäre, Organe) gestellten Erwartungen zu erfüllen.

II. Der Aufsichtsratsvorsitzende im Verhältnis zum Vorstand, zum Aufsichtsratskollegium und gegenüber Dritten

Eine Beurteilung des Reformbedarfs für den Aufsichtsratsvorsitzenden macht es erforderlich, dass praktische Fragestellungen rund um den Aufsichtsratsvorsitzenden identifiziert und auf eine Regelungsnotwendigkeit hin untersucht werden.

Nachfolgend orientiert sich die Untersuchung am Verhältnis des Aufsichtsratsvorsitzenden zum Vorstand und zum Aufsichtsratskollegium einerseits sowie gegenüber Dritten andererseits.[18] Die Rolle des Aufsichtsratsvorsitzenden im Verhältnis zur Hauptversammlung ist Gegenstand eines eigenständigen Themas.[19] Die verbreitete Betrachtung des Aufsichtsratsvorsitzenden nach den Funktionsbereichen (1) Koordination der Aufsichtsratsarbeit, (2) Einberufung und Leitung der Aufsichtsratssitzungen und (3) Repräsentation gegenüber Vorstand, HV und Dritten[20] wird innerhalb der nachfolgend stärker an den Adressaten der Handlungspflichten des Aufsichtsratsvorsitzenden ausgerichteten Themenbereiche adressiert.

18 Ähnlich HOFFMANN-BECKING, aaO (Fn. 3), § 31 Rdn. 19.

19 Näher POELZIG (in diesem Sonderband).

20 HABERSACK, aaO (Fn. 2), § 107 AktG Rdn. 48; LUTTER/KRIEGER/VERSE, aaO (Fn. 1), Rdn. 677; s. auch VON SCHENCK, aaO (Fn. 3), § 1 Rdn. 70.

1. Aufsichtsratsvorsitzender und Vorstand

a) Der Aufsichtsratsvorsitzende als Bindeglied zum Vorstand

Der Aufsichtsratsvorsitzende bildet das Bindeglied bzw. das Scharnier zwischen Vorstand und Aufsichtsrat[21]: Er sucht den Kontakt zum Vorstand (insbesondere zum Vorstandsvorsitzenden) und ist dessen Ansprechpartner. Diese Stellung wird in § 90 Abs. 1 Satz 3 und Abs. 5 Satz 3 AktG nur angedeutet.

Grundsatz 16 DCGK konkretisiert diese Regelungen. Daneben soll der Aufsichtsratsvorsitzende (D.6 DCGK) zwischen den Sitzungen mit dem Vorstand, insbesondere mit dem Vorsitz bzw. Sprecher des Vorstands, regelmäßig Kontakt halten und mit ihm Fragen der Strategie, der Geschäftsentwicklung, der Risikolage, des Risikomanagements und der Compliance des Unternehmens beraten.

In der Literatur findet sich verbreitet die Annahme einer Rechtspflicht des Aufsichtsratsvorsitzenden zum ständigen Kontakt mit dem Vorstand, insbesondere dem Vorstandsvorsitzenden.[22] In vielen Geschäftsordnungen für den Aufsichtsrat der DAX30-Unternehmen wird der ständige Kontakt ebenfalls angesprochen.

Zum Reformbedarf lässt sich insoweit festhalten:
- Die gesetzliche Regelung der Bindegliedfunktion des Aufsichtsratsvorsitzenden ist angesichts der Empfehlung des DCGK nicht zwingend.
- Eine gesetzliche Regelung ist empfehlenswert, wenn insgesamt die Stellung des Aufsichtsratsvorsitzenden als wesentlicher Pfeiler der praktischen Konvergenz mit dem One-Tier-System verdeutlicht und konkretisiert werden soll.
- Jedenfalls für große börsennotierte/kapitalmarktorientierte Gesellschaften erscheint eine Pflicht des Aufsichtsratsvorsitzenden zu ständigem Kontakt mit dem Vorstand, insbesondere mit dem Vorstandsvorsitzenden erwägenswert.

---

21 Carl, in Goette/Arnold, Hdb AR, 1. Aufl. 2021, § 3 Rn. 69; Drygala, aaO (Fn. 3), § 107 AktG Rdn. 22; Kremer, aaO (Fn. 12), Grds. 16 Rdn. 1; Lutter/Krieger/Verse, aaO (Fn. 1), Rdn. 679; von Schenck, aaO (Fn. 3), § 6 Rdn. 181, 183.

22 Grigoleit/Grigoleit/Tomasic, Komm. z. AktG, 2. Aufl., 2020, § 107 Rdn. 12; Habersack, aaO (Fn. 2), § 107 AktG Rdn. 46; Lutter/Krieger/Verse, aaO (Fn. 1), Rdn. 679; Spindler, BeckOGK z. AktG, Stand 19.10.2020, § 107 Rdn. 44; offen Hopt/Roth, aaO (Fn. 2), § 107AktG Rdn. 96, 203; für Pflicht zu Kontakt nur gegenüber dem Vorstandsvorsitzenden Breidenich, Die Organisation der Aufsichtsratsarbeit durch den Aufsichtsratsvorsitzenden, 2020, S. 255; zurückhaltend Koch, aaO (Fn. 2), § 107AktG Rdn. 8.

b) Vorstandsunabhängige Information

Nach verbreiteter Auffassung erfolgt die Information des Aufsichtsrats ausschließlich über den Vorstand. Der Aufsichtsrat, insbesondere der Aufsichtsratsvorsitzende, hat danach ohne Zustimmung bzw. Abstimmung mit dem Vorstand kein Recht, über leitende Mitarbeiter des Unternehmens zusätzliche Informationen zu erhalten. Nur ausnahmsweise soll ein Recht auf eine vorstandsunabhängige Information gegenüber dem Aufsichtsrat bei Anhaltspunkten für schwerwiegende Pflichtverstöße des Vorstands zugelassen werden.[23] Damit erlangt das Recht des Aufsichtsrats auf vorstandsunabhängige Information in der Praxis in erster Linie Bedeutung bei internen Untersuchungen, die der Aufsichtsrat zur Untersuchung von Pflichtverletzungen des Vorstands durchführt.

Im Vordringen befindlich ist die Gegenauffassung, die dem Aufsichtsrat allgemein für die Bereiche Risikomanagement, interne Revision und Compliance ein Recht auf vorstandsunabhängige Informationsanforderung zugesteht.[24]

Grundsatz 15 DCGK weist die Information des Aufsichtsrats dem Vorstand zu. Betont wird lediglich die „Holschuld" des Aufsichtsrats zur Sicherstellung einer angemessenen Information.

Vorgeschlagen wird vielfach eine Konkretisierung der Information des Aufsichtsrats durch den Vorstand und ggfs. von Möglichkeiten und Grenzen einer vorstandsunabhängigen Information in einer – zwischenzeitlich auch in Ziff. 4.2.1 S. 2 DCGK (2006) empfohlenen – Informationsordnung.[25] Soweit öffentlich zugänglich, beschränken sich Informationsordnungen oder entsprechende Regelungen in der Geschäftsordnung bislang allerdings nach wie vor weitgehend auf

---

23 Carl (Fn. 21), § 3 Rn. 107 f.; Hoffmann-Becking, aaO (Fn. 3), § 31 Rdn. 44, § 33 Rdn. 79; Koch, aaO (Fn. 2), § 111 AktG Rdn. 21; Kort, FS E. Vetter, 2019, S. 341, 359 ff; Mertens/Cahn, aaO (Fn. 3), § 111 AktG Rdn. 55; Spindler, aaO (Fn. 22), § 111 AktG Rdn. 42; von Schenck, aaO (Fn. 3), § 6 Rdn. 246; E. Vetter, aaO (Fn 13), Rz. 26.7; zurückhaltend auch (mit weitergehender Differenzierung) Lutter/Krieger/Verse, aaO (Fn. 1), Rdn. 246 ff; ferner Semler, aaO (Fn. 12), S. 75, 77.

24 Drygala, aaO (Fn. 3), § 111 AktG Rdn. 43; Grigoleit/Grigoleit/Tomasic, aaO (Fn. 22), § 111 AktG Rdn. 52; Habersack, aaO (Fn. 2), § 111 AktG Rdn. 80; Hopt/Roth, aaO (Fn. 2), § 107 AktG Rdn. 170; Lieder, aaO (Fn. 1), S. 786; Leyens, aaO (Fn. 1), S. 182 ff; Theisen, Information und Berichterstattung des Aufsichtsrats, 4. Aufl. 2007, S. 24; v. Werder, DB 2017, 977, 981; s. auch S. H. Schneider, Informationspflichten und Informationssystemeinrichtungspflichten im Aktienkonzern, 2006, S. 302; im Grundsatz (wenn auch eingeschränkt) schon Kropff, ZGR 2003, 346, 348; den Begriff der vorstandsunabhängigen Information aufnehmend BGHZ 218, 122 Rn 21.

25 Carl (Fn. 21), § 3 Rn. 109; Habersack, aaO (Fn. 2), § 111 AktG Rdn. 54; Lutter/Krieger/Verse, aaO (Fn. 1), Rdn. 249; Roth, FS Hopt II, S. 1053, 1070; von Schenck, aaO (Fn. 3), § 6 Rdn. 160; Theisen, aaO (Fn. 24), S. 75, 79.

die Berichtspflichten des Vorstands gegenüber dem Aufsichtsrat gemäß § 90 AktG.

Für Kreditinstitute ist gemäß § 25d KWG die Informationsmöglichkeit für den Vorsitzenden des Aufsichtsrats bzw., sofern eingerichtet, den Vorsitzenden des Risikoausschusses und des Prüfungsausschusses (jeweils gegenüber dem Leiter der internen Revision und dem Leiter des Risikocontrolling, Abs. 8, 9) vorgesehen.

Das aus Anlass von *Wirecard* Gesetz zur Stärkung der Finanzmarktintegrität (FISG)[26] sieht ein Auskunftsrecht des Vorsitzenden des Prüfungsausschusses gegenüber den Leitern der für die Aufgaben des Prüfungsauschusses maßgeblichen Zentralbereiche vor (§ 107 Abs. 4 Satz 3, 4 AktG). Die Verankerung beim Vorsitzenden statt beim Prüfungsausschuss – wie noch im Referentenentwurf vorgesehen – geht auf eine Anregung der Regierungskommission Deutsche Corporate Governance Kodex zurück.[27] Alternativ war eine Ansiedlung des Informationsrechts auf der Ebene des Aufsichtsrats (§ 111 Abs. 2 AktG) vorgeschlagen worden.[28]

Zum Reformbedarf kann festgehalten werden:

- Nachdem der Gesetzgeber mit der Einführung eines vorstandsunabhängigen Informationsrechts des Vorsitzenden des Prüfungsausschusses im FISG einen ersten Schritt geht, sollte auch der zweite Schritt hin zu einem generellen Recht des Aufsichtsrats auf vorstandsunabhängige Informationen gemacht werden.[29]
- Das Informationsrecht sollte vom Aufsichtsratsvorsitzenden als Repräsentant des Gremiums (und nicht aus eigenem Recht, näher unten II.2.d), wahrgenommen werden.[30] Dieser hat für eine Information des Gremiums Sorge zu tragen (näher unten II.2.a)).
- Ein Initiativrecht der betreffenden Bereichsleiter oder gar von Mitarbeitern unterhalb dieser Leitungsebene zur Weitergabe von Informationen an den Aufsichtsrat bzw. den Aufsichtsratsvorsitzenden oder einen Ausschuss bzw. den Ausschussvorsitzenden sollte dagegen nicht eingeräumt werden.

---

26 BGBl. I Nr. 30 v. 10.6.2021, S. 1534, 1557.

27 Regierungskommission Deutscher Corporate Governance Kodex, Stellungnahme v. 9.11.2020, S. 3 Nr. 4, abrufbar unter https://www.dcgk.de/files/dcgk/usercontent/de/download/Stellungnahmen/201112%20Stellungnahme%20Regierungskommission%20FISG.pdf.

28 So die Anregung des DAV-HRA, NZG 2020, 1380, 1383.

29 Näher Habersack (in diesem Sonderband); ebenso Hopt/Kumpan, AG 2021, 129, 137.

30 Ebenso Interdisziplinärer Arbeitskreis Corporate Governance (AKCG), DB 2021, 550, 554.

c) Eilzuständigkeit des Aufsichtsratsvorsitzenden bei Zustimmungsvorbehalten des Aufsichtsrats?

Probleme bereitet in der Praxis immer wieder die Einhaltung von Zustimmungsvorbehalten des Aufsichtsrats gemäß § 111 Abs. 4 AktG bei wichtigen, besonders vertraulichen Akquisitionen oder Zusammenschlussvorhaben. Derartige, nach der Geschäftsordnung für den Vorstand regelmäßig zustimmungspflichtige Geschäfte erfordern grundsätzlich eine Beschlussfassung des Aufsichtsrats vor Durchführung.[31] In Fällen besonderer Eilbedürftigkeit werden in der Praxis zunächst nur der Aufsichtsratsvorsitzende und – seltener – zusätzlich einzelne meinungsstarke Aufsichtsratsmitglieder (z. B. der stellvertretende Aufsichtsratsvorsitzende) informiert. Sofern der Aufsichtsratsvorsitzende die Transaktion befürwortet und seiner Erwartung Ausdruck gibt, dass das Plenum seiner Einschätzung folgen werde, wird zunächst nur die Zustimmung des Aufsichtsratsvorsitzenden eingeholt und die Transaktion wird *ad hoc* – je nach Zeitpunkt unter Hinweis auf die notwendigen Gremienentscheidungen oder die noch fehlende Zustimmung des Aufsichtsrats – bekannt gemacht. Die notwendige Zustimmung des Aufsichtsratsgremium wird erst danach eingeholt.

Dieses Vorgehen geht auf Vorschläge aus der Literatur zurück, wonach in Eilfällen bei Nichterreichbarkeit des Gremiums oder eines vorhandenen zuständigen Ausschusses bei Zustimmung des Aufsichtsratsvorsitzenden die Zustimmung des Aufsichtsrats nachträglich eingeholt werden kann[32], wobei zum Teil eine zusätzliche Legitimation in Satzung oder Geschäftsordnung gefordert wird.[33] Die beschriebene pragmatische Vorgehensweise wird in der Literatur auch kritisch gesehen, weil sie eine sorgfältige Kontrolle gefährde, wenn die zustimmungspflichtige Maßnahme nicht mehr rückgängig gemacht werden können.[34]

---

31 BGHZ 219, 193, Rdn. 14: Schloß Eller.

32 Fonk, ZGR 2006, 841, 871; Kropff, in: Semler/von Schenck, Arbeitshandbuch für AR-Mitglieder, 3. Aufl., 2009, § 8 Rdn. 58; Semler, Leitung und Überwachung der AG, 2. Aufl. 1996, Rdn. 215; zustimmend Drinhausen/Marsch-Barner, AG 2014, 337, 340, Reichert, FS Hopt II, S. 973, 990; Rodewig/Rothley, in: Semler/v.Schenck/Wilsing, Arbeitshandbuch für AR-Mitglieder, 5. Aufl., 2021, § 9 Rdn. 57 f; C. Schäfer, FS E. Vetter, 2019, S. 645, 650.

33 Habersack, aaO (Fn. 2), § 111 AktG Rdn. 141; Hopt/Roth, aaO (Fn. 2), § 111 AktG Rdn. 729; Mertens/Cahn, aaO (Fn. 3), § 111 AktG Rdn. 106; Koch, FS 50 Jahre Aktiengesetz, S. 65, 87; Spindler, aaO (Fn. 22), § 111 AktG Rdn. 99; E. Vetter, aaO (Fn. 13), Rz. 26.37.

34 Buck/Heeb, FS Hopt II, 2020, S. 101, 107 f; Drygala, aaO (Fn. 3), § 111 AktG Rdn. 61; Lutter/Krieger/Verse, aaO (Fn. 1), Rdn. 124; zur Unzulässigkeit der Ersetzung der Zustimmung des Gremiums durch die Zustimmung des Aufsichtsratsvorsitzenden jedenfalls außerhalb von Eilfällen BGHZ 219, 193 Rdn. 22: Schloß Eller.

In den Geschäftsordnungen für den Vorstand und den Aufsichtsrat der DAX30-Gesellschaften findet sich allerdings auch bei Eilbedürftigkeit regelmäßig keine Zulassung für eine derartige Vorgehensweise; stattdessen wird insoweit regelmäßig die Möglichkeit einer Verkürzung der Einberufungsfrist für die Aufsichtsratssitzung vorgesehen.

Von Schenck hat *de lege ferenda* dafür plädiert, bei Zustimmungsvorbehalten des Aufsichtsrats die Entscheidung des Aufsichtsratsvorsitzenden ausreichen zu lassen, wenn die Einholung eines Beschlusses des Aufsichtsrates oder des zuständigen Ausschusses nicht möglich oder untunlich ist und der Beschluss spätestens in der nächsten Sitzung nachgeholt wird.[35]

Ich möchte diesem Reformvorschlag nicht folgen, da insoweit kein hinreichender Bedarf besteht. Als praktische Lösung wird sich – neben einer Abkürzung der Einladungsfrist für die Aufsichtsratssitzung bei nur allgemeiner Beschreibung des Beschlussgegenstands – alternativ die Bildung eines (Präsidial-)Ausschusses anbieten, der flexibler als das Gremium und mit größerer Gewähr der Vertraulichkeit handeln kann.[36] Zudem bietet der vom BGH zugelassene Einwand rechtmäßigen Alternativverhaltens[37] einen „Notausgang“ für den Vorstand, sollte im Einzelfall tatsächlich einmal eine Beschlussfassung des Aufsichtsratsgremiums oder eines Ausschusses nicht erreichbar sein und deshalb die Zustimmung erst nachträglich eingeholt werden.[38] Die praktischen Probleme sind im Übrigen weniger in der Eilbedürftigkeit und mehr in der Sorge mangelnder Vertraulichkeit begründet.[39] Sofern man insoweit *de lege ferenda* eine weitere Schärfung der ohnehin gemäß § 404 AktG als Straftat geregelten Geheimhaltungspflicht der Mitglieder des Aufsichtsrats nicht für notwendig hält[40], sollte auch nicht „durch die Hintertür“ die Notwendigkeit einer vorherigen Zustimmung des Aufsichtsrats durch eine Vorabzustimmung des Aufsichtsratsvorsitzenden bei nachträglicher Genehmigung des Gremiums geschwächt werden.

---

35 von Schenck, AG 2010, 649, 655.

36 S. auch Hopt/Roth, aaO (Fn. 3), § 111 AktG Rdn. 730.

37 BGHZ 219, 193, Rdn. 40 ff.

38 S. auch Grigoleit/Grigoleit/Tomasic, aaO (Fn. 22), § 111 AktG Rdn. 92; im Ergebnis gegen Reformbedarf auch Koch, ZGR 2020, 183, 204.

39 Deutlich Drinhausen/Marsch-Barner, AG 2014, 337, 340; Grigoleit/Grigoleit/Tomasic, aaO (Fn. 22), § 90 AktG Rdn. 22.

40 Näher Koch (in diesem Sonderband); ferner etwa Habersack/Thümmel, Der Aufsichtsrat 2020, Heft 2, S. 26; für Schärfung Kley, AG 2019, 818, 822.

2. Aufsichtsratsvorsitzender und Aufsichtsratskollegium

a) Information des Gesamtaufsichtsrats durch Aufsichtsratsvorsitzenden

Der Aufsichtsratsvorsitzende hat aufgrund seines regelmäßigen Kontaktes mit dem Vorstand einen erheblichen Informationsvorsprung gegenüber den übrigen Mitgliedern des Aufsichtsrats. Zudem werden anlassbezogene, wichtige Informationen gemäß § 90 Abs. 1 Satz 3 AktG an ihn gegeben. Diese „Informationsasymmetrie“[41] muss zeitgerecht ausgeglichen werden und erhöht das Haftungsrisiko des Aufsichtsratsvorsitzenden[42].

Im Fall der anlassbezogenen Information gemäß § 90 Abs. 1 Satz 3 AktG sieht § 90 Abs. 5 Satz 3 AktG eine Information der Aufsichtsratsmitglieder spätestens in der nächsten Aufsichtsratssitzung vor. Grundsatz 16 DCGK konkretisiert diese Verpflichtung durch die Verpflichtung, den Aufsichtsrat „sodann“ zu unterrichten und, falls erforderlich, eine außerordentliche Aufsichtsratssitzung einzuberufen. Die Geschäftsordnungen für den Aufsichtsrat der DAX30-Gesellschaften übernehmen häufig diese Formulierung des DCGK.

Für die Informationsweiterleitung der aus ständigem Kontakt mit dem Vorstand erwachsenen Informationen fehlt es an einer Regelung im Gesetz oder im DCGK. Auch in den Geschäftsordnungen des Aufsichtsrats der DAX30-Gesellschaften findet sich insoweit regelmäßig keine Regelung.

Bejaht man ein Recht des Aufsichtsrats auf vorstandsunabhängige Information, das durch den Aufsichtsratsvorsitzenden ausgeübt wird (oben 1. b)), so muss auch insoweit für eine Information des Gremiums durch den Aufsichtsratsvorsitzenden Sorge getragen werden.

Von Schenk schlägt *de lege ferenda* eine Regelung dahingehend vor, dass dem Vorsitzenden des Aufsichtsrats hinsichtlich der Weitergabe erhaltener Informationen ein Ermessensspielraum zukommt, wobei Ausnahme bei besonders wichtigen Informationen gelten sollen. Die Regelung soll im DCGK ergänzt und konkretisiert werden.[43]

Der Reformbedarf ist danach wie folgt zu beurteilen:

- Angesichts der Empfehlung im DCGK und der entsprechenden Regelung in den Geschäftsordnungen für den Aufsichtsrat ist eine gesetzliche Regelung

---

41 Koch, ZGR 2020, 183, 203.

42 Drinhausen/Marsch-Barner, AG 2014, 337, 342; s. auch Freund, NZG 2018, 1361, 1362.

43 von Schenck, AG 2010, 649, 655; de lege lata für Beurteilungsspielraum Carl (Fn. 21), § 3 Rn. 90.

zur Informationsweitergabe von Aufsichtsratsvorsitzendem an das Aufsichtsratsgremium nicht zwingend.

- Eine gesetzliche Regelung empfiehlt sich aber im Rahmen einer konkretisierenden Regelung zur Stellung des Aufsichtsratsvorsitzenden im Sinne einer Signalwirkung nach außen.[44]
- In Betracht kommt eine allgemeine Regelung im Zusammenhang mit der Koordinierung der Aufsichtsratsarbeit (siehe auch sogleich b)). Ein Ermessensspielraum des Aufsichtsratsvorsitzenden ist zwar nicht hinsichtlich des „Ob" der Information des Aufsichtsratskollegiums einzuräumen, wohl aber hinsichtlich des „Wie" und des „Wann". Insbesondere obliegt es der pflichtgemäßen Einschätzung des Aufsichtsratsvorsitzenden, die Information des Gesamtaufsichtsrats auf die wesentlichen Aspekte der vom Vorstand erhaltenen Information zu konzentrieren; anderenfalls würde die Gesprächskultur zwischen Vorstand und Aufsichtsratsvorsitzendem beeinträchtigt. Der Aufsichtsratsvorsitzende hat weiter nach pflichtgemäßem Ermessen zu entscheiden, ob er die Information erst anlässlich der nächsten ordentlichen Aufsichtsratssitzung – schriftlich oder mündlich – mitteilt oder ob angesichts der Bedeutung die Einberufung einer außerordentlichen Aufsichtsratssitzung zur Information des Aufsichtsrats erforderlich ist.

b) Koordinierung der Aufsichtsratsarbeit durch den Aufsichtsratsvorsitzenden

Wesentliche Aufgabe des Aufsichtsratsvorsitzenden ist die Koordinierung des Informationsflusses, der Aufgabenverteilung und der Entscheidungsprozesse innerhalb des Aufsichtsratskollegiums und darüber hinausgehend im Verhältnis zu den Ausschüssen bzw. deren Ausschussvorsitzenden.[45] Das Gesetz erwähnt diese wesentliche Aufgabe nicht.

Grundsatz 7 Satz 2 DCGK spricht allgemein die Koordinierung der Arbeit im Aufsichtsrat durch den Aufsichtsratsvorsitzenden an. Die Geschäftsordnungen für den Aufsichtsrat der DAX30-Gesellschaften enthalten zum Teil konkretisierende Aussagen.

Der Reformbedarf ist wie folgt zu beurteilen:

- Angesichts der Erwähnung im DCGK ist eine gesetzliche Regelung zur Koordinierung der Aufsichtsratsarbeit nicht zwingend.

---

44 Ebenso AKCG (Fn. 30), DB 2021, 550, 554.

45 Drygala, aaO (Fn. 3), § 107 AktG Rdn. 119; Habersack, aaO (Fn. 2), § 107 AktG Rdn. 49; Kremer, aaO (Fn. 12), Grds. 7 Rdn. 6; Roth, ZGR 2012, 349, 365.

- Eine gesetzliche Regelung empfiehlt sich als allgemeiner Leitsatz im Rahmen einer konkretisierenden Regelung der Stellung des Aufsichtsratsvorsitzenden.
- Konkretere Einzelregelungen (wie z. B. die Notwendigkeit eines ständigen Austauschs mit Ausschussvorsitzenden und dem stellvertretenden Aufsichtsratsvorsitzenden) empfehlen sich nicht. Sie könnten stattdessen in Empfehlungen und Anregungen des DCGK erfolgen oder der Regelung in der Geschäftsordnung des Aufsichtsrats vorbehalten bleiben.

c) Einladung, Vorbereitung und Durchführung von Aufsichtsratssitzungen

Die Einberufung, Vorbereitung und Durchführung von Aufsichtsratssitzungen obliegt dem Vorsitzenden des Aufsichtsrats. Regelungen zu Aufsichtssitzungen finden sich verstreut in den §§ 107, 108, 109 und 110 AktG. Die maßgebliche Rolle des Aufsichtsratsvorsitzenden erschließt sich nur implizit aus dem Zusammenhang dieser Regelungen.

Der DCGK äußert sich hierzu nicht. Detaillierte Regelungen finden sich dagegen typischerweise in den Geschäftsordnungen für den Aufsichtsrat.

Unsicherheiten können sich hinsichtlich der Abgrenzung eigener Entscheidungsbefugnisse des Aufsichtsratsvorsitzenden im Verhältnis zu denjenigen des Aufsichtsratsgremiums ergeben.

Verbreitet wird das Selbstorganisationsrecht des Aufsichtsratsgremiums[46] auch für die Einladung, Vorbereitung und Durchführung von Aufsichtsratssitzungen betont. Dem Aufsichtsratsvorsitzenden werden zwar Initiativrechte und Kompetenzen zur Vorbereitung der Entscheidung des Gremiums zugestanden. Das Kollegium soll aber in allen Fällen die Möglichkeit haben, die Entscheidung an sich zu ziehen und ggfs. abweichende Initiativen des Aufsichtsratsvorsitzenden zu korrigieren.[47]

Ein eigener Entscheidungsbereich des Aufsichtsratsvorsitzenden wird lediglich insoweit eingeräumt, als er dem Vorsitzenden eines Kollegialorgans im Interesse der Handlungs- und Funktionsfähigkeit des Organs üblicherweise zu-

46 BGHZ 83, 106, 115: für Bildung von Ausschüssen.

47 Breidenich, aaO (Fn. 22), S. 15 ff., 28; Carl (Fn. 21), § 3 Rn. 85; Drygala, aaO (Fn. 3), § 107 AktG Rdn. 19; Habersack, aaO (Fn. 2), § 107 AktG Rdn. 53; Hopt/Roth, aaO (Fn. 2), § 107 AktG Rdn. 93; Hoffmann-Becking, aaO (Fn. 3), § 31 Rdn. 49; Koch, aaO (Fn. 2), § 109 AktG Rdn. 5; Reichert, FS Hopt II, S. 973, 976 f; von Schenck, aaO (Fn. 3), § 1 Rdn. 194, 196; abweichend nunmehr Austmann, FS Krieger, 2020, S. 51, 52, 55.

steht.[48] Bei näherer Betrachtung dieser wenig aussagefähigen Formel sind die Entscheidungsbefugnisse nach verbreiteter Auffassung beschränkt auf Maßnahmen des Tagesgeschäfts bzw. eng begrenzte Hilfsgeschäfte (z.B. Anmieten von Räumlichkeiten für die Aufsichtsratssitzung, Dolmetscher).[49] Daneben wird für die Beurteilung von Rechtsfragen eine eigenständige Entscheidung des Aufsichtsratsvorsitzenden anerkannt.[50] In jüngerer Zeit werden allerdings auch Stimmen laut, die für eine vorsichtige Ausweitung der Delegationsbefugnisse des Aufsichtsrats auf den Aufsichtsratsvorsitzenden[51] und eigenständiger Entscheidungsbefugnisse des Aufsichtsratsvorsitzenden zur Vorbereitung der Beschlussfassung des Aufsichtsrats ohne die Möglichkeit einer Korrektur durch das Gremium plädieren.[52]

Verbreitet findet sich in der Literatur zudem die Feststellung, dass die Kompetenzen des Aufsichtsratsvorsitzenden insbesondere bei der Einladung, Vorbereitung und Durchführung von Aufsichtsratssitzungen in der Geschäftsordnung des Aufsichtsrats gestärkt werden können.[53] Gleichzeitig wird allerdings betont, dass die Kompetenzen des Gesamtaufsichtsrates nicht eingeschränkt werden dürfen, soweit sie nicht delegationsfähig sind.[54]

In den Geschäftsordnungen für den Aufsichtsrat der DAX30-Gesellschaften finden sich zumeist Regelungen, die dem Vorsitzenden eigene Entscheidungskompetenzen bei der Einladung, Vorbereitung und Durchführung von Aufsichtsratssitzungen zuweisen. Es finden sich aber auch Regelungen zu alternativen Kompetenzen von Aufsichtsratsvorsitzendem und Aufsichtsrat sowie – deutlich in der Minderzahl – ausdrückliche Regelungen zu Widerspruchsrechten der Aufsichtsratsmitglieder bzw. der Oberkompetenz des Gremiums.

---

48 Carl (Fn. 21), § 3 Rn. 70; Drygala, aaO (Fn. 3), § 107 AktG Rdn. 19; Habersack, aaO (Fn. 2), § 107 AktG Rdn. 44, 53–57; Hoffmann-Becking, aaO (Fn. 3), § 31 Rdn. 22; von Schenck, aaO (Fn. 3), § 1 Rdn. 71.

49 Habersack, aaO (Fn.2), § 107 AktG Rdn. 59; Hoffmann-Becking, aaO (Fn. 3), § 31 Rdn. 23.

50 Breidenich, aaO (Fn. 22), S. 57 ff; Carl (Fn. 21), § 3 Rn. 85; Drygala, aaO (Fn. 3), § 107 AktG Rdn. 19; Habersack, aaO (Fn. 2), § 107 AktG Rdn. 59; Hoffmann-Becking, aaO (Fn. 3), § 31 Rdn. 23, 58; Mertens/Cahn, aaO (Fn. 3), § 107 AktG Rdn. 42; Reichert, FS Hopt II, S. 973, 987; von Schenck, aaO (Fn. 3), § 1 Rdn. 183, 187.

51 v. Falkenhausen, ZIP 2015, 956, 958 f; Hüffer/Koch, aaO (Fn. 2), § 108 AktG Rdn. 8a; Reichert, FS Hopt II, S. 973, 980, 983 f.

52 Hopt/Roth, aaO (Fn. 3), § 107 AktG Rdn. 149, 150; weitergehend nunmehr Austmann, FS Krieger, S. 51, 52 f, 55, 58; insoweit zurückhaltend Hüffer/Koch, aaO (Fn. 2), § 107 AktG Rdn. 8; Koch, FS 50 Jahre Aktiengesetz, S. 65, 87.

53 Habersack, aaO (Fn. 2), § 107 AktG Rdn. 64; Mertens/Cahn, aaO (Fn. 3), § 107 AktG Rdn. 63.

54 Grigoleit/Grigoleit/Tomasic, aaO (Fn. 22), § 107 AktG Rdn. 16; Lutter/Krieger/Verse, aaO (Fn. 1), Rdn. 678, 738.

In der Rechtswirklichkeit dürfte ein *overruling* von Entscheidungen des Aufsichtsratsvorsitzenden durch das Kollegium jedenfalls bei börsennotierten Gesellschaften – von Ausnahmefällen eines Machtkampfes zwischen einflussreichen Aktionärsgruppen – nicht vorkommen. Vielmehr trifft der Aufsichtsratsvorsitzende weitgehend unbeeinträchtigt von dem Aufsichtsratskollegium die maßgeblichen Entscheidungen zur Einberufung, Vorbereitung und Durchführung.[55]

Für die Frage des Reformbedarfs ergibt sich daraus Folgendes:

- Soll die Rechtstellung des Aufsichtsratsvorsitzenden gesetzlich konkretisiert werden, läge an sich auch ein behutsamer Ausbau eigener Entscheidungskompetenzen des Aufsichtsratsvorsitzenden nahe.[56] Singulär wären eigene Entscheidungskompetenzen nicht, wie die insoweit systematisch wenig überzeugende Regelung des § 109 Abs. 2 AktG zur Entscheidungskompetenz des Aufsichtsratsvorsitzenden bei Ausschusssitzungen zeigt.
- In Betracht käme eine allgemeine Regelung dahingehend, dass der Aufsichtsratsvorsitzende über Maßnahmen zur Vorbereitung von Aufsichtsratsbeschlüssen entscheidet. Dem Selbstorganisationsrecht des Aufsichtsrats könnte dadurch Rechnung getragen werden, dass dieser nähere oder abweichende Regelungen in der Geschäftsordnung für den Aufsichtsrat treffen kann. Hat der Aufsichtsrat insoweit abstrakte Vorgaben getroffen, sollten sie nicht im konkreten Einzelfall durch Beschluss des Aufsichtsrats geändert werden können, sondern nur durch eine Änderung der Geschäftsordnung.[57]
- Angesichts der regelmäßig detaillierten Regelungen in den Geschäftsordnungen für den Aufsichtsrat und der in der Rechtswirklichkeit ohnehin bestehenden starken Stellung des Aufsichtsratsvorsitzenden bei der Einladung, Vorbereitung und Durchführung von Aufsichtsratssitzungen kann bei anderenfalls drohender Überfrachtung des Reformvorschlags der derzeitige Zustand auch hingenommen werden.
- In diesem Fall wären Empfehlungen und Anregungen im DCGK zur Organisation der Einladung, Vorbereitung und Durchführung von Aufsichtsratssitzungen durch den Aufsichtsratsvorsitzenden erwägenswert. Allerdings hat die Kommission erkennbar wenig Interesse an eher technischen Regelungen.

---

55 Austmann, FS Krieger, S. 51, 53; Drinhausen/Marsch-Barner, AG 2014, 337, 340.

56 Ebenso Kley, AG 2019, 818, 821.

57 S. auch Koch in der Diskussion (in diesem Sonderband); ebenso schon *de lege lata* Austmann, FS Krieger, S. 51, 52, 59 f; zur Möglichkeit von *ad hoc*-Durchbrechungen der Geschäftsordnung aber Hopt/Roth, aaO (Fn. 2), § 107 AktG Rdn. 292 ff.

d) Aufsichtsratsvorsitzender als Repräsentant des Aufsichtsrats gegenüber dem Vorstand

Gemäß § 112 Satz 1 AktG vertritt der Aufsichtsrat die Gesellschaft gegenüber dem Vorstand. Berechtigt und verpflichtet ist der Aufsichtsrat als Gesamtorgan; der Aufsichtsratsvorsitzende hat insoweit keine eigenen Kompetenzen. Er kann nach verbreiteter Auffassung nur als Erklärungs- und nicht als Willensvertreter tätig werden.[58] Hinsichtlich der Willensbildung verweist § 108 AktG die Beschlussfassung an den Aufsichtsrat; eigene Entscheidungskompetenzen des Aufsichtsratsvorsitzenden sind nicht vorgesehen.

Der Aufsichtsratsvorsitzende darf nach diesem Verständnis lediglich die Beschlüsse des Aufsichtsrats umsetzen, und dies auch nur dann, wenn er hierzu durch den Aufsichtsrat ermächtigt wird.[59] Nach anderer Auffassung ist der Aufsichtsratsvorsitzende (kraft Amtes) zur Vollziehung der Willensbildung des Aufsichtsrats berechtigt.[60]

Gemäß Grundsatz 7 Satz 2 DCGK nimmt der Aufsichtsratsvorsitzende die Belange des Aufsichtsrats nach außen wahr. Das spricht für das Verständnis der Kommission, dass der Aufsichtsratsvorsitzende kraft Amtes als Repräsentant des Aufsichtsrates tätig wird, ohne dass es der Notwendigkeit eines ausdrücklichen oder konkludenten Beschlusses des Gremiums bedarf.

In den Geschäftsordnungen für den Aufsichtsrat der DAX30-Gesellschaften finden sich häufig damit übereinstimmende Regelungen. Die Notwendigkeit einer Beauftragung durch den Aufsichtsrat zur Vollziehung von Beschlüssen des Aufsichtsrats gegenüber dem Vorstand oder Dritten wird regelmäßig nicht angesprochen.

Der Meinungsstreit über die Notwendigkeit einer Ermächtigung des Aufsichtsratsvorsitzenden durch das Gremium zur Umsetzung der Beschlussfassung erlangt praktische Bedeutung vor allem im Zusammenhang mit der Bestellung bzw. der Beendigung der Bestellung des Vorstands und des Abschlusses bzw. der Beendigung von Anstellungsverträgen mit dem Vorstand, wenn und weil insoweit die Kompetenz des Aufsichtsratsvorsitzenden infrage gestellt wird. Die ständige

---

58 BGH AG 2013, 562 Rdn. 22; Drygala, aaO (Fn. 3), § 107 AktG Rdn. 23; Habersack, aaO (Fn. 2), § 107 AktG Rdn. 60; Hüffer/Koch, aaO (Fn. 2), § 112 AktG Rdn. 8; von Schenck, aaO (Fn. 3), § 1 Rdn. 168; kritisch zur Terminologie, aber im Ergebnis übereinstimmend Hopt/Roth, aaO (Fn. 2), § 112 AktG Rdn. 93.

59 BGHZ 41, 282, 285; OLG Karlsruhe AG 1996, 224, 225 f; Habersack, aaO (Fn. 2), § 107 AktG Rdn. 60; Spindler, aaO (Fn. 22), § 112 AktG Rdn. 41.

60 Breidenich, aaO (Fn. 22), S. 293 ff; Drinhausen/Marsch-Barner, AG 2014, 337, 348; Hoffmann-Becking, aaO (Fn. 3), § 31 Rdn. 102; Hopt/Roth, aaO (Fn. 2), § 112 AktG Rdn. 94.

Rechtsprechung fordert insoweit eine Ermächtigung des Aufsichtsratsvorsitzenden durch einen ausdrücklichen Beschluss des Aufsichtsrats.[61] In der Literatur wird, sofern nicht bereits eine Vertretung des Aufsichtsrats durch den Vorsitzenden kraft Amtes vertreten wird, im Sachbeschluss regelmäßig eine konkludente Ermächtigung des Aufsichtsratsvorsitzenden gesehen.[62]

Auch wenn der Aufsichtsratsvorsitzende danach den Aufsichtsrat bei der Umsetzung seiner Willensbildung vertreten darf, steht ihm als Konsequenz seiner Einordnung als Erklärungsvertreter kein Entscheidungsspielraum zu. Nach dieser verbreiteten Einordnung können weder die Satzung noch die Geschäftsordnung noch der Aufsichtsrat im Einzelfall Entscheidungsbefugnisse auf den Aufsichtsratsvorsitzenden delegieren (vgl. oben 1. c)).[63] Nach einer großzügigeren Auffassung soll der Aufsichtsratsvorsitzende einen begrenzten Gestaltungsspielraum erhalten dürfen, sofern der Aufsichtsrat einen Beschluss mit klar ermessensleitenden Richtlinien fasst.[64] In diese Richtung gehen auch Überlegungen in der Literatur, eine Delegation von Entscheidungskompetenzen durch das Kollegium auf den Aufsichtsratsvorsitzenden jedenfalls zur Vorbereitung der Entscheidung zuzulassen.[65]

Nur bei Hilfsgeschäften oder Geschäften des täglichen Lebens wird dem Aufsichtsratsvorsitzenden unstrittig ein eigener Entscheidungsspielraum zugestanden (s. auch oben II 2. c).[66]

Für die Frage eines Reformbedarfs ist zwischen der Frage einer Erleichterung der Vertretung des Aufsichtsrats durch den Aufsichtsratsvorsitzenden und der Frage der Einräumung eigener Entscheidungskompetenzen zu unterscheiden:

---

61 BGHZ 41, 282, 285; BGH ZIP 2013, 1274, 1276, Rdn. 21ff; OLG Düsseldorf NZG 2004, 141, 142f; OLG München NZG 2015, 706, 707; OLG München ZIP 2013, 210, 211; OLG Karlsruhe AG 1996, 224, 225.

62 DRYGALA, aaO (Fn. 3), § 112 AktG Rdn. 22; MERTENS/CAHN, aaO (Fn. 3), § 112 AktG Rdn. 42; SPINDLER, aaO (Fn. 22), § 112 AktG Rdn. 41.

63 OLG München NZG 2015, 706, 707; OLG München ZIP 2013, 210, 211; HABERSACK, aaO (Fn. 2), § 107 AktG Rdn. 64; HOFFMANN-BECKING, aaO (Fn. 3), § 31 Rdn. 21, 103; LUTTER/KRIEGER/VERSE, aaO (Fn.1), Rdn. 682; sehr zurückhaltend auch HOPT/ROTH, aaO (Fn. 2), § 112 AktG Rdn. 99ff.

64 CAHN, FS Hoffmann-Becking, 2013, S. 247, 255; DRYGALA, aaO (Fn. 3), § 112 AktG Rdn. 17, 23; VON SCHENCK, aaO (Fn. 3), § 1 Rdn. 166, 169; eingeschränkt auch BREIDENICH, aaO (Fn. 22), S. 306; HÜFFER/KOCH, aaO (Fn. 2), § 112 AktG Rdn. 8.

65 V. FALKENHAUSEN, ZIP 2015, 956, 958f; HÜFFER/KOCH, aaO (Fn. 2), § 108 AktG Rdn. 8a; REICHERT, FS Hopt II, S. 973, 980, 983f; allgemein auch DRINHAUSEN/MARSCH-BARNER, AG 2014, 337, 349.

66 CARL (Fn. 21), § 3 Rn. 141; HABERSACK, aaO (Fn. 2), § 107 AktG Rdn. 59; § 112 AktG Rdn. 24; VON SCHENCK, aaO (Fn. 3), § 1 Rdn. 170; SPINDLER, aaO (Fn. 22), § 112 AktG Rdn. 39.

- Es empfiehlt sich im Rahmen einer konkretisierenden gesetzlichen Regelung der Stellung des Aufsichtsratsvorsitzenden auch eine Regelung dahingehend, dass der Aufsichtsratsvorsitzende als Repräsentant den Aufsichtsrat vertritt. Die Regelung sollte nicht nur auf die Vertretung gegenüber dem Vorstand beschränkt sein, sondern generell gelten, also auch für die Vertretung der Gesellschaft nach außen (unten 3.a)). Durch eine ausdrückliche gesetzliche Regelung der Vertretungskompetenz des Aufsichtsratsvorsitzenden würde höhere Rechtssicherheit geschaffen.[67]
- Die Vertretungskompetenz des Aufsichtsratsvorsitzenden sollte unter dem Vorbehalt einer Ermächtigung durch den Gesamtaufsichtsrat stehen. Diese kann in allgemeiner Form in der Geschäftsordnung erteilt werden. Konkreter Ermächtigungen in jedem Einzelfall mit klaren ermessensleitenden Vorgaben sollte es nicht bedürfen. Die Änderung der Geschäftsordnung und damit der Vertretungskompetenz des Aufsichtsratsvorsitzenden bleibt dem Aufsichtsrat vorbehalten.
- Durch eine damit im Ergebnis verbundene Möglichkeit einer Delegation von Entscheidungskompetenzen durch das Kollegium auf den Aufsichtsratsvorsitzenden würde der Bedeutung des Aufsichtsratsvorsitzenden in der Rechtswirklichkeit und den entsprechenden Erwartungen des Rechtsverkehrs Rechnung getragen.[68]
- Daneben erscheint ein vorsichtiger Ausbau eigener Entscheidungskompetenzen des Aufsichtsratsvorsitzenden denkbar.
- Eine Einschränkung des Selbstorganisationsrechts des Aufsichtsrats und der Mitbestimmung wird nicht befürwortet. Denn der Aufsichtsrat entscheidet, ob er dem Aufsichtsratsvorsitzenden die Repräsentationsbefugnis gegenüber dem Vorstand, gegenüber Dritten und der Öffentlichkeit einräumt; er kann diese Ermächtigung wieder zurückholen und anderweitig einräumen (z. B. an Vorsitzende von Ausschüssen) oder im Gesamtgremium belassen. Die Stärkung des Aufsichtsratsvorsitzenden durch den Gesamtaufsichtsrat entlastet gleichzeitig das Gremium und vermeidet dessen Überforderung angesichts ständig komplexer werdender Pflichten und damit verbundener Haftungsrisiken.
- Der Grundsatz der Gesamtverantwortung des Kollegialorgans wird nicht angetastet. Die Zuweisung besonderer Kompetenzen an einzelne Aufsichtsratsmitglieder wie den Aufsichtsratsvorsitzenden oder Vorsitzende von Aus-

67 Ebenso Börsig/Löbbe, FS Hoffmann-Becking, S. 125, 145; Drinhausen/Marsch-Barner, AG 2014, 337, 349; Habersack/Thümmel, Der Aufsichtsrat 2020, Heft 2, S. 26.

68 Börsig/Löbbe, FS Hoffmann-Becking, S. 125, 145; s. auch (aber zurückhaltend) Veil (Hrsg.)/Weber-Rey, Unternehmensrecht in der Reformdiskussion, 2013, S. 161, 163.

schüssen führt bei Zuweisung eigenständiger Entscheidungskompetenzen an den Aufsichtsratsvorsitzenden (und Vorsitzende von Ausschüssen) durch das Aufsichtsratsgremium bei diesen zu erhöhten Sorgfaltsanforderungen; die Gesamtverantwortung der übrigen Aufsichtsratsmitglieder beschränkt sich auf eine Kontrollpflicht, die nur im Einzelfall zu aktiven Eingriffspflichten erstarkt; außerhalb dieser begrenzten eigenen Kompetenzen des Aufsichtsratsvorsitzenden bleibt es uneingeschränkt bei der Gesamtverantwortung des Kollegiums.[69]

3. Aufsichtsratsvorsitzender und Vertretung der Gesellschaft nach außen

a) Umsetzung von Aufsichtsratsbeschlüssen gegenüber Dritten/Öffentlichkeit

Hinsichtlich der Umsetzung bzw. Vollziehung von Aufsichtsratsbeschlüssen außerhalb der Gesellschaft, insbesondere gegenüber der Öffentlichkeit oder dem Kapitalmarkt, gelten die Überlegungen wie hinsichtlich der Vertretung des Aufsichtsrats gegenüber dem Vorstand durch den Aufsichtsratsvorsitzenden (oben 2.d).

b) Kommunikation zwischen Aufsichtsratsvorsitzendem und Dritten, insbesondere Investorendialog

Gemäß Ziffer A.3 DCGK sollte der Aufsichtsratsvorsitzende in angemessenem Rahmen bereit sein, mit Investoren über aufsichtsratsspezifische Themen Gespräche zu führen.

Diese Anregung fand sich schon im DCGK 2017; ursprünglich war insoweit eine Empfehlung vorgesehen, die aber aufgrund zahlreicher kritischer Stellungnahmen abgeschwächt wurde.[70] Auch als Anregung wird ein Dialog zwischen Aufsichtsratsvorsitzendem und Investoren vielfach kritisch gesehen, weil die

69 Drygala, aaO (Fn. 3), § 116 AktG Rdn. 44; Hüffer/Koch, aaO (Fn. 2), § 116 AktG Rdn. 4; Spindler, aaO (Fn. 22), § 116 AktG Rdn. 17; zur vergleichbaren Ressortverantwortung im Vorstand Habersack, aaO (Fn. 2), § 93 AktG Rdn. 169 f; Hüffer/Koch, aaO (Fn. 2), § 77 AktG Rdn. 14 f; zuletzt Hoffmann-Becking, NZG 2021, 93.

70 Näher Noerr/Hering Schuppener/v. Werder, Die Rolle des Aufsichtsrats in der Krisenkommunikation, 2019, S. 30 f mit zahlreichen Nachweisen.

Kommunikation nach außen genuine Vorstandskompetenz sei.[71] Deshalb müsse der Investorendialog in Abstimmung und nach Freigabe durch den Vorstand erfolgen. Bei Beschränkung auf aufsichtsratsspezifische Themen, wie sie der DCGK anregt, bestehe zwar keine Kompetenzüberschreitung; derartige Themen wie etwa Personalentscheidungen beim Vorstand seien aber für eine Außenkommunikation auch gegenüber Investoren wenig geeignet. Zudem gebe es Bereiche wie die Strategie des Unternehmens, die aufgrund der mitunternehmerischen Stellung des Aufsichtsrats auch in die Kompetenz des Aufsichtsrats fallen, primär aber Verantwortungsbereich des Vorstands sein. Kritisch wird auch die alleinige Rolle des Aufsichtsratsvorsitzenden gesehen, die mit der Zuständigkeit des Aufsichtsratsgremiums kollidiere.[72]

Die Gegenauffassung weist darauf hin, dass der Investorendialog nach den Erwartungen internationaler Investoren notwendig sei und die Ansprache des Aufsichtsratsvorsitzenden keineswegs nur Ausdruck eines Fehlverständnisses des dualistischen Systems sei. Der Dialog entspreche auch bereits der Rechtswirklichkeit.[73] Soweit es um originäre Aufsichtsratsangelegenheiten gehe, werde der Aufsichtsratsvorsitzende die Sensibilität sachgerecht einschätzen können. Der Aufsichtsratsvorsitzende müsse aber das Gremium und den Vorstand über bevorstehende Gespräche informieren und nachträglich über deren Inhalt berichten.[74]

In den Geschäftsordnungen für den Aufsichtsrat der DAX30-Gesellschaften findet der Investorendialog mit dem Aufsichtsratsvorsitzenden nunmehr Einzug, er wird aber noch nicht verbreitet geregelt.[75]

---

71 Habersack, aaO (Fn. 2), § 111 AktG Rdn. 67; Hoffmann-Becking, aaO (Fn. 3), § 29 Rdn. 18; Holle, ZIP 2019, 1895, 1897; Hüffer/Koch, aaO (Fn. 2), § 111 AktG Rdn. 34a; Kort, Großkomm z. AktG, 4. Aufl., 2015, § 76 Rdn. 9a; Lutter/Krieger/Verse, aaO (Fn. 1), Rdn. 680; E. Vetter, aaO (Fn. 13), Rz. 27.10a; zurückhaltend auch von Schenck, aaO (Fn. 3), § 1 Rdn. 201 f.

72 Koch, FS 50 Jahre Aktiengesetz, S. 65, 90 f; E. Vetter, AG 2016, 873, 875.

73 VGR (Hrsg.)/Bachmann, Gesellschaftsrecht in der Diskussion 2016, 2017, S. 135 ff; Carl (Fn. 21), § 3 Rn. 121, 123 ff.; Drygala, aaO (Fn. 3), § 107 AktG Rdn. 25; Hirt/Hopt/Mattheus, AG 2016, 725, 729; Hopt/Roth, aaO (Fn. 2), § 111 AktG Rdn. 576 ff; Kremer, aaO (Fn. 12), A. 3 Rdn. 2 ff; Schiessl, FS Krieger, 2020, S. 813 ff; v. Werder, DB 2017, 977, 983; ferner Initiative Developing Shareholder Communication, Leitsätze für den Dialog zwischen Investoren und Aufsichtsrat, AG-Report 2016, R300 ff; empirische Befunde bei Hammann, DIRK-Forschungsreihe, Bd. 24, 2018, S. 24 ff; eingeschränkt auch Fleischer/Bauer/Wansleben, DB 2015, 360, 362; Mertens/Cahn, aaO (Fn. 3) § 107 AktG Rdn. 61; Spindler, FS Seibert, 2019, S. 855, 865.

74 Hirt/Hopt/Mattheus, AG 2016, 725, 729; Schiessl, FS Krieger, S. 813, 815.

75 Näher Noerr/Herring Schuppener/v. Werder, aaO (Fn. 70), S. 33; Tietz/Hammann/Hoffmann, Der Aufsichtsrat 2019, 69.

Vergleichbare Fragen stellen sich auch hinsichtlich der Kompetenz des Aufsichtsratsvorsitzenden zur Kommunikation mit Stimmrechtsberatern oder der Politik.[76]

Für die Einschätzung des Reformbedarfs ergibt sich daraus:

- Angesichts der Anregungen im DCGK ist eine gesetzliche Regelung des Investorendialogs nicht zwingend, sie würde jedoch die Rechtsicherheit fördern.[77]
- Die Regelung sollte sich nicht nur auf die Kommunikation mit Investoren beschränken, sondern generell die Kommunikation des Aufsichtsratsvorsitzenden nach außen, etwa mit der Presse oder mit Stimmrechtsberatern, zu aufsichtsratsspezifischen Themen einbeziehen.
- Ausreichend sollte sein die generelle Ermöglichung des Investorendialogs zwischen dem Aufsichtsratsvorsitzenden und Investoren sowie gegenüber Dritten in der Geschäftsordnung für den Aufsichtsrat oder einer Informationsordnung.[78] Einer konkreten Ermächtigung des Aufsichtsratsvorsitzenden durch das Gremium zu bestimmten Gesprächen sollte es nicht bedürfen (vgl. oben II.d)). Erforderlich ist aber eine Information des Vorstands im Vorfeld und des Vorstands sowie des Aufsichtsratsgremiums im Nachgang zur Kommunikation.

III. Aufsichtsratsvorsitzender: persönliche Anforderungen

1. Aufsichtsratsvorsitz als Hauptamt

Das Gesetz deutet die mit einem Aufsichtsratsvorsitz verbundene erhöhte Arbeitsbelastung implizit an, indem bei der Höchstzahl der Aufsichtsratsmandate gemäß § 100 Abs. 2 Satz 3 das Amt des Vorsitzenden doppelt gewertet wird. Der DCGK schärft diesen Aspekt durch eine Empfehlung einer Höchstzahl von fünf Aufsichtsratsmandaten bei doppelter Zählung des Aufsichtsratsvorsitzes (C.4). Zudem soll der Vorstand einer börsennotierten Gesellschaft keinen Aufsichts-

---

76 S. auch von Schenck, aaO (Fn. 3), § 1 Rdn. 201 f.

77 Ebenso Habersack (in diesem Sonderband); s. auch von Schenck, aaO (Fn. 3), § 1 Rdn. 199.

78 *De lege lata* ebenso schon Carl (Fn. 21), § 3 Rn. 126; Noerr/Herring Schuppener/v. Werder, aaO (Fn. 70), S. 24, 40 f; Roth, FS Bergmann, 2018, S. 565, 580; Schiessl, FS Krieger, S. 813, 815; s. auch Hirt/Hopt/Mattheus, AG 2016, 725, 729; eingeschränkt auch von Schenck, aaO (Fn. 3), § 1 Rdn. 202.

ratsvorsitz in einer konzernexternen börsennotierten Gesellschaft wahrnehmen (C.5).

Forderungen nach einer konkreteren gesetzlichen Regelung des Aufsichtsratsvorsitzenden schließen zum Teil auch eine Regelung als Hauptamt ein.[79]

Die Vorstellungen über einen angemessenen zeitlichen Aufwand für einen Aufsichtsratsvorsitz gehen allerdings auseinander und variieren auch in der Praxis erheblich. Insbesondere erscheint es zweifelhaft, ob eine Forderung nach dem Einsatz mit der Hälfte der Arbeitszeit für einen Aufsichtsratsvorsitz den Anforderungen im Einzelfall gerecht wird. Für DAX30-Gesellschaften wird das der Fall sein, für kleinere Gesellschaften dürfte der Aufwand zu hoch angesetzt sein.

Der Gesetzgeber hat deshalb trotz inhaltlicher Sympathie eine gesetzliche Regelung des Aufsichtsratsvorsitzes als Hauptamt im KonTraG als ungeeignet abgelehnt.[80] Nach wie vor kann der Charakter des Aufsichtsratsvorsitzes als Hauptamt konkreter und flexibler durch die gesetzliche Regelung der dahinterstehenden Sachthemen verdeutlicht werden.[81] Zu denken ist an eine weitere Einschränkung der Anzahl von Aufsichtsratsmandaten als Vorsitzender bei der Höchstzahl[82] sowie an die noch stärkere Betonung der herausgehobenen Stellung des Aufsichtsratsvorsitzenden bei der Aufsichtsratvergütung oder bei dessen Ausstattung.[83] Ergänzend könnten die Empfehlungen im DCGK für den Aufsichtsratsvorsitz geschärft werden.[84]

2. Unabhängigkeit des Aufsichtsratsvorsitzenden

Eine Regelung zur notwendigen Unabhängigkeit des Vorsitzenden des Aufsichtsrats besteht nicht. § 100 Abs. 5 AktG verlangt lediglich ein Mitglied mit Sachverstand auf den Gebieten Rechnungslegung und Abschlussprüfung. Die

---

79 Börsig/Löbbe, FS Hoffmann-Becking, S. 125, 145; von Schenck, aaO (Fn. 3), § 1 Rdn. 199; offen Drinhausen/Marsch-Barner, AG 2014, 351; Hüffer/Koch, aaO (Fn. 2), § 107 AktG Rdn. 8; für große AG auch Hopt/Roth, aaO (Fn. 2) § 107 AktG Rdn. 100 ff; allgemein für Schaffung von Berufsaufsichtsräten schon Lutter, AG 1994, 176, 177; Bernhardt, ZHR 159 (1995), 310, 317; abweichend Baums, ZIP 1995, 11, 17; skeptisch auch Veil(Hrsg.)/Cahn, Unternehmensrecht in der Reformdiskussion, 2013, S. 139, 157.

80 vgl. RegE eines Gesetzes zur Kontrolle und Transparenz im Unternehmensbereich (KonTraG), BT-Drs. 13/9712, S. 16.

81 Ebenso Habersack, aaO (Fn. 2), § 100 AktG Rdn. 10; insoweit auch Hopt/Roth, aaO (Fn. 2) § 107 AktG Rdn. 100.

82 Dazu Verse (in diesem Sonderband).

83 Dazu Rosskopf (in diesem Sonderband).

84 S. auch Hopt/Kumpan, AG 2021, 129, 139.

zwischenzeitliche gesetzliche Regelung, dass der Finanzexperte im Aufsichtsrat unabhängig sein muss (§ 100 Abs. 5 AktG a. F.), wurde gestrichen. Die gesetzliche Regelung wird durch das FISG zwar konkretisiert, die Unabhängigkeit insbesondere des Vorsitzenden des Prüfungsausschusses wird jedoch nicht vorgeschrieben.[85]

Der DCGK empfiehlt die Unabhängigkeit des Aufsichtsratsvorsitzenden, des Vorsitzenden des Prüfungsausschusses sowie des Vorsitzenden des mit der Vorstandsvergütung befassten Ausschusses von der Gesellschaft und vom Vorstand (also nicht notwendig von einem kontrollierenden Aktionär, C.10). In den Geschäftsordnungen für den Aufsichtsrat von DAX30-Gesellschaften wird diese Empfehlung zum Teil aufgegriffen.

Roth schlägt eine Ersetzung von § 100 Abs. 2 Satz 1 Nr. 4 AktG durch Benennung eines unabhängigen Aufsichtsratsmitglieds (Senior Independent Director) als Ansprechpartner der Aktionäre vor.[86] Das würde allerdings zur Folge haben, dass dieses unabhängige Mitglied konsequent auch Ansprechpartner von Investoren sein müsste, was von diesen nicht gewünscht sein wird (oben II.3.b).

Mit Blick auf die anlässlich des FISG nicht erfolgte gesetzliche Regelung der Unabhängigkeit des Vorsitzenden des Prüfungsausschusses erscheint die Forderung nach einer gesetzlichen Regelung der Unabhängigkeit des Aufsichtsratsvorsitzenden nicht erfolgsversprechend. Es besteht auch angesichts der sachgerechten Empfehlung des DCGK[87] kein zwingender Regelungsbedarf.[88]

Mittelbar wird die Unabhängigkeit der Aufsichtsratsmitglieder zudem (etwas) dadurch erhöht, dass der früher verbreitete Wechsel vom Vorstand in den Aufsichtsrat bei börsennotierten Gesellschaften durch eine cooling-off Periode von zwei Jahren erschwert wird, sofern nicht mehr als 25 % der Stimmrechte an der Gesellschaft dem Wechsel in den Aufsichtsrat vorschlagen, § 100 Abs. 2 S. 2 Nr. 4 AktG. Nach den Vorstellungen der EU wäre allerdings eine Unabhängigkeit erst bei einer cooling-off Periode von fünf Jahren und ohne eine Einschränkung erreicht.[89] Die Regelung hat insbesondere für den Wechsel vom Vorstandsvorsitz

---

85 Kritisch Hopt/Kumpan, AG 2021, 129, 136.

86 Roth, ZGR 2012, 343, 364

87 Grigoleit/Grigoleit/Tomasic, aaO (Fn. 22), § 100 AktG Rdn. 13; Hüffer/Koch, aaO (Fn. 2), § 100 AktG Rdn. 40 f, 47; Kremer, aaO (Fn. 12), Grds. C.10 Rdn. 1 ff; Spindler, aaO (Fn. 22), § 100 AktG Rdn. 61 ff; kritisch dagegen Hoffmann-Becking, NZG 2014, 801, 803.

88 Für gesetzliche Regelung der Unabhängigkeit des Aufsichtsratsvorsitzenden aber Hopt/Kumpan, AG 2021, 129, 136.

89 Empfehlung der EU-Kommission v. 15. 2. 2005 (2005/162/EG), ABl. EG 2005 L 52 Anh II Nr. 1a; ebenso die Guidelines von ISS, Continental Europe Proxy Voting Guidelines, January 21, 2020, p. 9 f, 13; eingeschränkt auch Glass Lewis, Guidelines Germany 2020, p. 7.

zum Aufsichtsratsvorsitz praktische Bedeutung; sie hat sich insoweit entgegen immer wieder anzutreffender Kritik bewährt, sodass mit Blick auf den Aufsichtsratsvorsitz kein Reformbedarf besteht.[90]

IV. Zusammenfassung

1. Es ist keine isolierte gesetzliche Regelung der Stellung des Aufsichtsratsvorsitzenden empfehlenswert, wohl aber im Rahmen einer Reform des Rechts des Aufsichtsrats insgesamt.
2. Durch eine konkretisierte gesetzliche Regelung des Aufsichtsratsvorsitzenden könnte dessen Rolle als wesentlicher Pfeiler einer (weitgehenden) praktischen Konvergenz zwischen dem dualistischen und dem monistischen System verdeutlicht werden.
3. Insbesondere empfiehlt sich eine gesetzliche Klarstellung von Kernkompetenzen des Aufsichtsratsvorsitzenden als Bindeglied zwischen Vorstand und Aufsichtsrat und der daraus folgenden Informationspflichten gegenüber dem Aufsichtsratsgremium. Zudem sollte die Aufgabe des Aufsichtsratsvorsitzenden zur Koordinierung der Aufsichtsratsarbeit gesetzlich transparent gemacht werden. Denkbar ist auch eine vorsichtige Stärkung der Leitungsbefugnisse des Aufsichtsratsvorsitzenden im Zusammenhang mit der Vorbereitung, Einberufung und Durchführung von Aufsichtsratssitzungen.
4. Zentral für eine Anpassung der Rechtstellung des Aufsichtsratsvorsitzenden an die Rechtswirklichkeit wäre dessen Rolle als Repräsentant des Aufsichtsrats gegenüber dem Vorstand, Dritten und der Allgemeinheit. Diese Kompetenz ist allerdings am Aufsichtsratsgremium abgeleitet und bedarf einer entsprechenden Zuweisung an den Aufsichtsratsvorsitzenden. Dadurch bleiben das Selbstorganisationsrecht des Aufsichtsrates und die Mitbestimmung unangetastet.
5. Ausreichend sein sollte eine generelle Ermächtigung des Aufsichtsratsvorsitzenden durch den Aufsichtsrat in der Geschäftsordnung oder in einer Informationsordnung. Diese allgemeine Ermächtigung kann rückgängig gemacht oder eingeschränkt werden. Einer jeweiligen Ermächtigung im konkreten Einzelfall sollte es jedoch nicht bedürfen.

---

90 Für gesetzliche Beschränkung auf Aufsichtsratsvorsitz und Prüfungsausschuss HABERSACK, Verhandlungen des 69. DJT 2012, Bd. I, S. E 81; DERS., aaO (Fn. 2), § 100 AktG Rdn. 40; zustimmend BAYER, NZG 2013, 1, 13; DRYGALA, aaO (Fn. 3), § 100 AktG Rdn. 14 f; auch insoweit kritisch WEBER-REY, NZG 2013, 766, 767; s. auch HOPT/ROTH, aaO (Fn. 2), § 100 AktG Rdn. 100: Kodex-Regelung vorzugswürdig.

6. Die Stärkung des Aufsichtsratsvorsitzenden durch den Gesamtaufsichtsrat entlastet gleichzeitig das Gremium und vermeidet dessen Überforderung angesichts ständig komplexer werdender Pflichten und damit verbundener Haftungsrisiken. Der Grundsatz der Gesamtverantwortung des Kollegialorgans bleibt erhalten.

Elias Kehrel

Diskussionsbericht

I. Korreferat

Der Korreferent *Jens Koch* stimmte zwar mit den grundsätzlichen Überlegungen des Referenten *Christian Decher* zum Thema „Der Aufsichtsratsvorsitzende und die Konkretisierung seines Handlungsrahmens" überein, gab allerdings zu bedenken, dass eine rechtliche Stärkung des Aufsichtsratsvorsitzenden stets zulasten der Mitbestimmung gehe, da der Aufsichtsratsvorsitzende in der Praxis von der Anteilseignerseite gestellt werde. Zudem widersprach er der These des Referenten, dass eine gesetzliche Ausformung der Stellung des Aufsichtsratsvorsitzenden aufgrund der Regelungen im DCGK entbehrlich sei, was er insbesondere in der mangelnden demokratischen Legitimation und dem auf börsennotierte und kapitalmarktnahe Gesellschaften begrenzten Anwendungsbereich begründet sah.

Eine Pflicht des Aufsichtsratsvorsitzenden, Kontakt zum Vorstand aufzunehmen, hielt der Korreferent dagegen für zu weitgehend. Auch ein Recht *de lege ferenda*, vorstandsunabhängige Information einzuholen, sah er insofern kritisch, als aus der weitergehenden Befugnis gleichzeitig Pflichten zur Wahrnehmung derselben erwachsen könnten, welche mit zusätzlichen Haftungsgefahren für den Aufsichtsratsvorsitzenden verbunden wären. Zudem hielt er eine gesetzliche Befugnis des Aufsichtsratsvorsitzenden, die Zustimmung des Gesamtaufsichtsrats bei solchen zustimmungsbedürftigen Geschäften des Vorstands zu ersetzen, welche zugleich eilbedürftig oder vertraulich sind, nur für schwer umsetzbar. Dem Regelungsanliegen könne nach Auffassung des Korreferenten allerdings dadurch entsprochen werden, dass Aufsichtsräte verkleinert und verstärkt Ausschüsse gebildet würden. Bezüglich der Einberufungskompetenz des Aufsichtsratsvorsitzenden zu Aufsichtsratssitzungen hielt er eine Regelung aus Gründen der Rechtssicherheit für erforderlich, tendierte allerdings dazu, dem Gesamtaufsichtsrat die Möglichkeit einzuräumen, den Vorsitzenden in Fragen der Einberufung zu überstimmen.

II. Schwerpunkte der Diskussion

In der sich an das Korreferat anschließenden Diskussion wurden zunächst weitergehende Rechte des Aufsichtsratsvorsitzenden – insbesondere im Zusammenhang mit der Einberufung von Aufsichtsratssitzungen – (1.) sowie vor-

https://doi.org/10.1515/9783110746372-013

standsunabhängige Informationsrechte des Aufsichtsratsvorsitzenden und der übrigen Aufsichtsratsmitglieder (2.) breiter thematisiert. Darüber hinaus wurde die Ausgestaltung des Amtes des Aufsichtsratsvorsitzenden als Hauptamt sowie ein erweitertes Teilnahmerecht für Dritte an Aufsichtsratssitzungen angesprochen (3.). Auch die Frage, ob den Aufsichtsratsvorsitzenden gegenüber dem Gesamtaufsichtsrat eine Pflicht zur Information über Gespräche mit dem Vorstand treffen soll, fand Eingang in die Diskussion (4.).

1. Weitergehende Rechte des Aufsichtsratsvorsitzenden

Auf Seiten der Vorstands- und Aufsichtsratsmitglieder wurde grundsätzlich eine gesetzliche Konkretisierung der Rolle des Aufsichtsratsvorsitzenden begrüßt. In Bezug auf eine Ausweitung der Kompetenzen des Aufsichtsratsvorsitzenden herrschte zunächst Einigkeit, dass die unternehmerische Mitbestimmung nicht durch eine Stärkung des Aufsichtsratsvorsitzenden in materiellen Fragen ausgehöhlt werden dürfe. Schwächen der Mitbestimmung müssten vielmehr offen angesprochen werden. Von den Vorstands- und Aufsichtsratsmitgliedern wurden in dem Zusammenhang die Bedenken hinsichtlich einer auch nur formell ausgestalteten Stärkung des Aufsichtsratsvorsitzenden vor dem Hintergrund der politischen Brisanz von Mitbestimmungsfragen geteilt. Der Referent stellte diesbezüglich zwar nochmals klar, dass es sich lediglich um die Konkretisierung formaler Befugnisse handle, was gerade kein Angriff auf die Mitbestimmung sei, sondern gelebte Aufsichtsratspraxis normiere. Er unterstrich allerdings gleichzeitig, dass die politischen Bedenken ernst zu nehmen seien.

Hingegen sprachen sich einige Diskutanten für eine Stärkung der Entscheidungsbefugnisse im Zusammenhang mit der Einberufung von Aufsichtsratssitzungen aus. Außerdem forderte ein Vertreter der Anwaltschaft, dem Aufsichtsratsvorsitzenden die Möglichkeit der Selbstbefreiung bei Insiderinformationen einzuräumen.

2. Vorstandsunabhängige Informationen

Zur Einführung vorstandsunabhängiger Informationsrechte wurde hingegen unterschiedlich Stellung bezogen. Ein Vertreter der Wissenschaft plädierte für eine gesetzliche Befugnis aller Aufsichtsratsmitglieder, Arbeitnehmer befragen zu können. Dadurch würde die Mitbestimmung nicht unterlaufen und die informationelle Gleichbehandlung der Aufsichtsratsmitglieder gewährleistet. Außerdem könne das Gespräch zwischen Aufsichtsratsmitgliedern als Arbeitnehmervertretern und Angestellten des Unternehmens den Austausch zwischen Belegschaft und Aufsichtsrat befruchten. Die mit einer solchen Befugnis einhergehenden weitergehenden Pflichten und Haftungsrisiken, welche bereits im Korreferat angesprochen wurden, könnten darüber hinaus durch regelmäßige Ausübung des Informationsrechts entschärft werden. Dagegen hielt ein Vertreter der Anwaltschaft eine Kanalisierung vorstandsunabhängiger Information über den Aufsichtsratsvorsitzenden für wünschenswert, da ein Informationsrecht aller Aufsichtsratsmitglieder zu weit gehe. Informationsasymmetrien könnten durch eine Konkretisierung der Informationspflichten des Aufsichtsratsvorsitzenden gegenüber dem Gesamtaufsichtsrat abgebaut werden.

3. Hauptamt und Teilnahmerecht Dritter an Aufsichtsratssitzungen

Weiterhin wurde gefordert, das Amt des Aufsichtsratsvorsitzenden vor allem in börsennotierten Gesellschaften als Hauptamt auszugestalten, um Fehlleistungen wie in der Causa *Wirecard* zu verhindern und den Börsenplatz Deutschland zu schützen. Dies müsse gleichzeitig dadurch gewährleistet werden, dass dem Aufsichtsratsvorsitzenden lediglich die Bekleidung von ein bis zwei weiteren Ämtern zusätzlich zu seinem Hauptamt gestattet werden dürfe. Dieser Forderung wurde im Laufe der weiteren Diskussion nicht widersprochen. Schließlich wurde noch angeregt, dem Aufsichtsrat die Möglichkeit einzuräumen, über den Rahmen des § 109 AktG hinaus Dritte an Aufsichtsratssitzungen teilnehmen zu lassen, um insbesondere Ehrenvorsitzenden die Teilnahme an den Sitzungen zu ermöglichen.

4. Informationspflicht des Aufsichtsratsvorsitzenden

Bei der Thematisierung einer umfassenden Informationspflicht des Aufsichtsratsvorsitzenden gegenüber dem Aufsichtsratsplenum zu Gesprächsinhalten mit dem Vorstandsvorsitzenden wurde von Seiten der Organmitglieder zu bedenken gegeben, dass dadurch die Funktion des Aufsichtsratsvorsitzeden als Bindeglied zwischen Aufsichtsrat und Vorstand Schaden nehmen könnte. Da in der Unternehmenspraxis der Aufsichtsratsvorsitzende Hauptansprechpartner für die Vorstandsmitglieder sei, bestehe zu diesem ein besonderes Vertrauensverhältnis, in dessen Rahmen auch sensible Themen zur Sprache kämen, welche dem Aufsichtsrat in seiner Gesamtheit gegenüber gerade nicht geäußert würden. Um den Informationsfluss zwischen Vorstand und Aufsichtsrat über den Aufsichtsratsvorsitzenden dennoch zu gewährleisten, müsse dieses Vertrauensverhältnis hinreichend geschützt werden und dürfe nicht durch eine umfassende Informationspflicht beeinträchtigt werden. Zudem stelle sich die Frage, wie eine umfassende Informationspflicht in der Aufsichtsratspraxis in seiner konkreten Ausgestaltung sinnvoll umsetzbar wäre, ohne die Beteiligten in zeitlicher und inhaltlicher Hinsicht zu überfordern. Es biete sich daher an, dass der Aufsichtsratsvorsitzende den Gesamtaufsichtsrat nur über wesentliche und dringliche neue Erkenntnisse zu informieren hat. Dies ließe sich zudem bereits individuell in der Geschäftsordnung des Aufsichtsrats festhalten, weshalb eine gesetzliche Regelung nicht zwingend notwendig sei.

Von Seiten der Hochschullehrer wurde daraufhin vorgeschlagen, keine umfassende Informationspflicht des Aufsichtsratsvorsitzenden, sondern eine Generalklausel zu statuieren, welche das Ob und Wie der Informationsweitergabe in das pflichtgemäße Ermessen des Aufsichtsratsvorsitzenden stellt. In der konkretisierenden Norm selbst oder in deren Gesetzesbegründung könne es weiter heißen, dass er dieses Ermessen unter Abwägung des Vertrauensverhältnisses mit dem Vorstand einerseits und der funktionierenden Aufgabenwahrnehmung des Gesamtaufsichtsrats andererseits auszuüben habe. Dieser Vorschlag stieß auf positive Resonanz seitens der Organmitglieder.

Gabriele Roßkopf*

Die Ausstattung des Aufsichtsrats

Zusammenfassung: Mit den ständig steigenden Anforderungen an den Aufsichtsrat wächst auch die Bedeutung seiner angemessenen Ausstattung. In der Sache geht es dabei um die Kosten der einzelnen Aufsichtsratsmitglieder für die Amtsausübung sowie vor allem um die internen und externen Kosten des Aufsichtsrats selbst. Wesentliche Fragen betreffen Art und Umfang zu erstattender Kosten, interne Zuständigkeiten für deren Prüfung, die Vertretungsbefugnis des Aufsichtsrats für Hilfsgeschäfte und die Forderung nach einem Aufsichtsratsbudget. Dieser Beitrag untersucht, inwieweit deshalb gesetzliche Regelungen neu geschaffen oder geändert werden sollten.

Abstract: The ever-increasing demands being placed on supervisory boards also call into focus the need for proper resourcing. Essentially, this is a matter of the costs incurred by the various supervisory board members in the exercise of their office and, first and foremost, the internal and external costs of the supervisory board itself. Key issues concern the nature and extent of reimbursable costs, internal authority for auditing the costs, the supervisory board's powers of representation in the context of the procurement of resources it needs to perform its tasks, and the call for a supervisory board budget. This article looks at the extent to which new legislation needs to be introduced or existing legislation revised.

Inhaltsübersicht

* Die Autorin ist Rechtsanwältin und Partnerin bei Gleiss Lutz in Stuttgart.

https://doi.org/10.1515/9783110746372-014

I. Überblick

Die angemessene Ausstattung des Aufsichtsrats erlangt mit den ständig steigenden Anforderungen an die Arbeit des Aufsichtsrats und der damit einhergehenden fortschreitenden Professionalisierung immer größere Bedeutung, mit anderen Worten: Aufsichtsratsarbeit wird teurer. Die Frage nach der angemessenen Ausstattung des Aufsichtsrats steht dabei im Spannungsfeld zwischen der Finanzhoheit des Vorstands und der Unabhängigkeit des Aufsichtsrats. Einerseits ist der Vorstand zum Finanzmanagement verpflichtet und muss auf die Rentabilität des Unternehmens achten. Andererseits soll der Aufsichtsrat insbesondere seiner Überwachungstätigkeit unabhängig nachgehen können. Wie dieses Spannungsverhältnis mit Blick auf die Ausstattung des Aufsichtsrats aufgelöst werden kann, ist Gegenstand dieses Beitrags.

Unter „Ausstattung" fällt dabei zunächst der Aufwand, der einzelnen Aufsichtsratsmitgliedern im Zusammenhang mit ihrer Amtsausübung entsteht und von der Gesellschaft zu ersetzen ist. Eine ausdrückliche gesetzliche Anspruchsgrundlage fehlt bislang, die interne Zuständigkeit ist unklar (vgl. dazu unten II.). Vor allem aber fallen darunter die bei der Gesellschaft unmittelbar entstehenden und vom Aufsichtsrat als Organ verursachten internen und externen Kosten (vgl. dazu unten III.). Bei beiden Themenkomplexen geht es neben der Frage, welche Ausgaben angemessen sind, ganz wesentlich darum, inwieweit der Aufsichtsrat selbst handeln kann und wo er auf den Vorstand angewiesen ist. Das geltende Recht regelt nur sehr punktuell ausdrückliche (Vertretungs-)Befugnisse des Aufsichtsrats, die es ihm ermöglichen, sich die erforderliche, sachliche oder personelle Ausstattung im Namen der Gesellschaft selbst zu beschaffen. Zwar werden dem Aufsichtsrat über Annexkompetenzen weitere Befugnisse zugesprochen, Manches ist aber streitig, weshalb eine gesetzliche Regelung auch insoweit wünschenswert wäre. Eines eigenen Budgetrechts des Aufsichtsrats bedarf es dagegen nicht.

II. Kosten der Aufsichtsratsmitglieder

Nach § 113 Abs. 1 AktG kann Aufsichtsratsmitgliedern durch Satzung oder Hauptversammlungsbeschluss eine Vergütung gewährt werden. Nicht geregelt ist, ob Aufsichtsratsmitglieder darüber hinaus – oder, falls ihnen keine Vergütung gewährt wird, wenigstens – einen Anspruch auf Erstattung von Kosten haben, die ihnen durch ihre Amtsausübung entstehen. Nur für den Ausnahmefall einer gerichtlichen Bestellung von Aufsichtsratsmitgliedern gibt § 104 Abs. 7 Satz 1 AktG ausdrücklich einen solchen Anspruch. Nach allgemeiner Meinung haben aber auch ordentlich bestellte Aufsichtsratsmitglieder einen Anspruch auf Erstattung von Auslagen, soweit diese für die ordnungsgemäße Erfüllung ihrer Aufgaben erforderlich und angemessen sind. Nur die Rechtsgrundlage ist streitig.

1. Rechtsgrundlage

Rechtsgrundlage für den Aufwendungserstattungsanspruch ordentlich bestellter Aufsichtsratsmitglieder ist nach h.M. §§ 670, 675 BGB analog,[1] nach a. A. § 104 Abs. 7 Satz 1 AktG analog.[2] In einer eventuellen Satzungsregelung wird nur teilweise eine Anspruchsgrundlage gesehen.[3] Gegen eine direkte Anwendung des § 670 BGB auf Aufsichtsratsmitglieder spricht nach h.M. das korporative Rechtsverhältnis zwischen Aufsichtsratsmitgliedern und Gesellschaft,[4] gegen eine analoge Anwendung des § 104 Abs. 7 Satz 1 AktG nach h.M. dessen Charakter als Sondernorm.[5]

In der Theorie kann es einen Unterschied machen, auf welche Norm der Aufwendungsersatzanspruch gestützt wird. Denn § 670 BGB legt für die Erstattungsfähigkeit von Aufwendungen einen auch subjektiven Maßstab an („*Aufwendungen, die er den Umständen nach für erforderlich halten darf*"), während § 104 Abs. 7 Satz 1 AktG einen rein objektiven Maßstab zugrunde legt („*Anspruch auf Ersatz angemessener barer Auslagen*"). Praktische Relevanz wird das kaum je

1 Mertens/Cahn, Kölner Komm z. AktG, 3. Aufl., 2013, § 113 Rdn. 12; Gärtner/Wasmann, in: Goette/Arnold, Handbuch Aufsichtsrat, 2021, § 6 Rdn. 125; für analoge Anwendung Koch, in: Hüffer/Koch, Komm. z. AktG, 15. Aufl., 2021, § 113 Rdn. 7; Habersack, Münchener Komm. z. AktG, 5. Aufl., 2019, § 113 Rdn. 24; Hopt/Roth, Großkomm. z. AktG, 5. Aufl., 2018, § 113 Rdn. 29; Hölters/Hambloch-Gesinn/Gesinn, Komm. z. AktG, 3. Aufl., 2017, § 113 Rdn. 24; Hoffmann-Becking, Münchener Handbuch des Gesellschaftsrechts, Band 4, Aktiengesellschaft, 5. Aufl., 2020, § 33 Rdn. 15; Kiefner/Friebel, AG 2011, R74, 76; Lutter/Krieger/Verse, Rechte und Pflichten des Aufsichtsrats, 7. Aufl., 2020, § 12 Rdn. 845; Ringleb/Kremer/Lutter/v. Werder, NZG 2010, 1161, 1166; Vetter, Gesellschaftsrecht in der Diskussion 20 (2014), 115, 119.

2 Bosse/Malchow, NZG 2010, 972; zu § 104 Abs. 6 AktG a.F. Fonk, NZG 2009, 761, 762 f.

3 Koch, aaO (Fn. 1), § 113 AktG Rdn. 7; so auch Fonk, NZG 2009, 761 f; a.A. – reine Wiederholung des gesetzlichen Anspruchs – Vetter, Gesellschaftsrecht in der Diskussion 20 (2014), 115, 137; Gärtner/Wasmann, aaO (Fn. 1), § 6 Rdn. 126.

4 Habersack, aaO (Fn. 1), § 113 AktG Rdn. 24; Hopt/Roth, aaO (Fn. 1), § 113 AktG Rdn. 29; vgl. Hölters/Hambloch-Gesinn/Gesinn, aaO (Fn. 1), § 113 AktG Rdn. 24; Gaul, AG 2017, 877, 878 f.

5 Koch, aaO (Fn. 1), § 113 AktG Rdn. 7; Gaul, AG 2017, 877, 879; Schnorbus/Ganzer, BB 2019, 258, 259; a. A. Bosse/Malchow, NZG 2010, 972; Fonk, NZG 2009, 761 f.

haben,[6] zumal teilweise auch von Vertretern der h.M. für ordentlich bestellte Aufsichtsratsmitglieder im Rahmen der analogen Anwendung von § 670 BGB aus Gründen der Gleichbehandlung auf den objektiven Maßstab des § 104 Abs. 7 Satz 1 AktG abgestellt wird.[7]

Dennoch wäre es konsequent, den Aufwendungserstattungsanspruch nicht nur für den Ausnahmefall der gerichtlichen Bestellung, sondern für alle Aufsichtsratsmitglieder unabhängig von der Bestellungsmethode im Gesetz zu regeln, und zwar einheitlich. Auch wenn dafür der objektive Maßstab des § 104 Abs. 7 Satz 1 AktG durchaus passend erscheint, ließe sich die Anknüpfung an den im Zivilrecht allgemein angewendeten Maßstab des § 670 BGB ebenso gut begründen. Die praktischen Unterschiede sind, wie ausgeführt, nicht groß.

2. Umfang

Zu ersetzen sind grundsätzlich die für die Amtsausübung, d.h. die laufende Tätigkeit des Aufsichtsrats, erforderlichen und angemessenen Auslagen wie etwa Reise-, Telekommunikations-, Korrespondenz- und Übersetzungskosten[8], teils fallen auch Sitzungsgelder darunter.[9] Die Kosten einer D&O-Versicherung sind jedenfalls ähnlich zu behandeln und gehören zur Ausstattung des Aufsichtsrats.[10] Für die Angemessenheit von Auslagen gibt es dabei keine allgemeingültigen Leitlinien. Es kommt vielmehr auf den Einzelfall sowie die Größe und wirt-

---

6 Diese verneinend GÄRTNER/WASMANN, aaO (Fn. 1), § 6 Rdn. 125; vgl. KOCH, aaO (Fn. 1), § 113 AktG Rdn. 7.

7 KOCH, aaO (Fn. 1), § 113 Rdn. 7; a.A. offenbar HABERSACK, aaO (Fn. 1), § 113 AktG Rdn. 24; HÖLTERS/HAMBLOCH-GESINN/GESINN, aaO (Fn. 1), § 113 AktG Rdn. 24.

8 DRYGALA, in: K. Schmidt/Lutter, Komm. z. AktG, 4. Aufl., 2020, § 113 Rdn. 14; HABERSACK, aaO (Fn. 1), § 113 AktG Rdn. 25; HOPT/ROTH, aaO (Fn. 1), § 113 AktG Rdn. 30; KOCH, aaO (Fn. 1), § 113 AktG Rdn. 9; HÖLTERS/HAMBLOCH-GESINN/GESINN, aaO (Fn. 1), § 113 AktG Rdn. 24; SCHNORBUS/GANZER, BB 2019, 258, 261; THÜSING/VEIL, AG 2008, 359, 362ff; VETTER, Gesellschaftsrecht in der Diskussion 20 (2014), 115, 119; GÄRTNER/WASMANN, aaO (Fn. 1), § 6 Rdn. 121.

9 Sitzungsgelder können auch Vergütungsbestandteil sein. Zur Abgrenzung vgl. GRIGOLEIT/TOMASIC/KOCHENDÖRFER, in: Grigoleit, Komm. z. AktG, 2. Aufl., 2020, § 113 Rdn. 29; HABERSACK, aaO (Fn. 1), § 113 AktG Rdn. 14; HOPT/ROTH, aaO (Fn. 1), § 113 AktG Rdn. 44f; KOCH, aaO (Fn. 1), § 113 AktG Rdn. 21, jew. m.w.N.; GÄRTNER/WASMANN, aaO (Fn. 1), § 6 Rdn. 30.

10 Vgl. DRYGALA, aaO (Fn. 8), § 113 AktG Rdn. 16: *„Beurteilung sollte daher ähnlich sein, wie in den Fällen, in denen die Gesellschaft Aufwendungen und Schäden des Organmitglieds übernimmt“*; HOFFMANN-BECKING, aaO (Fn. 1), § 33 Rdn. 21: *„Attribut der sachlichen Ausstattung des ‚Arbeitsplatzes‘ des Organmitglieds“*; LUTTER/KRIEGER/VERSE, aaO (Fn. 1), § 12 Rdn. 845.

schaftliche Lage der Gesellschaft an.[11] Die Diskussion dazu in der Literatur ist kleinteilig, eine gesetzliche Regelung wäre nicht zielführend.

Das gilt auch für Aus- und Fortbildungskosten, deren Ersatzfähigkeit intensiv diskutiert wird. Der Erwerb erforderlicher Mindestkenntnisse ist seit der Hertie-Entscheidung des BGH von 1982[12] anerkanntermaßen Privatangelegenheit der Aufsichtsratsmitglieder. Die Mindestqualifikation („*…diejenigen Mindestkenntnisse und –fähigkeiten …, die es braucht, um alle normalerweise anfallenden Geschäftsvorgänge auch ohne fremde Hilfe verstehen und sachgerecht beurteilen zu können*")[13] muss vor Amtsantritt erworben werden, schon wegen der auch von Anfang an bestehenden Haftung. Die Kosten für *Aus*bildungsmaßnahmen sind von der Gesellschaft daher nicht zu übernehmen.[14] Die *Fort*bildung der Aufsichtsratsmitglieder wird bislang ebenfalls grundsätzlich als Privatangelegenheit angesehen. Bei speziellen Anforderungen kann für Aufsichtsratsmitglieder aber eine Fortbildungspflicht bestehen, zB bei Änderung der gesetzlichen Rahmenbedingungen nach Amtsantritt.[15] Den Aufsichtsratsmitgliedern steht in solchen Fällen nach h.M. dann auch ein Erstattungsanspruch zu.[16] Dem ist zuzustimmen, da die Fortbildung der Aufsichtsratsmitglieder im Interesse der Gesellschaft liegt. Eine Stütze im Gesetz findet diese Überlegung in § 25d Abs. 4 KWG, wonach re-

11 Lutter/Krieger/Verse, aaO (Fn. 1), § 12 Rdn. 845.

12 Vgl. BGHZ 85, 293 ff – Hertie; Weber-Rey, Referat zum 69. DJT, N55; vgl. Bachmann/Kremer, in: Kremer/Bachmann/Lutter/v. Werder, Komm. z. DCGK, 8. Aufl., 2021, Grundsatz 18 Rdn. 1; Bosse/Malchow, NZG 2010, 972, 973; Vetter, Gesellschaftsrecht in der Diskussion 20 (2014), 115, 121.

13 BGHZ 85, 293, 295 f

14 Habersack, aaO (Fn. 1), § 113 AktG Rdn. 27; Koch, aaO (Fn. 1), § 113 AktG Rdn. 10; Mertens/Cahn, aaO (Fn. 1), § 113 AktG Rdn. 12; Drygala, aaO (Fn. 8), § 113 AktG Rdn. 14; Bachmann/Kremer, aaO (Fn. 12), Grundsatz 18 Rdn. 1 f, D.12 Rdn. 2; Lutter/Krieger/Verse, aaO (Fn. 1), § 12 Rdn. 846; Hopt/Roth, aaO (Fn. 1), § 113 AktG Rdn. 33; Fonk, NZG 2009, 761, 769; Gärtner/Wasmann, aaO (Fn. 1), § 6 Rdn. 161.

15 Weber-Rey, Referat zum 69. DJT, N55; Bachmann/Kremer, aaO (Fn. 12), Grundsatz 18 Rdn. 1; Bosse/Malchow, NZG 2010, 972, 973; vgl. Lutter, DB 2009, 775, 779; Ringleb/Kremer/Lutter/v. Werder, NZG 2010, 1161, 1166.

16 Bachmann/Kremer, aaO (Fn. 12), D. 12 Rdn. 2; Habersack aaO (Fn. 1), § 113 AktG Rdn. 27 ff; Drygala, aaO (Fn. 8), § 113 AktG Rdn. 14; Bosse/Malchow, NZG 2010, 972, 973; Bulgrin, AG 2019, 101, 104; Gaul, AG 2017, 877, 883; Hölters/Hambloch-Gesinn/Gesinn, aaO (Fn. 1), § 113 AktG Rdn. 24a; Koch, aaO (Fn. 1), § 113 AktG Rdn. 10; Leyendecker-Langner/Huthmacher, NZG 2012, 1415, 1416; Mertens/Cahn, aaO (Fn. 1), § 113 AktG Rdn. 12; Schnorbus/Ganzer, BB 2019, 258, 261; v. Schenck, in: Semler/v. Schenck, Der Aufsichtsrat, 2015, § 113 AktG Rdn. 130; Spindler, beck-online Großkomm. z. Aktienrecht , Stand 01.02.2021, § 113 AktG Rdn. 13; Vetter, Gesellschaftsrecht in der Diskussion 20 (2014), 115, 121 ff, jew. m.w.N.; Gärtner/Wasmann, aaO (Fn. 1), § 6 Rdn. 162; strenger Fonk, NZG 2009, 761, 769.

gulierte Unternehmen angemessene personelle und finanzielle Ressourcen einsetzen müssen, um die Fortbildung zu ermöglichen, die zur Aufrechterhaltung der erforderlichen Sachkunde auch von Aufsichtsratsmitgliedern notwendig ist.[17] Auch außerhalb des Finanzsektors ist im Interesse der Unternehmen ein großzügiger Ansatz angebracht, zumal die Grenzen zwischen Ausbildung und Fortbildung oft fließend sind und zB auch das „*Onboarding*" neuer Aufsichtsratsmitglieder nicht zu persönlichen Kosten beim Aufsichtsratsmitglied führen sollte. Das klingt auch in DCGK 2020 Grundsatz 18 und Empfehlung D.12 an, wonach die Gesellschaft Aufsichtsratsmitglieder „*bei ihrer Amtseinführung sowie den Aus- und Fortbildungsmaßnahmen angemessen unterstützen*" soll,[18] auch wenn sich daraus nach überwiegender Auffassung keine eigenständige Rechtsgrundlage für eine Kostenübernahme durch die Gesellschaft ergibt.[19] Eine allgemeine gesetzliche Regelung erscheint dennoch nicht angezeigt.

3. Zuständigkeit innerhalb der Gesellschaft

Welcher Aufwand erforderlich und angemessen ist, muss im Unternehmen geprüft werden, bevor einem Aufsichtsratsmitglied geltend gemachte Kosten erstattet werden. Dabei besteht ein Beurteilungsspielraum. Im Schrifttum ist umstritten, wer innerhalb der Gesellschaft für diese Entscheidung zuständig ist. Teilweise wird wegen dessen Leitungsfunktion bzw. allgemeiner Vertretungsbefugnis der Vorstand,[20] teilweise (wohl h.M.) der Aufsichtsrat als zuständig ange-

---

17 Koch, aaO (Fn. 1), § 113 AktG Rdn. 10; Lutter/Krieger/Verse, aaO (Fn. 1), § 12 Rdn. 940; Vetter, Gesellschaftsrecht in der Diskussion 20 (2014), 115, 122.

18 Zu DCGK 2010 (insoweit gleichlautend) Weber-Rey, Referat zum 69. DJT, N56 und These 2.

19 Habersack, aaO (Fn. 1), § 113 AktG Rdn. 27; Koch, aaO (Fn. 1), § 113 AktG Rdn. 10; Hoffmann-Becking, aaO (Fn. 1), § 33 Rdn. 16; Spindler, aaO (Fn. 16), § 113 AktG Rdn. 13; Hölters/Hambloch-Gesinn/Gesinn, aaO (Fn. 1), § 113 AktG Rdn. 24a; v. Schenck, aaO (Fn. 16), § 113 AktG Rdn. 130 ff; Kiefner/Friebel, AG 2011, R74, 76; Leyendecker-Langner/Huthmacher, NZG 2012, 1415, 1416; Schnorbus/Ganzer, BB 2019, 258, 261; Vetter, Gesellschaftsrecht in der Diskussion 20 (2014), 115, 120 f; Bosse/Malchow, NZG 2010, 972, 973; vgl. ferner Bulgrin, AG 2019, 101, 104; Gaul, AG 2017, 877, 883; Gärtner/Wasmann, aaO (Fn. 1), § 6 Rdn. 161; a. A. Mutter, AG 2013, R246: Der DCGK beeinflusse die Gesetzesauslegung; großzügig auch Menkel, AG 2019, 330, 334 f.

20 Koch, aaO (Fn. 1), § 113 AktG Rdn. 8; Grigoleit/Tomasic/Kochendörfer, aaO (Fn. 9), § 113 AktG Rdn. 29; Hoffmann-Becking, aaO (Fn. 1), § 33 Rdn. 18; Bosse/Malchow, NZG 2010, 972, 974; Bulgrin, AG 2019, 101, 105 f; Fonk, NZG 2009, 761, 765; Koch, ZHR 180 (2016), 578, 603 ff; anders Scherb-Da Col, Die Ausstattung des Aufsichtsrats, 2018, S. 543 f, der eine primäre Zuständigkeit des Vorstands annimmt, im Streitfall aber eine Entscheidung des Aufsichtsrats fordert; ähnlich wohl Spindler, aaO (Fn. 16), § 113 AktG Rdn. 11: Zuständigkeit des Vorstands, im Zweifel Entscheidung des Aufsichtsratsvorsitzenden einzuholen.

sehen,[21] wobei innerhalb dieser Auffassung streitig ist, ob der Aufsichtsratsvorsitzende (im Verhältnis zu diesem dann der Stellvertreter)[22] oder das Plenum[23] das „letzte Wort“ haben soll. Die Zuständigkeit des Aufsichtsratsvorsitzenden für die Entscheidung wird zwar von einigen angenommen, aber kaum begründet.[24] Für die Zuständigkeit des Plenums wird dessen allgemeine Zuständigkeit für die Willensbildung des Gremiums,[25] vereinzelt werden auch Transparenzgründe angeführt.[26]

Einen Ausgleich zwischen diesen Positionen versucht die Auffassung zu schaffen, die differenzierend eine Zuständigkeit des Vorstands hinsichtlich der Auslagen einzelner Aufsichtsratsmitglieder und eine Zuständigkeit des Aufsichtsrats für die Entscheidung über Kosten annimmt, die durch die Tätigkeit des Gesamtgremiums entstehen, wie zB Beraterkosten.[27] Vereinzelt wird unter Hinweis auf die Haftungsandrohung des § 93 Abs. 3 Nr. 7 AktG stattdessen eine Differenzierung nach dem Anlass der Aufwendungen (Zuständigkeit des Aufsichtsrats) und der Höhe im konkreten Fall (Zuständigkeit des Vorstands) befürwortet.[28]

In der Sache richtig erscheint es, den Aufsichtsrat, und zwar das Gremium als solches, als zuständig anzusehen. Wäre der Vorstand zuständig, könnte das angesichts des bestehenden Beurteilungsspielraums die Unabhängigkeit und

21 Gaul, AG 2017, 877, 879 f; Drygala, aaO (Fn. 8), § 113 AktG Rdn. 14; Habersack, aaO (Fn. 1), § 113 AktG Rdn. 30; Hölters/Hambloch-Gesinn/Gesinn, aaO (Fn. 1), § 113 AktG Rdn. 25; Maser/Göttle, NZG 2013, 201, 207; Mertens/Cahn, aaO (Fn. 1), § 113 AktG Rdn. 13; Lutter/Krieger/Verse, aaO (Fn. 1), § 12 Rdn. 658; Rotering/Mohamed, Der Konzern 2016, 433, 434 ff; Schnorbus/Ganzer, BB 2019, 258, 264 f; Vetter, Gesellschaftsrecht in der Diskussion 20 (2014), 115, 133 f, jew. m.w.N.; Grau, in: Semler/v. Schenck/Wilsing, Arbeitshandbuch für Aufsichtsratsmitglieder, 5. Aufl., 2021, § 13 Rdn. 139; Gärtner/Wasmann, aaO (Fn. 1), § 6 Rdn. 181.

22 Hopt/Roth, aaO (Fn. 1), § 113 AktG Rdn. 39 f; Wagner, aaO (Fn. 21), § 11 Rdn. 86, zuerst Aufsichtsratsvorsitzender, ggf. dann Plenum; ohne Begründung Spindler, aaO (Fn. 16), § 113 AktG Rdn. 11; Schnorbus/Ganzer, BB 2019, 258, 265 mit Verweis auf Gaul, AG 2017, 877, 880 und Semler, FS Claussen, 1997, S. 381, 402, die aber das Plenum für zuständig halten, sowie Knoll/Zachert, AG 2011, 309, 313, die offenlassen, wer zuständig sein soll.

23 Gaul, AG 2017, 877, 879 f; Hölters/Hambloch-Gesinn/Gesinn, aaO (Fn. 1), § 113 AktG Rdn. 25, jew. m.w.N.; Lutter/Krieger/Verse, aaO (Fn. 1), § 12 Rdn. 658; Gärtner/Wasmann, aaO (Fn. 1), § 6 Rdn. 182.

24 Eine Befassung des Plenums hält etwa nicht für erforderlich Hopt/Roth, aaO (Fn. 1), § 113 AktG Rdn. 40.

25 Gärtner/Wasmann, aaO (Fn. 1), § 6 Rdn. 182.

26 Gaul, AG 2017, 877, 880.

27 Knoll/Zachert, AG 2011, 309, 312 f.

28 v. Schenck, aaO (Fn. 16), § 113 AktG Rdn. 142; vgl. auch Grau, aaO (Fn. 21), § 13 Rdn. 138 f.

Kontrollfunktion des Aufsichtsrats beeinträchtigen.[29] Eine vorgelagerte Entscheidungskompetenz des Vorstands über die Erstattungsfähigkeit von Auslagen ist auch zum Schutz der Gesellschaft nicht erforderlich, weil der Aufsichtsrat dem Unternehmensinteresse in gleicher Weise verpflichtet ist. Wären die vom Aufsichtsrat gestatteten Aufwendungen tatsächlich einmal objektiv nicht erforderlich oder angemessen, verhielten sich die Aufsichtsratsmitglieder sorgfaltswidrig, was Ersatz- bzw. Rückgewähransprüche der Gesellschaft auslösen könnte (die dann der Vorstand zu prüfen und ggf. geltend zu machen hätte).[30] Über die Erforderlichkeit und Angemessenheit hat grundsätzlich das Aufsichtsratsplenum zu entscheiden, weil ein Vorgang einheitlicher Willensbildung nicht durch die Entscheidung des Aufsichtsratsvorsitzenden ersetzt werden kann.[31] Das Plenum kann aber selbstverständlich nach allgemeinen Grundsätzen diese Zuständigkeit auf einen Ausschuss übertragen oder Richtlinien für den Aufwendungsersatz aufstellen und mit deren Durchführung dann auch den Aufsichtsratsvorsitzenden betrauen.[32] In der Praxis sind solche Lösungen schon auf der Grundlage des geltenden Rechts gängig.[33] Aus Gründen der Rechtssicherheit wäre angesichts des dargestellten Meinungsstreits eine gesetzliche Regelung aber wünschenswert, die die Zuständigkeit des Aufsichtsrats klarstellt.

---

29 Dazu MASER/GÖTTE, NZG 2013, 201, 207; GRAU, aaO (Fn. 21), § 13 Rdn. 139; GÄRTNER/WASMANN, aaO (Fn. 1), § 6 Rdn. 181.

30 Vgl. GÄRTNER/WASMANN, aaO (Fn. 1), § 6 Rdn. 182; hierzu eingehend KOCH, ZHR 180 (2016), 578, 596 ff; s.a. GAUL, AG 2017, 877, 879 f; HABERSACK, aaO (Fn. 1), § 113 AktG Rdn. 30.

31 Vgl. GÄRTNER/WASMANN, aaO (Fn. 1), § 6 Rdn. 182, unter Verweis auf BGHZ 219, 193 Rdn. 22 = NZG 2018, 1189 – Schloss Eller.

32 Vgl. GÄRTNER/WASMANN, aaO (Fn. 1), § 6 Rdn. 182.

33 Vgl. etwa die Geschäftsordnung des Aufsichtsrats der Volkswagen AG: https://www.volkswagenag.com/presence/investorrelation/publications/corporate-governance/2020/2020_Geschäftsordnungen_Aufsichtsrat.pdf („*Der Aufsichtsratsvorsitzende ist für die Anerkennung der erforderlichen Auslagen von Aufsichtsratsmitgliedern ... zuständig und hat dabei die jeweilige Beschlusslage des Aufsichtsrats zu beachten. Ergibt sich aus der jeweiligen Beschlusslage des Aufsichtsrats nicht, ob Auslagen anzuerkennen sind, ist für die Anerkennung das Präsidium zuständig. Der Stellvertreter/das Präsidium ist zuständig für die Anerkennung der erforderlichen Auslagen des Aufsichtsratsvorsitzenden.*“).

III. Kosten des Aufsichtsrats als Organ

1. Interne Kosten, insbesondere Aufsichtsratsbüro

Interne Kosten für den Gesamt-Aufsichtsrat sind etwa solche für Räumlichkeiten und technische Ausstattung. Insbesondere in größeren Unternehmen wird regelmäßig ein Aufsichtsratsbüro (Geschäftsstelle) eingerichtet, dem auch eigene Mitarbeiter zugeordnet werden können, wenn es zur pflichtgemäßen Aufgabenerfüllung erforderlich ist.[34] Es ist umstritten, ob der Aufsichtsrat für die Einstellung solcher Mitarbeiter selbst die Vertretungskompetenz nach § 112 AktG analog[35] oder als Annexkompetenz hat,[36] oder ob es auch insoweit bei der generellen Vertretungszuständigkeit des Vorstands bleibt.[37] Soweit von der Vertretungszuständigkeit des Vorstands ausgegangen wird, wird teilweise zumindest verlangt, dass der Aufsichtsratsvorsitzende die Auswahl seiner Mitarbeiter beeinflussen und fachliche Weisungsrechte gegenüber diesen ausüben können soll.[38] In der Praxis behilft man sich häufig damit, dass das Zusammenwirken von Vorstand und Aufsichtsratsvorsitzendem vorgesehen wird.[39]

---

34 Diekmann/Wurst, NZG 2014, 121, 126 f; Gaul, AG 2017, 877, 882; Habersack, aaO (Fn. 1), § 113 AktG Rdn. 29 i.V.m. § 111 AktG Rdn. 158; Hölters/Hambloch-Gesinn/Gesinn, aaO (Fn. 1), § 111 AktG Rdn. 84a; Hopt/Roth, aaO (Fn. 1), § 111 AktG Rdn. 803; Hasselbach/Rauch, DB 2018, 1713, 1715; Hoffmann-Becking, aaO (Fn. 1), § 33 Rdn. 16; Koch, aaO (Fn. 1), § 111 AktG Rdn. 83; Schnorbus/Ganzer, BB 2019, 258, 260; Spindler, aaO (Fn. 16), § 113 AktG Rdn. 14, jew. m.w.N.; Gärtner/Wasmann, aaO (Fn. 1), § 6 Rdn. 167.

35 Hopt/Roth, aaO (Fn. 1), § 112 AktG Rdn. 54; unter Verweis auf Mertens/Cahn, aaO (Fn. 1), § 112 AktG Rdn. 12, die eine Vertretungskompetenz des Aufsichtsrats in Bezug auf die Einstellung allgemeiner Hilfskräfte jedoch ablehnen, vgl. Rdn. 27; Werner, ZGR 1989, 369, 383.

36 Habersack, aaO (Fn. 1), § 111 AktG Rdn. 158 i.V.m. § 112 AktG Rdn. 4, dort allerdings für eine Vertretungskompetenz von Vorstand *und* Aufsichtsrat; ebenso Plagemann NZG 2016, 211, 214; offen lassend Gärtner/Wasmann, aaO (Fn. 1), § 6 Rdn. 168.

37 Für Personalkompetenz des Vorstands Diekmann/Wurst, NZG 2014, 121, 126, die allerdings für eine „faktische" Personalkompetenz des Aufsichtsratsvorsitzenden plädieren; Roth, AG 2004, 1, 11; Kort, Großkomm. z. AktG, 5. Aufl., 2018, § 76 Rdn. 9; Mertens/Cahn, aaO (Fn. 1), § 112 AktG Rdn. 27; Menkel, AG 2019, 330, 334; Gärtner/Wasmann, aaO (Fn. 1), § 6 Rdn. 169; für Personalkompetenz des Aufsichtsratsvorsitzenden Lutter/Krieger/Verse, aaO (Fn. 1), § 11 Rdn. 657; Gaul, AG 2017, 877, 882; für konkurrierende Zuständigkeit Plagemann, NZG 2016, 211, 214; Scherb-Da Col, BOARD 2018, 159, 160.

38 Diekmann/Wurst, NZG 2014, 121, 126; Menkel, AG 2019, 330, 334; Plagemann, NZG 2016, 211, 214, 217; Gärtner/Wasmann, aaO (Fn. 1), § 6 Rdn. 169.

39 Vgl. etwa die Geschäftsordnungen des Aufsichtsrats der Deutsche Bank AG („*Der Vorsitzende des Aufsichtsrats leitet das Aufsichtsratsbüro, achtet auf seine Unabhängigkeit sowie fachliche Besetzung und übt im Einvernehmen mit dem Arbeitsdirektor ... die Personalhoheit aus*", https://

Die besseren Gründe sprechen schon nach geltendem Recht für die Zuständigkeit des Aufsichtsrats. Zwar lässt sich für die Zuständigkeit des Vorstands dessen allgemeine Personalkompetenz ins Feld führen.[40] Argumentiert wird auch mit dem Wortlaut des § 112 AktG, wonach der Aufsichtsrat Vorstandsmitgliedern (nicht: Mitarbeitern) gegenüber die Gesellschaft vertritt, sowie mit § 111 Abs. 2 Satz 2 AktG, woraus sich ergebe, dass der Aufsichtsrat Dritte nur im Hinblick auf bestimmte Aufgaben heranziehen, aber nicht dauerhaft bei der Gesellschaft anstellen dürfe.[41] Weder aus § 112 AktG noch aus § 111 Abs. 2 Satz 2 AktG ergibt sich aber, dass die Bestimmungen abschließend sind. Für die Zuständigkeit des Aufsichtsrats spricht außerdem wiederum der Schutz seiner Kontrollfunktion und Unabhängigkeit. Der Vorstand soll die Aufsichtsarbeit nicht durch die Personalauswahl im Aufsichtsratsbüro kontrollieren können.[42] Im Übrigen könnte der Aufsichtsratsvorsitzende auch im eigenen Namen Mitarbeiter anstellen und von der Gesellschaft die Auslagen dafür erstattet verlangen.[43]

Vor diesem Hintergrund und der anzustrebenden Sphärentrennung ist es folgerichtig, die Zuständigkeit für die Ausstattung des Aufsichtsratsbüros beim Aufsichtsrat anzusiedeln, so dass der Aufsichtsratsvorsitzende auf der Grundlage eines entsprechenden Aufsichtsratsbeschlusses[44] die Gesellschaft vertreten kann. Bei der Einstellung von Personal, der Beschaffung technischer Hilfsmittel usw. handelt es sich um Hilfsgeschäfte, die im unmittelbaren Zusammenhang mit den Aufgaben des Aufsichtsrats stehen, denn jedenfalls in größeren Unternehmen sind Aufsichtsräte ohne eine gewisse Organisation kaum arbeitsfähig. Die Vertretungskompetenz des Aufsichtsrats für bestimmte Hilfsgeschäfte ist zwar im Grundsatz *de lege lata* anerkannt. Sie sollte aus Gründen der Rechtsklarheit dennoch im Gesetz geregelt werden.[45]

---

www.db.com/ir/de/download/GO_Aufsichtsrat_25_07_2019.pdf) und der Deutsche Telekom AG („... *personelle und sachliche Ausstattung stellt der Vorstand im Einvernehmen mit dem Vorsitzenden des Aufsichtsrats bereit*“, https://www.telekom.com/de/investor-relations/management-und-corporate-governance/statuten).

40 Vgl. Mertens/Cahn, aaO (Fn. 1), § 112 AktG Rdn. 27; Diekmann/Wurst, NZG 2014, 121, 126; Menkel, AG 2019, 330, 334; Roth, AG 2004, 1, 11.

41 Mertens/Cahn, aaO (Fn. 1), § 112 AktG Rdn. 27.

42 Hopt/Roth, aaO (Fn. 1), § 112 AktG Rdn. 54; vgl. auch Plagemann, NZG 2016, 211, 214; Habersack, aaO (Fn. 1), § 111 AktG Rdn. 158 i.V.m. § 112 AktG Rdn. 4; Lutter/Krieger/Verse, aaO (Fn. 1), § 11 Rdn. 657; Gaul, AG 2017, 877, 882.

43 Gärtner/Wasmann, aaO (Fn. 1), § 6 Rdn. 169.

44 Zum Erfordernis eines Aufsichtsratsbeschlusses bei der Beauftragung von Sachverständigen Koch, aaO (Fn. 1), § 111 AktG Rdn. 39; Hoffmann-Becking, ZGR 2011, 136, 144.

45 Siehe dazu noch unten II. 2.

Die grundsätzliche Zuständigkeit des Aufsichtsrats soll ihn aber selbstverständlich nicht daran hindern, vom Unternehmen (vertreten durch den Vorstand) zur Verfügung gestellte sachliche oder personelle Ausstattung zu nutzen. Wenn etwa Personal des Aufsichtsratsbüros mit anderen Unternehmensbereichen „geteilt“ wird, ist im Einzelfall festzulegen, wer für den jeweiligen Mitarbeiter nach außen vertretungsbefugt und nach innen disziplinarisch weisungsgefugt ist. Die fachliche Weisungsbefugnis liegt für den jeweiligen Bereich beim Vorstand respektive Aufsichtsrat. Es ist nicht erforderlich, etwa doppelte Anstellungsverträge abzuschließen. Auch die Betreuung der Arbeitsverhältnisse der Mitarbeiter des Aufsichtsratsbüros durch die Personalabteilung des Unternehmens bleibt selbstverständlich möglich.

2. Externe Kosten und Vertretungsbefugnis für Hilfsgeschäfte

Externe Kosten des Aufsichtsrats sind insbesondere Beraterkosten für Rechtsanwälte, Wirtschaftsprüfer, Personalberater etc. Dabei kann es sich um ganz erhebliche Summen handeln, denn mit den gewachsenen Aufgaben und Anforderungen an die Aufsichtsratsarbeit ist diese haftungsträchtiger geworden und damit auch der Beratungsbedarf erheblich gestiegen. Beraterkosten des Aufsichtsrats fallen direkt bei der Gesellschaft an, wenn der Aufsichtsrat die Gesellschaft beim Vertragsschluss mit diesen externen Dritten wirksam vertritt.

Vertretungsbefugnis wird dem Aufsichtsrat als Annexkompetenz für Hilfsgeschäfte zugesprochen, die zur Erfüllung seiner Aufgaben erforderlich sind.[46] Im Rahmen seiner eigenen Aufgaben sei der Aufsichtsrat „geschäftsführungsbefugt“; wegen des Gleichlaufs von Geschäftsführungs- und Vertretungsbefugnis folge daraus auch die Vertretungsbefugnis.[47] Das betrifft etwa die Hinzuziehung von

---

46 Ist die Einschaltung Externer objektiv nicht erforderlich, ist umstritten, ob – ggf. auch nur in Bezug auf den überschießenden Teil des Geschäfts – eine Haftung der Aufsichtsratsmitglieder nach § 179 BGB eingreift (Hopt/Roth, aaO (Fn. 1), § 112 AktG Rdn. 58, unter Verweis auf die Rechtsprechung des BGH zu von Betriebsräten abgeschlossenen Verträgen, BGH NJW 2013, 464 Rdn. 33 ff; wohl auch Mertens/Cahn, aaO (Fn. 1), § 112 AktG Rdn. 25). Überzeugender ist die Gegenmeinung, wonach die Vertretungsmacht im Außenverhältnis unberührt bleibt und nur ein Schadenersatzanspruch der AG gegen die pflichtwidrig handelnden Aufsichtsratsmitglieder entsteht (Koch, aaO (Fn. 1), § 112 AktG Rdn. 1; Ders., ZHR 180 (2016) 578, 592; so wohl Strohn, FS K. Schmidt, 2019, Bd. II, S. 461, 468; vgl. auch Leyendecker-Langner/Huthmacher, NZG 2012, 1415, 1418.

47 BGH v. 20. 3. 2018 – II ZR 359/16, NJW-RR 2018, 800 = AG 2018, 436 Rdn. 17, 22; Strohn, FS K. Schmidt, Bd. II, S. 461, 466.

Sachverständigen zu einer Aufsichtsratssitzung, § 109 Abs. 1 Satz 2 AktG,[48] die Beauftragung von Sachverständigen im Zusammenhang mit dem Einsichts- und Prüfungsrecht des Aufsichtsrats nach § 111 Abs. 2 Satz 2 AktG,[49] Hilfsgeschäfte im Zusammenhang mit der Einberufung der Hauptversammlung nach § 111 Abs. 3 AktG,[50] die Mandatierung von Beratern im Zusammenhang mit der Suche nach, Anstellung oder Trennung von Vorstandsmitgliedern, §§ 84 ff AktG,[51] die Beauftragung von Rechtsanwälten mit der Prüfung und Geltendmachung von Haftungsansprüchen gegen Vorstandsmitglieder, § 112 AktG.[52] Die Vertretungsmacht des Aufsichtsrats erstreckt sich nach der Rechtsprechung des Bundesgerichtshofs dann auch auf einen späteren Rechtsstreit der Gesellschaft mit dem vom Aufsichtsrat beauftragten externen Dritten.[53] Umstritten ist, ob der Aufsichtsrat Vertretungsmacht etwa in Bezug auf die Einrichtung eines Aufsichtsratsbüros hat (siehe bereits II. 1.).

Der Aufsichtsrat kann den Aufsichtsratsvorsitzenden ermächtigen, die entsprechenden Beraterverträge abzuschließen, der Aufsichtsratsvorsitzende ist dann „*Erklärungsvertreter*".[54] Ohne zugrundeliegenden Aufsichtsratsbeschluss kann der Aufsichtsratsvorsitzende Hilfsgeschäfte zur Erfüllung seiner eigenen Aufgaben abschließen. Wenn er also zB speziell zu Fragen der Sitzungsleitung Rechtsrat benötigt oder Räume für eine Sitzung anmieten will, kann er im Namen der Gesellschaft auftreten und bedarf keines Aufsichtsratsbeschlusses.[55] Wie weit genau die Vertretungsbefugnis allein des Aufsichtsratsvorsitzenden reicht, ist allerdings streitig.[56]

---

48 Habersack, aaO (Fn. 1), § 109 AktG Rdn. 20; Hopt/Roth, aaO (Fn. 1), § 109 AktG Rdn. 73 und § 112 AktG Rdn. 56; Drygala, aaO (Fn. 8), § 109 AktG Rdn. 13; Lutter/Krieger/Verse, aaO (Fn. 1), § 11 Rdn. 656; Spindler, beck-online Großkomm. z. Aktienrecht , Stand 01.02.2021, § 109 AktG Rdn. 27; Gittermann, in: Semler/v. Schenck, Der Aufsichtsrat, 2015, § 109 AktG Rdn. 30.

49 Koch, aaO (Fn. 1), § 112 AktG Rdn. 1; Habersack, aaO (Fn. 1), § 112 AktG Rdn. 4; Lutter/Krieger/Verse, aaO (Fn. 1), § 11 Rdn. 656.

50 LG Frankfurt a. Main, NZG 2014, 1232; Habersack, aaO (Fn. 1), § 111 AktG Rdn. 106.

51 Mertens/Cahn, aaO (Fn. 1), § 112 AktG Rdn. 24; Spindler, aaO (Fn. 16), § 112 AktG Rdn. 4; Lutter/Krieger/Verse, aaO (Fn. 1), § 11 Rdn. 656.

52 BGH v. 20.3.2018 – II ZR 359/16, NJW-RR 2018, 800 = AG 2018, 436 Rdn. 13 ff; Spindler, aaO (Fn. 16), § 112 AktG Rdn. 5; Habersack, aaO (Fn. 1), § 112 AktG Rdn. 4; Mertens/Cahn, aaO (Fn. 1), § 112 AktG Rdn. 24 f; Strohn, FS K. Schmidt, Bd. II, S. 461, 465 f; Vetter, Gesellschaftsrecht in der Diskussion 20 (2014), 115, 125 ff; Lutter/Krieger/Verse, aaO (Fn. 1), § 11 Rdn. 656.

53 BGH v. 20.3.2018 – II ZR 359/16, NJW-RR 2018, 800 = AG 2018, 436 Rdn. 13 ff.

54 Habersack, aaO (Fn. 1), § 107 AktG Rdn. 60.

55 Lutter/Krieger/Verse, aaO (Fn. 1), § 11 Rdn. 681; Habersack, aaO (Fn. 1), § 107 AktG Rdn. 59; Spindler, aaO (Fn. 16), § 112 AktG Rdn. 4.

56 Vgl. die Nachweise bei Lutter/Krieger/Verse, aaO (Fn. 1), § 11 Rdn. 681.

Eine ausdrückliche Regelung der Vertretungsbefugnis des Aufsichtsrats für Hilfsgeschäfte findet sich im Gesetz nur andeutungsweise. So spricht § 111 Abs. 2 Satz 2 AktG davon, dass der Aufsichtsrat Sachverständige „beauftragen" könne. Von Vertretungsbefugnis ist ausdrücklich in § 112 AktG oder auch in § 246 Abs. 1 Satz 2 AktG die Rede. Da die Vertretungskompetenz für Hilfsgeschäfte des Aufsichtsrats immer größere Bedeutung gewinnt, ist eine ausdrückliche Regelung im Gesetz angebracht.

3. Aufsichtsratsbudget

Sind einzelnen Aufsichtsratsmitgliedern persönliche Kosten zu erstatten[57] oder sind durch den Aufsichtsrat im Namen der Gesellschaft verursachte Kosten an Dritte zu bezahlen[58], stellt sich die Frage, wer die Zahlung durch die Gesellschaft intern veranlassen kann.

Nach überwiegender Auffassung ist die „Zahlstelle" auch in diesem Fall dem Vorstand zugeordnet.[59] Für die vorgelagerte Prüfung der Angemessenheit zu erstattender persönlicher Kosten oder der Ordnungsgemäßheit zu zahlender externer Kosten ist nach hier vertretener Auffassung allein der Aufsichtsrat zuständig.[60] Der Vorstand hat deshalb als „Zahlstelle" nur eine Kompetenz zur Prüfung der Zahlungsanweisung auf Rechenfehler und auf offensichtlich unzulässige Erstattungsverlangen, § 93 Abs. 3 Nr. 7 AktG.[61]

Trotz dieser sehr eingeschränkten Befugnisse wird teilweise eine Ausnahme von der Zuständigkeit des Vorstands für erforderlich gehalten, wenn er sonst im Zusammenhang mit der Zahlungsanweisung vertrauliche Kenntnisse erlangte, die die Aufsichtsratsarbeit gefährden könnten. Dass es solche Konstellationen gibt, liegt in der Tat auf der Hand.[62] Erwägt der Aufsichtsrat etwa, ein Vorstandsmitglied auszuwechseln und beauftragt dazu einen Personalberater, soll das betroffene Vorstandsmitglied davon nicht über eine Zahlungsanweisung an den Personalberater erfahren. Ähnliches kann für vom Aufsichtsrat angestoßene Compliance-Untersuchungen gelten. Teilweise wird deshalb verlangt, dass in

57 Dazu oben I.
58 Dazu II. 2.
59 Rotering/Mohamed, Der Konzern 2016, 433 ff; Gärtner/Wasmann, aaO (Fn. 1), § 6 Rdn. 184.
60 Vgl. I. 3. und II. 2.
61 Rotering/Mohamed, Der Konzern 2016, 433 ff; a.A. Koch, ZHR 180 (2016), 578, 604.
62 Koch, aaO (Fn. 1), § 111 AktG Rdn. 40.

solchen Fällen der Aufsichtsrat selbst Zahlungen anweisen können müsse[63] oder noch weitergehend, dass dem Aufsichtsrat ein eigenes Budgetrecht zu gewähren sei. Gefordert wird insoweit, dass dem Aufsichtsrat – zur Stärkung seiner Eigenverantwortung und Unabhängigkeit – ein Recht zur Aufstellung eines eigenen, verbindlichen Verfügungsrahmens für die Erstattung sämtlicher Auslagen einzuräumen sei.[64] Teilweise wird das verknüpft mit der Forderung nach einer internen Zahlungsanweisungskompetenz oder einem „eigenen" Bankkonto.[65]

Nach h.M. ist dem Aufsichtsrat *de lege lata* aber kein Budgetrecht eingeräumt oder einzuräumen, weder originär noch unter Mitwirkung des Vorstands noch durch die Hauptversammlung.[66] Zum einen bestehe dafür kein Bedürfnis, weil der Aufsichtsrat Aufwendungen selbst abrechnen und innerhalb seines Aufgabenbereichs die Gesellschaft selbst verpflichten könne.[67] Da die Kosten der Überwachungstätigkeit nicht immer vorhersehbar seien, könne ein Budget ohnehin nicht die beabsichtigte Steuerungswirkung entfalten.[68] Zum anderen würde ein Budgetrecht des Aufsichtsrats der Organisationsverfassung der Aktiengesellschaft, insbesondere der Finanzhoheit des Vorstands widersprechen.[69] Auch der Hauptversammlung könne nicht die Befugnis zugesprochen werden, den Umfang

---

63 Habersack, aaO (Fn. 1), § 111 AktG Rdn. 102; ausführlich Eichner/Leukel, AG 2020, 513, 521 f mit der Empfehlung, die entsprechende Kompetenz des Aufsichtsrats auch in seiner Geschäftsordnung oder vergleichbaren Regelwerken abzubilden; Gärtner/Wasmann, aaO (Fn. 1), § 6 Rdn. 185.

64 Vgl. Bulgrin, AG 2019, 101, 106; Leyendecker-Langner/Huthmacher, NZG 2012, 1415, 1418 m. Fn. 32; Rotering/Mohamed, Der Konzern 2016, 433 f; Theisen, FS Säcker, 2011, S. 487, 511; Gaul, AG 2017, 877, 880; Knoll/Zachert, AG 2011, 309, 311; Plagemann, NZG 2016, 211, 214; Strohn, FS K. Schmidt, Bd. II, S. 461, 468; Vetter, FS Hopt, 2020, S. 1363, 1365; de lege ferenda Rotering/Mohamed, Der Konzern 2016, 433, 435 ff.

65 Für Einräumung einer Kontovollmacht Knoll/Zachert, AG 2011, 309, 313 f; vgl. Plagemann, NZG 2016, 211, 214 f; v. Schenck, FS Marsch-Barner, 2018, S. 483, 487 ff; insoweit zustimmend, wenngleich ein „Budget" ablehnend Strohn, FS K. Schmidt, Bd. II, S. 461, 468 f; Habersack, aaO (Fn. 1), § 111 AktG Rdn. 102.

66 Arnold, ZGR 2014, 76, 96; Habersack, AG 2014, 1, 7; Ders., aaO (Fn. 1), § 111 AktG Rdn. 102; Hopt/Roth, aaO (Fn. 1), § 111 AktG Rdn. 530 ff; Koch, aaO (Fn. 1), § 111 AktG Rdn. 40; Mertens/Cahn, aaO (Fn. 1), § 113 AktG Rdn. 26; Rotering/Mohamed, Der Konzern 2016, 433, 435 f; Grau, aaO (Fn. 21), § 13 Rdn. 140; Spindler, aaO (Fn. 16), § 113 AktG Rdn. 12; Vetter, Gesellschaftsrecht in der Diskussion 20 (2014), 115, 135 ff; Gärtner/Wasmann, aaO (Fn. 1), § 6 Rdn. 199.

67 Hopt/Roth, aaO (Fn. 1), § 111 AktG Rdn. 530; vgl. auch Lutter/Krieger/Verse, aaO (Fn. 1), § 11 Rdn. 658.

68 Vetter, Gesellschaftsrecht in der Diskussion 20 (2014), 115, 138 ff; Leyendecker-Langner/Huthmacher, NZG 2012, 1415, 1418.

69 Hopt/Roth, aaO (Fn. 1), § 111 AktG Rdn. 530; vgl. auch Habersack, aaO (Fn. 1), § 111 AktG Rdn. 102; Koch, aaO (Fn. 1), § 111 AktG Rdn. 40; Vetter, Gesellschaftsrecht in der Diskussion 20 (2014), 115, 136 ff.

und die Intensität der Überwachung der Unternehmensleitung durch den Aufsichtsrat mittels Bewilligung eines Budgets zu beeinflussen.[70]

Die Gegenansicht[71] leitet die Kompetenz zur Einräumung eines eigenen Budgets teilweise als Annexkompetenz aus der Überwachungstätigkeit des Aufsichtsrats ab.[72] Wenn der Aufsichtsrat befugt sei, von Fall zu Fall kostenverursachende Maßnahmen zu treffen, sei es nur konsequent, diese Befugnis auch auf die Planung der Mittel zu erstrecken.[73] Nur dadurch könne die Unabhängigkeit der Überwachungstätigkeit des Aufsichtsrats vom Vorstand sichergestellt werden.[74] Teilweise wird begründet, dass *de lege lata* zumindest die Möglichkeit zur Einrichtung eines Budgetrechts durch die Satzung oder durch einen Beschluss der Hauptversammlung analog § 113 AktG[75] bzw. analog § 104 Abs. 7 Satz 1 AktG i.V.m. § 113 AktG[76] oder durch Vorstand und Aufsichtsrat möglich sei.[77]

Der h.M. ist zuzustimmen. Ein Budgetrecht des Aufsichtsrats ist dem AktG unbekannt,[78] es passt auch nicht ins aktienrechtliche Kompetenzgefüge. Das Finanzmanagement obliegt dem Vorstand,[79] weshalb bereits die Einrichtung eines Aufsichtsratskontos wohl unzulässig ist.[80] Der Vorstand muss bei jeder Zahlung

---

70 VETTER, Gesellschaftsrecht in der Diskussion 20 (2014), 115, 136 ff.

71 Vgl. GAUL, AG 2017, 877, 880; KNOLL/ZACHERT, AG 2011, 309, 311 ff; DIEKMANN/WURST, NZG 2014, 121, 126 f; PLAGEMANN, NZG 2016, 211, 214 f; SCHNORBUS/GANZER, BB 2019, 258, 266 ff; offen lassend aber grds. zustimmend HENNRICHS, FS Hommelhoff, 2012, S. 383, 392 f; bzgl. Hilfsgeschäften insoweit zustimmend STROHN, FS K. Schmidt, Bd. II, S. 461, 466 ff; tendenziell auch EICHNER/LEUKEL, AG 2020, 513, 519 ff, die auf eine entsprechende Praxis verweisen.

72 Vgl. HÖLTERS/HAMBLOCH-GESINN/GESINN, aaO (Fn. 1), § 111 AktG Rdn. 84b; DIEKMANN/WURST, NZG 2014, 121, 126 f; KNOLL/ZACHERT, AG 2011, 309, 311; PLAGEMANN, NZG 2016, 211, 214 f; STROHN, FS K. Schmidt, Bd. II, S. 461, 466 ff; EICHNER/LEUKEL, AG 2020, 513, 521.

73 HÖLTERS/HAMBLOCH-GESINN/GESINN, aaO (Fn. 1), § 111 AktG Rdn. 84b; KNOLL/ZACHERT, AG 2011, 309, 311; PLAGEMANN, NZG 2016, 211, 214 f.

74 DIEKMANN/WURST, NZG 2014, 121, 126 f; GAUL, AG 2017, 877, 880; PLAGEMANN, NZG 2016, 211, 214 f; HÖLTERS/HAMBLOCH-GESINN/GESINN, aaO (Fn. 1), § 111 AktG Rdn. 84b.

75 THEISEN, Der Aufsichtsrat 2011, 1; DERS.., BFuP 2012, 349, 356 ff; DERS., FS Säcker, S. 487, 510 ff; für Möglichkeit einer Regelung in der Satzung GAUL, AG 2017, 877, 880; KNOLL/ZACHERT, AG 2011, 309, 311 ff; a. A. (keine Zuständigkeit der Hauptversammlung) KOCH, aaO (Fn. 1), § 111 AktG Rdn. 40; VETTER, Gesellschaftsrecht in der Diskussion 20 (2014), 115, 136 ff; PLAGEMANN, NZG 2016, 211, 214 f.

76 BULGRIN, AG 2019, 101, 107 f.

77 DRYGALA, aaO (Fn. 8), § 107 AktG Rdn. 20; HOFFMANN-BECKING, aaO (Fn. 1), § 33 Rdn. 19; SCHERB-DA COL, aaO (Fn. 20), S. 463 ff, 469 f; SCHNORBUS/GANZER, BB 2019, 258, 268 ff.

78 VETTER, FS Hopt, S. 1363, 1365 f; vgl. MERTENS/CAHN, aaO (Fn. 1), § 112 AktG Rdn. 24, keine gesetzliche Grundlage; HOPT/ROTH, aaO (Fn. 1), § 111 AktG Rdn. 530; SPINDLER, aaO (Fn. 16), § 113 AktG Rdn. 12.

79 VETTER, FS Hopt, S. 1363, 1368.

80 HABERSACK, aaO (Fn. 1), § 111 AktG Rdn. 102 m.w.N.

der Gesellschaft entscheiden, woraus und wie diese Zahlung geleistet wird (aus welchem Konto, Aufnahme eines Darlehens etc.), und muss auch etwa die Liquidität der Gesellschaft bis hin zu möglichen Insolvenzthemen im Auge behalten.[81] Dabei muss der Vorstand für den Bereich des Aufsichtsrats, wie ausgeführt, dessen Beurteilungsspielraum in Bezug auf die Erforderlichkeit von Aufwendungen zur effektiven Wahrnehmung seiner Aufgaben beachten, er hat insoweit keine Prüfungskompetenz.[82] Die Aufsichtsratskosten fließen auch in die Budgetplanung des Unternehmens ein, und für absehbare Aufsichtsratskosten müssen ggf. Rückstellungen im Jahresabschluss gebildet werden.[83] Die umfassende Finanzhoheit des Vorstands spricht gegen die Zuständigkeit der Hauptversammlung, die für die Gewährung eines Aufsichtsratsbudgets aber im Übrigen auch ungeeignet wäre, weil sie gar nicht in der Lage ist, die erforderlichen Kosten abzuschätzen.[84] Der Aufsichtsrat wiederum bedarf keines Budgetrechts, um die Anweisung zur Zahlung von ihm veranlasster Kosten im Unternehmen geben zu können, denn zur Zahlung ist die Gesellschaft kraft wirksamer Vertretung durch den Aufsichtsrat beim Abschluss des (Hilfs-)Geschäfts verpflichtet. Verweigert der Vorstand die Zahlung, macht er sich selbst schadenersatzpflichtig.

Schließlich wäre ein Budgetrecht auch nicht geeignet um zu verhindern, dass vertrauliche Themen des Aufsichtsrats über Zahlungsvorgänge zur Kenntnis des Vorstands gelangen. Denn die „kritischen" Zahlungsvorgänge betreffen nicht die planbaren Tätigkeiten des Aufsichtsrats, die ein Budget abbilden könnte, sondern außerordentliche Ereignisse (Compliance-Fälle, außerplanmäßiger Vorstandswechsel u. Ä.).[85] Ein Budget könnte insofern sogar kontraproduktiv sein, weil Budgetüberschreitungen besonders kritisch betrachtet würden und ggf. nach einer besonderen Begründung verlangen könnten. Wenn für solche Fälle teilweise „Sonderbudgets" oder „pauschale Posten" diskutiert werden,[86] so fragt sich wiederum, in welcher Höhe solche Sonderbudgets für unvorhergesehene Fälle ausgestattet und wie sie begründet werden sollen.

---

81 Vgl. (allerdings i.E. Gegenauffassung) Strohn, FS K. Schmidt, Bd. II, S. 461, 466 ff.

82 Vetter, FS Hopt, S. 1363, 1366; von Falkenhausen, EWiR 2018, 357, 358; Scherb-Da Col, aaO (Fn. 20), S. 376 f; vgl. auch Hopt/Roth, aaO (Fn. 1), § 111 AktG Rdn. 531, Spindler, aaO (Fn. 16), § 113 AktG Rdn. 12.

83 Vgl. Koch, aaO (Fn. 1), § 90 AktG Rdn. 4a; Strohn, FS K. Schmidt, Bd. II, S. 461, 467; Scherb-Da Col, aaO (Fn. 20), S. 443.

84 Vetter, FS Hopt, S. 1363, 1378 f; vgl. auch Ders., Gesellschaftsrecht in der Diskussion 20 (2014), 115, 136 ff; Knoll/Zachert, AG 2011, 309, 311 ff; Plagemann, NZG 2016, 211, 214 f.

85 Eichner/Leukel, AG 2020, 513, 520; Vetter, Gesellschaftsrecht in der Diskussion 20 (2014), 115, 140 f und Ders., FS Hopt, S. 1363, 1375 f, 1377 f; v. Schenck, aaO (Fn. 16) , § 112 AktG Rdn. 51; Gärtner/Wasmann, aaO (Fn. 1), § 6 Rdn. 201.

86 So etwa Schnorbus/Ganzer, BB 2019, 258, 267; Bulgrin, AG 2019, 101, 111.

Ein Budgetrecht des Aufsichtsrats ist deshalb nicht nur *de lege lata*, sondern auch *de lege ferenda* abzulehnen. Darüber hinaus ist es auch nicht erforderlich, die Zahlungszuständigkeiten im Unternehmen (neu) zu regeln. Es ist nicht zweckmäßig, jeder Gesellschaft unabhängig von ihrer Struktur und ihren Ressourcen eine bestimmte Binnenstruktur der Zahlungsorganisation aufzuerlegen. Durch interne Regelungen ist es ohne Gesetzesänderung möglich, etwa dem Aufsichtsratsvorsitzenden das Recht einzuräumen, direkt und ohne Umweg über vorstandsnahe Bereiche die „Zahlstelle" anzuweisen. Ohnehin ist es üblich, dass Berater bei heiklen Themen ihre Rechnungen erst zu einem späten Zeitpunkt stellen (wenn die Compliance-Untersuchung bekannt, der neue Vorstand gefunden ist etc.) und Rechnungen „neutral" gehalten und Tätigkeitsbeschreibungen separat von der Rechnung nur an den Aufsichtsrat adressiert werden. Gesetzliche Regelungen sind nicht angezeigt.

IV. Thesen

1. Das Aktiengesetz regelt nur den Aufwendungsersatzanspruch gerichtlich bestellter Aufsichtsratsmitglieder ausdrücklich (§ 104 Abs. 7 Satz 1 AktG). Die Rechtsgrundlage für Aufwendungsersatzansprüche ordentlich bestellter Aufsichtsratsmitglieder ist umstritten. Auch zur Klarstellung, ob nur objektiv erforderliche und angemessene Auslagen zu erstatten sind oder der auch subjektive Maßstab aus § 670 BGB anzuwenden ist, wird eine ausdrückliche Regelung des Aufwendungsersatzes für alle Aufsichtsratsmitglieder empfohlen.
2. Der Umfang des Aufwendungsersatzes hängt vom Einzelfall ab. Eine gesetzliche Regelung dessen, was unter „angemessenen Aufwendungen" zu verstehen ist, erscheint nicht sinnvoll. Das gilt auch für Aus- und Fortbildungskosten.
3. Bei der Entscheidung darüber, welcher Aufwand im konkreten Fall objektiv erforderlich und angemessen ist, besteht ein Beurteilungsspielraum. Für diese Entscheidung ist der Aufsichtsrat zuständig, nicht der Vorstand, was im Gesetz verankert werden sollte.
   Der Aufsichtsrat entscheidet über den Aufwandsersatz nach allgemeinen Grundsätzen im Plenum, wobei eine Übertragung auf Ausschüsse möglich ist. Der Aufsichtsrat kann Richtlinien für den Aufwendungsersatz aufstellen, mit deren Umsetzung dann auch der Aufsichtsratsvorsitzende betraut werden kann. Eine gesetzliche Regelung ist dafür nicht erforderlich.
4. Der Aufsichtsrat kann die Gesellschaft bei Hilfsgeschäften, die zur Erfüllung seiner Aufgaben erforderlich sind, wirksam vertreten. Das betrifft auch

die Ausstattung eines Aufsichtsratsbüros, insbesondere die Einstellung von Mitarbeitern. Mitarbeiter des Aufsichtsratsbüros unterliegen den Weisungen des Aufsichtsrats. In Anbetracht des dargestellten Meinungsstreits ist eine gesetzliche Regelung wünschenswert. Dem Aufsichtsrat bleibt es aber unbenommen, vom Unternehmen zur Verfügung gestellte Ausstattung zu nutzen.

5. Die Vertretungsbefugnis des Aufsichtsrats für Hilfsgeschäfte beschränkt sich auf die Eingehung des Geschäfts und ggf. die gerichtliche Vertretung der Gesellschaft. Für die Erfüllung von Zahlungspflichten aus der Sphäre des Aufsichtsrats bleibt im Außenverhältnis der Vorstand zuständig. Dem Aufsichtsrat steht auch kein eigenes Budgetrecht zu. Es widerspricht dem aktienrechtlichen Kompetenzgefüge. Da ein Budgetrecht den angestrebten Nutzen (Sicherung der Unabhängigkeit des Aufsichtsrats) aus praktischen Gründen außerdem nicht erreichen könnte, ist es auch *de lege ferenda* abzulehnen. Interne Regelungen, wonach der Aufsichtsrat direkt die Zahlstelle anweisen kann, sind zulässig. Es bedarf keiner Gesetzesänderung.

Isabelle Tassius

Diskussionsbericht

I. Korreferat

Nach dem Referat von *Gabriele Roßkopf* zum Thema „Ausstattung des Aufsichtsrats, Aufsichtsratsbudget" bildete das Korreferat von *Dörte Poelzig* den Einstieg in die Diskussion. Die Korreferentin nahm im Wesentlichen zu drei Thesen der Referentin Stellung.

Zunächst sprach sich die Korreferentin ebenfalls für eine gesetzliche Regelung eines Aufwendungsersatzanspruches für ordentlich bestellte Aufsichtsratsmitglieder aus, bevorzugte allerdings (entgegen dem von der Referentin vorgeschlagenen objektiven Maßstab) einen subjektiv-objektiven Maßstab zur Bestimmung der Erforderlichkeit, wie er auch den §§ 670, 675 BGB zugrunde liegt. Um die Unabhängigkeit und Eigenverantwortlichkeit der Aufsichtsratsmitglieder zu stärken, solle auch ihnen das Prognoserisiko der Erstattungsfähigkeit von Kosten abgenommen werden. Die Korreferentin ergänzte ihre Stellungnahme dadurch, dass sie diesen Maßstab zukünftig für sämtliche und damit auch für die gerichtlich bestellten Aufsichtsratsmitglieder vorsehen würde.

Des Weiteren bezog die Korreferentin zur Frage, wer für die Entscheidung über die Erstattungsfähigkeit von Kosten zuständig sein soll, die Gegenposition zur These der Referentin, indem sie für eine grundsätzliche Zuständigkeit des Vorstands plädierte. Erst im Konfliktfalle sei eine subsidiäre Zuständigkeit des Aufsichtsrates angezeigt. Mit diesem Lösungsweg könne sowohl das grundsätzliche Kompetenzgefüge zwischen Vorstand und Aufsichtsrat erhalten als auch die Unabhängigkeit des Aufsichtsrats gewährleistet werden.

Zuletzt stimmte die Korreferentin mit der Forderung der Referentin überein, die Annexkompetenz des Aufsichtsrats für Hilfsgeschäfte gesetzlich zu verankern. Bei der Frage, wer für die Erfüllung von Verpflichtungen aus solchen Hilfsgeschäften zuständig sein soll, präferierte die Korreferentin eine Regelung, die dem Aufsichtsrat die Befugnis gewährt, Mitarbeiter der Gesellschaft intern zur Zahlung anzuweisen. Mit einer derartigen Regelung bleibe wiederum die grundsätzliche Zuständigkeit des Vorstands für die Erfüllung von Zahlungspflichten der Gesellschaft aufrechterhalten und gleichzeitig sei (insbesondere bei einer Vorleistungspflicht der Gesellschaft oder bei Zug-um-Zug-Geschäften) das Handlungsermessen des Vorstands insoweit reduziert, als er die Erfüllung derartiger Verpflichtungen nicht blockieren könne.

https://doi.org/10.1515/9783110746372-015

II. Schwerpunkte der Diskussion

Im Anschluss an das Korreferat wurde insbesondere darüber diskutiert, welcher Maßstab für die Bestimmung erstattungsfähiger Aufwendungen anzulegen sei (1.) und wer die Entscheidung über die Erstattungsfähigkeit der Aufwendungen zu treffen habe (2.). Angesprochen wurde auch die Frage der Vertretungsbefugnis für Hilfsgeschäfte und des Aufsichtsratsbudgets (3.).

1. Maßstab für die Erstattungsfähigkeit von Aufwendungen

Hinsichtlich der Frage, welcher Maßstab für die Bestimmung erstattungsfähiger Aufwendungen anzulegen sei, sprach sich ein Vertreter der Wissenschaft aufgrund des fremdnützigen Charakters der Aufsichtsratstätigkeit ebenfalls für den von der Korreferentin präferierten Maßstab des § 670 BGB aus. Dem stimmten auch andere Teilnehmer zu. Die Referentin relativierte daraufhin ihre dazu konträre Forderung nach einem rein objektiven Maßstab insofern, als ihr ein Fall aus der Praxis, bei dem diese Divergenz zum Tragen käme, nicht bekannt sei.

2. Entscheidungskompetenz hinsichtlich der Erstattungsfähigkeit von Aufwendungen

Im Rahmen der sodann erörterten Thematik, wer für die Entscheidung über die Erstattungsfähigkeit von Aufwendungen zuständig sein soll, sprachen sich die Teilnehmer überwiegend für eine (gesetzlich verankerte) Entscheidungskompetenz des Aufsichtsrats aus. In diesem Zusammenhang wurde von einem Vertreter der Praxis hervorgehoben, dass eine grundsätzliche Zuständigkeit des Vorstands insbesondere dann problematisch sei, wenn ein Aufsichtsratsmitglied (etwa der Vorsitzende) übertriebene Aufwendungen erstattet verlange. Vom Vorstand sei in solchen Fällen eine weniger kritische Prüfung zu erwarten als von den Aufsichtsratskollegen. Von Seiten der Organmitglieder wurde darauf hingewiesen, dass in der Praxis häufig im Aufsichtsratsbüro bzw. Corporate Office die Erstattungsfähigkeit von Aufwendungen anhand von Kostenerstattungsrichtlinien geprüft werde, die der Aufsichtsrat beschlossen habe.

3. Vertretungsbefugnis für Hilfsgeschäfte, Aufsichtsratsbudget

Einigkeit bestand, dass eine Klarstellung der Vertretungsbefugnis des Aufsichtsrats für Geschäfte, die zur Erledigung seiner Aufgaben erforderlich sind, hilfreich sei. Ein Bedürfnis, dem Aufsichtsrat daneben auch noch ein eigenes Budget zuzuweisen, wurde nicht gesehen.

Marc Löbbe*

Die Aufsichtsratsausschüsse innerhalb des Gesamtaufsichtsrats

Zusammenfassung: Die Bildung von Aufsichtsratsausschüssen hat in den vergangenen Jahren die Effektivität der Aufsichtsratsarbeit wesentlich gesteigert und ihre Qualität verbessert. Der vorliegende Beitrag nimmt eine Bestandsaufnahme des Status quo vor und erörtert denkbare Reformansätze. Besondere Bedeutung kommt der Frage zu, inwieweit weitere Verbesserungen möglich sind, ohne den Grundsatz der Organisationsautonomie des Aufsichtsrats aufzugeben oder zu beschädigen. Erörtert werden ferner – in rechtsdogmatischer wie rechtspolitischer Hinsicht – ein etwaiger Informationsdurchgriff auf Angestellte des Unternehmens und das Verhältnis von Aufsichtsratsausschuss und Aufsichtsratsplenum.

Abstract: The formation of supervisory board committees has significantly increased the effectiveness and improved the quality of supervisory board work in recent years. This article takes stock of the status quo and discusses conceivable approaches to reform. Of particular importance is the question of the extent to which further improvements are possible without abandoning or damaging the principle of the supervisory board's organizational autonomy. It also discusses – in terms of both legal doctrine and legal policy – the possibility of getting information directly from employees of the company and the relationship between supervisory board committees and the full supervisory board.

Inhaltsübersicht

---

* Der Autor ist Rechtsanwalt und Partner bei der Kanzlei SZA Schilling, Zutt & Anschütz in Frankfurt am Main.

https://doi.org/10.1515/9783110746372-016

I. Einleitung

Aufsichtsratsausschüsse bilden im aktienrechtlichen Kompetenzgefüge keine eigenständigen Gesellschaftsorgane.[1] Vielmehr sind sie nach ihrer gesetzlichen Konzeption lediglich ein wichtiger Bestandteil des dem Aufsichtsrat als Gesamtorgan zur Verfügung stehenden Instrumentariums, um den ihm gesetzlich zugewiesenen Aufgaben, insbesondere seinen Überwachungsaufgabe, möglichst effektiv nachzukommen. Daher lässt der Gesetzgeber dem Aufsichtsrat bei der Bildung von Ausschüssen im Rahmen der Ausgestaltung seiner Binnenorganisation weitgehend freie Hand. Gleichzeitig kann der Gesamtaufsichtsrat die seinen Ausschüssen zugewiesene Aufgaben jederzeit wieder an sich ziehen und zurück an das Plenum überweisen. Daran ändert auch der Umstand nichts, dass Ausschüssen Aufgaben zur Beschlussfassung übertragen werden können und nicht nur zur Beratung, Vorbereitung und Überwachung, wie sich im Umkehrschluss aus § 107 Abs. 3 Satz 4 AktG ergibt.[2]

In den vergangenen Jahren hat die Bedeutung der Ausschussbildung im Aufsichtsrat noch einmal deutlich zugenommen. Auslösende Faktoren waren neben der zunehmende Aufgabenfülle des Aufsichtsrats, die insbesondere bei großen international tätigen, kapitalmarktorientierten Unternehmen ohne die Bildung von Ausschüssen heute kaum noch zu bewältigen ist, insbesondere die

1 Hopt/Roth, GroßKomm. z. AktG, 5. Aufl. 2019, § 107 Rn. 313.

2 Mertens/Cahn, Kölner Komm.z. AktG, 3. Aufl. 2013, § 107 Rn. 140; Hopt/Roth, aaO (Fn. 1), § 107 AktG Rn. 313.

zunehmende Professionalisierung der Aufsichtsratstätigkeit. Die Bildung von mit Experten innerhalb des Aufsichtsrats besetzten Fachausschüssen soll die Qualität der Aufsichtsratsüberwachung verbessern. Ebenfalls zu dieser Entwicklung beigetragen hat die öffentliche Kritik an der Aufsichtsratsarbeit als Folge von großen Unternehmensskandalen der jüngeren Vergangenheit, die immer wieder den Ruf nach einer verstärkten Ausschussbildung im Aufsichtsrat laut werden ließ. Auch die Ausstrahlungswirkung des Aufsichtsrechts und der Einfluss des One-Tier-Board-Systems darf in diesem Zusammenhang nicht unterschätzt werden. *Last but not least* sind die zahllosen gesetzgeberischen Initiativen auf nationaler und europäischer Ebene zu nennen, die den Aufsichtsrat dazu veranlasst haben, sich durch Bildung von Ausschüssen fachlich zu spezialisieren und zu diversifizieren, von den Anforderungen des Deutsche Corporate Governance Kodex (DCGK) ganz abgesehen.

Zwar hat sich der Gesetzgeber bislang mit unmittelbaren Eingriffen in die Organisationsautonomie des Aufsichtsrats weitgehend zurückgehalten.[3] In jüngerer Zeit hat er im Rahmen des ARUG II die Möglichkeit geschaffen, die bei börsennotierten Gesellschaften erforderliche Zustimmung des Aufsichtsrats zu wesentlichen Geschäften mit nahestehenden Personen (§ 111b Abs. 1 AktG) auf einen Ausschuss zu delegieren (§ 107 Abs. 3 Satz 4 – 6 AktG), in dem bestimmte im Aufsichtsratsplenum geltende Stimmverbote keine Anwendung finden. Mit dieser Privilegierung soll nach dem ausdrücklichen gesetzgeberischen Willen ein Anreiz zur Ausschussbildung geschaffen werden.[4] Ist die Einrichtung eines solchen Ausschusses noch fakultativ,[5] sieht das Gesetz zur Stärkung der Finanzmarktintegrität (FISG) nunmehr in § 107 Abs. 4 Satz 1 AktG explizit die Pflicht zur Einrichtung eines Prüfungsausschusses vor, wenn es sich bei der Gesellschaft um ein Unternehmen von öffentlichem Interesse nach § 316a Satz 2 HGB handelt.[6]

Vor dem Hintergrund dieser zunehmenden Bedeutung von Aufsichtsratsausschüssen in der Praxis ist es Ziel des vorliegenden Beitrags, nach einer kurzen historischen, funktionalen und rechtstatsächlichen Bestandsaufnahme den ak-

---

3 Stattdessen hat er etwa angeordnet, dass im Rechenschaftsbericht an die Hauptversammlung die Anzahl und Art der Ausschüsse und die Anzahl ihrer Sitzungen anzugeben sind (§ 171 Abs. 2 Satz 2 Hs. 2 AktG; zu solchen „Anregungsnormen" s.u.), oder eine Teilnahmepflicht des Abschlussprüfers an Sitzungen des Prüfungsausschusses (soweit ein solcher gebildet wird) vorgesehen (§ 171 Abs. 1 S. 2 AktG).

4 RegBegr. ARUG II, BT-Drs. 19/9739, S. 76.

5 Koch, in: Hüffer/Koch, 15. Aufl. 2021, § 107 AktG Rn. 26a.

6 RegE FISG: https://www.bundesfinanzministerium.de/Content/DE/Gesetzestexte/Gesetze_Gesetzesvorhaben/Abteilungen/Abteilung_VII/19_Legislaturperiode/2020-10-26-Finanzmarktintegritaetsstaerkungsgesetz/2-Regierungsentwurf.pdf?__blob=publicationFile&v=2.

tuellen Reformbedarf in Bezug auf die Rolle von Aufsichtsratsausschüssen im Spannungsfeld von Organisationsautonomie und sachgerechter Aufgabenerfüllung auszuloten.

II. Bestandsaufnahme

1. Historische Entwicklung

Die (verpflichtende) Einrichtung von Aufsichtsratsausschüssen ist schon seit mehr 120 Jahren Gegenstand rechtspolitischer Kontroversen. Bereits an der Wende vom 19. zum 20. Jahrhundert stellte man sich nach diversen Unternehmenszusammenbrüchen die Frage, wie sich die Überwachung des Vorstands optimieren ließ. Ein Teil der Literatur beantwortete die „Aufsichtsratsfrage" in der Weise, dass man im Aufsichtsrat „Dezernate" einführen und die Aufsichtsratsmitglieder einzelnen Dezernaten zuordnen wollte, während in der Hand des Aufsichtsratsvorsitzenden die Koordination und Gesamtüberwachung lag.[7] So erhoffte man sich, den Grad der Spezialisierung und Sachkenntnis zu erhöhen, weil nicht mehr jeder für alles, sondern nur noch für einen Ausschnitt der Überwachungstätigkeit zuständig war. Ferner traute man einem spezialisierten Gremium eine bessere, zielgenauere Auswertung der überwachungsrelevanten Informationen zu. Zudem ging man davon aus, dass die Spezialisierung die Identifikation der Aufsichtsratsmitglieder mit ihrer Aufgabe fördere und das Verantwortungsbewusstsein stärke.[8]

Durchsetzen konnten sich die Befürworter einer Dezernatsstruktur seinerzeit indes nicht. Die herrschende Meinung störte sich nicht nur an dem „One-size-fits-all"-Rigorismus, der der Vielgestaltigkeit der Aktiengesellschaft in der Rechtswirklichkeit nicht gerecht geworden wäre.[9] Sie befürchtete auch eine Schwächung des Aufsichtsrats gegenüber dem Vorstand, weil es aufgrund der Zersplitterung an einem geschlossenen Auftreten fehlen würde. Überdies sah man das Risiko, dass ein solches Modell einem übergreifenden Meinungs-, Gedanken- und Informati-

---

7 Z.B. Warschauer, Die Reorganisation des Aufsichtsratswesen in Deutschland, Berlin 1902, S. 22ff.

8 Lieder, Der Aufsichtsrat im Wandel der Zeit, 2006, S. 232f.

9 Z.B. Cahn, Der Aufsichtsrat der Aktiengesellschaft, Berlin 1907, S. 261f. („Auch da erhebt sich die Schwierigkeit, von vornherein alle Fälle erschöpfend zu regeln. Noch näher liegt die Gefahr, dass der A.R. in eine Reihe einzelner Aufsichtsbehörden zerfällt, dass er zersplittert wird").

10 Cahn, Der Aufsichtsrat der Aktiengesellschaft, Berlin 1907, S. 262 („Die Stärke des A.R.s liegt aber nicht zum mindesten ... in wiederholtem und eingehenden Gedankensuataustausch zwischen

onsaustausch abträglich sein könnte.[10] Darin war keineswegs eine generelle Absage an die Bildung von Ausschüssen zu sehen, die schon nach dem zu dieser Zeit geltendem Recht als zulässig angesehen wurden. Vielmehr wollte man die der Unternehmensstruktur angemessene Organisation der Aufsichtsratsarbeit dem jeweiligen Aufsichtsrat überlassen, der kraft Gesetzes und aufgrund seiner allgemeinen Sorgfaltspflicht zu einer wirkungsvollen Aufgabenerfüllung verpflichtet sei. [11] Der Gesetzgeber betonte somit schon damals das Selbstorganisationsrecht des Aufsichtsrats und setzte im Interesse einer möglichst effektiven Aufgabenwahrnehmung auf die Organisationsautonomie des Aufsichtsrats.

Zu einer hochpolitischen Angelegenheit wurden die Aufsichtsratsausschüssen in die 20er Jahren des vorigen Jahrhunderts. Die ökonomisch extremen Bedingungen dieser Zeit – Kriegswirtschaft, schnelles Wachstum, erneute Wirtschaftskrise – waren ein idealer Nährboden für unsolide Geschäftspraktiken und Unternehmenszusammenbrüche, was erneut den Ruf nach Verbesserung der Aufsichtsratstätigkeit nach sich zog. Noch mehr ins Gerede brachte den Aufsichtsrat das Betriebsrätegesetz von 1920, das eine Arbeitnehmervertretung im Aufsichtsrat festschrieb. In der Folge verlagerte sich die substantielle Arbeit des Aufsichtsrats in die Ausschüsse, aus denen man die Arbeitnehmervertreter heraushalten konnte. Aus dem gleichen Grund war der Informationsfluss an das Plenum stark gestört, während an den Ausschusssitzungen auch aufsichtsratsfremde Personen, oft ehemalige Aufsichtsräte, teilnahmen.[12]

Im Zuge der Reformbestrebungen der 1930er Jahre, die schließlich in das Aktiengesetz von 1937 mündeten, versuchte man, solchen Auswüchsen entgegenzuwirken, führte etwa ein ausdrückliches Beschlusserfordernis ein, das eine verdeckte Ausschussbildung am Plenum vorbei verhindern sollte, und berechtigte auf einen Vorschlag Hachenburgs hin[13] alle Aufsichtsratsmitglieder, an Ausschusssitzungen teilzunehmen, verbunden mit dem Recht des Vorsitzenden, in Einzelfällen eine Teilnahme zu versagen – als Zugeständnis an die nach wie vor ausgeprägten Sorgen um die Einhaltung der Vertraulichkeit.[14]

Das Aktiengesetz von 1965 normierte erstmals ausdrücklich Delegationsverbote, die einer Aushöhlung der Plenums-Verantwortlichkeit entgegenwirken sollten (§ 107 Abs. 3 Satz 2 AktG a. F.). Um die Jahrtausendwende wurde erneut

---

den einzelnen Mitglieder... Damit die A.R.Mer. einhellig handeln können, müssen sie sämtlich von den gesamten Angelegenheiten der Gesellschaft mehr oder wenig unterrichtet sein").

11 Lieder, Der Aufsichtsrat im Wandel der Zeit, 2006, S. 233.

12 Lieder, Der Aufsichtsrat im Wandel der Zeit, 2006, S. 309, 379 f.

13 Antrag Nr. 1820/32 (Oktober 1932), II, in: Schubert/Hommelhoff, Quellen zur Aktienrechtsreform der Weimarer Republik, 1999, Bd. 2, S. 806.

14 Lieder, Der Aufsichtsrat im Wandel der Zeit, 2006, S. 379 – 383.

lebhaft über Sinn und Zweck von Pflichtausschüssen diskutiert. Der 61. Deutsche Juristentag sprach sich für einen gesetzlichen Zwang zur Bildung von Ausschüssen bei größeren Gesellschaften aus.[15] Doch der Widerstand dagegen war in der gesellschaftsrechtlichen Literatur erheblich:[16] Zu heterogen und vielgestaltig seien in der Praxis die Aktiengesellschaften, und es drohe eine unproduktive Überregulierung. Der Gesetzgeber des KonTraG schloss sich im Jahr 1998 den Bedenken an und sprach sich gegen Pflichtausschüsse aus, auch wenn das Gesetz der Verbesserung der Aufsichtsratstätigkeit durch eine verstärkte Ausschussbildung grundsätzlich aufgeschlossen gegenüber stand.[17]

Damit war die rechtspolitische Diskussion indes längst nicht abgeschlossen. Bereits wenige Jahre später im Jahr 2001 befasste sich der Bericht der Regierungskommission „Corporate Governance" abermals ausführlich mit den Vor- und Nachteile der Ausschussbildung und ihrer Regulierung. Erkennbar beeinflusst durch die inzwischen international geführte Corporate Governance-Diskussion und die Rolle des *audit committee* im One-Tier-Board-System setzte sich der Bericht insbesondere mit den Vorzügen eines Prüfungsausschusses auseinander: „Das Aufsichtsratsplenum wird von der Aufgabe der notwendig eingehenden und zeitnahen Prüfung gemäß § 171 AktG entlastet. Die Einrichtung eines Prüfungsausschusses fördert eine kontinuierliche und zeitnahe Sacharbeit des Aufsichtsrats, die im Hinblick auf die Tendenz zum ‚Fast Close' als wünschenswert erscheint... Die Einrichtung eines Prüfungsausschusses fördert die Entwicklung und den Einsatz spezieller Kenntnisse von Aufsichtsratsmitgliedern in diesem Bereich; dies dürfte die Vor- und Aufbereitung der Materialien für die Aufsichtsratsarbeit positiv beeinflussen. Insgesamt wird dadurch das Informations- und Kompetenzgefälle zwischen Vorstand und Aufsichtsrat weiter reduziert. Schließlich mag die Einführung eines ‚Audit Committee' nach internationalem Vorbild auch die verbreitete Kritik am dualistischen System der deutschen Unternehmensverfassung eindämmen helfen."[18] Gleichzeitigt ging der Bericht jedoch auch auf die mit der Ausschussbildung verbundenen Nachteile ein: „Allgemein kann die Einsetzung eines Ausschusses dazu führen, dass die nicht dem Ausschuss angehörenden Mitglieder sich um die dort zu behandelnden wichtigen Fragen überhaupt nicht mehr kümmern... Je nach der Lage des Unternehmens kann es aber erforderlich sein, dass sich jedes Aufsichtsratsmitglied intensiv mit der Rechnungslegung und -prüfung und den dadurch vermittelten Informationen

---

15 Beschlüsse, Verhandlungen 61. DJT II/1, Nr. 15 (N 65).

16 Vgl. zur Diskussion Forster, AG 1995, 1, 6; Götz, AG 1995, 337, 347; Baums, ZIP 1995, 11, 16 f.

17 BT-Drs. 13/9712, S. 16, 23; Lieder, Der Aufsichtsrat im Wandel der Zeit, 2006, S. 510 f., 751.

18 Bericht der Regierungskommission „Corporate Governance" vom 14.8.2001, S. 133 (http://dip21.bundestag.de/dip21/btd/14/075/1407515.pdf).

über die Ertrags- und Finanzlage des Unternehmens und seine Risikoexposition befasst.“[19]

2. Vor- und Nachteile der Ausschussbildung

Im Rückblick auf die mehr als hundertjährige rechtspolitische Diskussion um Sinn und Zweck von Aufsichtsratsausschüssen lässt sich feststellen, dass ein Großteil der Argumente nach wie vor Gültigkeit haben. Auch heute ist aus Sicht der Aufsichtsratspraxis zu attestieren, dass die Arbeit in vergleichsweise kleinen Gruppen eine Steigerung der Effektivität und eine Verbesserung der Qualität der Aufsichtsratstätigkeit bewirkt.[20] In Ausschüssen kann die besondere Fachkompetenz und Sachkunde einzelner Aufsichtsratsmitglieder besser genutzt und moderiert werden. Insgesamt steigt durch Konzentration und Fokussierung die Qualität der Aufsichtsratsarbeit.[21] Dies gilt nicht nur für den spezialgesetzlich geregelten Prüfungsausschuss, der bei kapitalmarktorientierten Unternehmen, CRR-Kreditinstituten und Versicherungsunternehmen mit mindestens einem Mitglied besetzt sein muss, das über besonderen Sachverstand auf den Gebieten der Rechnungslegung oder der Abschlussprüfung verfügt (§§ 107 Abs. 4, 100 Abs. 5 AktG)[22], sondern auch für andere vom Aufsichtsrat im Rahmen seiner Organisationsautonomie gebildete Ausschüsse wie etwa Digitalisierungsausschüsse oder Rechtsausschüsse, die sich besonderen Fachthemen im Aufsichtsrat widmen sollen.

Bei unter Vertraulichkeitsgesichtspunkten besonders sensiblen Angelegenheiten bietet die Ausschussbildung zudem den Vorteil, dass dort die Vertraulichkeit besser gewahrt werden kann, da in einem Ausschuss weniger Personen Zugang zu Informationen haben als bei einer Erörterung im Plenum.[23] In der

---

19 Bericht der Regierungskommission „Corporate Governance“ vom 14.8.2001, S. 133 (http://dip21.bundestag.de/dip21/btd/14/075/1407515.pdf).

20 Koch, aaO (Fn. 5), § 107 AktG Rn. 18; Habersack, Münchner Komm. z. AktG, 5. Aufl. 2019, § 107 Rn. 104; Hopt/Roth, aaO (Fn. 1), § 107 AktG Rn. 299; Deckert, ZIP 1996, 985 ff.

21 Spindler, Beck. OKomm. z. AktG, Stand: 19.10.2020, § 107 Rn. 88; E. Vetter, ZGR 2010, 751, 754; Möllers, ZIP 1995, 1725, 1730 f.

22 Das FISG schreibt vor, dass der Prüfungsausschuss mit mindestens zwei über besondere Sachkunde verfügenden Mitglieder besetzt sein muss, wobei mindestens eines über besondere Sachkunde auf dem Gebiet der Rechnungslegung und mindestens ein weiteres Mitglied über besondere Sachkunde auf dem Gebiet der Abschlussprüfung verfügen muss (§§ 107 Abs. 4, 100 Abs. 5 AktG).

23 Habersack, aaO (Fn. 20), § 107 AktG Rn. 93; Hopt/Roth, aaO (Fn. 1), § 107 Rn. 299; Koch, aaO (Fn. 5), § 107 AktG Rn. 18; Hasselbach/Seibel, AG 2012, 114, 121; Möllers, ZIP 1995, 1725, 1731.

Praxis ist dies insbesondere bei Personalentscheidungen des Aufsichtsrats und der Nachfolgeplanung für den Vorstand von besonderer Bedeutung, die üblicherweise zunächst im kleineren Kreis eines Präsidial- oder Personalausschusses vorbesprochen und vorbereitet werden, bevor sie im Aufsichtsratsplenum behandelt werden. Ist eine zeitnahe Entscheidung geboten, sind Ausschüsse schneller handlungsfähig.[24]

Ein weiterer Vorteil der Ausschussbildung besteht darin, dass aus gruppendynamischen Gründen in einem „kleinen Kreis" üblicherweise offenere und kritischere Debatten stattfinden als in großer Runde. Dies gilt angesichts ihrer Größe insbesondere für mitbestimmte Aufsichtsräte. Hinzu kommt, dass die Arbeitsfähigkeit eines bis zu zwanzigköpfigen Aufsichtsrats ohne Vorbereitung seiner Entscheidungen durch kleinere Ausschüsse und eine sinnvolle Arbeitsteilung durch Delegation bestimmter Entscheidungen auf Ausschüsse nur schwer zu gewährleisten ist.

Wesentlicher Grund für die Ausschussbildung ist in der Praxis regelmäßig die damit verbundene Entlastungswirkung für das Plenum. Gerade in großen kapitalmarktorientierten Unternehmen mit einer international ausgerichteten Geschäftstätigkeit ist es sinnvoll, wenn nicht gar im Interesse einer effektiven Aufgabenwahrnehmung geboten, dass der Aufsichtsrat zumindest einen Teil der stetig sich vermehrenden Aufgaben an Ausschüsse delegiert, um sich selbst auf übergreifende und nicht delegierbare Überwachungsaufgaben konzentrieren zu können. Zudem ist es im Interesse eines effektiven Ablaufs von Aufsichtsratssitzungen sinnvoll, dass dessen Entscheidungen durch Ausschüsse vorbereitet werden. Dieses ermöglicht es, die Informationsfülle im Aufsichtsratsplenum und die vorbereitenden Unterlagen auf ein für die Aufsichtsratsmitglieder noch zu verarbeitendes Maß zu reduzieren, ohne dass dies zu Lasten der Überwachungsintensität und -tiefe geht. Dies gilt umso mehr als nicht nur in quantitativer, sondern auch in qualitativer Hinsicht die Anforderungen an die Aufsichtsratstätigkeit in den letzten Jahren erheblich gestiegen sind.

International wird in der Ausschussbildung zudem ein wichtiges Instrument gesehen, um eine unabhängige Kontrolle des Vorstands zu gewährleisten. Ausländische institutionelle Investoren verlangen schon seit einiger Zeit eine unabhängige Besetzung des Prüfungsausschusses.[25] In diese Richtung gehen auch die Empfehlungen des Deutschen Corporate Governance Kodex zur Unabhängigkeit von Aufsichtsratsmitgliedern (D.6 – 12 DGGK), die u.a. empfehlen, dass neben

24 Hopt/Roth, aaO (Fn. 1), § 107 AktG Rn. 299.

25 Roth, ZGR 2012, 343, 353 – 356 („international ... Hauptgrund zur Ausschussbildung überhaupt").

dem Aufsichtsratsvorsitzenden auch die Vorsitzenden des mit der Vorstandvergütung befassten Ausschusses und des Prüfungsausschusses unabhängig von der Gesellschaft sein sollen, wobei letzterer zusätzlich auch unabhängig von einem kontrollierenden Aktionär sein soll (C.10 DCGK). Auch der deutsche Gesetzgeber hat diesen Gedanken im Rahmen des ARUG II aufgegriffen. So muss der fakultativ einzurichtende Related Party Transactions-Ausschuss mehrheitlich aus Mitgliedern zusammengesetzt sein, bei denen keine Besorgnis eines Interessenkonfliktes aufgrund ihrer Beziehung zu einer nahestehenden Person besteht (§ 107 Abs. 3 Satz 6 AktG). Bei der unreflektierten Übernahme solcher aus dem monistischen One-Tier-Board-System stammenden Vorstellungen in das dualistische System des deutschen Aktienrechts ist gleichwohl eine gewisse Zurückhaltung angezeigt, da aufgrund der funktionellen Trennung von Vorstand und Aufsichtsrat im dualistischen System eine institutionalisierte Trennung von Leitung und Überwachung gewährleistet wird, die im One-Tier-Board-System gerade nicht existiert.[26] Dies gilt insbesondere dort, wo legitime Interessen des herrschenden Unternehmens an einer Kontrolle seiner Beteiligung an der abhängigen Gesellschaft betroffen sind.

Im Vergleich zu den Vorteilen einer Ausschussbildung fallen die damit verbundenen oder befürchteten Nachteile in der Praxis in der Regel der Fälle nicht wirklich ins Gewicht. Als problematisch wurde in der juristischen Literatur immer wieder das wachsende Informationsgefälle im Aufsichtsrat zwischen den Ausschussmitgliedern und den Aufsichtsratsmitgliedern angesehen, die dem Ausschuss nicht angehören.[27] Auf längere Sicht könnten sich – so die Befürchtung – faktische Ungleichheit verfestigen und Aufsichtsratsmitglieder „erster und zweiter Klasse“ herausbilden.[28] Ob und inwieweit durch die Bildung von Ausschüssen eine Steigerung der Effektivität und Verbesserung der Qualität der Überwachungstätigkeit des Aufsichtsrats erzielt werden kann, hängt allerdings neben der besonderen Struktur des jeweiligen Unternehmens insbesondere auch von der Größe des Aufsichtsrats ab. Als „Faustregel“ kann insoweit auf eine Größe von mehr als sechs Aufsichtsratsmitgliedern abgestellt werden.

26 Vgl. Börsig/Löbbe, FS Hoffmann-Becking, 2013, 125, 133 f.

27 Spindler, aaO (Fn. 21), § 107 AktG Rn. 88; Sünner, AG 2000, 492, 496.

28 Merkt, ZHR 179 (2015), 601, 635; Koch, aaO (Fn. 5), § 107 AktG Rn. 18; Spindler, aaO (Fn. 21), § 107 AktG Rn. 88; Habersack, aaO (Fn. 20), § 107 AktG Rn. 104.

3. Aufsichtsratsausschüsse in der unternehmerischen Praxis

Vor diesem Hintergrund überrascht es nicht, dass Unternehmen in der Praxis in weitem Umfang von der Möglichkeit zur Ausschussbildung Gebrauch machen. In den letzten Jahren hat nicht nur die Zahl der Ausschüsse deutlich zugenommen, sondern auch die Bandbreite von Ausschussarten. Neben „klassischen" Ausschüssen wie Präsidial-, Prüfungs-, Personal-, oder Normierungsausschüssen sind auch Finanz-, Investitions-, Risiko-, Vergütungs-, Innovations- und Technologieausschüsse, aber auch Rechts- Compliance- und Integritätsausschüsse in der Praxis verbreitet. Daneben finden sich – seltener und je nach Branche – auch Anlagen-, Projekt-, Sozial- und Bauausschüssen.[29] Nach der Einführung der Regelungen zu den Related Party Transactions durch das ARUG II dürfte vermehrt auch mit der Einrichtung von Related Party Transaction-Ausschüssen zu rechnen sein. Schließlich bilden Aufsichtsräte für spezielle Aufgaben auch immer wieder sog. Ad hoc-Ausschüsse etwa zur Aufklärung bestimmter Vorgänge im Unternehmen, zur Begleitung von für das Unternehmen besonders bedeutsamen rechtlichen Verfahren oder auch um über eine bestimmte Transaktion oder konkreten Maßnahmen zu entscheiden, z. B. weil eine kurzfristige Entscheidung über die Zustimmung erforderlich werden kann. In solchen Ad-hoc-Ausschüssen lässt sich die Fachkompetenz des Aufsichtsrats bündeln, solange es für die Durchführung der spezifischen Aufgabe erforderlich erscheint.[30]

Auf DAX- und MDAX-Unternehmen bezogen ergibt sich aktuell für den Prüfungsausschuss eine Abdeckung von (DAX) 100 bzw. 97 %[31] (MDAX 95 %), für den Präsidialausschüsse von (DAX) 67 % (MDAX 90 %), für den Nominierungsausschuss von (DAX) 93 % (MDAX 76 %), für Personalausschüsse von (DAX) 47 % (MDAX 35 %). Daneben finden sich in der Praxis verbreitet, wenn auch etwas weniger häufig Finanz- und Investitionsausschüsse (DAX 25 % – MDAX 11 %), Vergütungs(-kontroll-)ausschüsse (DAX 13 % – MDAX 16 %), Strategieausschüsse (DAX 26 % – MDAX 6 %), Innovations- und Technologie-Ausschüsse (DAX 30 % –

---

29 Hopt/Roth, aaO (Fn. 1), § 107 AktG Rn. 304; Lieder, Der Aufsichtsrat im Wandel der Zeit, 2006, S. 753 (jeweils mwN).

30 Eingehend Hasselbach/Seibel, AG 2012, 114 ff.; Habersack, aaO (Fn. 20), § 107 AktG Rn. 99, 102.

31 Unterschiede erklären sich aus einer abweichenden Begrifflichkeit. So verfügt die Merck KGaA anders als die übrigen DAX-Unternehmen nicht über einen (zumindest auch) explizit so bezeichneten „Prüfungsausschuss", aber der Finanzausschuss erfüllt in der Sache offenbar die Aufgaben, die sonst regelmäßig einem Prüfungsausschuss zugewiesen sind. Auch bei den Angaben zu den übrigen Ausschüssen sind je nach Unternehmen variierende Bezeichnungen der Ausschüsse in Rechnung zu stellen.

MDAX 15%), Risikoausschüsse (DAX 10% – MDAX 4%) sowie Rechts-, Compliance- und Integritätsausschüsse (DAX 16% – 0 – 2% MDAX-1 CSR-Ausschuss).

4. Zwischenergebnis

Zusammenfassend lässt sich somit festhalten, dass bei größeren Aufsichtsräten, also bei Aufsichtsräten mit mehr als sechs Mitgliedern, die Vorteile der Ausschussbildung eindeutig deren Nachteile überwiegen. Die Bildung von Aufsichtsratsausschüssen hat in den vergangenen Jahren wesentlich zur Steigerung der Effektivität und Verbesserung der Qualität der Aufsichtsratsarbeit beigetragen. Angesichts der erhöhten Anforderungen, der zunehmenden Professionalisierung und der gestiegenen Aufgabenfülle des Aufsichtsrats ist daher eine Ausschussbildung insbesondere bei größeren Aufsichtsräten sinnvoll.[32]

III. Effiziente Aufsicht durch Selbstregulierung

Aus diesem Befund darf jedoch nicht vorschnell der Schluss gezogen werden, dass der Gesetzgeber die Bildung von Ausschüssen (zumindest bei größeren Aufsichtsräten) oder gar die Einrichtung bestimmter Ausschüsse verpflichtend vorschreiben sollte. Ob und inwieweit gesetzgeberischer Handlungsbedarf besteht, bedarf vielmehr einer sorgfältigen Analyse der Rechtslage *de lege lata* – auch unter Berücksichtigung des Zusammenspiels mit den Empfehlungen des Deutsche Corporate Governance Kodex zu Aufsichtsratsausschüssen.

1. Grundsatz der Organisationsautonomie

Zentralnorm für die Einrichtung von Ausschüssen durch den Aufsichtsrat ist § 107 Abs. 3 Satz 1 AktG, der vorsieht, dass der Aufsichtsrat aus seiner Mitte einen oder mehrere Ausschüsse bestellen kann, namentlich, um seine Verhandlungen und Beschlüsse vorzubereiten oder die Ausführung seiner Beschlüsse zu überwachen. Aus der Regelung ergibt sich zum einen, dass es grundsätzlich keine Pflicht zur Ausschussbildung gibt, sondern die Bildung von Ausschüssen im Organisati-

32 Dieser Befund steht auch im Einklang mit Grundsatz 14 DCGK („Die Bildung von Ausschüssen fördert bei größeren Gesellschaften regelmäßig die Wirksamkeit der Arbeit des Aufsichtsrats") und den daran anknüpfenden Empfehlungen, auf die noch einzugehen sein wird, vgl. dazu näher unter III.4.

onsermessen des Aufsichtsrats steht. Zum anderen kann auch kein anderes Gesellschaftsorgan, auch nicht die Hauptversammlung etwa durch eine entsprechende Satzungsregelung, dem Aufsichtsrat die Bildung von Ausschüssen oder gar die Einrichtung bestimmter Ausschüsse vorgeben. Die Bildung von Ausschüssen unterfällt somit dem Selbstorganisationsrecht und der Organisationsautonomie des Aufsichtsrats

Dahinter steht eine bewusste Entscheidung des Gesetzgebers. Wie der BGH bereits in einem Urteil aus dem Jahr 1982 zutreffend hervorgehoben hat, kommt darin der Gedanke zum Ausdruck, dass „allein der Aufsichtsrat nach pflichtgemäßem Ermessen beurteilen kann und soll, wie er seine Arbeit zweckmäßigerweise einrichtet, um seinen gesetzlichen Funktionen und seiner Allgemeinverantwortung am besten gerecht zu werden, inwieweit er deshalb seine Aufgaben im Plenum erledigen oder einem Ausschuss übertragen will und welche Personen aus seiner Mitte ihm aus sachlichen Gründen jeweils besonders dazu berufen erscheinen, in einem solchen Ausschuss mitzuwirken. In dieser eigenverantwortlichen Organisation seiner Arbeit darf die Satzung den Aufsichtsrat nicht dadurch behindern, dass sie ihm vorschreibt (oder verbietet), im Rahmen seiner gesetzlichen Zuständigkeit einen oder mehrere Ausschüsse mit bestimmten Aufgaben und einer bestimmten personellen Besetzung zu errichten."[33]

Der hinter dem Grundsatz der Organisationsautonomie des Aufsichtsrats stehende Gedanke, der sich aus der Befähigung des Aufsichtsrats ableitet, selbst am besten die Zweckmäßigkeit einer Arbeitsteilung im konkreten unternehmerischen Umfeld beurteilen zu können, besitzt unverändert Gültigkeit.[34] Zur Organisationsautonomie gehört neben der Befugnis, Ausschüsse einzurichten und wieder aufzulösen, auch das Recht des Gesamtaufsichtsrats, die Kompetenzen eines Ausschusses jederzeit zu beschneiden und wieder an sich zu ziehen.[35] Da die Bestimmungen über die Ausschussbildung in der Geschäftsordnung des Aufsichtsrats ebenfalls dessen autonome Entscheidung sind, stehen sie nicht im Widerspruch zur Organisationsautonomie.[36] Oftmals erhalten Aufsichtsratsausschüsse auch eigene Geschäftsordnungen, die entweder der Gesamtaufsichtsrat

---

33 BGH, Urteil vom 25. Februar 1982 – II ZR 123/81 –, juris, Rn. 17 = BGHZ 83, 106, 115.

34 Eingehend Bachmann, FS Hopt, Bd. 1, 337, 346 ff.; Mertens/Cahn, aaO (Fn. 2), § 107 AktG Rn. 96; Koch, aaO (Fn. 5), § 107 AktG Rn. 19; Habersack, aaO (Fn. 20), § 107 AktG Rn. 94; Hopt/Roth, aaO (Fn. 1), § 107 AktG Rn. 315.

35 Hopt/Roth, aaO (Fn. 1), § 107 AktG Rn. 318; Mertens/Cahn, aaO (Fn. 2), § 107 AktG Rn. 139.

36 Koch, aaO (Fn. 5), § 107 AktG Rn. 19; Habersack, aaO (Fn. 20), § 107 AktG Rn. 99; Hopt/Roth, aaO (Fn. 1), § 107 AktG Rn. 317.

oder der Ausschuss selbst beschließen kann.[37] Eine Grenze findet die Organisationsautonomie und das Selbstorganisationsrecht des Aufsichtsrats dort, wo zwingende gesetzliche Vorgaben verletzt sind. Daher darf auch die Geschäftsordnung keine dem Grundsatz der gleichen Berechtigung aller Aufsichtsratsmitglieder widersprechenden Besetzungsregeln enthalten.[38]

2. Verpflichtende Ausschussbildung *de lege lata*

Vor diesem Hintergrund hat sich der Gesetzgeber mit Eingriffen in die Organisationsautonomie und das Selbstorganisationsrecht des Aufsichtsrats sehr zurückgehalten. Die wohl bekannteste Ausnahme stellt der gesetzlich zwingend vorgeschriebene Vermittlungsausschuss für paritätisch mitbestimmte Aufsichtsräte (§§ 27 Abs. 2 MitbestG, 8 Abs. 2 Montan-MitbestG) dar. Künftig wird es mit dem verpflichtenden Prüfungsausschuss (§ 107 Abs. 4 Satz 1 AktG-E) eine weitere Ausnahme geben (dazu 4.a.). Zudem macht der Gesetzgeber bei kapitalmarktorientierten Unternehmen, CRR-Kreditinstituten und Versicherungsunternehmen Vorgaben hinsichtlich der Besetzung des Prüfungsausschusses mit derzeit einem und künftig zwei Mitgliedern, die über besonderen Sachverstand auf den Gebieten der Rechnungslegung bzw. der Abschlussprüfung verfügen (§§ 107 Abs. 4, 100 Abs. 5 AktG).[39] Erheblich stärker eingeschränkt ist die Organisationsautonomie des Aufsichtsrats im Bereich der regulierten Unternehmen (§ 25d Abs. 7–12 KWG).[40] Dort existieren detaillierte Vorschriften für die Einrichtung von Risikoausschüssen (§ 25d Abs. 8 KWG), Prüfungsausschüssen (§ 25d Abs. 9 KWG), Nominierungsausschüssen (§ 25d Abs. 11 KWG) und Vergütungskontrollausschüssen (§ 25d Abs. 12 KWG).

Davon zu unterscheiden ist die Frage, ob und inwieweit sich die Pflicht des Aufsichtsrats zur sachgerechten und effizienten Selbstorganisation zu einer Pflicht zur Ausschussbildung verdichten kann. Das wird von einer in der Literatur verbreiteten Meinung angenommen insbesondere bei großen Unternehmen oder etwa wenn es in der Vergangenheit zu einer wiederholten Verletzung von Geheimhaltungspflichten gekommen ist.[41] Richtig ist, dass eine solche Reduzierung

---

37 Lutter/Krieger/Verse, Rechte und Pflichten des Aufsichtsrats, 7. Aufl. 2020, Rn. 774; Mertens/Cahn, aaO (Fn. 2), § 107 AktG Rn. 183; Koch, aaO (Fn. 5), § 107 AktG Rn. 29; Gittermann, Arbeitshandbuch für Aufsichtsratsmitglieder, 5. Aufl. 2021, § 5 Rn. 60.

38 Habersack, aaO (Fn. 20), § 107 AktG Rn. 99.

39 Vgl. dazu bereits unter II.2.

40 Koch, aaO (Fn. 5), § 107 AktG Rn. 20.

41 Habersack, aaO (Fn. 20), § 107 AktG Rn. 94; Krieger, ZGR 185, 338, 361 f.

des dem Aufsichtsrat in Fragen der Ausschussbildung zustehenden Organisationsermessens auf Null im konkreten Einzelfall durchaus denkbar erscheint, wenn eine sachgerechte Aufgabenwahrnehmung allein im Plenum nicht mehr gewährleistet ist. Dabei sind verschiedene Faktoren zu berücksichtigten, neben der Größe des Aufsichtsrats u. a. die Komplexität des Unternehmens und die sich daraus ergebenden Aufgaben des Aufsichtsrats, die in der konkreten (wirtschaftlichen) Situation des Unternehmens erforderliche Überwachungsintensität sowie die zur Beurteilung für das Unternehmen besonders relevanter Themenfelder erforderliche Sachkunde. Auch wiederholte Vertraulichkeitsverletzungen können insoweit eine Rolle spiele. Allerdings ist mit starren Kriterien etwa dergestalt, dass bei Aufsichtsräten ab einer bestimmten Größe aus dem Gebot zur sachgerechten und sorgfaltsgemäßen Selbstorganisation stets eine Pflicht zur Ausschussbildung folgt, angesichts der Vielgestaltigkeit der unternehmerischen Wirklichkeit und des vom Gesetzgeber und der Rechtsprechung zu Recht betonten Organisationsermessen des Aufsichtsrats Zurückhaltung geboten. Dies gilt erst recht für die Annahme einer daraus abzuleitenden Pflicht zur Bildung bestimmter Arten von Ausschüssen. In der Praxis dürfte diese Frage von eher geringer Bedeutung sein, da dort jedenfalls größere Aufsichtsräte Ausschüsse bilden.[42]

3. Anregungsnormen

Mit den sog. Anregungsnormen, die erstmals 1998 (durch das KonTraG) Eingang in das Aktienrecht gefunden haben, existiert eine regulatorische Zwischenstufe.[43] So hat gemäß § 171 Abs. 2 Satz 2 Hs. 2 AktG der Aufsichtsrat von börsennotierten Gesellschaften in seinem Bericht an die Hauptversammlung insbesondere anzugeben, welche Ausschüsse gebildet worden sind, sowie die Zahl seiner Sitzungen und die der Ausschüsse mitzuteilen. Die Berichtspflicht selbst ist obligatorisch, nicht aber die Bildung von Ausschüssen. Trotzdem erhofft sich der Gesetzgeber allein dadurch, dass der Aufsichtsrat gezwungen ist, sich mit dem Thema „Ausschüsse" überhaupt zu befassen, eine mittelbare Verhaltenssteuerung hin zu einer Intensivierung der Überwachungstätigkeit und ggf. zu der Einrichtung von Ausschüssen.[44]

---

42 Vgl. dazu nur die rechtstatsächliche Analyse der Verbreitung von Ausschüssen bei Dax- und M-Dax-Unternehmen unter II.3.

43 Hommelhoff/Mattheus, AG 1998, 249, 250. Vgl. auch Feddersen, AG 2000, 385, 386.

44 Lieder, Der Aufsichtsrat im Wandel der Zeit, 2006, S. 623.

Als Instrument der gesteuerten Selbstorganisation und Selbstregulierung zielen Anregungsnormen auf eine Sensibilisierung[45] der Rechtsanwender, die dazu angeregt werden sollen, die Strukturen des jeweiligen Organs oder Unternehmens zu überdenken und alternative Handlungsmöglichkeit in Erwägung zu ziehen.[46] Als milderes Mittel haben sie zweifellos ihre Vorzüge, da sie Freiräume für abweichende Lösungen lassen, die dem Einzelfall besser gerecht werden. Andererseits sind auch Anregungsnormen das Produkt eines staatlichen (Gesetzgebungs-) Verfahrens und daher ihrer Herkunft und Flexibilität nach nur ein begrenzt taugliches Mittel, um die aktuelle ökonomische Wirklichkeit abzubilden.

4. Empfehlungen des DCGK

Während der Gesetzgeber sich mit Vorgaben aus guten Gründen bewusst Zurückhaltung auferlegt hat und die Ausschussbildung im Aufsichtsrat dem Selbstorganisationsrecht des Aufsichtsrats überlassen hat, enthält der Deutsche Corporate Governance Kodex (DGGK) eine Vielzahl von Verhaltensempfehlungen zur Bildung von Aufsichtsratsausschüssen und deren Besetzung. Das beginnt mit der allgemeinen Empfehlung, der Aufsichtsrat solle abhängig von den spezifischen Gegebenheiten des Unternehmens und der Anzahl seiner Mitglieder fachlich qualifizierte Ausschüsse bilden (D.2 DCGK). Im Besonderen wird die Einrichtung eines Prüfungsausschusses (D.3 DCGK – nunmehr nach FISG gesetzliche Pflicht) und die Einrichtung eines Nominierungsausschusses empfohlen (D.5 DCGK). Letzterer soll ausschließlich mit Vertretern der Anteilseigner besetzt sein, während im Hinblick auf den Prüfungsausschussvorsitzenden empfohlen wird, dass er über besondere Kenntnisse und Erfahrungen in der Anwendung von Rechnungslegungsgrundsätzen und internen Kontrollverfahren verfügen soll. Darüber hinaus soll er unabhängig von der Gesellschaft und ihrem Vorstand und unabhängig vom kontrollierenden Aktionär sein. Zudem wird empfohlen, dass der Aufsichtsratsvorsitzenden nicht gleichzeitig Vorsitzender des Prüfungsausschusses sein soll (D.4 DCGK).

Empfehlungen des DCGK unterscheiden sich von aktienrechtlichen Vorgaben zum einen dadurch, dass sie sich nicht an alle Aktiengesellschaften richten, sondern nur an börsennotieren Unternehmen. Nur börsennotierte Gesellschaften müssen im Rahmen der jährlich nach § 161 AktG abzugebenden Entsprechen-

45 Hommelhoff/Mattheus, AG 1998, 249, 250.
46 Lieder, Der Aufsichtsrat im Wandel der Zeit, 2006, S. 623 f.

serklärung offenlegen, ob und inwieweit den Empfehlungen des DCGK entsprochen wurde und wird und welche Empfehlungen nicht angewendet werden und wurden. Eine Abweichung von den Empfehlungen muss von den Unternehmen begründet werden. Daher zeichnen sie sich gegenüber verbindlichen gesetzlichen Vorgaben durch eine höhere Flexibilität und Anpassungsfähigkeit an die wirtschaftlichen Rahmenbedingungen aus. Allerdings ist nicht zu verkennen, dass derartige Empfehlungen durchaus einen nicht ganz unerheblichen Anpassungsdruck erzeugen, da die Befolgung der Empfehlungen des DCGK Grundlage des Stimmverhaltens vieler institutioneller Investoren und der Empfehlungen einflussreicher Stimmrechtsberater ist.[47]

Daher ist die in der Literatur geforderte[48] und von der Kodexkommission selbst propagierte und in der Präambel festgeschriebene[49] Abweichungskultur von Empfehlungen des DCGK, die aufgrund der spezifischen Besonderheiten aus Sicht von Vorstand und Aufsichtsrat für das betroffene Unternehmen nicht sachgerecht erscheinen, in der Unternehmenspraxis deutlich schwieriger umzusetzen als dies nach der gesetzlichen Konzeption möglich erscheint. Aufgrund ihrer größeren Flexibilität und des Charakters des DCGK als Selbstregulierungsinstrument börsennotierter Unternehmen[50] sind Empfehlungen des DGGK zur Ausschussbildung und -besetzung im Vergleich zu starren gesetzlichen Regelungen als milderer Eingriff in die Organisationsautonomie des Aufsichtsrats grundsätzlich zu begrüßen. Dies gilt jedenfalls dann, wenn sie sich auf die Statuierung allgemein anerkannter Standards guter Corporate Governance konzentrieren. Dies ist bei den Empfehlungen zu Aufsichtsratsausschüssen im Grundsatz der Fall.

---

47 Daneben haben die Stimmrechtsberater eigene Richtlinien entwickelt, die den Empfehlungen des DCGK teilweise entsprechen und teilweise noch darüber hinausgehen. Umgekehrt greift die Kodexkommission entsprechende Entwicklungen in ihren Empfehlungen auf. Vgl. HOPT/LEYENS, ZGR 2019, 929, 945 ff.; W. GOETTE, Münchner Komm. z. AktG, 4. Aufl. 2018, § 161 Rn. 19; KOCH, aaO (Fn. 5), § 161 AktG Rn. 3.

48 BÖRSIG/LÖBBE, FS Hoffmann-Becking, 2013, 125, 142; V. WERDER, in: Kremer u. a., Deutscher Corporate Governance Kodex, 8. Aufl., 2021, Präambel Rn. 39.

49 Präambel Abs. 4 S. 5: „Eine gut begründete Abweichung von einer Kodexempfehlung kann im Interesse einer guten Unternehmensführung liegen."

50 KOCH, aaO (Fn. 5), § 107 AktG Rn. 2; V. WERDER, aaO (Fn. 48), Teil 2, Einleitung Rn. 4.

5. Reformbedarf

Nach der Bestandsaufnahme *de lege lata* stellt sich nunmehr die Frage, welche Änderungen der Gesetzgeber *de lege ferenda* vornehmen sollte. Was den Prüfungsausschuss anbelangt, so hat sich der Gesetzgeber jüngst entschieden und ihn aktienrechtlich für bestimmte Unternehmen verpflichtend vorgeschrieben (a.). Als Alternative oder Ergänzung ist zu erwägen, ob es künftig (auch) Pflichtausschüsse kraft Satzung geben sollte (b).

a) Verpflichtender Prüfungsausschuss (§ 107 Abs. 4 Satz 1 AktG)

Wie bereits ausgeführt, hat sich der Gesetzgeber im Rahmen des FISG in § 107 Abs. 4 Satz 1 AktG entschieden, künftig eine gesetzliche Pflicht zur Einrichtung eines Prüfungsausschusses bei Unternehmen von öffentlichem Interesse nach § 316a Satz 2 HGB einzuführen. Begründet wird dies neben Effizienzerwägungen[51] insbesondere damit, dass es sich um eine „Best Practice in den meisten Unternehmen" handele, wie sie sich u. a. in der Empfehlung D.3 des DCGK spiegle.[52] Politischer Auslöser für den identifizierten gesetzgeberischen Handlungsbedarf waren die Vorgänge um den insolventen Zahlungsdienstleister „Wirecard".[53] Offensichtlich sieht der Gesetzgeber insoweit eine bloße Empfehlung im DCGK nicht mehr als ausreichend an, weil „Wirecard" als einziges DAX-Unternehmen über keinen Prüfungsausschuss verfügte. Zwar erscheint zweifelhaft, dass die Ursache möglicher Überwachungsdefizite im Fall „Wirecard" wirklich das Fehlen eines Prüfungsausschusses im Aufsichtsrat war, da der Aufsichtsrat von Wirecard nur aus sechs Personen bestand, d. h. mithin seine Größe unterhalb der Schwelle lag, wo allgemein eine Ausschussbildung als sinnvoll angesehen wird. [54] Dennoch erscheint die gesetzgeberische Entscheidung nachvollziehbar, zumal die Pflicht zur Einrichtung eines Prüfungsausschusses auf Unternehmen von öffentlichem Interesse beschränkt bleibt.[55]

51 RegE FISG, S. 136 („... dient der Wirksamkeit und Effizienz der Arbeit des Aufsichtsrats")

52 RegE FISG, S. 136.

53 RegE FISG, S. 1 („jüngste Vorkommnisse haben gezeigt...").

54 Sogar in der Regierungsbegründung zum FISG heißt es im Zusammenhang mit der Best Practice und den Empfehlungen des DCGK: „Ausnahmen werden nur für Unternehmen mit kleinen Aufsichtsräten in Betracht kommen"; vgl. RegE FISG, S. 136.

55 Ebenfalls grundsätzlich zustimmend Arbeitskreis Bilanzrecht Hochschullehrer Rechtswissenschaft (AKBR), BB 2020, 2731, 2734.

Problematischer als die Einführung einer Pflicht zur Einrichtung eines Prüfungsausschusses erscheint die kontinuierliche Zuweisung neuer Aufgaben und Pflichten an bestehende Ausschüsse nach dem Vorbild der angelsächsischen *Audit Committees.*[56] Anders als diese, die ihre Rechtfertigung im Fehlen eines eigenständigen Überwachungsorgans in der monistischen Unternehmensverfassung finden, hat der Prüfungsausschuss als Teil des Aufsichtsrats lediglich unterstützende Funktion. Er dient der Arbeitsteilung und Effektivierung der Überwachungstätigkeit und nicht der institutionelle Trennung (zwischen geschäftsführenden und nicht-geschäftsführenden Direktoren) wie im monistischen System.[57] Überdies kann eine zu starke Fokussierung auf den Prüfungsausschuss unter Umständen mit dem Prinzip der Gesamtverantwortung des Aufsichtsrats kollidieren,[58] namentlich wenn der Prüfungsausschuss die Informationsbeschaffung zu monopolisieren vermag.[59]

Bereits jetzt sind die Aufgaben des Prüfungsausschusses in vielen Unternehmen sehr umfangreich und in manchen Unternehmen von einem einzigen Ausschuss nur noch schwer zu bewältigen. § 107 Abs. 4 Satz 1 AktG verweist hinsichtlich der Aufgaben des künftigen Pflichtausschusses auf § 107 Abs. 3 Satz 2 AktG, so dass sich der Prüfungsausschuss nicht nur mit der Überwachung des Rechnungslegungsprozesses, der Wirksamkeit des internen Kontrollsystems und der Abschlussprüfung, hier insbesondere der Auswahl und der Unabhängigkeit des Abschlussprüfers und der vom Abschlussprüfer zusätzlich erbrachten Leistungen, zu befassen hat, sondern auch mit der Wirksamkeit des Risikomanagementsystems und des internen Revisionssystems. Zumindest das Risikomanagement sollte abweichend vom gesetzlichen Leitbild einem anderen Ausschuss überantwortet werden können (z. B. einem eigenen Risikoausschuss). Bedenken bestehen erst recht gegen die noch umfangreichere Aufgabenliste der Empfehlung D.3 des DCGK, die zusätzlich eine Zuständigkeit für Compliance-Angelegenheiten enthält, wenngleich unter dem Vorbehalt, dass keine Zuständigkeit eines anderen Ausschusses oder des Plenums vorliegt. Da gerade Compliance-Untersuchungen die Ressourcen des Gremiums stark in Anspruch nehmen können, droht eine Überlastung des Prüfungsausschusses. Ist es schon problematisch, wenn der (Gesamt-) Aufsichtsrat immer stärker in die Rolle eines „Super-Compliance-Organs" gedrängt wird,[60] so besteht beim Prüfungsausschuss mit dieser zusätzli-

---

56 Börsig/Löbbe, FS Hoffmann-Becking, 2013, 125, 147.
57 Habersack, aaO (Fn. 20), § 107 AktG Rn. 113; Börsig/Löbbe, FS Hoffmann-Becking, 2013, 125, 148 f.
58 Dazu u. a. Gesell, ZGR 2011, 361, 369; Vetter, ZGR 2010, 751, 761.
59 Börsig/Löbbe, FS Hoffmann-Becking, 2013, 125, 149.
60 Bachmann, FS Hopt 2010, Bd. 1, S. 337, 355.

chen Aufgabe in besonderer Weise das Risiko einer Überforderung, die letztlich zu Lasten der Effektivität und Qualität der Aufsichtsratsüberwachung geht. Die gesetzlichen Pflichtaufgaben des Prüfungsausschusses sollten demnach auf seine Kernaufgaben beschränkt bleiben und nicht noch erweitert werden.

b) Pflichtausschüsse kraft Satzung

Die Frage, ob die Hauptversammlung dem Aufsichtsrat die Einrichtung bestimmter Ausschüsse vorschreiben kann, ist schon seit langer Zeit Gegenstand der rechtspolitischen Diskussion. In den 1920er Jahren war es nicht ungewöhnlich, dass der Gesellschaftsvertrag oder ein Beschluss der Generalversammlung in die Belange des Aufsichtsrats eingriff und so auch die Ausschussbildung diktierte.[61] Mit dem Aktiengesetz von 1937, das dem Aufsichtsrat eine eigenständigere Rolle zuwies und die Einrichtung von Ausschüssen von einem Beschluss des Gesamtaufsichtsrats abhängig machte, wurde diese Praxis in Frage gestellt. Zwar wird in der älteren Literatur noch die Ansicht vertreten, die Satzung könne die Bildung von Ausschüssen verbindlich regeln,[62] aber für diese Auslegung des § 107 Abs. 3 Satz 2 AktG gibt es heute keine Unterstützung mehr; nach heute einhelliger Meinung kann die Hauptversammlung weder durch Hauptversammlungsbeschluss noch durch Satzung dem Aufsichtsrat entsprechende Vorschriften machen.[63] Der BGH hat sich in seiner Grundsatzentscheidung vom 25. Februar 1982 insoweit eindeutig positioniert: „Die Satzung darf in die Organisationsfreiheit des Aufsichtsrats bei der Entscheidung darüber, ob er Ausschüsse bilden will und wer ihnen angehören soll, nicht dadurch eingreifen, dass sie vorschreibt (oder verbietet), im Rahmen seiner gesetzlichen Zuständigkeit einen oder mehrere Ausschüsse mit bestimmten Aufgaben und einer bestimmten personellen Besetzung zu errichten; darunter fällt auch die Bestimmung, aus dem Vorsitzenden und dessen Stellvertretern ein Präsidium zu bilden.“[64]

In rechtspolitischer Hinsicht lässt sich jedoch die Frage aufwerfen, ob nicht eine Lockerung der Satzungsstrenge in Bezug auf die Einrichtung von

---

61 Lieder, Der Aufsichtsrat im Wandel der Zeit, 2006, S. 381.
62 Zu dieser Auffassung Hopt/Roth, aaO (Fn. 1), § 107 AktG Rn. 319 (mit Nachweisen der älteren Literatur).
63 Habersack, aaO (Fn. 20), § 107 AktG Rn. 94; Koch, aaO (Fn. 5), § 107 AktG Rn. 18; Mertens/Cahn, aaO (Fn. 2), § 107 AktG Rn. 96; Hopt/Roth, aaO (Fn. 1), § 107 AktG Rn. 316, 319.
64 BGH, Urteil vom 25. Februar 1982 – II ZR 123/81 –, BGHZ 83, 106 (Leitsatz).

Ausschüssen sinnvoll erscheint,[65] gerade auch als Alternative zu gesetzlichen Pflichtausschüssen oder Empfehlungen des DCGK. So hat etwa *Habersack* sich in seinem Gutachten zum 69. Deutschen Juristentag in München 2012 dafür ausgesprochen, dass Satzungen künftig eine Pflicht zur Ausschussbildung statuieren können.[66] Die Anteilseigner kennen die konkreten Gegebenheiten ihrer Unternehmen besser als der Gesetzgeber und haben überdies als Eigentümer ein elementares Interesse daran, dass die Überwachung der Gesellschaft effektiv und gut funktioniert und ihre Anteile nicht durch einen Zusammenbruch des Unternehmens (z. B. wie im Falle Wirecard) entwertet werden. Es bedarf daher einerseits einer besonderen Rechtsfertigung, wenn man es den Aktionären als Eigentümern des Unternehmens untersagt, durch eine entsprechende Satzungsgestaltung die Bildung bestimmter Ausschüsse vorzuschreiben und Vorgaben für die Besetzung und Leitung solcher Ausschüsse zu machen.

Anderseits ist zu berücksichtigen, dass auch solche Satzungsregelungen einen Eingriff in die Organisationsautonomie des Aufsichtsrats darstellen, die der Gesetzgeber aus guten Gründen in besonderer Weise geschützt hat.[67] Damit könnte im wohl austarierten Kompetenzgefüge der Aktiengesellschaft eine Schwächung der Stellung des Aufsichtsrats im Verhältnis zur Hauptversammlung und den Aktionären einhergehen. Dies gilt nicht zuletzt vor dem Hintergrund, dass institutionelle Investoren und Stimmberater zunehmend auch aktiv Einfluss auf die Corporate Governance börsennotierter Unternehmen nehmen.[68] Zwar erscheint eine solche Einflussnahme der Eigentümer des Unternehmens auf die Corporate Governance der Gesellschaft im Grundsatz legitim. In der Praxis ergeben sich besondere Probleme allerdings nicht nur aus der Rolle von aktivistischen Aktionären[69], sondern auch daraus, dass die Stimmrechtsberater und institutionellen Investoren im internationalen Umfeld häufig von Vorstellungen des monistischen Systems des anglo-amerikanischen One-Tier-Board-System geprägt sind und eine unreflektierte Übertragung auf das dualistische System des deutschen Aktienrechts aus Sicht des Unternehmens nicht immer sinnvoll erscheint.[70]

---

65 Grundsätzlich für eine größere Satzungsfreiheit in Aufsichtsratsfragen Bachmann, FS Hopt, 2010, Bd. 1, S. 337, 354; Börsig/Löbbe, FS Hoffmann-Becking, 2013, S. 125, 143.

66 Habersack, Gutachten E, 69. DJT München 2012, E 85, These 18.

67 Vgl. dazu bereits unter III.1.

68 Allerdings kann eine solche Einflussnahme auch unabhängig von einer solchen Befugnis zur Satzungsgestaltung erfolgen, indem etwa die Entscheidung, für bestimmte Beschlüsse der Hauptversammlung, insbesondere für die Entlastung des Aufsichtsrats, zu stimmen, von Verbesserungen der Corporate Governance und der Einrichtung und Besetzung bestimmter Ausschüsse abhängig gemacht werden.

69 Zum „Shareholder Activism“ vgl. Schockenhoff, ZIP 2017, 1785, 1785 f.

70 Vgl. Börsig/Löbbe, FS Hoffmann-Becking, 2013, S. 131 ff.

IV. Direktinformationsrecht

Das FISG gibt zudem Anlass, über die Frage nachzudenken, ob und inwieweit dem Aufsichtsrat, einzelnen Aufsichtsratsausschüssen oder Aufsichtsratsmitgliedern die Kompetenz zu einem Informationsdurchgriff auf die Mitarbeiter des Unternehmens unterhalb des Vorstands (und damit am Vorstand vorbei) eingeräumt werden sollte.

1. Sonderdurchgriffsrechte des Prüfungsausschusses (§ 107 Abs. 4 Satz 4 AktG)

Nach § 107 Abs. 4 Satz 4 AktG kann jedes Mitglied des Prüfungsausschusses über den Ausschussvorsitzenden unmittelbar bei den Leitern derjenigen Zentralbereiche der Gesellschaft, die in der Gesellschaft für die Aufgaben zuständig sind, die den Prüfungsausschuss nach Abs. 3 Satz 2 betreffen, d.h. die Überwachung des Rechnungslegungsprozesses, die Wirksamkeit des internen Kontrollsystems usw., Auskünfte einholen. Wenn von diesem Recht Gebrauch gemacht wird, ist der Vorstand hierüber unverzüglich zu unterrichten (§ 107 Abs. 4 Satz 5 AktG).

Die Regierungsbegründung hebt drei Aspekte dieser Regelung hervor: Zum Ersten betont sie ihren Ausnahmecharakter, indem sie hervorhebt, dass sie ausschließlich für Gesellschaften mit *verpflichtendem* Prüfungsausschuss gelte, d.h. für Unternehmen von öffentlichem Interesse, und sie keineswegs mit der „Abkehr von der Grundentscheidung des Aktiengesetzes (vergleiche § 90 Abs. 1 AktG) verbunden [ist], dass der Vorstand grundsätzlich der richtige Adressat für ein Auskunftsverlangen des Aufsichtsrats ist."[71] Zum Zweiten rechtfertigt die Regierungsbegründung die fehlende Konkretisierung der Adressaten des Auskunftsverlangens – über die vage Angabe „Leiter der Zentralbereiche" hinaus – damit, dass andernfalls die Gefahr bestünde, relevante Personen versehentlich nicht einzubeziehen, zumal die jeweiligen Bezeichnungen für die Positionen in den Unternehmen variieren können. Zum Dritten schließlich verweist man auf den Bezug zu § 107 Abs. 3 Satz 2 AktG: Dadurch werde sichergestellt, dass das Auskunftsrecht nur im Rahmen der klar umrissenen Aufgaben des Prüfungsausschusses ausgeübt werden dürfe[72] – d.h. darüber hinaus nicht auch im Rahmen des allgemeinen Überwachungsauftrags des Aufsichtsrats.

---

71 RegE FISG, S. 136.
72 RegE FISG, S. 136.

2. Informationspflicht und Geschäftsführungsverbot des Aufsichtsrats

De lege lata ist im juristischen Schrifttum höchst umstritten, ob und wenn ja unter welchen Voraussetzungen das „By-passing" des Vorstands, d. h. der Direktzugriff des Aufsichtsrats auf die nachgeordnete Führungsebenen, zulässig ist.[73] Nicht selten wird diese Diskussion im Kontext der ARAG/Garmenbeck-Entscheidung des BGH aus dem Jahr 1997 geführt, die den Aufsichtsrat zur Prüfung von Schadensersatzansprüchen gegen Vorstandsmitglieder verpflichtet und eine Regelverfolgungspflicht zur Durchsetzung voraussichtlich bestehender Schadensersatzansprüche statuiert. [74] Die h.M. steht Direktkontakten des Aufsichtsrats zu den Mitarbeitern des betroffenen Unternehmens nach wie vor skeptisch gegenüber,[75] wobei offenbar niemand für ein ausnahmsloses Verbot solcher Kontakte plädiert und es innerhalb der h.M. zahlreiche Nuancen und Abstufungen gibt. Eine gängige Formulierung lautet etwa, dass die Befragung von Angestellten nur in gewichtigen Ausnahmefällen nach erfolglosem Hinzuziehen des Vorstands statthaft sei. *Gewichtig* sei der Fall dann, wenn gerade die Klärung von Vorwürfen gegen den Vorstand im Raum steht und der Verdacht besteht, dass nur der unmittelbare Kontakt erfolgversprechend sei.[76]Andere Autoren rücken etwaige Defizite der Vorstandsberichterstattung in den Mittelpunkt („wenn der begründete Verdacht besteht, dass der Vorstand unrichtig berichtet oder wesentliche Umstände verschweigt"[77], „wenn Anlass zu Zweifeln an einer wahrheitsgemäßen Berichterstattung des Vorstands besteht"[78]), stellen also auf eine mangelhafte

---

73 Eingehend REICHERT, FS Grunewald, 2021 (im Druck).

74 BGHZ 135, 244 ff.; vgl. dazu REICHERT, FS Hommelhoff, 2012, S. 907 ff.

75 LUTTER/KRIEGER/VERSE, Rechte und Pflichten des Aufsichtsrates, 6. Aufl. 2014, § 6 Rn. 246 ff.; KRIEGER/SAILER-COCEANI, in: K. Schmidt/ Lutter, 4. Aufl. 2020, § 90 AktG Rn. 39; MERTENS/CAHN, Kölner Komm. z. AktG, 3. Aufl. 2013, § 109 AktG Rn. 24; SPINDLER, Münchner Komm. z. AktG, § 111 AktG, 4. Aufl. 2019, § 111 Rn. 36; LIEDER, ZGR 2018, 523, 563 f.; KORT, FS Vetter, 2019, S. 341 ff.; ARNOLD, ZGR 2014, 76, 90 ff.; BRANDI, ZIP 2000, 173, 175; Grigoleit/GRIGOLEIT/TOMASIC, Komm. z. AktG, 2. Aufl. 2020, § 90 Rn. 4; M. ARNOLD/RUDZIO, FS Wegen, 2015, S. 93 ff.; BÖRSIG/LÖBBE, FS Hoffmann-Becking, 2013, S. 125, 137 f.; BÜRGERS, ZHR 179 (2015), 173, 193 ff.; DRINHAUSEN, ZHR 179 (2015), 226, 232 ff.; HOFFMANN-BECKING, ZGR 2011, 136, 152 f.; HOFFMANN-BECKING, Münchner Handbuch des Gesellschaftsrechts, Bd. 4, 4. Aufl. 2015, § 29 Rn. 29.

76 MünchKommAktG/Spindler, § 111 AktG, 4. Aufl. 2019, § 111 AktG Rn. 36.

77 HOFFMANN-BECKING, aaO (Fn. 75), § 29 Rn. 29; ebenso HOFFMANN-BECKING, ZGR 2011, 136, 152 f.

78 BÖRSIG/LÖBBE, FS Hoffmann-Becking, 2013, S. 125, 137.

oder gar fehlerhafte Information ab, doch sei es dem Aufsichtsrat stets versagt, mit Hilfe von Mitarbeitern ein eigenes Informationssystem aufzubauen.[79]

Sollten sich parallele Informationssysteme etablieren, stehe in Ermangelung einer identischen Informationsgrundlage nicht weniger als die vertrauensvolle Zusammenarbeit zwischen Vorstand und Aufsichtsrat auf dem Spiel.[80] Argumentiert wird ferner mit dem aktienrechtlichen Trennungsprinzip: Der Gesetzgeber habe erkennbar den Vorstand zum Ansprechpartner des Aufsichtsrats erkoren und nicht das Gesamtunternehmen.[81] Dafür ließen sich überzeugende inhaltliche Gründe anführen, namentlich die Sorge um den Autoritätsverluste, den der Vorstand erleide, wenn sich im Unternehmen herumspreche, dass gegen die Geschäftsleitung ermittelt werde und sie nicht mehr die Rückendeckung des Aufsichtsrats habe.[82]

Eine im Vordringen befindliche Meinung teilt die grundsätzlichen Bedenken der h.M. nicht und will Kontakte des Aufsichtsrats zu Unternehmensmitarbeitern sogar im regelmäßigen Geschäftsablauf zulassen, soweit nicht das Gebot zur gegenseitigen Rücksichtnahme verletzt werde.[83] Eines konkreten Verdachts auf Unregelmäßigkeiten bedürfe es nicht,[84] auch ohne konkrete Verdachtsmomente sei eine Information durch Angestellte auf regelmäßiger Basis zulässig.[85] Nach dieser Ansicht stellt ein weitreichendes Informations- und Kommunikationsrecht keinen Verstoß gegen das Geschäftsführungsverbot dar, denn nicht die Teilhabe an der Geschäftsführung des Vorstands, sondern die Kontrolle derselben bilde das Ziel der Befragung der Angestellten.[86] Das Gesetz selbst erkenne eigenständige Informationsbefugnisse des Aufsichtsrats ohne unmittelbare Vorstandsbeteiligung an, beispielsweise wenn gemäß § 111 Abs. 2 Satz 1 AktG der Aufsichtsrat die Bücher und Schriften der Gesellschaft sowie die Vermögensgegenstände einsehen und prüfen dürfe.[87] Darüber hinaus widerspreche es der Logik einer

79 Lutter/Krieger/Verse, aaO (Fn. 37), § 6 Rn. 252.
80 Marsch-Barner, FS Schwark, 2009, S. 219, 226.
81 Spindler, aaO (Fn. 75), § 111 AktG Rn. 136.
82 Mertens/Cahn, aaO (Fn. 75), § 109 AktG Rn. 24; Lutter/Krieger/Verse, aaO (Fn. 37), Rn. 249; Börsig/Löbbe, FS Hoffmann-Becking, 2013, S. 125, 137 f.; Arnold, ZGR 2014, 76, 91.
83 Hopt/Roth, aaO (Fn. 1), § 111 AktG Rn. 480 ff.; Habersack, aaO (Fn. 20), § 111 AktG Rn. 80; Drygala aaO (Fn. 75), § 109 AktG Rn. 11; Grigoleit/Grigoleit/Tomic, aaO (Fn. 75), § 111 AktG Rn. 52; Habersack, AG 2014, 1, 6 f.; Dreher, FS Ulmer, 2003, S. 87, 98, 102 f.
84 Habersack, aaO (Fn. 20), § 111 AktG Rn. 80.
85 Hopt/Roth, aaO (Fn. 1), § 111 AktG Rn. 486.
86 Habersack, aaO (Fn. 20), § 111 AktG Rn. 80; Habersack, AG 2014, 1, 7; Habersack, FS Stilz, 2014, 191, 199 f.
87 Vgl. Hopt/Roth, aaO (Fn. 1), § 111 AktG Rn. 485; Dreher, FS Ulmer, 2003, S. 87, 102.

echten Kontrolle und dem aktuellen Erkenntnisstand der Betriebswirtschaft,[88] wenn die Kontrollierten den Kontrolleuren exklusiv die eine Kontrolle ermöglichenden Auskünfte zur Verfügung stellen dürften. Allein im direkten Kontakt mit den Angestellten lasse sich die „Unternehmenskultur" als Basis normgerechten oder normwidrigen Verhaltens ermitteln.[89]

3. Vorzug einer allgemeinen Regelung

Auch wenn nicht davon auszugehen ist, dass der Gesetzgeber des FISG in diesen Streit eingreifen wollte, sondern vielmehr nur eine bereichsspezifische Regelung treffen und alle anderen Fragen unberührt lassen wollte, legt der Wortlaut der gesetzlichen Regelung und die Ausführungen in der Gesetzesbegründung nahe, dass nur den Mitgliedern des Prüfungsausschusses eines Unternehmens von öffentlichem Interesse das „By-passing" gestattet ist, wobei die Ausübung dieses Rechts über den Prüfungsausschussvorsitzenden kanalisiert werden soll. Im Regierungsentwurf des FISG war dies noch als exklusives Recht des Prüfungsausschussvorsitzenden ausgestaltet. Ob *de lege lata* daraus künftig wirklich der Umkehrschluss gezogen werden, dass in allen anderen Konstellationen sich ein derartiges Vorgehen verbiete und einzig und allein der Vorstand als Adressat eines Auskunftsverlangens in Betracht kommt (*argumentum e contrario*), kann im Rahmen dieses Beitrages nicht abschließend geklärt werden.

Rechtspolitisch sinnvoll erscheint eine solche Regelung jedenfalls nicht. So ist nicht einsichtig, warum z. B. bei Compliance-Ermittlungen in einem Unternehmen von öffentlichem Interesse weder der Gesamtaufsichtsrat noch ein speziell für diese Ermittlungen eingesetzter Compliance-Ausschuss die gleichen Auskunftsrechte wie der Prüfungsausschuss in Anspruch nehmen kann, oder warum einem Prüfungsausschuss eines Unternehmens, das nicht den Anforderungen des § 316a Satz 2 HGB entspricht, kein Informationsdurchgriff gestattet werden soll, obwohl ein Aufsichtsrat, der einen Prüfungsausschuss (freiwillig) einrichtet, hinreichend deutlich zum Ausdruck bringt, dass er ihn mit Blick auf Größe und Komplexität des Unternehmens für notwendig hält. Derart fundamentale Kompetenzunterschiede innerhalb des gleichen Aufsichtsrats wie zwischen Prüfungsausschüssen verschiedener Gesellschaften erscheinen nicht sachgerecht. Ebenso wenig fügt es sich in das Kompetenzgefüge des Aufsichtsrats ein, wenn ein solches Recht zwar den Mitgliedern des Prüfungsausschusses, nicht

---

88 Leyens, Information des Aufsichtsrats, 2006, S. 160.
89 Hopt/Roth, aaO (Fn. 1), § 111 AktG Rn. 484.

aber anderen Aufsichtsratsmitgliedern, ja noch nicht einmal dem Aufsichtsratsvorsitzenden, wenn dieser nicht dem Prüfungsausschuss angehört, oder dem Gesamtaufsichtsrat als Organ zusteht.

Statt einer auf den Prüfungsausschuss und seine Mitglieder bezogenen Sondervorschrift sollte eine allgemeine Regelung der in der Literatur kontrovers diskutierten Thematik des „By-Passing“ erfolgen, die auch das Aufsichtsratsplenum und andere Aufsichtsratsausschüsse erfasst.[90] Die Regelung zu der Informationsversorgung des Aufsichtsrats sollte sich ferner nicht auf spezielle Funktionsträger wie etwa die Leiter der internen Kontrolle, Leiter des Risikomanagements, Leiter der internen Revision beschränken, sondern allgemein den Zugriffs des Aufsichtsrats auf die dem Vorstand nachgeordnete Führungsebenen behandeln. Das legislative Konzept muss dabei einen angemessenen Ausgleich zwischen dem berechtigen Interesse des Aufsichtsrats an einer unmittelbaren und ungefilterten Informationsversorgung auf der einen und dem Schutz des Vorstands vor Eingriffen in seine Leitungsautonomie und seine Rolle als primärer Berichtsschuldner des Aufsichtsrats auf der anderen Seite schaffen. Besonders problematisch erscheint es, unter letzterem Gesichtspunkt ein solches Direktinformationsrecht einzelnen oder gar allen Mitglieder des Aufsichtsrats zuzubilligen.

Für die Kompetenzverteilung innerhalb des Aufsichtsrats wäre es vielmehr vorzugswürdig, dass das Direktinformationsrecht nicht einzelnen Aufsichtsratsmitgliedern oder dem Prüfungsausschussvorsitzenden oder dem Aufsichtsratsvorsitzenden zustehen sollte, sondern dem Gesamtaufsichtsrat als Organ. Dieser hätte dann die Möglichkeit, dieses Recht etwa im Rahmen einer Geschäftsordnungsregelung auf einzelne Aufsichtsratsmitglieder, sinnvollerweise den Aufsichtsratsvorsitzenden oder einzelne Ausschussvorsitzende wie den Prüfungsausschussvorsitzenden zu delegieren. Hält man es für rechtspolitisch sinnvoll, die Rolle des Prüfungsausschusses und seines Vorsitzenden innerhalb des Aufsichtsrats noch einmal besonders zu stärken, mag man dem Prüfungsausschuss und seinem Vorsitzenden neben der entsprechenden Befugnis des Gesamtaufsichtsrats ein solches Direktinformationsrecht von Gesetzes wegen in dieser Funktion zuweisen. Sehr weitgehend erscheint die Neureglung des FISG jedoch insoweit als sie ein solches Direktinformationsrecht nicht nur dem Prüfungsausschussvorsitzenden, wie noch im Regierungsentwurf vorgesehen, sondern sämtlichen Prüfungsausschussmitgliedern als Individualrecht zuweist, auch

90 Ausdrücklich für eine Erweiterung der Zuständigkeit zumindest auch auf den Aufsichtsratsvorsitzenden Arbeitskreis Bilanzrecht Hochschullehrer Rechtswissenschaft (AKBR), BB 2020, 2731, 2734.

wenn dieses über den Prüfungsausschussvorsitzenden kanalisiert wird. Um ein Ungleichgewicht mit der Rolle des Aufsichtsratsvorsitzenden zu vermeiden, sollte dann auch diesem ein entsprechendes Direktinformationsrecht qua Amt zustehen, auch wenn er nicht Mitglied des Prüfungsausschusses ist. In materieller Hinsicht muss zumindest klargestellt werden, dass eine Ausübung des Direktinformationsrechts am Vorstand vorbei nur nach pflichtgemäßem Ermessen erfolgen darf und es bei der Rolle des Vorstands als primärer Berichtsschuldner im Interesse einer vertrauensvollen Zusammenarbeit von Vorstand und Aufsichtsrat bleiben muss.

V. Verhältnis zwischen Aufsichtsratsausschuss und Aufsichtsratsplenum

Mit der wachsenden Bedeutung von Aufsichtsratsausschüssen gerät zunehmend die Frage in den Blick, wie sich Ausschüsse und Plenum zueinander verhalten, welche Grenzen für die Aufgabendelegation an Ausschüsse gelten sollen, um eine Entfremdung vom Gesamtaufsichtsrat zu verhindern, welche und in welchem Umfang Informationen zu teilen sind usw.

1. Delegationsverbote

Der Katalog der nicht-delegationsfähigen Aufgaben in § 107 Abs. 3 Satz 7 AktG erscheint im Grundsatz nach wie vor sachgerecht. Daneben bestehen eine Reihe ungeschriebener oder an anderer Stelle geregelter Delegationsverbote. Darunter fallen die allgemeinen Überwachungspflichten (einschließlich Stellungnahme zu den Vorstandsberichten, die generelle Übertragung von Einsichts- und Prüfungsrecht nach § 111 Abs. 2 Satz 1, 2 AktG[91], Entscheidungen über innere Ordnung und Arbeitsweise des Aufsichtsrats (einschließlich Wahl und Abberufung des Aufsichtsratsvorsitzenden und seines Stellvertreters, Beschlussfassung über einen Antrag auf gerichtliche Abberufung, Erlass der Geschäftsordnung des Aufsichtsrats, Entscheidungen über Bildung und Auflösung von Ausschüssen), die Abgabe der Entsprechenserklärung nach § 161 AktG sowie Entscheidungen über die Stellungnahme zu den Feststellungen des Prüfers über das mitbestim-

91 Zulässig ist es hingegen, dass der Gesamtaufsichtsrat einem Ausschuss die Einsichts- und Prüfungsrechte überträgt, die zur Erfüllung der dem Ausschuss übertragenen konkreten Aufgaben notwendig sind: Habersack, aaO (Fn. 20), § 111 AktG Rn. 83.

mungsrelevante Umsatzverhältnis sowie über die der Stellungnahme vorausgehende Beanstandung nach § 4 Abs. 4, 5 MitbestErgG. [92] Aus Transparenzgründen und zur Beseitigung von Rechtsunsicherheiten sollten diese allgemein anerkannten Delegationsverbote in den Katalog des § 107 Abs. 3 Satz 7 AktG übernommen werden.

Vom Delegationsverbot des § 107 Abs. 3 Satz 7 AktG ausdrücklich erfasst werden Entscheidungen über die Festsetzung der Vorstandsvergütung nach § 87 AktG. Demgegenüber wird der durch das ARUG II neu eingeführte § 87a AktG in § 107 Abs. 3 Satz 7 AktG nicht erwähnt. Daraus wird in der Literatur teilweise der Schluss gezogen, dass die Beschlussfassung über das Vorstandsvergütungssystem auf einen Ausschuss delegiert werden könne.[93] Dies erscheint wertungswidersprüchlich, wenn das Aufsichtsratsplenum zwar die konkrete Vergütungsentscheidung selbst treffen muss, während der Beschluss über das der konkreten Vergütungsentscheidung zugrundliegende Vergütungssystem für den Vorstand auf einen Ausschuss delegiert werden können soll. Daher sollte *de lege ferenda* das Delegationsverbot des § 107 Abs. 3 Satz 7 AktG ausdrücklich auch auf § 87a AktG erstreckt werden. Dies entspricht im Übrigen auch der allgemeinen Handhabung in der Praxis, nach der nicht nur die konkrete Vergütungsentscheidung, sondern auch das Vergütungssystem für den Vorstand im Aufsichtsratsplenum beschlossen wird. Nachzudenken wäre indes bei Vergütungsentscheidungen über die Einführung einer Wesentlichkeitsschwelle, damit nicht sämtliche wirtschaftlich noch so unbedeutenden Nebenleistungen an Vorstandsmitglieder, bei denen ein Vergütungscharakter nicht von vorneherein auszuschließen ist, vom Aufsichtsratsplenum beschlossen werden müssen.

2. Sonderfall: Selbstbefreiung von der Ad-hoc-Veröffentlichungspflicht

Die Selbstbefreiung von der kapitalmarktrechtlichen Ad-hoc-Veröffentlichungspflicht nach Art 17 MAR setzt nach heute nahezu einhelliger Meinung in der Literatur[94] und Auffassung der BaFin[95] eine bewusste Entscheidung des zuständi-

92 Habersack, aaO (Fn. 20), § 107 AktG Rn. 147 f.; Koch, aaO (Fn. 5), § 107 AktG Rn. 27; Spindler, aaO (Fn. 21), § 107 AktG Rn. 97.

93 Spindler, aaO (Fn. 75), § 87a AktG Rn. 35; Bachmann, ZHR 184 (2020), 127, 131; Koch, aaO (Fn. 5), § 87a AktG Rn. 3.

94 Kumpan, in: Baumbach/Hopt, HGB, 40. Aufl. 2021, Art. 17 MAR Rn. 15; Meyer/Veil/Rönnau, Handbuch zum Marktmissbrauchsrecht, 2018, B § 10 Rn. 133; Klöhn, in: Klöhn, 2018, Art. 17 MAR Rn. 182; Retsch, NZG 2016, 1201, 1205; a.A. nach wie vor Assmann, in: Assmann/Schneider,

gen Organs voraus. Dies ist im Allgemeinen der Vorstand. Bei Entscheidungen, die in die Kompetenz des Aufsichtsrats fallen wie etwa den Vorstand betreffende Personalentscheidungen, geht die heute ganz h.M.[96] und die BaFin[97] von einer Zuständigkeit des Aufsichtsrats für die Selbstbefreiung aus – verstanden als Annexkompetenz zur originären Personalkompetenz des Aufsichtsrates.[98] Im Falle einer Aufsichtsratszuständigkeit für die Selbstbefreiung, stellt sich dann in einem nächsten Schritt die Frage, wer innerhalb des Aufsichtsrats über die Selbstbefreiung entscheiden kann.[99] Soweit die Literatur die Thematik erörtert, wird die Möglichkeit einer Selbstbefreiung durch einen zuständigen und zulässig gebildeten Aufsichtsratsausschuss bejaht, der dann anstelle des Aufsichtsratsplenums entscheiden könne. Auch die BaFin hält eine solche Delegation der Entscheidung über die Selbstbefreiung auf einen Aufsichtsratsausschuss ausdrücklich für zulässig.[100] Allerdings wird in der Literatur mitunter von durchaus prominenten Stimmen eine für die Praxis besonders bedeutsame Einschränkung bei Personalangelegenheiten vorgenommen: Die Selbstbefreiung durch einen Aufsichtsratsausschuss sei insoweit ausgeschlossen, als die Sperrwirkung von § 107 Abs. 3 Satz 7 AktG eingreife, wonach bestimmte Aufgaben, vor allem die Bestellung und Abberufung von Vorstandsmitgliedern nach § 84 Abs. 1 Satz 1 und Abs. 3 AktG, einem Ausschuss nicht an Stelle des Aufsichtsrats zur Beschlussfassung überwiesen werden könne. [101]

Dem ist bereits auf der Grundlage des geltenden Rechts nicht zu folgen. Gegen eine solche Sperrwirkung spricht zunächst bereits der Umstand, dass es sich bei der Selbstbefreiung auch dann, wenn sie sich auf eine Personalmaßnahme des Aufsichtsrats bezieht, um eine kapitalmarktbezogene Geschäftsführungs-

---

7. Aufl. 2019, Art. 17 MAR Rn. 91 f.; Seibt/Wollenschläger, AG 2014, 593, 600; Poelzig, NZG 2016, 762, 765.

95 BaFin, Emittentenleitfaden Modul C, Abschnitt I.3.3.1.1.

96 Pfüller, in: Fuchs, 2. Aufl., 2016, § 15 WpHG Rn. 427; Drinhausen/Marsch-Barner, AG 2014, 337, 348; Mülber/Sajnovits, WM 2017, 2001, 2003; Ihrig, VGR 2012, 113, 131; Klöhn, aaO (Fn. 94), Art. 17 MAR Rn. 193; Mülbert, FS Stilz, 2014, S. 411, 420 ff.; Habersack, aaO (Fn. 20), § 116 AktG Rn. 54; Retsch, NZG 2016, 1201, 1206; Mertens/Cahn, aaO (Fn. 75), § 116 AktG Rn. 47; Meyer/Veil/Rönnau, aaO (Fn. 94), B § 10 Rn. 135; Koch, FS Köndgen, 2016, 329, 341 f.

97 BaFin, Emittentenleitfaden Modul C, Abschnitt I.3.3.1.1.

98 Dabei ist bislang nicht abschließend geklärt, ob es sich dabei um eine exklusive, den Vorstand ausschließende Kompetenz des Aufsichtsrats handelt oder um eine neben die Kompetenz des Vorstands tretende Hilfszuständigkeit des Aufsichtsrats vgl. Löbbe, FS Krieger, 2020, S. 607, 612 ff .

99 Zu den kompetenzrechtlichen Problemen im Zusammenhang mit Art. 17 Abs. 4 MAR eingehend bereits Löbbe, FS Krieger, 2020, S. 607 ff.

100 BaFin, Emittentenleitfaden Modul C, Abschnitt I.3.3.1.1.

101 Mülbert, FS Stilz, 2014, S. 411, 423; Klöhn, aaO (Fn. 94), Art. 17 MAR Rn. 194.

maßnahme handelt und nicht um eine Personalentscheidung des Aufsichtsrats. Selbst wenn man jedoch den personalbezogenen Bezugspunkt der Entscheidung über den Aufschub der Ad hoc-Veröffentlichungspflicht in den Vordergrund stellt, aus dem sich die Annexkompetenz des Aufsichtsrats ergibt, ist zu berücksichtigen, dass die Entscheidung des Ausschusses die Personalmaßnahme nicht vorwegnimmt, sondern diese lediglich vorbereitet. Aufgrund der vom EuGH in der „Geltl"-Entscheidung[102] entwickelten und in Art. 7 Abs. 2 Satz 2 und Art. 17 Abs. 4 Satz 2 MAR kodifizierten „Zwischenschritt"-Lehre kann eine Insiderinformation bei Personalmaßnahmen nicht erst mit der eigentlichen Personalentscheidung des Aufsichtsrats, sondern schon im Vorbereitungsstadium entstehen, etwa wenn der Präsidial- oder Personalausschuss sich mit der geplanten Personalmaßnahme befasst oder gegebenenfalls sogar vor einer solchen Befassung. Ist dies der Fall, muss der Präsidial- oder Personalausschuss im Rahmen der Vorbereitung der Aufsichtsratsentscheidung über die geplante Personalmaßnahme auch die Möglichkeit haben, im Rahmen seiner Annexkompetenz zur Vorbereitung der Personalentscheidung über eine Selbstbefreiung zu entscheiden, wenn schon in diesem Stadium eine Insiderinformation vorliegt.

Da dem Problem erhebliche praktische Bedeutung zukommt und eine nicht unmaßgebliche abweichende Literaturmeinung existiert, sollte der Gesetzgeber klarstellen, dass eine Selbstbefreiung von der Ad-hoc-Veröffentlichungspflicht durch einen Aufsichtsratsausschuss (in der Regel Präsidial- oder Personalausschuss) in Personalangelegenheiten als Annexkompetenz nicht am Delegationsverbot des § 107 Abs. 3 Satz 7 AktG scheitert. Eine solche Regelung wäre aus den eben genannten Gründen mit Blick auf § 107 AktG systemkonform.

3. Informationsrechte von Plenum und Nicht-Ausschussmitglieder

Eine hinreichende Versorgung mit Informationen ist elementar für die Kontrollaufgaben des Aufsichtsrats, umgekehrt aber auch die Wahrung von Vertraulichkeit und der Schutz von Betriebsgeheimnissen. Wie gesehen, waren bereits in der Weimarer Republik Geheimhaltungsbedürfnisse (mit-) entscheidend für die Einrichtung von Ausschüssen.[103] Auch heute sind Aufsichtsratsausschüsse ein

---

102 EuGH, C-19/11 vom 28.6.2012, ECLI:EU:C:2012:397.
103 Lieder, Der Aufsichtsrat im Wandel der Zeit, 2006, S. 309, 379 f.

wichtiges Instrument zur besseren Wahrung von Vertraulichkeit und Geheimhaltungsinteressen des Unternehmens.[104]

Daher liegt der Gedanke nicht fern, die Informationsrechte des Aufsichtsratsplenums gegenüber den Aufsichtsratsausschüssen bei besonders sensiblen Angelegenheiten zu beschränken. Das mag in dem einen oder anderen Fall unter Vertraulichkeitsgesichtspunkten auf den ersten Blick durchaus wünschenswert erscheinen. Indes widerspräche eine solche Regelung wesentlichen Strukturprinzipien des heutigen Aktienrechts so grundlegend, dass sie auch *de lege ferenda* nicht zu befürworten ist. Sie liefe auf eine Abkehr von dem Prinzip der Gesamtverantwortung des Aufsichtsrats hinaus und würde eine echte Dezernatsstruktur mit eigenständigen Gremien und Organen innerhalb des Aufsichtsrats schaffen, da der Aufsichtsrat als Gesamtorgan kein Recht mehr hätte, vollständig auf die dem betreffenden Ausschuss zur Verfügung stehenden oder zugänglichen Informationen zuzugreifen. Damit wäre der Aufsichtsrat als einheitliches Gremium, wie er bislang konzipiert ist, Geschichte. Solange das Aufsichtsratsplenum als uneingeschränkter „Herr des Verfahrens" gilt und jederzeit in die Befugnisse der Ausschüsse eingreifen, deren Angelegenheiten an sich ziehen und sie auflösen kann,[105] solange müssen Auskunftsverlangen des Plenums gegenüber den Ausschüssen *erst recht* zulässig sein.

Davon zu unterscheiden ist das Frage nach einem individuellen Informationsrecht einzelner Aufsichtsratsmitglieder gegenüber einem Ausschuss, dem sie selbst nicht angehören. Üblicherweise wird dem berechtigten Informationsinteresse der Nicht-Ausschussmitglieder in der Praxis dadurch Rechnung getragen, dass diese im Anschluss an den Bericht des Ausschussvorsitzenden im Plenum Gelegenheit haben, Fragen zur Arbeit und den Erkenntnissen des betreffenden Ausschusses zu stellen.

Zur Frage, ob und inwieweit einzelnen Aufsichtsratsmitgliedern darüber hinaus ein Auskunftsrecht gegenüber einem Aufsichtsratsausschuss, dem sie selbst nicht angehören zusteht, bietet sich im Schrifttum ein recht unübersichtliches Meinungsbild.[106] Auch die Rechtsprechung hatte sich schon mit der Reichweite des Informationsrechts von Nicht-Ausschussmitgliedern zu beschäf-

104 S.o. II.2; Habersack, aaO (Fn. 20), § 107 AktG Rn. 93; Hopt/Roth, aaO (Fn. 1), § 107 AktG Rn. 299; Koch, aaO (Fn. 5), § 107 AktG Rn. 18; Hasselbach/Seibel, AG 2012, 114, 121; Möllers, ZIP 1995, 1725, 1731.

105 Hopt/Roth, aaO (Fn. 1), § 107 AktG Rn. 318; Mertens/Cahn, aaO (Fn. 75), § 107 AktG Rn. 139.

106 Vgl. Habersack, aaO (Fn. 20), § 107 AktG Rn. 171; Hopt/Roth, aaO (Fn. 1), § 107 AktG Rn. 472; Koch, aaO (FN. 5), § 107 AktG Rn. 33; Grigoleit/Grigoleit/Tomasic, aaO (Fn. 75), § 107 AktG Rn. 36; Mertens, AG 1980, 67, 73; Spindler, aaO (Fn. 21), § 107 AktG Rn. 127; Lutter/Krieger/Verse, aaO (Fn. 37), Rn. 791; Mertens/Cahn, aaO (Fn. 75), § 107 AktG Rn. 142.

tigen.[107] Die wohl herrschende Meinung lehnt ein eigenständiges individuelles Auskunftsrecht von Nicht-Ausschussmitgliedern grundsätzlich ab.[108] Allerdings finden sich in der Literatur auch Abstufungen und Einschränkungen. So wird teilweise darauf abgestellt, ob die allgemeine Überwachungsaufgabe des Aufsichtsrats betroffen ist – dann soll ein Anspruch bestehen.[109] Andere unterscheiden zwischen abschließend tätigen, beschließenden und lediglich vorbereitenden Ausschüssen. Im zuerst genannten Fall wird ein Auskunftsrecht verneint oder wiederum nur insoweit für zulässig erachtet, als es sich auf die allgemeine Überwachungsaufgabe des Aufsichtsrats bezieht. Im zweiten Fall bestehe hingegen grundsätzlich ein umfassender Informationsanspruch auch des einzelnen Aufsichtsratsmitglieds. Jedenfalls sofern die Arbeit des Ausschusses noch nicht abgeschlossen sei, komme es aber auf die Zustimmung des Aufsichtsratsvorsitzenden an.[110]

Unbenommen bleibt es gemäß § 109 Abs. 2 AktG, einem ausschussfremden Aufsichtsratsmitglied an den Ausschusssitzungen teilzunehmen, allerdings nur dann, wenn Aufsichtsratsvorsitzende nichts anderes bestimmt. Hintergrund dieser im Jahr 1932 eingeführten Regelung waren die Konflikte um das Betriebsrätegesetz und die Versuche, mittels Ausschussbildung die Arbeitnehmervertreter auszugrenzen und ihnen aus Gründen der Geheimhaltung Informationen vorzuenthalten.[111] Dagegen wiederum setzten sich die Arbeitnehmervertreter und ihre politischen Fürsprecher in den Parlamenten zur Wehr. Die Regelung stellte einen Kompromiss dar, der beiden Interessengruppen gerecht werden wollte.

Vom Teilnahmerecht des ausschussfremden Aufsichtsratsmitglieds erfasst ist nach h.M. auch das Recht auf Einsichtnahme in die Sitzungsunterlagen, jedoch nur in dem Umfang, in dem sie die Grundlage der Beratungen der jeweiligen Ausschusssitzungen bilden.[112] Das erscheint insoweit konsequent, als eine Unterlageneinsicht auch in Hinsicht auf alle vorangegangenen Sitzungen des Ausschusses in der Sache auf ein umfassendes individuelles Auskunftsrecht des

---

107 LG Frankfurt, ZIP 1996, 1661 ff.; LG München, WM 2007, 1975, 1977.

108 Habersack, aaO (Fn. 20), § 107 AktG Rn. 171; Hopt/Roth, aaO (Fn. 1), § 107 AktG Rn. 472; Hoffmann-Becking, aaO (Fn. 75), § 32 Rn. 50; Koch, aaO (Fn. 5), § 107 AktG Rn. 33.

109 Grigoleit/Grigoleit/Tomasic, aaO (Fn. 75), § 107 AktG Rn. 36; Mertens, AG 1980, 67, 73 (gegen eine Unterscheidung zwischen vorbereitenden und beschließenden Ausschüssen); ähnlich Mertens ZGR 1983, 189, 199.

110 Spindler, aaO (Fn. 21), § 107 AktG Rn. 127; Lutter/Krieger/Verse, aaO (Fn. 37), Rn. 791; Mertens/Cahn, aaO (Fn. 75), § 107 AktG Rn. 142; wohl auch Hoffmann-Becking, FS Stimpel, 1985, 589, 602 (tendenziell aber restriktiv).

111 Lieder, Der Aufsichtsrat im Wandel der Zeit, 2006, S. 383.

112 Habersack, aaO (Fn. 20), § 109 AktG Rn. 23; Koch, aaO (Fn. 5), § 109 AktG Rn. 6; Hopt/Roth, aaO (Fn. 1), § 109 AktG Rn. 76; Spindler, aaO (Fn. 21), § 109 AktG Rn. 42 f.

einzelnen Aufsichtsratsmitglieds hinauslaufen würde, das nach h.M. gerade nicht besteht. Ausschussfremde Mitgliedern haben ferner keinen Anspruch darauf, dass man ihnen Ausschussunterlagen vorab übermittelt.[113]

In der Rechtsprechung hat das LG Frankfurt 1996 analog § 90 Abs. 3 Satz 2 AktG einen individuellen Informationsanspruch ausschussfremder Aufsichtsratsmitglieder bejaht.[114] In dem zu Grunde liegenden Fall hatten die Arbeitnehmervertreter im Aufsichtsrat (und Nicht-Mitglieder im Personalausschuss) Informationen zu den aktuellen Anstellungsverträge der Vorstandsmitglieder verlangt, die ihnen verwehrt wurden.[115] Der Vorstandsvorsitzende gab dazu folgende Erklärung ab: „Nach der Geschäftsordnung für den Aufsichtsrat... ist alleine der Personalausschuss des Aufsichtsrates für die inhaltliche Gestaltung und Formulierung der Dienstverträge der Vorstände zuständig. Eine Einsicht in die Überlassung der Vorstandsverträge muss deshalb abgelehnt werden. Der Personalausschuss wurde vom Aufsichtsrat als beschließender Ausschuss gebildet, so dass die Feststellungen und Erwägungen des Ausschusses abschließender Natur sind und demgemäß dem einzelnen, nicht dem Ausschuss angehörenden Aufsichtsratsmitglied nicht zur Kenntnis gebracht werden.“ Dieser Rechtsauffassung widersprach das LG Frankfurt: „Der Informationsanspruch aus § 90 Abs. 3 AktG steht entgegen der Ansicht der Beklagten nicht nur einer Mehrheit des Plenums des Aufsichtsrats zu, sondern hat als Recht des einzelnen Mitglieds (vgl. § 90 Abs. 3 Satz 2 AktG) minderheitsschützenden Charakter, auch wenn der Bericht gegenüber dem Plenum zu erfolgen hat.“[116]

In einem vor dem LG München 2007 verhandelten Fall ging es genau genommen nicht um das Auskunftsverlangen, sondern um die Teilnahme eines Nicht-Ausschussmitgliedes an einer Personalausschusssitzungen des Aufsichtsrats, die ihm der Aufsichtsratsvorsitzende verwehrte, weil „in dieser „Personalausschusssitzung vertrauliche Punkte behandelt werden.“[117] Einen solchen generellen Ausschluss aus Gründen der Vertraulichkeit hielt das Nicht-Ausschussmitglied für unzulässig. Doch das Gericht sah es anders und führte dazu aus: „Dies ergibt sich daraus, dass der Aufsichtsrat gem. § 107 Abs. 3 AktG – auch beschließende – Ausschüsse bilden kann und insoweit grundsätzlich auch eine Verschwiegenheitspflicht der Ausschussmitglieder gegenüber den übrigen Aufsichtsratsmitgliedern gem. § 116 AktG in Betracht kommt, solange das Plenum die

113 Habersack, aaO (Fn. 20), § 109 AktG Rn. 23; Hopt/Roth, aaO (Fn. 1), § 109 AktG Rn. 76.
114 LG Frankfurt, ZIP 1996, 1661 ff.
115 Zum damaligen Zeitpunkt gab es noch keine zwingende Plenumszuständigkeit für Entscheidungen des Aufsichtsrats zur Vorstandsvergütung.
116 LG Frankfurt, ZIP 1996, 1661, 1664.
117 LG München, WM 2007, 1975, 1975.

Aufgabe nicht in vollem Umfange wieder an sich gezogen hat oder zumindest eine detaillierte Berichterstattung durch Mehrheitsbeschluss angefordert hat."[118] In dem letzten Satz sieht man in der Literatur teilweise (auch) eine Stellungnahme zum Auskunftsverlangen.[119]

Angesichts des uneinheitlichen Meinungsbildes sollte das individuelle Informationsrecht von Nicht-Ausschussmitgliedern gesetzlich geregelt werden. Die Regelung sollte einen angemessenen Ausgleich zwischen ihren berechtigten Informationsinteressen und den legitimen Vertraulichkeitsinteressen der Ausschussberatung gewährleisten. Eine Regelung könnte sich an § 109 Abs. 2 AktG orientieren: Grundsätzlich steht nur dem Aufsichtsratsplenum und nicht dem einzelnen Aufsichtsratsmitglied ein Informationsrecht zu. Nach § 109 Abs. 2 AktG hängt die Möglichkeit zur Teilnahme von Nicht-Ausschussmitgliedern an der Ausschusssitzung davon ab, dass der Aufsichtsratsvorsitzende ihre Teilnahme zulässt. Ebenso könnte der Aufsichtsratsvorsitzende als Korrektiv für die berechtigten Geheimhaltungsinteressen der Ausschüsse fungieren. Folglich könnte ein einzelnes Ausschussmitglied nur dann Informationen und Unterlagen aus einem Ausschuss verlangen, wenn der Aufsichtsratsvorsitzende dies gestattet.

VI. Zusammenfassung in Thesen

1. Die Bildung von Aufsichtsratsausschüssen hat in den vergangenen Jahren wesentlich zur Steigerung der Effektivität und Verbesserung der Qualität der Aufsichtsratsarbeit beigetragen. Angesichts der erhöhten Anforderungen an Aufsichtsräte, der zunehmenden Professionalisierung der Aufsichtsratstätigkeit und der gestiegenen Aufgabenfülle des Aufsichtsrats ist eine Ausschussbildung insbesondere bei größeren Aufsichtsräten sinnvoll.
   a. In der Praxis haben sich als Aufsichtsratsausschüsse vor allem Prüfungsausschüsse, Präsidialausschüsse, Nominierungsausschüsse und Personalausschüsse etabliert und bewährt.
   b. Daneben finden sich in der Praxis insbesondere auch Finanz- und Investitionsausschüsse, Vergütungs(-kontroll-)ausschüsse, Strategieausschüsse, Innovations- und Technologie-Ausschüsse, Risikoausschüsse sowie Rechts-, Compliance- und Integritätsausschüsse.
2. Die mit der Ausschussbildung verbundenen Vorteile liegen neben der Entlastung des Plenums durch eine Verteilung der Aufgaben und einer Effekti-

118 LG München, WM 2007, 1975, 1977.

119 Vgl. LUTTER/KRIEGER/VERSE, aaO (Fn. 37), Rn. 791.

vierung der Entscheidungsfindung durch kleinere mit besonderer Fachkompetenz besetzte Ausschüsse insbesondere in einer offeneren Diskussion mit dem Vorstand und in der besseren Wahrung der Vertraulichkeit in den Ausschüssen.

3. Die Bildung von Ausschüssen sollte – abgesehen von den bereits gesetzlich zwingend vorgeschriebenen Ausschüssen (Vermittlungsausschuss für paritätisch mitbestimmte Aufsichtsräte (§§ 27 Abs. 2 MitbestG, 8 Abs. 2 Montan-MitbestG) und Prüfungsausschuss (§ 107 Abs. 4 Satz 1 AktG) – weiterhin dem Selbstorganisationsrecht und der Organisationsautonomie des Aufsichtsrats vorbehalten bleiben.
4. Anders als bei regulierten Unternehmen (§ 25d Abs. 8 – 12 KWG) sollte der Gesetzgeber keine gesetzlichen Vorgaben für die Bildung weiterer Ausschüsse machen.
   a. Anregungsnormen zur Bildung von weiteren Ausschüssen könnten für kapitalmarktorientierte oder börsennotierte Aktiengesellschaften zwar erwogen werden.
   b. Vorzugswürdig erscheint jedoch, dies der Selbstregulierung der Unternehmen und des Kapitalmarktes zu überlassen, flankiert ggf. durch entsprechende Empfehlungen des Deutschen Corporate Governance Kodex.
   c. Erwägenswert erscheint auch, den Aktionären die Möglichkeit zu geben, die Bildung bestimmter Ausschüsse in der Satzung zwingend vorzusehen.
5. Die durch das FISG eingeführte Pflicht zur Einrichtung eines Prüfungsausschusses für Unternehmen von öffentlichem Interesse ist grundsätzlich zu begrüßen. Allerdings sollten die gesetzlichen Pflichtaufgaben des Prüfungsausschusses auf seine Kernaufgaben beschränkt bleiben und nicht noch erweitert werden.
6. Die neue Regelung des § 107 Abs. 4 Satz 4 AktG, wonach die Mitglieder des Prüfungsausschusses über den Ausschussvorsitzenden unmittelbar beim Leiter der Zentralbereiche der Gesellschaft, die in der Gesellschaft für die den Prüfungsausschuss betreffenden Aufgaben zuständig sind, (am Vorstand vorbei) Auskünfte und Informationen einholen kann, erscheint als isolierte, auf den Prüfungsausschuss bezogene Sonderregelung problematisch.
   a. Vielmehr sollte eine allgemeine Regelung der in der Literatur kontrovers diskutierten Thematik eines „By-Passing“ des Vorstands bei der Informationsversorgung des Aufsichtsrats in § 111 Abs. 2 AktG erfolgen, die auch das Aufsichtsratsplenum und andere Aufsichtsratsausschüsse erfasst.
   b. Die Regelung sollte sich auch nicht auf spezielle Funktionsträger (Leiter der internen Kontrolle, Leiter des Risikomanagements, Leiter der internen

Revision) beschränken, sondern allgemein die Thematik des Zugriffs des Aufsichtsrats auf dem Vorstand nachgeordnete Führungsebenen im Rahmen seiner Informationsversorgung behandeln.

c. Die Regelung muss einen angemessenen Ausgleich zwischen dem berechtigen Interesse des Aufsichtsrats an einer unmittelbaren und ungefilterten Informationsversorgung auf der einen und dem Schutz des Vorstands vor Eingriffen in seine Leitungsautonomie und seine Rolle als primärer Berichtsschuldner des Aufsichtsrats auf der anderen Seite schaffen.

7. Eine Beschränkung der Informationsrechte des Aufsichtsratsplenums gegenüber den Aufsichtsratsausschüssen bei besonders sensiblen Angelegenheiten mag unter Vertraulichkeitsgesichtspunkten wünschenswert erscheinen, ist jedoch mit der Kontrolle der Ausschüsse durch das Aufsichtsratsplenum und dessen Recht zum jederzeitigen Eingriff in die Befugnisse der Ausschüsse nicht zu vereinbaren. Angesichts des uneinheitlichen Meinungsbildes in der Literatur sollte jedoch das individuelle Informationsrecht derjenigen Aufsichtsratsmitglieder gesetzlich geregelt werden, die nicht Ausschussmitglieder sind. Die Regelung sollte einen angemessenen Ausgleich zwischen dem berechtigten Informationsinteresse der Nicht-Ausschussmitglieder und den legitimen Vertraulichkeitsinteressen der Ausschussberatung gewährleisten. Dabei könnte man sich an § 109 Abs. 2 AktG orientieren.

8. Der Katalog der nicht-delegationsfähigen Aufgaben in § 107 Abs. 3 Satz 7 AktG erscheint im Grundsatz nach wie vor sachgerecht.

   a. Aus Transparenzgründen und zur Beseitigung von Rechtsunsicherheiten ist zu erwägen, ob die allgemein anerkannten ungeschriebenen oder an anderer Stelle geregelten Delegationsverbote in den Katalog des § 107 Abs. 3 Satz 7 AktG übernommen werden.

   b. Es sollte gesetzgeberisch klargestellt werden, dass eine Selbstbefreiung von der ad-hoc-Veröffentlichungspflicht durch einen Aufsichtsratsausschuss (in der Regel Präsidial- oder Personalausschuss) oder den Aufsichtsratsvorsitzenden in Personalangelegenheiten als Annexkompetenz nicht am Delegationsverbot des § 107 Abs. 3 Satz 7 AktG scheitert.

Elias Kehrel
Diskussionsbericht

I. Korreferat

Das Korreferat hielt *Peter Hommelhoff*, der zu Beginn dem Referat von *Marc Löbbe* zum Thema „Die Aufsichtsratsausschüsse innerhalb des Gesamtaufsichtsrats" in weiten Teilen seine Zustimmung erteilte. Der Korreferent stellte den Grundsatz der Selbstorganisation des Aufsichtsrates in den Mittelpunkt seiner Überlegungen und forderte, Reformen nicht daran auszurichten, wie diese Autonomie zu reduzieren, sondern vielmehr wie diese zu stärken sei.

Daraus folge zunächst, dass neben dem Prüfungsausschuss keine weiteren Ausschüsse vorgeschrieben werden sollten. Der Prüfungsausschuss solle zudem gesetzgeberisch entlastet werden. § 107 Abs. 3 AktG, der dem Prüfungsausschuss die Prüfung interner Kontroll- und Risikomanagementsysteme aufgibt, sei dabei kritisch zu betrachten. Zum einen, da dies eine Aufgabe des Gesamtaufsichtsrats sei. Zum anderen, da die Überlegung, ob neben dem Prüfungsausschuss nicht ein weiterer Ausschuss zu bilden sei, den Unternehmen überlassen werden solle. Deutliche Zurückhaltung äußerte der Korreferent auch hinsichtlich einer Kodexempfehlung zur Einsetzung eines Nominierungsausschusses. Dieser Ausschuss brauche zur Erfüllung der ihm übertragenen Aufgabe einen Einblick in das Anforderungsprofil des gesamten Aufsichtsrats, was die Eignung der Aufgabe für eine Ausschuss-Delegation bereits negiere. Dies gelte insbesondere deshalb, weil die Empfehlung allein auf die Anteilseignerseite bezogen sei, die Aufgabe der Nominierung aber zur ordentlichen Erfüllung auch eine Beteiligung der Arbeitnehmerseite erfordere.

Auch die Möglichkeit, Ausschussbildungen in der Satzung zu regeln, sah der Korreferent als Angriff auf das grundlegende Prinzip der Aufsichtsratsautonomie. Eine solche Möglichkeit solle deswegen keinesfalls eingeführt werden.

Direktinformationen müssten für den Gesamtaufsichtsrat geregelt werden, nicht nur für vereinzelte Ausschüsse. Die Vorlage aus § 25d KWG sei dabei aber zu eng, insbesondere eine personelle Eingrenzung sei nicht wünschenswert. Zudem sei das Recht der Direktinformation einzugrenzen, wobei jedoch keine zu hohen Anforderungen zu stellen seien. Ein „begründeter Anlass für eine Direktinformation" im Hinblick auf diejenigen Kontakte, die ohne Beteiligung des Vorstandes erfolgen, sollte ausreichen. Zudem bedürfe es der Nachinformation des Vorstandes über diese Direktinformation.

https://doi.org/10.1515/9783110746372-017

Die exklusive Behandlung bestimmter Angelegenheiten in einem Ausschuss aufgrund besonderer Vertraulichkeit sei ein hohes Gut der Ausschussbildung. Dies solle im Gesetz wiedergegeben werden. Dabei müsse aber sichergestellt sein, dass die Verantwortung des Gesamtaufsichtsrates für die Arbeit solcher Ausschüsse nicht leide. Dieses Spannungsverhältnis solle ins Gesetz aufgenommen werden. Ein Individualanspruch der Nichtausschussmitglieder auf Information solle dabei nicht geschaffen werden. Vielmehr seien die Informationen, die im Rahmen eines allgemeinen Berichts über die Ausschussarbeit dem gesamten Plenum zuteilwerden, ausreichend.

II. Schwerpunkte der Diskussion

Die anschließende Diskussion betraf insbesondere die Themenkomplexe der Direktkontakte (1.) und die Vertraulichkeit der Ausschussarbeit (2.).

1. Direktkontakte

Zur Thematik der Direktkontakte bestand darin Übereinstimmung, dass eine allgemeine Regelung eingeführt werden solle. Insoweit müssten eine damit einhergehende Pflicht zur Nutzung und eventuelle Haftungsrisiken beachtet werden. Der Referentenentwurf des FISG verdiene in diesem Zusammenhang keine Unterstützung, da verfehlte Gegenschlüsse provoziert würden. Das Recht der Kontaktpflege sollte nach dem Dafürhalten einiger Diskussionsteilnehmer auf Ebene des Aufsichtsrats verortet werden, nicht hingegen bei dem Vorsitzenden des Aufsichtsrats oder einem Ausschuss. Hierzu gab es jedoch auch Gegenstimmen, die eine Ermächtigung des Aufsichtsratsvorsitzenden bevorzugten. Die genaue Eingrenzung des Rechts blieb noch fraglich. Jedenfalls müsse aber klargestellt sein, dass der primäre Informationsgeber des Aufsichtsrats der Vorstand bleibe. Als möglicher Lösungsansatz wurde insbesondere der Vorschlag des Korreferenten, auf den begründeten Anlass einer Direktinformation abzustellen, aufgegriffen. Zudem wurde erwogen, an der Schwelle des pflichtgemäßen Ermessens oder am Vorliegen eines sachlichen Grundes anzuknüpfen. Einigkeit bestand insoweit, als kein wichtiger Grund erforderlich sei. Zudem wurde kein Regelungsbedürfnis bei Direktinformationen unter Beteiligung des Vorstandes gesehen.

2. Vertraulichkeit der Ausschussarbeit

Konsens unter den Diskussionsteilnehmern bestand dahingehend, dass eine Ausschussbildung für die Vertraulichkeit der Aufsichtsratsarbeit bedeutsam sei. Individualansprüche einzelner Aufsichtsratsmitglieder auf Informationen außerhalb des Aufsichtsratsplenums wurden deshalb abgelehnt. Ein individuelles Fragerecht der Mitglieder des Gesamtaufsichtsrats gegenüber einzelnen Ausschussmitgliedern ginge (insbesondere nach Ansicht der Vorstands- und Aufsichtsratsmitglieder) zu weit. Gelebte Aufsichtsratspraxis und daher ausreichend sei ein Fragerecht der Aufsichtsratsmitglieder innerhalb des Plenums des Gesamtaufsichtsrats gegenüber dem Ausschuss als solchem.

Dörte Poelzig*

Aufsichtsrat und Hauptversammlung

Zusammenfassung: Der Beitrag analysiert die Reformbedürftigkeit des Aufsichtsratsrechts aus der Perspektive der Hauptversammlung. Auf dem Prüfstand stehen: erstens die Kompetenzen des Aufsichtsrats mit Bezug zur Hauptversammlung, zweitens die Kompetenzen der Hauptversammlung im Zusammenhang mit dem Aufsichtsrat und drittens die Verschiebung der Kompetenzen zwischen Aufsichtsrat und Hauptversammlung in börsennotierten Gesellschaften durch das europäische Recht.

Abstract: This article analyzes the need for reform of supervisory board law from the perspective of the shareholders' meeting. This include, first, the competences of the supervisory board in relation to the general meeting, second, the competences of the general meeting in relation to the supervisory board, and third, the shift of competences between the supervisory board and the general meeting in listed companies as a result of EU Law.

Inhaltsübersicht

* Die Autorin ist Inhaberin des Lehrstuhls für Bürgerliches Recht, Deutsches und Internationales Wirtschaftsrecht an der Universität Leipzig.

https://doi.org/10.1515/9783110746372-018

I. Einleitung

Ob und inwieweit das Recht des Aufsichtsrats mit Blick auf die Hauptversammlung reformbedürftig ist, lässt sich aus drei unterschiedlichen Perspektiven beleuchten: So wird das Verhältnis von Aufsichtsrat und Hauptversammlung zunächst durch die Rolle des Aufsichtsrats in der Hauptversammlung geprägt, etwa bei Vorlagen gem. § 119 Abs. 2 AktG oder Auskünften gem. § 131 AktG, der Versammlungsleitung oder mit dem Bericht des Aufsichtsrats gem. § 171 Abs. 2 AktG. Zu untersuchen ist daher erstens, ob und inwieweit die Regelungen der hauptversammlungsbezogenen Kompetenzen des Aufsichtsrats neu zu gestalten sind (II.). Umgekehrt verfügt die Hauptversammlung über verschiedene Kompetenzen, die die Mitglieder des Aufsichtsrats betreffen, namentlich deren Bestellung (§ 119 Abs. 1 Nr. 1 AktG) und Vergütung (§§ 119 Abs. 1 Nr. 3, 113 AktG). Daher ist zweitens die Reformbedürftigkeit der aufsichtsratsbezogenen Kompetenzen der Hauptversammlung zu beleuchten (III.). Und schließlich befindet sich das Verhältnis des Aufsichtsrats zur Hauptversammlung vor allem in börsennotierten Gesellschaften in Bewegung, denn hier sollen nach dem Regelungskonzept des europäischen Gesetzgebers die Aktionäre stärker in die Corporate Governance eingebunden werden. Die hiermit verbundene Stärkung der Hauptversammlung führt zu einer Verschiebung der Kompetenzen zwischen Aufsichtsrat und Hauptversammlung.[1] Deren Auswirkungen im dualen System und auf die Reformbedürftigkeit des Aufsichtsratsrechts sollen in einem dritten Teil auf den Prüfstand gestellt werden (IV.).

II. Hauptversammlungsbezogene Kompetenzen des Aufsichtsrats

Im Rahmen der hauptversammlungsbezogenen Kompetenzen des Aufsichtsrats sind vor allem folgende Fragen von Interesse: die Frage nach der Vorlagekom-

1 KLEY, AG 2019, 818, 822.

petenz des Aufsichtsrats gem. § 119 Abs. 2 AktG (1.), die Auskunft durch den Aufsichtsrat gem. § 131 AktG (2.), die Stellung des Aufsichtsratsvorsitzenden als Versammlungsleiter (3.) und schließlich der Bericht des Aufsichtsrats gem. § 171 Abs. 2 AktG (4.).

1. Vorlagekompetenz des Aufsichtsrats gem. § 119 Abs. 2 AktG

Nach dem Wortlaut des § 119 Abs. 2 AktG ist allein der Vorstand befugt, der Hauptversammlung Fragen der Geschäftsführung zur Entscheidung vorzulegen. Umstritten ist, ob auch dem Aufsichtsrat ein Vorlagerecht analog § 119 Abs. 2 AktG in Angelegenheiten zusteht, in denen er über eine originäre Geschäftsführungskompetenz verfügt.[2] Dies betrifft etwa die Geltendmachung von Schadensersatzansprüchen gegen den Vorstand gem. § 93 Abs. 2 AktG oder auch den Abschluss von Verträgen mit dem Vorstand gem. § 112 AktG. In diesen Fällen kann der Aufsichtsrat ein berechtigtes Interesse haben, die Hauptversammlung in die Entscheidung über die Nichtgeltendmachung von Schadensersatzansprüchen oder den Abschluss von Verträgen einzubinden.[3] Dies gilt vor allem vor dem Hintergrund, dass die Haftung des Aufsichtsrats gem. §§ 116 S. 1, 93 Abs. 4 S. 1 AktG gegenüber der Gesellschaft grundsätzlich ausgeschlossen ist, wenn die schädigende Handlung auf einem gesetzmäßigen Beschluss der Hauptversammlung beruht.[4] In diesem Fall ist auch der Aufsichtsrat zur Ausführung des Hauptversammlungsbeschlusses analog § 83 Abs. 2 AktG verpflichtet.

Der Gesetzgeber des AktG 1965 hat den Vorschlag, die Hauptversammlung auch auf Vorlage des Aufsichtsrats entscheiden zu lassen, im Gesetzgebungsverfahren zwar bereits erwogen, aber bewusst nicht in das Gesetz aufgenommen, weil dadurch „das Verhältnis zwischen Vorstand und Aufsichtsrat verschoben" werde.[5] Der Gesetzgeber befürchtete, dass „der Aufsichtsrat [...] dem Vorstand die

2 Für eine analoge Anwendung FISCHBACH, ZIP 2013, 1153, 1155 ff.; HABERSACK, NZG 2016, 321, 326 f.; DERS., Münchener Komm. z. AktG, 5. Aufl., 2019, § 116 Rdn. 76; SCHÜPPEN, ZIP 2010, 905, 909; SPINDLER, in: Schmidt/Lutter, Komm. z. AktG 4. Aufl., 2020, § 119 Rdn. 15; v. FALKENHAUSEN, NZG 2016, 601, 604 f.; aA. KUBIS, Münchener Komm. z. AktG, 5. Aufl., 2019, § 119 Rdn. 20; LIEBSCHER, in: Henssler/Strohn, Gesellschaftsrecht, 5. Aufl., 2021, § 119 AktG Rdn. 8; MÜLBERT, Großkomm. z. AktG, 5. Aufl., 2017, § 119 Rdn. 9, 197; DIETZ-VELLMER, NZG 2014, 721, 724 (aber *de lege ferenda* befürwortend).

3 HABERSACK, NZG 2016, 321, 326.

4 Hierzu HABERSACK, aaO (Fn. 2), § 116 AktG Rdn. 76; LUTTER/KRIEGER/VERSE, Rechte und Pflichten des Aufsichtsrats, 7. Aufl., 2020, Rdn. 1022.

5 RegBegr. bei KROPFF, Aktiengesetz, 1965, 165.

Leitung über die Gesellschaft nehmen" könnte, „indem er die Hauptversammlung über sie entscheiden lässt".[6] Diese Bedenken haben zwar nach wie vor ihre Berechtigung, so dass eine uneingeschränkte Vorlagebefugnis des Aufsichtsrats auch *de lege ferenda* – insbesondere unter Berücksichtigung von § 111 Abs. 4 AktG – nicht ratsam erscheint. Soweit dem Aufsichtsrat aber originäre Geschäftsführungskompetenzen zustehen, etwa bei Rechtsgeschäften mit dem Vorstand, der Geltendmachung von Ansprüchen gegen diesen oder bei sonstigen Tätigkeiten im Außenverhältnis der Gesellschaft zum Vorstand,[7] droht nicht die Gefahr, dass Vorstandskompetenzen durch die Vorlage gem. § 119 Abs. 2 AktG ausgehöhlt werden.[8] Denn es geht um Fälle, in denen der Vorstand ohnehin nicht zuständig ist. Zudem begründet die Vorlagebefugnis des Aufsichtsrats auch keine Möglichkeit der Hauptversammlung, Fragen der Geschäftsführung an sich zu ziehen; es liegt vielmehr im Ermessen des Aufsichtsrats, ob er innerhalb seiner Geschäftsführungsbefugnis die Möglichkeit des § 119 Abs. 2 AktG wahrnimmt.[9] Daher sprechen gute Argumente für die Vorlagebefugnis des Aufsichtsrats gem. § 119 Abs. 2 AktG.

Angesichts des klaren Wortlauts des § 119 Abs. 2 AktG und gesetzgeberischen Willens lässt sich die Vorlagebefugnis des Aufsichtsrats *de lege lata* jedoch nur schwer begründen. Zu empfehlen ist daher, die Vorlagebefugnis in § 119 Abs. 2 AktG *de lege ferenda* auf den Aufsichtsrat auszuweiten, soweit es um Entscheidungen geht, für die er über eine originäre Geschäftsführungskompetenz verfügt. Bei Vorlagen, die die Geltendmachung von Ersatzansprüchen gegen die Vorstandsmitglieder gem. § 93 Abs. 2 AktG betreffen und in ihrer Wirkung einem Vergleich oder Verzicht entsprechen, sind jedoch die erhöhten Voraussetzungen des § 93 Abs. 4 S. 3 AktG zu beachten.[10]

2. Auskunft durch den Aufsichtsrat gem. § 131 AktG

Umstritten ist, ob und inwieweit der Aufsichtsrat in ihn betreffenden Angelegenheiten zur Auskunft nach § 131 AktG berechtigt oder darüber hinaus auch verpflichtet ist. Während die Aktionäre gem. § 131 AktG keinen Anspruch auf Er-

---

6 RegBegr. bei Kropff, Aktiengesetz, 1965, 165.

7 Habersack, aaO (Fn. 2), § 111 AktG Rdn. 99; Hopt/Roth, Großkomm. z. AktG, 5. Aufl., 2019, § 111 Rdn. 559.

8 Fischbach, ZIP 2013, 1153, 1155; Habersack, NZG 2016, 321, 327.

9 Habersack, NZG 2016, 321, 327.

10 Fischbach, ZIP 2013, 1153, 1159. Auf die bloße Entscheidung, Ansprüche nicht zu verfolgen, ist § 93 Abs. 4 S. 3 AktG nicht anwendbar (Habersack, NZG 2016, 321, 327).

teilung der Auskunft durch den Aufsichtsrat haben,[11] geht die überwiegende Auffassung davon aus, dass der Aufsichtsrat durch ausdrückliche oder zumeist konkludente Delegation durch den Vorstand zur Auskunft ermächtigt werden und den Auskunftsanspruch auf diese Weise erfüllen kann.[12] Dies führt in den meisten Fällen zwar zu einer praktisch sinnvollen Handhabung, aber auf einem dogmatisch komplizierten Weg. Zu (jedenfalls theoretischen) Problemen kann das Fehlen eines eigenen Auskunftsrechts des Aufsichtsrats darüber hinaus führen, wenn der Vorstand die Mitwirkung an der Auskunft durch den Aufsichtsrat verweigert (zB. bei Auskünften im Zusammenhang mit der Verfolgung von Schadensersatzansprüchen gegen den Vorstand). Daher wird in jüngster Zeit teilweise bereits *de lege lata* die Befugnis des Aufsichtsrats zur Auskunftserteilung und damit die Erfüllung des Auskunftsanspruchs bei Erteilung der Auskunft durch den Aufsichtsrat auch ohne besondere Delegation durch den Vorstand bejaht.[13] Ob die Befugnis des Aufsichtsrats zur Auskunft in Angelegenheiten, die in seine originäre Kompetenz fallen, tatsächlich bereits *de lege lata* anzunehmen ist, erscheint allerdings wegen des ausdrücklichen Wortlauts des § 131 AktG zumindest zweifelhaft.[14] Für eine solche Befugnis zur Auskunftserteilung des Aufsichtsrats als Annex[15] zu seinen originären Kompetenzen (etwa gem. §§ 171 Abs. 1, 176 Abs. 2, 87a, 120a AktG etc.) sprechen jedoch *de lege ferenda* die größere Sachnähe des Aufsichtsrats in eigenen Angelegenheiten und die Vermeidung von (theoretischen) Blockademöglichkeiten durch den Vorstand. Daher sollte der Aufsichtsrat befugt sein, in Angelegenheiten, die in seine originäre Geschäftsführungskompetenz fallen, auf der Hauptversammlung Auskunft zu erteilen.[16] Da 131 Abs. 1 AktG ausdrücklich nur dem Vorstand die Befugnis zur Auskunftserteilung einräumt, sollte die Vorschrift *de lege ferenda* entsprechend angepasst werden.

---

11 BVerfG NJW 2000, 349, 351; RGZ 167, 151, 161; OLG Frankfurt a. M. NZG 2013, 23; Decher, Großkomm. z. AktG, 5. Aufl., 2017, § 131 Rdn. 66; Hoffmann-Becking, NZG 2017, 281, 285; Hüffer/Koch, Komm. z. AktG, 14. Aufl., 2020, § 131 Rdn. 7; Poelzig, BeckOGK z. AktG, Stand: 1.2.2021, § 131 AktG Rdn. 57; Spindler, aaO (Fn. 2), § 131 AktG Rdn. 18; aA. J. Vetter, FS E. Vetter, 2019, S. 833, 836 ff.; Trescher DB 1990, 515, 516.

12 Hoffmann-Becking, NZG 2017, 281, 285; J. Vetter, FS E. Vetter, S. 833, 834 ff.

13 J. Vetter, FS E. Vetter, S. 833, 848 f.

14 Hoffmann-Becking, NZG 2017, 281, 285.

15 J. Vetter, FS E. Vetter, S. 833, 854.

16 Decher, aaO (Fn. 11), § 131 AktG Rdn. 66; Hoffmann-Becking, NZG 2017, 281, 285; Merkner/Schmidt-Bendun, AG 2011, 734, 738 ff.; Poelzig, aaO (Fn. 11), § 131 AktG Rdn. 57.1; Siems, in: Spindler/Stilz, Komm. z. AktG, 4. Aufl., 2019, § 131 Rdn. 17; E. Vetter, FS Westermann, 2008, S. 1589, 1600 ff; dagegen Baums, Bericht der Regierungskommission Corporate Governance, 2001, S. 102 Rdn. 61; Kubis, aaO (Fn. 2), § 131 AktG Rdn. 22. Eher abl. VGR (Hrsg.)/Bachmann, Gesellschaftsrecht in der Diskussion 2016 (2017), 135, 169.

3. Versammlungsleitung durch Aufsichtsratsmitglied

In der Praxis übernimmt regelmäßig der Aufsichtsratsvorsitzende oder ein anderes Aufsichtsratsmitglied die Rolle des Versammlungsleiters. Auch wenn das Aktiengesetz die Versammlungsleitung mit vielfältigen Pflichten verbindet, fehlt es an einer speziellen Haftungsvorschrift. Nach teilweise vertretener Auffassung sollen Aufsichtsratsmitglieder für Fehler bei der Versammlungsleitung im Rahmen der Organhaftung gem. §§ 116 S. 2, 93 Abs. 2 AktG haften.[17] Dagegen spricht jedoch, dass die Versammlungsleitung nicht zu den Organpflichten des Aufsichtsrats gem. § 111 AktG zählt. Das Aufsichtsratsmitglied übernimmt die Aufgabe der Versammlungsleitung als Person und nicht in seiner Funktion als Aufsichtsratsmitglied.[18] Daher haften Aufsichtsratsmitglieder nach überwiegender Auffassung *de lege lata* auf der Grundlage eines koporationsrechtlichen Schuldverhältnisses gem. § 280 Abs. 1 BGB.[19] Eine solche Haftung für jegliches, auch einfach fahrlässiges Verhalten kann uU. zu erheblichen Haftungsrisiken führen, was vor allem bei der üblicherweise nicht zusätzlich vergüteten und damit unentgeltlichen Tätigkeit als Versammlungsleiter unverhältnismäßig erscheint. Eine Beschränkung der Haftung auf grob fahrlässiges und vorsätzliches Verhalten bzw. eigenübliche Sorgfalt, wie es bei unentgeltlichen Verträgen nach dem BGB üblich ist (siehe §§ §§ 521, 599 BGB bzw. §§ 690, 277 BGB; anders aber beim Auftrag gem. § 662 BGB), gilt für die Haftung des Versammlungsleiters nicht.

Gemäß § 31a Abs. 1 S. 1 BGB haften unentgeltlich tätige Organmitglieder eines Vereins für Schäden, die sie dem Verein bei der Wahrnehmung ihrer Pflichten zugefügt haben, nur für Vorsatz oder grobe Fahrlässigkeit. Da der Verein die Grundform einer jeden Körperschaft darstellt, können die §§ 21 ff BGB mit der gebotenen Vorsicht zwar entsprechend auf die Aktiengesellschaft angewendet werden, soweit keine aktienrechtlichen Sonderregelungen bestehen und Norm-

---

17 So ohne nähere Begründung Rose, NZG 2007, 241, 245; dahingehend wohl auch Mülbert, aaO (Fn. 2), § 129 AktG Rdn. 117, wonach das Aufsichtsratsmitglied bei gerichtlicher Bestimmung zum Versammlungsleiter eine Organpflicht zur Annahme der Bestellung treffen soll; vgl. auch Lochner/Beneke, ZIP 2015, 2010, 2014.

18 OLG Köln NZG 2013, 548, 551; KG AG 2011, 170, 172; Hoffmann-Becking, Münchener Handbuch des Gesellschaftsrechts, Band 4, Aktiengesellschaft 4. Aufl., 2015, § 37 Rdn. 42; Hüffer/Koch, aaO (Fn. 11), § 129 AktG Rdn. 18; Schürnbrand, NZG 2014, 1211; Poelzig, AG 2015, 476, 478; E. Vetter, FS Bergmann, 2018, S. 799, 821.

19 LG Ravensburg NZG 2014, 1233, 1234; Hüffer/Koch, aaO (Fn. 11), § 129 AktG Rdn. 25; § 136 AktG Rdn. 24 mwN.; Marsch-Barner, FS Brambring, 2011, S. 267, 281; Poelzig, AG 2015, 476, 478 f.; Schürnbrand, NZG 2014, 1211, 1212 f.; Theusinger/Schilha, BB 2015, 131, 138; Tröger, Kölner Komm. z. AktG, 3. Aufl., 2017, § 136 Rdn. 100; von der Linden, NZG 2013, 208, 211.

zweck sowie Interessenlage im konkreten Einzelfall übereinstimmen.[20] Gegen eine Anwendung von § 31a BGB auf Organmitglieder einer Aktiengesellschaft – und hier den Versammlungsleiter – spricht aber, dass sich derjenige, der ein (wenn auch unentgeltliches) Amt übernimmt, grundsätzlich der hiermit verbundenen Risiken und seiner Verantwortung bewusst sein muss,[21] und § 31a BGB als Ausnahme hiervon restriktiv anzuwenden ist.[22] Die Haftungsprivilegierung unentgeltlich tätiger Vereinsorganmitglieder in § 31a BGB und die damit verbundene Einschränkung des Gläubigerschutzes werden damit gerechtfertigt, dass sich der eingetragene Verein gem. §§ 21, 22 BGB – anders als eine Aktiengesellschaft – nicht wirtschaftlich betätigen darf und die Gläubiger des Vereins dadurch weniger gefährdet sind als die Gläubiger einer Aktiengesellschaft.[23] Daher kann § 31a BGB auf den Versammlungsleiter nicht angewendet werden.[24] Da unverhältnismäßige Haftungsrisiken *de lege lata* aber jedenfalls durch eine satzungsgemäße Haftungsbeschränkung auf grobe Fahrlässigkeit und Vorsatz und eine summenmäßige Haftungsbegrenzung vermieden werden können,[25] besteht insoweit kein Regelungsbedarf.

4. Bericht des Aufsichtsrats gem. § 171 Abs. 2 AktG

Der jährlich zu erstattende schriftliche Bericht des Aufsichtsrats an die Hauptversammlung gem. § 171 Abs. 2 AktG dient der Rechenschaft gegenüber sowie der Information der Hauptversammlung und der (Selbst-)Kontrolle des Aufsichtsrats.[26] Der Aufsichtsratsbericht hat mit den zunehmenden Aufgaben des Aufsichtsrats in jüngster Zeit erheblich an Bedeutung gewonnen.[27] Waren Berichte mit einem Umfang von nicht mehr als einer Seite mit formelhaften und wenig aussagekräftigen Angaben lange Zeit üblich, geht der durchschnittliche Umfang nun mit zehn Seiten weit darüber hinaus. Notwendiger Inhalt und Gestaltung des

---

20 Bachmann, Großkomm. z. AktG, 5. Aufl., 2017, § 1 Rdn. 25; Grigoleit/Grigoleit, Komm. z. AktG, 2. Aufl., 2020, § 1 Rdn. 11; Heider, Münchener Komm. z. AktG, 5. Aufl., 2019, § 1 Rdn. 15; Hüffer/Koch, aaO (Fn. 11), § 1 AktG Rdn. 3; Lutter, in: Schmidt/Lutter, Komm. z. AktG, 4. Aufl., 2020, § 1 Rdn. 3.

21 Vgl. BGH AG 1980, 109; E. Vetter, GmbHR 2012, 181, 187.

22 Poelzig, AG 2015, 476, 481.

23 Leuschner, NZG 2014, 281, 284.

24 Poelzig, AG 2015, 476, 487 f.

25 Hüffer/Koch, aaO (Fn. 11), § 129 AktG Rdn. 25; Poelzig, AG 2015, 476, 487 f; E. Vetter, FS Bergmann, S. 799, 823 f.

26 Lutter/Krieger/Verse, aaO (Fn. 4), Rdn. 561.

27 Lutter/Krieger/Verse, aaO (Fn. 4), Rdn. 561.

Berichts sind in § 171 Abs. 2 AktG indes nur grob skizziert. In der Rechtsprechung und Kommentarliteratur wurde allerdings bereits ein Katalog an notwendigen Informationen entwickelt.[28] Demnach sind Angaben zur Erfüllung der Informationspflichten des Vorstands, zur Rechtmäßigkeit und Ordnungsmäßigkeit der Unternehmensleitung, zum Risikomanagement gem. § 91 Abs. 2 AktG und zur Wirtschaftlichkeit notwendig.[29] Genügt der Bericht den Anforderungen nicht, droht vor allem die Anfechtung des Entlastungsbeschlusses.[30] Um Rechtssicherheit zu schaffen, ist zu erwägen, die gesetzliche Regelung im Hinblick auf die formalen und inhaltlichen Anforderungen zu schärfen und die in der Kommentarliteratur entwickelten Anforderungen an den Inhalt des Berichts zu kodifizieren.

III. Aufsichtsratsbezogene Kompetenzen der Hauptversammlung

Das Verhältnis von Aufsichtsrat und Hauptversammlung wird im Weiteren durch die aufsichtsratsbezogenen Kompetenzen der Hauptversammlung bestimmt, namentlich die Kompetenz zur Bestellung der Aufsichtsratsmitglieder (§ 119 Abs. 1 Nr. 1 AktG), durch die Festsetzung der Aufsichtsratsvergütung gem. § 113 Abs. 1 S. 2 AktG entweder in der Satzung oder durch Beschluss (§ 119 Abs. 1 Nr. 3 AktG) sowie die Entlastung der Aufsichtsratsmitglieder (§ 119 Abs. 1 Nr. 4 AktG).

1. Wahl der Aufsichtsratsmitglieder

a) Verhältniswahl

Zur Wahl der Aktionärsvertreter in den Aufsichtsrat durch Beschluss der Hauptversammlung gem. § 119 Abs. 1 Nr. 1 AktG sind die Einzel-, Simultan- oder die praktisch übliche Listen- und Globalwahl möglich.[31] Vor allem im Vorfeld des KonTraG 1998 wurde vorgeschlagen,[32] die Verhältniswahl unter bestimmten

---

28 Lutter/Krieger/Verse, aaO (Fn. 4), Rdn. 568 („fünf Fragen als Elemente der Überwachung").

29 Lutter/Krieger/Verse, aaO (Fn. 4), Rdn. 568.

30 Lutter/Krieger/Verse, aaO (Fn. 4), Rdn. 561 mit Verweis auf BGH NZG 2010, 943, 944; OLG Stuttgart AG 2006, 379; LG München AG 2008, 133, 135.

31 Hopt/Roth, aaO (Fn. 7), § 101 AktG Rdn. 47.

32 Ausformulierter Vorschlag bei Bender, DB 1994, 1965, 1967.

Voraussetzungen zum gesetzlich vorgesehenen Verfahren zu erheben.[33] Hierbei werden die Aufsichtsratssitze in einem Wahlgang nach dem Anteil der auf die einzelnen Kandidaten entfallenden Stimmen vergeben. Bei einem solchen Verfahren können Aktionärsminderheiten größeren Einfluss auf die Besetzung des Aufsichtsrats ausüben. Der Gesetzgeber hat diesen Vorschlag intensiv und kontrovers diskutiert, letztlich aber verworfen.[34] Und das nicht zuletzt im Hinblick auf paritätisch besetzte Aufsichtsräte: Hier käme den Vertretern der Minderheit unter Umständen die ausschlaggebende Stellung zu; dies aber würde nach Auffassung des Gesetzgebers gegen das Mehrheitsprinzip verstoßen.[35]

Auch aus heutiger Sicht scheint eine entsprechende Gesetzesänderung zur Einführung der Verhältniswahl mit Rücksicht auf die Satzungsautonomie gem. § 133 Abs. 2 AktG nicht erforderlich. Zwar ist umstritten, ob das Verfahren der Verhältniswahl in der Satzung gem. § 133 Abs. 2 AktG festgelegt werden kann. Die herrschende Meinung geht aber mit guten Gründen davon aus. So steht erstens der großzügige Wortlaut des § 133 Abs. 2 AktG einer solchen Satzungsregel nicht entgegen.[36] Und zweitens ist es nach der Rechtsprechung des BGH nicht nur zulässig, sondern erwünscht, auf die Interessen der Minderheit bei der Aufsichtsratsbesetzung Rücksicht zu nehmen.[37] Eine Pflicht zur Einführung einer Verhältniswahl wird dadurch freilich nicht begründet.

b) Anfechtung von Wahlbeschlüssen

Rechtliche Unsicherheiten und daher Reformbedarf bestehen auch im Umgang mit Beschlussmängelklagen, die gem. § 251 AktG gegen die Wahl von Aufsichtsratsmitgliedern durch die Hauptversammlung erhoben werden. Nach der Rechtsprechung des BGH wirken erfolgreiche Klagen auf den Zeitpunkt der Wahl zurück; der von der Anfechtung Betroffene ist in diesem Fall nicht Mitglied des Aufsichtsrats geworden.[38] Der Lehre vom fehlerhaft bestellten Organ, wonach

---

33 Weiter für Verhältniswahlrecht (zur Zeit der Gesetzesdiskussion): GESSLER, AG 1965, 343, 347 f; KROPFF, FS Goerdeler, 1987, S. 259, 266 ff; MERTENS, AG 1987, 40; TIMM, NJW 1987, 977, 986; WILHELMI, AG 1965, 153, 154.

34 RegE bei KROPFF, AktG 1965, 138, 140; RAISER/VEIL, Recht der Kapitalgesellschaften, 6. Aufl., 2015, § 15 Rdn. 37.

35 RegBegr. bei KROPFF, Aktiengesetz, 1965,138.

36 Siehe nur HABERSACK, aaO (Fn. 2), § 101 AktG Rdn. 27; HOPT/ROTH, aaO (Fn. 7), § 101 AktG Rdn. 5; HÜFFER/KOCH, aaO (Fn. 11), § 133 AktG Rdn. 33 jeweils mwN.

37 Vgl. BGH AG 1962, 216, 217.

38 BGHZ 196, 195 Rdn. 18 ff = NZG 2013, 456, 458 – IKB.

Beschlüsse unter Beteiligung eines unwirksam bestellten Aufsichtsratsmitglieds grundsätzlich wirksam sind, wenn das Aufsichtsratsmitglied sein Amt tatsächlich angetreten und ausgeübt hat und keine höherrangigen Interessen entgegenstehen,[39] hat das Gericht eine Absage erteilt.[40] Damit sind nach der Rechtsprechung sämtliche in der Zwischenzeit gefassten Beschlüsse des Aufsichtsrats unwirksam, wenn die Stimme des von der Anfechtung betroffenen Aufsichtsratsmitglieds ausschlaggebend war, die erforderliche Mehrheit also ohne seine Stimme nicht erreicht worden wäre. Insbesondere bei Gesellschaften mit einem dreiköpfigen Aufsichtsrat wäre dies stets der Fall, da die Beschlussfähigkeit des Aufsichtsrats voraussetzt, dass mindestens drei wirksam bestellte Mitglieder mitwirken (§ 108 Abs. 2 S. 3 AktG).

Die Konsequenzen der rückwirkenden Nichtigkeit sind gravierend, vor allem soweit es um die Feststellung des Jahresabschlusses geht.[41] Der durch Aufsichtsratsbeschluss festgestellte Jahresabschluss ist gem. § 256 Abs. 2 AktG nichtig, wenn der Aufsichtsrat nicht ordnungsgemäß mitgewirkt hat.[42] Die Praxis hat zwar Lösungen im Umgang mit angefochtenen Aufsichtsratswahlen entwickelt, etwa die vorsorgliche Amtsniederlegung des von der Anfechtung betroffenen Aufsichtsratsmitglieds und dessen anschließende gerichtliche Ersatzbestellung.[43] Da das Gericht bei der Ersatzbestellung aber über einen Ermessensspielraum verfügt, ist diese Lösung mit Unsicherheiten behaftet.[44] Daher herrscht Einigkeit, dass Reformbedarf besteht, unklar ist allerdings, wie genau eine solche Reform aussehen sollte.[45]

Nach der Empfehlung des 72. Deutschen Juristentages soll das Beschlussmängelrecht insgesamt auf den Prüfstand gestellt werden.[46] Sollte der Gesetzge-

---

39 Schürnbrand, Organschaft, 2007, 286 ff; Schürnbrand NZG 2013, 481 ff; dem folgend OLG Frankfurt a. M. AG 2011, 36, 40; AG 2011, 631, 635; wohl auch OLG Köln WM 2011, 1174, 1178; Bayer/Lieder, NZG 2012, 1, 16 f; Bezzenberger, Großkomm. z. AktG , 5. Aufl., 2021, § 256 Rdn. 189a ff; Drygala, in: Schmidt/Lutter, Komm. z. AktG, 4. Aufl., 2020, § 101 Rdn. 35; Goette, Münchener Komm. z. AktG, 5. Aufl., 2019, § 161 Rdn. 93; Habersack, FS Goette, 2011, S. 121, 132 f; Habersack, aaO (Fn. 2), § 101 AktG Rdn. 69 ff; Lieder, ZHR 178 (2014), 282, 290 ff; Spindler, BeckOGK z. AktG, Stand: 1. 2. 2021, § 101 Rdn. 119.

40 BGHZ 196, 195 Rdn. 18 ff = NZG 2013, 456, 458 – IKB.

41 Drygala/Gehling, ZIP 2014, 1253, 1258; Florstedt, NZG 2014, 681, 683.

42 BGHZ 196, 195 = NZG 2013, 456, 458 – IKB.

43 Florstedt, NZG 2014, 681, 684; Hüffer/Koch, aaO (Fn. 11), § 104 AktG Rdn. 8.

44 Hüffer/Koch, aaO (Fn. 11), § 104 AktG Rdn. 8; Arnold/Gayk, DB 2013, 1830, 1836; Marsch-Barner, FS K. Schmidt, 2009, S. 1109, 1122.

45 Hierzu eingehend Drygala/Gehling, ZIP 2014, 1253, 1258; Florstedt, NZG 2014, 681, 683; ferner Hüffer/Koch, aaO (Fn. 11), § 104 AktG Rdn. 8.

46 Ausführlich Koch, Verhandlungen des 72. DJT, 2018, Bd. 1, S. F 1 ff.

ber diese Empfehlung für eine große Reform des Beschlussmängelrechts nicht aufgreifen, wäre jedenfalls eine kleine Reform speziell zum Umgang mit angefochtenen Wahlbeschlüssen zur Schaffung von Rechtssicherheit wünschenswert. Hierzu liegt auch bereits eine Reihe von Vorschlägen vor: So könnte man zB. das Freigabeverfahren gem. § 246a AktG auf die Wahl des Aufsichtsrats ausweiten[47] oder eine aufschiebend bedingte gerichtliche Ersatzbestellung des betroffenen Aufsichtsratsmitglieds gem. § 104 AktG ermöglichen.[48] Daneben werden auch weniger eingriffsintensive Einzelkorrekturen erwogen, die sich auf die besonders regelungsbedürftige Nichtigkeit des festgestellten Jahresabschlusses gem. § 256 Abs. 2 AktG beschränken und die Wirksamkeit des Feststellungsbeschlusses auch bei Mitwirkung anfechtbar gewählter Aufsichtsratsmitglieder vorsehen.[49] Zu diskutieren bleibt also, ob und in welcher Form der Gesetzgeber der derzeitigen Rechtsunsicherheit im Umgang mit angefochtenen Wahlbeschlüssen entgegentreten soll.

2. Aufsichtsratsvergütung gem. § 113 AktG

Die Hauptversammlung verfügt über die Kompetenz zur Festsetzung der Aufsichtsratsvergütung gem. § 113 Abs. 1 S. 2 AktG in der Satzung oder durch Beschluss sowie bei börsennotierten Gesellschaften für das Vergütungssystem und den Vergütungsbericht gem. §§ 113 Abs. 3, 119 Abs. 1 Nr. 3 AktG. In diesem Zusammenhang scheinen vor allem fünf durch ARUG II unbeantwortete Punkte diskussionswürdig: die Kriterien der Aufsichtsratsvergütung und die Zulässigkeit erfolgsorientierter sowie qualifikationsorientierter Vergütung (a)), die Praxis der Gewerkschaften, die Arbeitnehmervertreter zur Abführung ihrer Aufsichtsratsvergütung zu verpflichten (b)), die Drittvergütung von Aufsichtsratsmitgliedern (c)), die Abgrenzung der Aufsichtsratsvergütung von § 114 AktG (d)) sowie die Anforderungen an den Vergütungsbericht (e)).

---

47 Zu diesem Vorschlag und seinen Schwächen DRYGALA/GEHLING, ZIP 2014, 1253, 1256 f.

48 Die Rechtsprechung zur Zulässigkeit einer aufschiebend bedingten Bestellung ist uneinheitlich; dafür OLG Köln ZIP 2008, 508, 509 („denkbar"); *LG München I* AG 2006, 762, 766; dagegen *OLG Köln* ZIP 2011, 522, 524; offenlassend BayObLG ZIP 2004, 2190, 2191; hierzu VON DER LINDEN, EWiR 2011, 201, 202. Kritisch zu dieser Lösung DRYGALA/GEHLING, ZIP 2014, 1253, 1254; FLORSTEDT, NZG 2014, 681, 686 f.

49 DRYGALA/GEHLING, ZIP 2014, 1253, 1254; FLORSTEDT, NZG 2014, 681, 686. Siehe BGH NZG 2013, 456, 459, wonach das Gericht Zweifel hat, ob „die Mitwirkung eines lediglich anfechtbar gewählten Mitglieds, dessen Wahl bis zur Nichtigerklärung als wirksam zu behandeln ist, überhaupt als fehlerhafte Mitwirkung des Aufsichtsrats anzusehen ist". Siehe auch E. VETTER, ZIP 2012, 701, 710 f.

a) Kriterien der Aufsichtsratsvergütung

Die Aufsichtsratsvergütung soll gem. § 113 Abs. 1 S. 3 AktG in einem angemessenen Verhältnis zu den Aufgaben der Aufsichtsratsmitglieder und zur Lage der Gesellschaft stehen.

aa) Berücksichtigung der persönlichen Qualifikation

Da der Wortlaut des § 113 Abs. 1 S. 3 AktG für die Angemessenheit der Aufsichtsratsvergütung ausschließlich und ausdrücklich auf die Aufgaben des Aufsichtsratsmitglieds und die Lage der Gesellschaft abstellt, rechtfertigen *de lege lata* allenfalls besondere Funktionen im Aufsichtsrat (siehe auch G.17 DCGK 2020), nicht aber die persönliche Qualifikation des Aufsichtsratsmitglieds eine unterschiedliche Vergütung.[50] Dies ist bei der Vorstandsvergütung anders: Dort ist mit dem Leistungskriterium ein Anknüpfungspunkt gegeben, der die Berücksichtigung der Qualifikation und des „Marktwertes" des Vorstandsmitglieds erlaubt.[51] Gegen eine gesetzliche Ausweitung der Vergütungskriterien in § 113 Abs. 1 S. 3 AktG auf die Qualifikation des jeweiligen Aufsichtsratsmitglieds wird vor allem das Gebot der grundsätzlichen Gleichbehandlung aller Aufsichtsratsmitglieder eingewandt.[52] Allerdings besteht ein sachlicher Grund für die Ungleichbehandlung bei der Vergütung, nämlich die höhere Qualifikation.[53]

Für eine gesetzliche Ausweitung der Vergütungskriterien in § 113 Abs. 1 S. 3 AktG *de lege ferenda* auf die Qualifikation gibt es mehrere Gründe: Hierfür spricht zunächst, dass das Aufsichtsratsmitglied verpflichtet ist, unabhängig von der Übernahme spezieller Aufgaben seine besonderen Kenntnisse und Fähigkeiten in den Aufsichtsrat einzubringen, und dass sich der jeweils geltende Sorgfaltsmaßstab nicht lediglich an der Mindestqualifikation ausrichtet, sondern be-

---

50 Drygala, aaO (Fn. 39), § 113 AktG Rdn. 18; Habersack, aaO (Fn. 2), § 113 AktG Rdn. 43; Hopt/Roth, aaO (Fn. 7), § 113 AktG Rdn. 95; Mertens/Cahn, Kölner Komm. z. AktG, 3. Aufl., 2013, § 113 Rdn. 10; Rieder/Holzmann, AG 2010, 570, 579; Roller, Die Vergütung des Aufsichtsrats in Abhängigkeit vom Aktienkurs, 1999, S. 73; Säcker, NJW 1979, 1521, 1525; Spindler, aaO (Fn. 39), § 113 AktG Rdn. 43; Wellkamp, WM 2001, 489, 495; aA. Haarmann, FS Hüffer, 2010, S. 243, 247 ff; Lutter/Krieger/Verse, aaO (Fn. 4), Rdn. 843 („Unterschiedliche Vergütungshöhen für einzelne Aufsichtsratsmitglieder sind nur zulässig, soweit sie sachlich gerechtfertigt sind, sei es durch besondere Funktionen im Aufsichtsrat [...], sei es durch besondere Qualifikation (unterschiedliches Dienstalter o. Ä.)"); Vollmer/Maurer, BB 1993, 591, 592.

51 Hopt/Roth, aaO (Fn. 7), § 113 AktG Rdn. 95 m.w.N.; Kort, Großkomm. z. AktG, 5. Aufl., 2015, § 87 Rdn. 98.

52 Siehe nur Hopt/Roth, aaO (Fn. 7), § 113 AktG Rdn. 95.

53 Haarmann, FS Hüffer, S. 243, 249; Lutter/Krieger/Verse, aaO (Fn. 4), Rdn. 843.

sondere Qualifikationen zu berücksichtigen sind.[54] Während qualifizierte Aufsichtsratsmitglieder ihre besonderen Fähigkeiten ohne zusätzliche Vergütung zur Verfügung stellen müssen, können weniger qualifizierte Aufsichtsratsmitglieder auf Kosten der Gesellschaft an Fortbildungsveranstaltungen teilnehmen oder externe Sachverständige und Berater hinzuziehen, wenn ihre Fähigkeiten im konkreten Fall nicht genügen.[55] Hinzu kommt, dass mit zunehmender Professionalisierung des Aufsichtsrats der Wettbewerb um die besten Aufsichtsräte über die Vergütung geführt werden muss.[56] Daher sollte die Berücksichtigung der Qualifikation von Aufsichtsratsmitgliedern bei ihrer Vergütung und die entsprechende Erweiterung der gesetzlichen Vergütungskriterien in § 113 Abs. 1 S. 3 AktG *de lege ferenda* überdacht werden.

bb) Erfolgsorientierte Aufsichtsratsvergütung

Die Überlegungen zur Reform des Aufsichtsratsrechts bieten zudem Gelegenheit, die Diskussion um eine erfolgsorientierte Aufsichtsratsvergütung wieder aufzugreifen. Die Vorschläge im Schrifttum zur Regelung der erfolgsabhängigen Vergütung des Aufsichtsrats reichen von der Einführung eines Verbots erfolgsabhängiger Vergütungen über die Kodifikation der Rechtsprechung des BGH[57] in der Sache Mobilcom zur Unzulässigkeit von Aktienoptionsprogrammen zu Gunsten von Aufsichtsratsmitgliedern[58] bis hin zur Beibehaltung der aktuellen Rechtslage. Der Gesetzgeber hat mit dem ARUG II die bis dato geltende Vorschrift des § 113 Abs. 3 AktG aF zur Berechnung der gewinnorientierten Vergütung des Aufsichtsrats gestrichen. Eine Entscheidung des Gesetzgebers gegen eine erfolgsorientierte bzw. variable Vergütung des Aufsichtsrats ist damit indes nicht verbunden. Dies folgt bereits aus dem Verweis in § 113 Abs. 3 S. 3 AktG auf § 87a Abs. 1 S. 2 Nr. 3 und 4 AktG, wo ausdrücklich von variablen Vergütungsbestandteilen die Rede ist. Durch die Streichung wurde der gesetzliche Spielraum für die variablen Bestandteile der Vergütung vielmehr erweitert. Allerdings ist eine Vergütung in Aktienoptionen oder Wandel- und Optionsanleihen nach wie vor unzulässig (§§ 192 Abs. 2 Nr. 3; 193 Abs. 2 Nr. 4 iVm. 71 Abs. 1 S. 8 Nr. 5; 221 Abs. 4 S. 2 AktG).[59] Im

54 Zum Sorgfaltsmaßstab Habersack, aaO (Fn. 2), § 113 AktG Rdn. 43.

55 Haarmann, FS Hüffer, S. 243, 249.

56 Vgl. Haarmann, FS Hüffer, S. 243 f; Spindler, aaO (Fn. 39), § 113 AktG Rdn. 43.

57 BGHZ 158, 122, 125 ff..

58 So Hopt/Roth, aaO (Fn. 7), § 113 AktG Rdn. 17.

59 BGHZ 158, 122, 125 ff; Habersack, ZGR 2004, 721, 724 ff; Ders., NZG 2018, 127, 130 f; Ders., aaO (Fn. 2), § 113 AktG Rdn. 20; Hopt/Roth, aaO (Fn. 7), § 113 AktG Rdn. 41; Hüffer/Koch, aaO (Fn. 11), § 113 AktG Rdn. 12; Vetter, in: Marsch-Barner/Schäfer, Handbuch börsennotierte AG,

Übrigen aber lässt das Aktiengesetz eine erfolgsorientierte Vergütung des Aufsichtsrats, insbesondere also die Anknüpfung an den Bilanzgewinn, *de lege lata* weitestgehend zu. Hierfür spricht auch, dass Ziff. G18 DCGK 2020 eine Festvergütung lediglich anregt,[60] was die überwiegende Zahl der Gesellschaften in der Praxis auch befolgt,[61] und bei einer erfolgsorientierten Vergütung eine langfristige Ausrichtung empfiehlt.

Zu diskutieren ist daher, ob und inwieweit eine erfolgsorientierte Vergütung des Aufsichtsrats[62] *de lege ferenda* im Aktiengesetz ausgeschlossen oder jedenfalls näher geregelt werden sollte. Gegen eine erfolgsabhängige Vergütung der Aufsichtsratsmitglieder sprechen insbesondere die hiermit einhergehende Gefahr von Fehlanreizen und die daraus folgende Schwächung der Überwachungsfunktion.[63] So ist bei einer variablen Vergütung, die allgemein am Aktienkurs orientiert ist und bereits *de lege lata* überwiegend für unzulässig erachtet wird,[64] die Kontrollfunktion des Aufsichtsrats gefährdet, da der Börsenkurs durch den Vorstand beeinflusst werden kann und nicht stets einen zuverlässigen Indikator für den wirklichen Unternehmenswert bildet.[65] Aber auch eine Aufsichtsratsvergütung, die von der Höhe des Bilanzgewinns abhängt, ist nicht unproblematisch: So ist der Aufsichtsrat bei einer am Bilanzgewinn orientierten variablen Vergütung in der Lage, auf die Höhe seiner Vergütung bei der Prüfung des Jahresabschlusses und des Vorschlags zur Gewinnverwendung Einfluss zu nehmen.[66] Im Übrigen ist ungeklärt, ob und inwieweit erfolgsbezogene Vergütungen der Vorstands- und Aufsichtsratsmitglieder auf übereinstimmenden Erfolgsparametern und damit auf gleichen Anreizsystemen basieren dürfen. Vielfach wird es für

4. Aufl., 2018, Rdn. 29.42. Umstritten ist, ob das Verbot auch schuldrechtliche Nachbildungen von Aktienoptionen – etwa in Form von *phantom stocks* oder *stock appreciation rights* – erfasst (so Habersack, aaO (Fn. 2), § 113 AktG Rdn. 22; für großzügigere Handhabung hingegen Hüffer/Koch, aaO (Fn. 11), § 113 AktG Rdn. 15).

60 G 18 DCGK: „Die Vergütung des Aufsichtsrats sollte in einer Festvergütung bestehen. Wird den Aufsichtsratsmitgliedern dennoch eine erfolgsorientierte Vergütung zugesagt, soll sie auf eine langfristige Entwicklung der Gesellschaft ausgerichtet sein".

61 Siehe auch Lutter/Krieger/Verse, aaO (Fn. 4), Rdn. 857.

62 Ausführlich Geerken, Erfolgsabhängige Aufsichtsratsvergütung, 2015, S. 33 ff.

63 Siehe auch Empfehlung 2009/385/EG der Kommission vom 30.04.2009 zur Ergänzung der Empfehlungen 2004/913/EG und 2005/162/EG zur Regelung der Vergütung von Mitgliedern der Unternehmensleitung börsennotierter Gesellschaften, ABl. Nr. L 120, 28. Nach der Empfehlung der Kommission v. 15.2.2005 Anhang II Ziff. 1 lit. c sind zusätzliche Vergütungen von Aufsichtsratsmitgliedern ausgeschlossen, wozu auch Aktienoptionen und erfolgsabhängige Vergütungen gehören (Habersack, FS Hopt, 2020, S. 333, 337 f).

64 Habersack, ZGR 2004, 721, 731 f; Lutter/Krieger/Verse, aaO (Fn. 4), Rdn. 851 f.

65 Zu dieser Argumentation im Zusammenhang mit Aktienoptionen BGHZ 158, 122, 127.

66 Habersack, aaO (Fn. 2), § 113 AktG Rdn. 17; Lutter/Krieger/Verse, aaO (Fn. 4), Rdn. 855.

problematisch erachtet, wenn Vorstand und Aufsichtsrat „aus derselben Quelle trinken".[67] Damit sind noch viele Fragen zur erfolgsabhängigen Vergütung des Aufsichtsrats offen. Diese sollten alternativ in einem neuen Absatz zu § 113 AktG oder im DCGK beantwortet werden.

b) Abführungspflicht der Arbeitnehmervertreter

Nach der Praxis der Mitgliedsgewerkschaften des Deutschen Gewerkschaftsbundes (DGB) haben die von ihnen zur Wahl gestellten Arbeitnehmervertreter den Großteil ihrer Vergütung an die Hans-Böckler-Stiftung abzuführen.[68] Ziel der satzungsmäßigen Abführungspflicht ist die Stärkung der Unabhängigkeit der Arbeitnehmervertreter im Aufsichtsrat.[69] Die Abführungspflicht soll verhindern, dass sich Kandidaten für den Aufsichtsrat nur wegen der dort gezahlten Vergütung bewerben.[70]

Das Aktienrecht steht dieser Praxis *de lege lata* nicht entgegen, da dem Aufsichtsrat gem. § 113 Abs. 1 S. 3 AktG eine Vergütung gezahlt werden kann, aber nicht muss.[71] Gleichwohl ist nicht zu leugnen, dass die von der Gesellschaft mit

67 Habersack, aaO (Fn. 2), § 113 AktG Rdn. 14; Ders., ZGR 2004, 721, 733; Kiem, FS Stilz, 2014, S. 329, 333 ff; aA. Hopt/Roth, aaO (Fn. 7), § 113 AktG Rdn. 48.

68 Die vom Bundesvorstand des DGB am 7.6.2016 beschlossene Abführungsregelung ist in ihrer aktuellen Fassung abrufbar unter www.boeckler.de/pdf/foerderer_richtlinie_2016.pdf; ausführlich zu den verschiedenen Verweisarten in den Einzelheiten: Hanau, Die Verpflichtung zur Abführung von Aufsichtsratsvergütungen an die Hans-Böckler-Stiftung, 2012, S. 12–17; siehe auch Habersack, aaO (Fn. 2), § 113 AktG Rdn. 6; Hopt/Roth, aaO (Fn. 7), § 113 AktG Rdn. 13, 25 f; näher Habersack, NZG 2018, 127, 131; Krieger, FS E. Vetter, 2019, S. 363 ff; Schäfer/Bachmaier, ZIP 2018, 2141 ff. Grundlage hierfür bildet der Beschluss des DGB-Bundesausschusses vom 19.10. 2005, der wiederum auf § 3 Abs. 3 der Satzung des DGB vom Juni 2006 basiert, wonach alle Organbeschlüsse die Mitglieder der Gewerkschaften binden. Hierzu und auch zur einzelvertraglichen Vereinbarung, die als beurkundungsbedürftige Schenkung gem. § 518 BGB einzuordnen sei: Thüsing/Forst, FS Graf v. Westphalen, 2010, S. 693 ff.

69 Siehe die Formulierung in dem auf dem 6. Bundeskongress des DGB 1962 auf Antrag der IG Metall gefassten Beschluss: „Das Verantwortungsgefühl muss sich auch darin bekunden, dass ihre Aufsichtsratstantiemen in erster Linie Zwecken zugeführt werden, die den gewerkschaftlichen Vorstellungen von Sinn und Bedeutung der Mitbestimmung entsprechen."

70 Siehe OLG Frankfurt a. M. NZA-RR 2002, 531, 533.

71 BAG AG 2016, 39; 41 f; siehe auch OLG Frankfurt NZG 2018, 945; OLG Frankfurt a. M. NZA-RR 2002, 531; OLG Stuttgart AuR 2008, 190; LG Stuttgart NZG 2008, 558; LG München I NZG 2005, 522; Habersack, NZG 2018, 127, 131; Mertens/Cahn, aaO (Fn. 50), § 113 AktG Rdn. 58; Spindler, in: Spindler/Stilz, Komm. z. AktG, 4. Aufl., 2019, § 113 Rdn. 7; Hoffmann-Becking, FS Havermann, 1995, S. 229, 245; krit. Sünner, AG 2012, 265, 273; Thüsing/Forst, FS Graf v. Westphalen, S. 693, 696 ff.

der Ausgestaltung der Vergütung verfolgten Anreize durch die Abführung an die Stiftung verzerrt werden. Die mit dem Angemessenheitsgebot zum Ausdruck kommende Anreizfunktion der Vergütung im Interesse einer guten Corporate Governance entfällt bzw. wird abgeschwächt.[72] Die Anforderungen an Professionalität und Einsatzbereitschaft der Aufsichtsratsmitglieder haben sich in der jüngeren Vergangenheit immer weiter erhöht, weshalb Gesetz und Kodex gerade auch durch Vergütungsanforderungen auf eine adäquate Besetzung und Amtsführung zielen, was durch die Abführungsregeln in erheblichem Umfang konterkariert wird.[73] Persönliche Unabhängigkeit setzt notwendigerweise auch finanzielle Unabhängigkeit voraus.[74]

Eine aktienrechtliche Regelung dieser Frage *de lege ferenda* ist aber dennoch nicht angezeigt. Die Disposition des einzelnen Aufsichtsratsmitglieds über seine Vergütungsansprüche betrifft nicht mehr das Verhältnis zwischen der mitbestimmten Gesellschaft und dem Aufsichtsratsmitglied. Für die Angemessenheit der Vergütung durch die Gesellschaft ist unerheblich, ob und inwieweit das Aufsichtsratsmitglied über seine entstandenen Vergütungsansprüche verfügt.[75] Das berechtigte Interesse der Gesellschaft an den richtigen Vergütungsanreizen ist allerdings im Rahmen der Inhaltskontrolle der die Abführungspflicht begründenden Satzungsregel gem. §§ 242, 315 BGB zu berücksichtigen.[76] Die Rechtsprechung hat Satzungsregeln über die Pflicht zur Abführung der Aufsichtsratsvergütung ohne Rücksicht auf die Gesellschaftsinteressen zwar bislang für wirksam erklärt;[77] höchstrichterlich entschieden ist dies aber noch nicht. Im Schrifttum werden die Abführungsregeln hingegen mit Rücksicht auf das Interesse der Gesellschaft an der anreizorientierten Vergütung ihrer Aufsichtsratsmitglieder für unwirksam erachtet.[78] Davon ist jedenfalls auszugehen, soweit dem Gewerkschaftsmitglied mit der Abführungspflicht der Anreiz genommen wird, sich in ausreichendem Maße für das Gesellschaftsinteresse einzubringen.

---

72 Hopt/Roth, aaO (Fn. 7), § 113 AktG Rdn. 13; Hoffmann-Becking, FS Havermann, S. 229, 245; Peltzer, FS Zimmerer, 1997, S. 378, 379 f.

73 Schäfer/Bachmeier, ZIP 2018, 2141, 2147; Thüsing/Forst, FS Graf v. Westphalen, S. 693, 713.

74 Ders., FS Graf v. Westphalen, S. 693, 713.

75 Sagan, ZGR 2020, 889, 898.

76 Schäfer/Bachmaier, ZIP 2018, 2141, 2148. Allgemein zur Inhaltskontrolle von Gewerkschaftssatzungen BGHZ 93, 151, 152 f; siehe auch OLG Frankfurt a. M. NZA-RR 2002, 531, 533; siehe aber auch zur Vereinten Dienstleistungsgewerkschaft (ver.di): BAGE 151, 367 Rdn. 45.

77 Siehe nur OLG Stuttgart BeckRS 2008, 03407; OLG Frankfurt a. M. NZG 2018, 870, 872; NZA-RR 2002, 531.

78 Schäfer/Bachmeier, ZIP 2018, 2141, 2149; siehe auch Thüsing/Forst, FS Graf v. Westphalen, S. 693, 702 ff; Sagan, ZGR 2020, 889, 898.

c) Drittvergütung

Nicht selten werden Aufsichtsratsmitglieder nicht nur von der Gesellschaft, sondern auch von Dritten – etwa von institutionellen Investoren – vergütet.[79] Dies wird nach bislang überwiegender Auffassung als mit § 113 AktG vereinbar erachtet, da sich die Vorschrift auf die Regelung der Vergütung durch die Gesellschaft beschränkt.[80] Die Zulässigkeit von Drittvergütungen wird vor allem mit dem Charakter der Aufsichtsratstätigkeit als Nebentätigkeit begründet. Allerdings bedeutet die Zulässigkeit von Nebentätigkeiten nicht zwingend, dass auch die Aufsichtsratstätigkeit als solche von dritter Seite vergütungsfähig ist.[81] Die Drittvergütung ist von der Drittanstellung zu trennen. Während Vergütungen des Vorstands durch Dritte gem. § 162 Abs. 2 Nr. 1 AktG (zuvor § 285 Nr. 9 lit. a S. 7 aF) offenzulegen sind, fehlt eine vergleichbare Vorschrift zur Aufsichtsratsvergütung. Daher sollten Aufsichtsratsmitglieder *de lege ferenda* zur Offenlegung von Drittvergütungen gesetzlich verpflichtet werden.[82]

Einzelne Stimmen im Schrifttum machen darüber hinaus darauf aufmerksam, dass mit einer Drittvergütung Fehlanreize zugunsten von Drittinteressen drohen.[83] Dies erscheint vor allem im Lichte der Aktionärsrechterichtlinie (EU) 2017/828 (AR-RL II) bedenklich.[84] Zwar trifft Art. 9a Abs. 3 S. 2 AR-RL II – ebenso wie § 113 AktG – nur eine Aussage über die Vergütung durch die Gesellschaft („entlohnen die Gesellschaften") und äußert sich zu Drittvergütungen nicht ausdrücklich. Zwischen den Zeilen der Richtlinie lässt sich aber die implizite Wertung ablesen, dass Vergütungen für die Tätigkeit als Aufsichtsratsmitglied von dritter Seite grundsätzlich nicht gewollt sind. So sind nach ErwGr 28 S. 2 AR-RL II die „Form und Struktur der Vergütung der Mitglieder der Unternehmensleitung [...] Angelegenheiten, die vorrangig in die Zuständigkeit der Gesellschaft, ihrer jeweiligen Organe, ihrer Aktionäre und gegebenenfalls ihrer Arbeitnehmervertreter fallen". Wenngleich hiermit keine ausschließliche Zuständigkeit der Gesellschaft für die Vergütung festgelegt wird („vorrangig"), wird doch das Bestreben des europäi-

79 Hierzu KIEM, FS Stilz, S. 329, 333 ff.

80 GRIGOLEIT/GRIGOLEIT/TOMASIC, Komm. z. AktG, 2. Aufl., 2020, § 113 Rdn. 1; HOPT/ROTH, aaO (Fn. 7), § 113 AktG Rdn. 78; KIEM, FS Stilz, S. 329, 333 ff; HÜFFER/KOCH, aaO (Fn. 11), § 113 AktG Rdn. 19; NEUHAUS/GELLISSEN, NZG 2011, 1361 ff; SELZNER, AG 2013, 818, 823 f; aA. DRYGALA, aaO (Fn. 39), § 113 AktG Rdn. 11.

81 DRYGALA, aaO (Fn. 39), § 113 AktG Rdn. 11.

82 Allgemein für eine Offenlegungspflicht KIEM, FS Stilz, S. 329, 333 ff.

83 HABERSACK, FS Hopt, S. 333, 349; in diese Richtung auch DRYGALA, aaO (Fn. 39), § 113 AktG Rdn. 11.

84 HABERSACK, FS Hopt, S. 333, 349; DERS., NZG 2018, 127, 131.

schen Gesetzgebers erkennbar, dass Vergütungsfragen in erster Linie von der Gesellschaft selbst beantwortet werden. Noch deutlicher kommt dies in ErwGr 28 S. 4 AR-RL II zum Ausdruck, wonach „die Vergütung eines der Hauptinstrumente ist, mit dem Gesellschaften ihre Interessen mit denen der Mitglieder ihrer Unternehmensleitung in Einklang bringen können". Daher – so heißt es weiter – „ist es wichtig, dass die Vergütungspolitik von Gesellschaften angemessen von den zuständigen Gremien innerhalb der Gesellschaft festgelegt wird und dass die Aktionäre die Möglichkeit haben, ihre Ansichten zur Vergütungspolitik der Gesellschaft zu äußern.".[85] Drittvergütungen können u.U. die Möglichkeiten der Hauptversammlung beeinträchtigen, die Aufsichtsratstätigkeit durch die von ihr festgelegte Vergütung und die davon ausgehenden Anreizwirkungen in ihrem Sinne zu steuern. Das steht vor allem dann zu befürchten, wenn die Drittvergütung an abweichenden Erfolgszielen ausgerichtet ist. Unter diesen Bedingungen steht die Aktionärsrechterichtline 2017/828 Drittvergütungen grundsätzlich kritisch gegenüber. Etwas Anderes gilt allerdings – wie ErwGr 35 AR-RL II zum Ausdruck bringt – für Vergütungen durch „Unternehmen, die zu derselben Unternehmensgruppe wie die Gesellschaft gehören". Denn diese sind nach dem ErwGr 35 offenzulegen und zu veröffentlichen und damit grundsätzlich zulässig.

Insgesamt sprechen im Lichte der Aktionärsrechterichtlinie (EU) 2017/828 gute Gründe dafür, die Zulässigkeit von Vergütungen durch Dritte – mit Ausnahme verbundener Unternehmen – auf den Prüfstand zu stellen. Ob und inwieweit Einschränkungen von Drittvergütungen geboten sind, hängt letztlich davon ab, erstens wie hoch tatsächlich die Gefahr ist, dass Drittvergütungen etwa bei abweichenden Erfolgszielen die gesellschaftsintern festgelegten Vergütungsanreize verzerren und zweitens inwieweit die vorgeschlagene Transparenz im Vergütungsbericht diesen Gefahren bereits ausreichend Rechnung tragen kann.

d) Vergütungsbericht gem. § 162 AktG

aa) Harmonisierung mit bilanzrechtlichen Berichtspflichten

Börsennotierte Gesellschaften mussten bereits vor dem Inkrafttreten des ARUG II neben der Gesamtvergütung aller Vorstands- und Aufsichtsratsmitglieder gem. § 285 Abs. 1 Nr. 9 lit. a S. 1–4 HGB die individuellen Bezüge der einzelnen Vorstandsmitglieder gem. §§ 285 Nr. 9 lit. a S. 5–7; 314 Abs. 1 Nr. 6 lit. a S. 5–7 HGB im

85 Zu beachten ist jedoch, dass sich diese Wertungen der Aktionärsrechterichtlinie 2017/828 nicht nur auf den Aufsichtsrat beschränken, sondern auch die Vorstandsvergütung betreffen, da insbesondere ErwGr 28 AR-RL II die „Vergütung der Mitglieder der Unternehmensleitung" adressiert.

Anhang des Jahresabschlusses offenlegen. Während die Gesamtbezüge der Organmitglieder auch nach Inkrafttreten des ARUG II weiterhin im Anhang anzugeben sind, muss die individualisierte Aufschlüsselung nunmehr in dem Vergütungsbericht gem. § 162 AktG erfolgen. Auch wenn der deutsche Gesetzgeber durch Streichung der §§ 285 Nr. 9 lit. a S. 5–7; 314 Abs. 1 Nr. 6 lit. a S. 5–7 HGB bereits überflüssige Doppelungen beseitigt hat,[86] werden thematisch zusammenhängende Informationen in unterschiedlichen Foren, einmal im Anhang des Jahresabschlusses und sodann im Vergütungsbericht veröffentlicht. Allerdings beruhen die Regelungen zur Darstellung der Gesamtvergütung im Anhang auf Art. 17 Abs. 1 lit. d Bilanz-RL 2013/34/EU,[87] so dass das Auseinanderfallen sachlich zusammenhängender Informationen bereits im Unionsrecht angelegt ist und für den deutschen Gesetzgeber bei der Umsetzung der Aktionärsrechterichtlinie (EU) 2017/828 unumgänglich war.[88] Daher sollte auf unionsrechtlicher Ebene darauf hingewirkt werden, dass eine Abstimmung der Offenlegungsanforderungen zur Vergütung der Geschäftsleitung nach Art. 17 Abs. 1 lit. d Bilanz-RL und Art. 9b AR-RL II erfolgt.[89]

bb) Begrenzung der Berichtspflicht gem. § 162 Abs. 5 S. 2 AktG

Gem. § 162 Abs. 5 S. 2 AktG sind personenbezogene Angaben zu früheren Mitgliedern des Vorstands oder des Aufsichtsrats in allen Vergütungsberichte zu unterlassen, die innerhalb von zehn Jahren nach Ablauf des Geschäftsjahres, in dem das jeweilige Mitglied seine Tätigkeit beendet hat, zu erstellen sind. Diese Einschränkung der Berichtspflicht findet in der Aktionärsrechterichtlinie 2017/828[90] allerdings keine Entsprechung. Der nationale Gesetzgeber begründet den § 162 Abs. 5 S. 2 AktG damit, dass „mit Blick auf das Gebot der Datensparsamkeit und den in Artikel 9b Absatz 5 Unterabsatz 5 Satz 1 2. ARRL zum Ausdruck kommenden Grundgedanken der zeitlich beschränkten Veröffentlichung perso-

86 Hierzu Bachmann/Pauschinger, ZIP 2019, 1, 6 f.

87 Richtlinie 2013/34/EU des Europäischen Parlaments und des Rats vom 26. Juni 2013 über den Jahresabschluss, den konsolidierten Abschluss und damit verbundene Berichte von Unternehmen bestimmter Rechtsformen und zur Änderung der Richtlinie 2006/43/EG des Europäischen Parlaments und des Rates und zur Aufhebung der Richtlinien 78/660/EWG und 83/349/EWG des Rates.

88 Zur bewussten Entscheidung des deutschen Gesetzgebers Begr. RegE, BT-Drucks. 19/9739, 108 f; dazu Bachmann/Pauschinger, ZIP 2019, 1, 7; Florstedt, ZGR 2019, 630, 657 ff; Habersack, FS Hopt, S. 333, 343; ferner Bungert/Wansleben, DB 2017, 1190, 1193; Leuering, NZG 2017, 646, 649 ff; Löbbe/Fischbach, AG 2019, 373, 383 f.

89 Bachmann/Pauschinger, ZIP 2019, 1, 7; Habersack, FS Hopt, S. 333, 343.

90 Art. 3 AR-RL II.

nenbezogener Daten eine Lücke in der Richtlinie" besteht.[91] Ob eine solche Lücke besteht und § 162 Abs. 5 S. 2 AktG tatsächlich richtlinienkonform ist, ist jedoch zweifelhaft.[92] Die datenschutzrechtliche Bestimmung des Art. 9b Abs. 3 UAbs. 2, Abs. 5 S. 1 AR-RL II, die in § 162 Abs. 5 S. 3 AktG umgesetzt wurde, verlangt zwar die Entfernung personenbezogener Daten zehn Jahre nach erstmaliger Veröffentlichung des Vergütungsberichts. Damit soll aber der Zugang zu solchen personenbezogenen Daten ausgeschlossen werden, die sich auf in der Vergangenheit gezahlte Vergütungen beziehen.[93] Mit § 162 Abs. 5 S. 2 AktG werden hingegen vor allem Fälle erfasst, in denen ausgeschiedene Organmitglieder zeitlich unbegrenzte und damit auch noch gegenwärtig und aktuell im Berichtsjahr gezahlte Altersbezüge erhalten. Ob und inwieweit die mindestharmonisierende Aktionärsrechterichtlinie 2017/828 eine Einschränkung der Berichtspflicht iSd. § 162 Abs. 5 S. 2 AktG tatsächlich zulässt, kann endgültig nur der EuGH entscheiden.

cc) Geheimhaltungsklausel gem. § 162 Abs. 6 AktG

Ebenso steht die Richtlinienkonformität der geltenden Ausgestaltung des § 162 Abs. 6 AktG in Frage. Diese Vorschrift geht auf eine Literaturempfehlung unter Verweis auf die Parallele zu § 131 Abs. 3 S. 1 Nr. 1 AktG; § 289e HGB zurück.[94] Demnach müssen Angaben nicht in den Vergütungsbericht aufgenommen werden, wenn sie nach vernünftiger kaufmännischer Beurteilung geeignet sind, der Gesellschaft einen nicht unerheblichen Nachteil zuzufügen.[95] § 162 Abs. 6 AktG stützt sich – anders als etwa § 131 Abs. 3 S. 1 Nr. 1 AktG (siehe Art. 9 Abs. 2 AR-RL II)[96] – nicht auf eine ausdrückliche Ausnahmeregelung in der Aktionärsrechterichtlinie, sondern auf ErwGr 45 AR-RL II, wonach „Gesellschaften [...] nicht vorgeschrieben werden [soll], bestimmte einzelne Informationen der Öffentlichkeit gegenüber offenzulegen, deren Offenlegung ihrer Geschäftsposition [...] schwer schaden würde". Auch wenn die Erwägungsgründe nicht selbst am verbindlichen Regelungsgehalt der Richtlinie teilnehmen, können sie doch zur

---

91 Begr. RegE BT-Drucks. 19/9739, 114.

92 Habersack, FS Hopt, S.333, 343.

93 Ders., FS Hopt, S.333, 344.

94 Vgl. Leuering, NZG 2017, 646, 650 (unter Hinweis auf § 289e HGB sowie § 8 Abs. 2 UmwG).

95 Dass der Gesellschaft durch die Offenlegung von Angaben im Vergütungsbericht nicht unerhebliche Nachteile drohen können, ist theoretisch etwa bei *Claw-Back*-Klauseln denkbar (Habersack, FS Hopt, S. 333, 345; Löbbe/Fischbach, AG 2019, 373, 384); im Übrigen aber nur schwer vorstellbar (Bachmann/Pauschinger, ZIP 2019, 1, 8; Bungert/Berger, DB 2018, 2801, 2807: „nicht einfach, ein Beispiel zu bilden"; Habersack, FS Hopt, S.333, 345).

96 Siehe auch Art. 18 Abs. 2 sowie Art. 19a/29a Abs. 1 Unterabs. 4 RL 2013/34/EU (Bilanz-Richtlinie).

Auslegung der Richtlinie herangezogen werden. Daher empfiehlt sich die Anpassung der Geheimhaltungsklausel an die Vorgaben von ErwGr 45, der zusätzlich verlangt, dass die „Nichtoffenlegung [...] die Ziele der Offenlegungspflichten gemäß dieser Richtlinie nicht beeinträchtigen" sollte. Als Vorbild für eine solche Anpassung kann § 289e Abs. 1 Nr. 2 HGB dienen. Nach dem Vorbild des § 289 Abs. 1 Nr. 2 HGB sollte § 162 Abs. 6 AktG entsprechend ergänzt werden: „In den Vergütungsbericht brauchen keine Angaben aufgenommen zu werden, *wenn*

1. sie nach vernünftiger kaufmännischer Beurteilung geeignet sind, der Gesellschaft einen nicht unerheblichen Nachteil zuzufügen, *und*

2. das Weglassen der Angaben ein den tatsächlichen Verhältnissen entsprechendes und ausgewogenes Verständnis der im letzten Geschäftsjahr gewährten und geschuldeten Vergütung nicht verhindert.".

dd) Formelle und materielle Prüfpflicht

§ 162 Abs. 3 S. 2 AktG sieht eine rein formelle Prüfung des Vergütungsberichts durch den Abschlussprüfer vor. Das entspricht den Richtlinienvorgaben gem. Art. 9b Abs. 5 S. 2 AR-RL II[97] und stimmt mit der Prüfung des CSR-Berichts überein, die ebenfalls nur in formeller Hinsicht erfolgt (vgl. § 317 Abs. 2 S. 6 HGB).[98] Während die bis zum ARUG II gem. § 285 Abs. 1 Nr. 9 lit. a S. 5–7 HGB aF notwendigen Angaben im Anhang als Bestandteil des Jahresabschlusses vom Abschlussprüfer auch inhaltlich zu prüfen waren, ist daher mit der Überführung der Angabepflichten in den Vergütungsbericht gem. § 162 AktG die Prüfungsintensität abgesenkt worden.[99] Hiergegen wurden bereits während des Gesetzgebungsverfahrens zum ARUG II Bedenken geäußert und eine weitergehende materielle Prüfpflicht angeregt.[100] Für eine materielle Prüfpflicht spricht, dass hierdurch die Aussagekraft des Berichts gestärkt würde. Der damit verbundene zusätzliche Aufwand ist begrenzt, da der Abschlussprüfer ohnehin die Angaben zur Gesamtvergütung als Bestandteil des Anhangs gem. § 285 Abs. 1 Nr. 9 lit. a HGB zu prüfen hat.[101] Außerdem wurde vorgeschlagen, die Prüfpflicht nicht in § 162 Abs. 3

---

97 „Der Abschlussprüfer oder die Prüfungsgesellschaft überprüft, ob die nach diesem Artikel erforderlichen Informationen zur Verfügung gestellt wurden."

98 Bachmann/Pauschinger, ZIP 2019, 1, 8.

99 Bachmann/Pauschinger, ZIP 2019, 1, 8.

100 Paschos/Goslar, AG 2018, 857, 865; Velte, DStR 2018, 2445, 2448; Ders., DStR 2018, 208, 214.

101 Siehe auch Böcking/Bundle, DK 2018, 496, 503f; Orth/Oser/Philippsen/Sultana, DB 2019, 230, 236; Dies., DB 2019, 1011, 1013; Velte, NZG 2019, 335, 337; WPK, Stellungnahme v. 6.12. 2018, 2f, abrufbar unter https://www.wpk.de/oeffentlichkeit/stellungnahmen/2018/.

AktG, sondern im Zusammenhang mit der Abschlussprüfung gem. §§ 316 ff. HGB zu regeln.[102] Beide Vorschläge wurden vom Gesetzgeber im Rahmen des ARUG II nicht aufgegriffen, sollten aber noch noch einmal überdacht werden.

IV. Kompetenzen von Aufsichtsrat und Hauptversammlung im dualen System

Das Verhältnis des Aufsichtsrats zur Hauptversammlung befindet sich derzeit vor allem in börsennotierten Gesellschaften in Bewegung, denn hier sollen Aktionäre stärker in die Corporate Governance eingebunden werden. Diese Entwicklung wird maßgeblich durch den europäischen Gesetzgeber geprägt und vorangetrieben. Dies lässt sich vor allem an den jüngsten Änderungen durch das ARUG II und insbesondere an der Regelung des „Say-on-Pay" feststellen.

1. Europäische Tendenzen zur Stärkung der Hauptversammlung

Die Aktionärsrechterichtlinie (EU) 2017/828 sieht grundsätzlich vor, dass die Aktionäre verbindlich über die Vergütungspolitik in der Hauptversammlung abstimmen (Art. 9a Abs. 1, 2 S. 1 AR-RL II). Zentrales Anliegen ist es, die Aktionäre bei der Entscheidung über die Vorstandsvergütung, die das Kronrecht[103] des Aufsichtsrats bildet, stärker einzubinden und der Hauptversammlung die grundsätzliche Entscheidungskompetenz zuzuweisen. Zwar hat der deutsche Gesetzgeber das in der Richtlinie vorgesehene Mitgliedstaatenwahlrecht, wonach die Mitgliedstaaten das Vergütungsvotum unverbindlich und lediglich empfehlend ausgestalten können (siehe Art. 9a Abs. 3 AR-RL II), genutzt und die europäischen Vorgaben bekanntermaßen minimalinvasiv und systemschonend umgesetzt.[104] Hinter den europäischen Regeln verbirgt sich aber ein grundsätzliches Konzept.

---

102 VGR, AG 2018, 920, 922.

103 Zu diesem Begriff Hommelhoff, NZG 2015, 1329, 1333; zur Bedeutung der Vergütungs- für die Bestellungskompetenz s. BGHZ 89, 48, 50 ff = NJW 1984, 733, 734 f; Koberski, in: Wlotzke/Wißmann/Koberski/Kleinsorge, Mitbestimmungsrecht, 4. Aufl., 2011, § 31 MitbestG Rdn. 35; Krieger, Personalentscheidungen des Aufsichtsrats, 1981, S. 284, 288 f; U. H. Schneider/Hohenstatt, in: Scholz, Komm. z. GmbHG, 11. Aufl., 2013, § 35 Rdn. 317.

104 Nach der Gesetzesbegründung sollte die Vergütungskompetenz als „eine der wichtigsten Aufgaben des Aufsichtsrats" nur so wenig wie nötig geschwächt werden (Begr RegE BT-Drucks. 19/9739, 90). So bereits prognostizierend Hommelhoff, NZG 2015, 1329, 1333.

In ErwGr 14 heißt es: „Eine wirksame und nachhaltige Mitwirkung der Aktionäre ist einer der Eckpfeiler des Corporate-Governance-Modells börsennotierter Gesellschaften, das von einem ausgewogenen System von Kontrollen der verschiedenen Organe und Interessenträger untereinander abhängt. Eine stärkere Einbindung der Aktionäre in die Corporate Governance ist eines der Instrumente, die dazu beitragen können, die finanzielle und nicht-finanzielle Leistung von Gesellschaften zu verbessern, einschließlich hinsichtlich ökologischer, sozialer und Governance-Faktoren, insbesondere nach Maßgabe der von den Vereinten Nationen unterstützten Grundsätze für verantwortungsvolle Investitionen." Bereits in ihrer Mitteilung vom 12. Dezember 2012 mit dem Titel „Aktionsplan: Europäisches Gesellschaftsrecht und Corporate Governance – ein moderner Rechtsrahmen für engagiertere Aktionäre und besser überlebensfähige Unternehmen" kündigte die Kommission eine Reihe von Maßnahmen im Bereich Corporate Governance an, mit denen vor allem die langfristige Mitwirkung der Aktionäre und die Transparenz zwischen Gesellschaften und Anlegern gefördert werden sollen.[105] Damit sind auch künftig weitere Maßnahmen in diese Richtung zu erwarten.

2. Reibungen im dualistischen System

Ausgangspunkt und Leitbild dieser europäischen Entwicklung ist das monistische System.[106] Auch wenn durchaus Annäherungen zwischen den verschiedenen Systemen erkennbar sind,[107] fehlt es im monistischen System an einem gesellschaftsrechtlich verfassten internen Überwachungsgremium, das dem Aufsichtsrat im dualistischen System vergleichbar wäre.[108] Die Stärkung der Hauptversammlung dient daher im monistischen System dazu, besonders qualifizierte Aktionäre als zusätzliche Aufsichtsinstanz zu installieren.[109]

105 Aktionsplan abrufbar unter https://eur-lex.europa.eu/legal-content/DE/ALL/?uri=CELEX%3A52012DC0740.

106 Siehe Grünbuch „Europäischer Corporate Governance-Rahmen" v. 5.4.2011, 5ff („Verwaltungsrat"). Siehe auch zur Abschlussprüferverordnung Merkt, ZHR 179 (2015), 601, 632.

107 Hopt, ZGR 2019, 507, 515f.

108 Die sog. non-executive officers können die Beaufsichtigung – im Gegensatz zum Aufsichtsrat – mangels hinreichend verfestigter Kontrollbefugnisse und wegen zu großer personeller Nähe zum Management, den directors, nicht wirksam wahrnehmen (Bassler, Die Bedeutung von institutionellen Anlegern für die interne Corporate Governance ihrer Beteiligungsunternehmen, 2015, S. 485).

109 Hommelhoff, Liber Amicorum Winter, 2011, S. 255, 256.

Die am monistischen Modell orientierte Stärkung der Hauptversammlung bringt allerdings das dualistische System des deutschen Aktienrechts in Schieflage. Denn: Nach § 111 Abs. 1 AktG sind das Recht und die Pflicht zur Überwachung der Geschäftsführung beim Aufsichtsrat monopolisiert. Der deutsche Gesetzgeber hat den Aufsichtsrat im Jahr 1884 als obligatorisches Aufsichtsorgan der Aktiengesellschaft formiert und sich auch später – insbesondere in den 1920er und 1930er Jahren – bewusst für den Ausschluss der Aktionäre von der Geschäftsführung entschieden, um die Gesellschaft vor wechselnden Zufallsmehrheiten und der Einwirkung von Partikularinteressen zu schützen.[110] Der Aufsichtsrat ist im Hinblick auf Professionalität, Fachkenntnis und Sachnähe in der Regel besser zur Überwachung der Geschäftsführung geeignet als die Aktionäre.[111] Speziell im Zusammenhang mit dem Vergütungsvotum begründet die derzeitige Ausgestaltung als beratendes Votum zwar keine rechtliche Bindung des Aufsichtsrats, entfaltet aber eine faktische Wirkung.[112] Der Aufsichtsrat wird bei der Ausformulierung des Vergütungssystems darauf achten, möglichst ein positives Votum der Hauptversammlung zu erreichen. Die Stärkung der Hauptversammlung führt so zu einer Schwächung der Autonomie des Aufsichtsrats und damit zu einer Unwucht in dem ausgeglichenen System der *checks and balances* zwischen den drei Gesellschaftsorganen. Was bedeutet das aber für eine mögliche Reform des Aufsichtsratsrechts?

3. Schlussfolgerungen

Da die Stärkung der Hauptversammlung als Kontrollinstanz zur Überwachung der Geschäftsleitung bereits auf europäischer Ebene erfolgt, sind der Gestaltungsspielraum des deutschen Gesetzgebers und damit auch die Möglichkeiten zur Reform des Aufsichtsratsrechts begrenzt.

a) Maßnahmen auf europäischer Ebene

Der europäische Gesetzgeber verfolgt mit der Stärkung der Hauptversammlung ein allgemeines Konzept, das in erster Linie die Eigenheiten des monistischen Systems im Blick hat. Daher sollte bei künftigen Gesetzesvorhaben bereits auf

110 Ders., Liber Amicorum Winter, S.255, 258.
111 Gaul, AG 2017, 178, 181.
112 Kley, AG 2019, 818, 822.

europäischer Ebene frühzeitig – nicht erst im informellen Trilogverfahren[113] – auf die Funktionsweise des dualistischen Systems und vor allem auf die Überwachung der Geschäftsleitung durch den Aufsichtsrat hingewiesen werden. Obschon auch andere EU-Mitgliedstaaten gesellschaftsrechtlich das monistische Modell vorsehen, stehen die Chancen für die Beachtung der Eigenheiten des dualistischen Systems nach Ausscheiden Großbritanniens wohl besser denn je.[114]

b) Maßnahmen auf nationaler Ebene

Auf nationaler Ebene empfiehlt sich eine möglichst systemschonende Umsetzung der europäischen Vorgaben sowie eine Stärkung des Aufsichtsrats gegenüber der Hauptversammlung.

aa) Kein verbindliches Votum zur Billigung des Vergütungssystems

Da der Gesetzgeber mit dem ARUG II einen minimalinvasiven Weg gewählt hat, die europäischen Vorgaben der AR-RL II umzusetzen, ohne das dualistische System in ein Ungleichgewicht zu bringen, sind grundsätzliche Änderungen an der Ausgestaltung des Votums gem. § 120a AktG als beratendes Votum nicht angezeigt. Der deutsche Gesetzgeber hat mit der Einführung eines lediglich empfehlenden Votums der Hauptversammlung die Spielräume der Aktionärsrechterichtlinie 2017/828 ausgeschöpft, um die Balance zwischen den Gesellschaftsorganen Aufsichtsrat und Hauptversammlung nicht zu gefährden. Der nahezu einhelligen Auffassung im Schrifttum entspricht es daher auch, den im Vorfeld des ARUG II teilweise geäußerten Forderungen nach einer Verdichtung der

---

113 In diesem Verfahrensstadium wurde das Mitgliedstaatenwahlrecht zur Bindungs- oder Beratungswirkung des Vergütungsvotums der Hauptversammlung in die Aktionärsrechterichtlinie (EU) 2017/828 eingefügt (hierzu BAYER/J. SCHMIDT, BB 2015, 1731, 1732; GAUL, AG 2017, 178, 181; VERSE/WIERSCH, EuZW 2016, 330, 336).

114 So auch GAUL, AG 2017, 178, 182; zur zentralen Rolle Großbritanniens bei wichtigen Projekten vor dem Brexit s.a. BAYER/J. SCHMIDT, BB 2016, 1923, 1934. Verbleibende Mitgliedstaaten, die dem monistischen Modell folgen, sind Belgien, Frankreich, Irland, Spanien, während Deutschland, Österreich, Portugal, Polen, Slowakei, Tschechien und Ungarn herkömmlich nur das dualistische System (Vorstand und Aufsichtsrat) kennen; einige Länder wie die Niederlande, Slowenien und Dänemark haben Mischformen (HOPT, ZGR 2019, 505, 515; DERS., ZHR 175 (2011), 444, 466ff; DERS./LEYENS, ECFR 2004, 135).

Hauptversammlungskompetenz hin zu einem verbindlichem Votum zur Billigung des Vergütungssystems[115] nicht nachzugeben.[116]

bb) Stärkung des Aufsichtsrats durch Delegationsverbot

Eine Stärkung des Aufsichtsrats als Gegengewicht zum zunehmenden Einfluss der Hauptversammlung könnte dadurch erreicht werden, dass zwingend das Plenum über das Vergütungssystem zu beschließen hat. Während die Festsetzung der Vergütung gem. § 87 AktG ausdrücklich in § 107 Abs. 3 S. 7 AktG dem Aufsichtsratsplenum überantwortet ist, fehlt § 87a AktG (Vergütungssystem börsennotierter Gesellschaften) aber in der Aufzählung der nicht zur Delegation geeigneten Befugnisse in § 107 Abs. 3 S. 7 AktG. Daraus schließt die bislang wohl überwiegende Auffassung, dass *de lege lata* nicht zwingend das Plenum über das Vergütungssystem entscheiden muss, sondern dies auch auf einen Ausschuss delegiert werden kann.[117] Da aber die einzelnen Elemente des Vorstandsvergütungssystems gem. § 87a AktG den Handlungsspielraum des Aufsichtsrats bei der Festsetzung der konkreten Vergütung des einzelnen Vorstandsmitglieds begrenzen, sollte auch die Beschlussfassung über das Vergütungssystem gem. § 87a AktG zwingend dem Plenum vorbehalten bleiben.[118] Die in § 107 Abs. 3 S. 7 AktG aufgezählten nicht delegationsfähigen Aufgaben wären daher *de lege ferenda* entsprechend um den Beschluss über das Vergütungssystem gem. § 87a AktG zu ergänzen.[119]

cc) *Common Ownership*

Mit der Verlagerung weiterer Kompetenzen von dem Aufsichtsrat auf die Hauptversammlung, insbesondere mit der Überantwortung der Billigung des Vergütungssystems und der Förderung des Einflusses durch institutionelle Investoren steigt (vermutlich) die Gefahr wettbewerbsschädigender Einflussnahmen durch

---

115 So etwa NEIDECK, Die Mitwirkung der Hauptversammlung bei der Ausübung der Personalkompetenz durch den Aufsichtsrat, 2015, S. 264 (Initiativrecht der Hauptversammlung). Siehe zu dieser Forderung aus der Politik BERSCHENS/NEUERER, Handelsblatt v. 10.01.2017, 4; KAUDER, Pressemitteilung der CDU/CSU-Fraktion v. 10.2.2017, abrufbar unter https://www.cducsu.de/presse/; demgegenüber kritisch WEFERS, Börsen-Zeitung v. 11.02.2017, 6.

116 Zu der nahezu einhelligen Auffassung im Schrifttum siehe nur GAUL, AG 2017, 178, 184.

117 BACHMANN/PAUSCHINGER, ZIP 2019, 1, 2; HÜFFER/KOCH, aaO (Fn. 11), § 87a AktG Rdn. 3; SEIBT, in: Schmidt/Lutter, Komm. z. AktG, 4. Aufl., 2020, § 87a Rdn. 21; aA. GRIGOLEIT/GRIGOLEIT/KOCHENDÖRFER, Komm. z. AktG, 2. Aufl., 2020, § 87a Rdn. 23; E. VETTER, NZG 2020, 1161 ff.

118 Siehe auch E.VETTER, NZG 2020, 1161, 1162 f.

119 Siehe auch LÖBBE, in diesem Band, S. 201, 227.

Horizontalverflechtungen institutioneller Investoren (sog. *Common Ownership*).[120] Daher wird im Schrifttum vorgeschlagen, in Vergütungssystem und -bericht einen Hinweis auch auf die wettbewerbsbezogenen Anreizwirkungen der Vergütung aufzunehmen.[121] Gegen eine Ergänzung des Gesetzes sprechen aus jetziger Sicht aber zwei Gründe: Zum einen besteht ein grundsätzliches Interesse an einer transparenten, mithin knappen Darstellung des Vergütungssystems.[122] Zum anderen fehlen belastbare empirische Belege für tatsächliche wettbewerbsschädigende Einflussnahmen horizontalverflochtener Investoren,[123] die über bloße Hinweise[124] – hinausgehen.[125] Obgleich sowohl die Europäische Kommission[126] als auch die Monopolkommission[127] das Potenzial wettbewerbsverzerrender Effekte durch sog. nicht-kontrollierende Minderheitsbeteiligungen erkannt haben, sehen beide derzeit keinen dringenden Handlungsbedarf. Für entsprechende Gesetzesänderungen ist es auch aus aktienrechtlicher Sicht noch zu früh.[128]

---

120 Ausführlich hierzu FLORSTEDT, ZIP 2019, 1693 ff.

121 FLORSTEDT, ZIP 2019, 1693, 1698.

122 Siehe nur GRIGOLEIT/GRIGOLEIT/KOCHENDÖRFER, aaO (Fn. 117), § 87a AktG Rdn. 16.

123 ROSATI/BOMPREZZI/FERRARESI/FRIGO/NARDO, Common Shareholding in Europe, EUR 30312 EN, Publications Office of the European Union, Luxembourg 2020, JRC121476, 149: „To what extent common shareholders possessing small fractions of shares in many firms of the same market are able to actually influence market outcome is still an open question." und 214: „The economic modelling posed challenges, principally [...] the lack of an established theory showing how common sharheolding affects managers, an thus competitive outcomes."

124 Vgl. ANTÓN/EDERER/GINÉ/SCHMALZ, Common Ownership, Competition, and Top Management Incentives, 13.11.2020, Ross School of Business Paper No. 1328, European Corporate Governance Institute (ECGI) – Finance Working Paper No. 511/2017, abrufbar unter https://ssrn.com/abstract=2802332; AZAR/SCHMALZ/TECU, Journal of Finance 73 (2018), 1513 ff; AZAR/RAINA/SCHMALZ, Ultimate Ownership and Bank Competition, 4.5.2019, abrufbar unter https://ssrn.com/abstract=2710252.

125 Siehe auch Monopolkommission, Wettbewerb 2018, 22. Hauptgutachten, Baden-Baden 2018, Tz. 538: „Auch branchenübergreifende Studien kommen zu keinem eindeutigen Ergebnis hinsichtlich der Wettbewerbswirkungen."; OECD, Roundtable on Common ownership by insitutional investors and its impact on competition, 6 December 2017: „Recent econometric studies have expressed differing views of the likely impact on competitive conditions of common ownership by institutional investors or other large financial firms."

126 KNOX, Vestager: Minority shareholder reform may be unjustifiable, Global Competition Review, 8.4.2016, abrufbar unter https://globalcompetitionreview.com/vestager-minority-shareholder-reform-may-be-unjustifiable.

127 Monopolkommission, Wettbewerb 2016, 21. Hauptgutachten, Baden-Baden 2016, Tz. 666.

128 S. erneut auch Monopolkommission, Wettbewerb 2018, 22. Hauptgutachten, Baden-Baden 2018, Tz. 538; OECD, Roundtable on Common ownership by insitutional investors and its impact on competition, 6 December 2017.

V. Zusammenfassung in Thesen

1. Hauptversammlungsbezogene Kompetenzen des Aufsichtsrats

1. Die bislang ausdrücklich auf den Vorstand begrenzte Vorlagekompetenz gem. § 119 Abs. 2 AktG ist *de lege ferenda* auf den Aufsichtsrat auszudehnen, soweit es um Angelegenheiten geht, die ausnahmsweise in seine originäre Geschäftsführungskompetenz fallen.
2. Der Aufsichtsrat sollte befugt sein, in Angelegenheiten, die in seine originäre Geschäftsführungskompetenz fallen, der Hauptversammlung Auskunft zu erteilen. Da § 131 Abs. 1 AktG ausdrücklich nur dem Vorstand die Befugnis zur Auskunftserteilung einräumt, sollte die Vorschrift *de lege ferenda* entsprechend angepasst werden.
3. Aufsichtsratsmitglieder haften für Fehler bei der Versammlungsleitung nach überwiegender Auffassung gem. § 280 Abs. 1 BGB für jegliches Verschulden. Auch mit Rücksicht auf die Unentgeltlichkeit und Fremdnützigkeit der Versammlungsleitung ist eine gesetzliche Haftungsbeschränkung *de lege ferenda* bei unentgeltlicher Übernahme der Versammlungsleitung in Anlehnung an § 31a BGB auf Vorsatz und grobe Fahrlässigkeit abzulehnen. Entsprechende Haftungsbeschränkungen können bereits *de lege lata* durch eine Regelung in der Satzung festgelegt werden.
4. Angesichts der gestiegenen Bedeutung des Aufsichtsratsberichts gem. § 171 Abs. 2 AktG und der drohenden Folgen eines unzureichenden Berichts ist zu erwägen, die in der Kommentarliteratur entwickelten Anforderungen an den Inhalt des Berichts zu kodifizieren und die gesetzlichen Vorgaben im Interesse der Rechtssicherheit zu schärfen.

2. Aufsichtsratsbezogene Kompetenzen der Hauptversammlung

5. Vor allem im Vorfeld des KonTraG 1998 wurde im Schrifttum vorgeschlagen, für die Wahl der Aktionärsvertreter in den Aufsichtsrat die Verhältniswahl als gesetzliches Verfahren zu etablieren. Dem ist der Gesetzgeber nicht gefolgt. Eine Änderung des AktG zur Einführung der Verhältniswahl von Aktionärsvertretern für den Aufsichtsrat erscheint mit Rücksicht auf die Satzungsautonomie gem. § 133 Abs. 2 AktG auch aus heutiger Sicht nicht notwendig.
6. Um Rechtssicherheit bei der Anfechtung von Beschlüssen zur Wahl von Aufsichtsratsmitgliedern zu schaffen, sollten die Konsequenzen einer Anfechtung idealerweise im Rahmen einer großen Reform des Beschlussmängelrechts oder alternativ bei einer Reform des Aufsichtsratsrechts geregelt werden. Vorgeschlagen wird, das Freigabeverfahren gem. § 246a AktG auf die

Wahl des Aufsichtsrats auszuweiten, eine aufschiebend bedingte gerichtliche Ersatzbestellung des jeweils betroffenen Aufsichtsratsmitglieds gem. § 104 AktG zu ermöglichen oder – beschränkt auf die besonders regelungsbedürftige Nichtigkeit des festgestellten Jahresabschlusses gem. § 256 Abs. 2 AktG – die Wirksamkeit des Beschlusses auch bei Mitwirkung anfechtbar gewählter Aufsichtsratsmitglieder vorzusehen.

7. Für die Angemessenheit der Aufsichtsratsvergütung kommt es nach dem Wortlaut des § 113 Abs. 1 S. 3 AktG ausschließlich auf die Aufgaben des Aufsichtsratsmitglieds und die Lage der Gesellschaft an, so dass die persönliche Qualifikation des Aufsichtsratsmitglieds keine unterschiedliche Vergütung rechtfertigen kann. Mit zunehmender Professionalisierung des Aufsichtsrats steigt jedoch das Bedürfnis nach Berücksichtigung der jeweiligen Qualifikation und sollte daher als zusätzliches Vergütungskriterium in § 113 Abs. 1 S. 3 AktG ergänzt werden.
8. Nach der Neufassung des § 113 Abs. 3 AktG und Aufhebung der Regelung zur gewinnabhängigen Aufsichtsratsvergütung durch das ARUG II sind klarere Kriterien zur Zulässigkeit einer erfolgsabhängigen Aufsichtsratsvergütung wünschenswert.
9. Auch wenn die Pflicht der Arbeitnehmervertreter zur Abführung ihrer Vergütung an die Hans-Böckler-Stiftung die von der Gesellschaft verfolgten Vergütungsanreize verzerrt und die Funktion des Angemessenheitsgebots in § 113 Abs. 1 S. 3 AktG beeinträchtigt, ist dem nicht durch eine Änderung des Aktiengesetzes zu begegnen. Das berechtigte Interesse der Gesellschaft an einer anreizorientierten Vergütung ihrer Aufsichtsratsmitglieder ist aber bei der inhaltlichen Kontrolle der entsprechenden Satzungsregel am Maßstab des § 242 BGB zu berücksichtigen.
10. Aufsichtsratsmitglieder sollten – wie Vorstandsmitglieder gem. § 162 Abs. 2 Nr. 1 AktG – *de lege ferenda* zur Offenlegung von Drittvergütungen gesetzlich verpflichtet werden. Darüber hinaus ist die Zulässigkeit von Vergütungen durch Dritte – mit Ausnahme verbundener Unternehmen – auf den Prüfstand zu stellen. Ob und inwieweit Einschränkungen von Drittvergütungen geboten sind, hängt davon ab, erstens wie hoch tatsächlich die Gefahr ist, dass Drittvergütungen etwa bei abweichenden Erfolgszielen die gesellschaftsintern festgelegten Vergütungsanreize verzerren und zweitens inwieweit die hier vorgeschlagene Transparenz im Vergütungsbericht diesen Gefahren bereits ausreichend Rechnung tragen kann.
11. Auf unionsrechtlicher Ebene sollte darauf hingewirkt werden, dass eine Abstimmung der Offenlegungsanforderungen zur Vergütung der Geschäftsleitung nach Art. 17 Abs. 1 lit. d Milanz-RL und Art. 9b AR-RL II erfolgt.

12. Gem. § 162 Abs. 5 S. 2 AktG sind personenbezogene Daten zu früheren Organmitgliedern, die bereits vor zehn Jahren ihre Tätigkeit beendet haben, nicht in den Vergütungsbericht aufzunehmen. Da diese Einschränkung der unionsrechtlich vorgegebenen Berichtspflicht keine Entsprechung in der mindestharmonisierenden Aktionärsrechterichtlinie (EU) 2017/828 findet, bestehen Zweifel an ihrer Unionsrechtskonformität.
13. Die Geheimhaltungsklausel gem. § 162 Abs. 6 AktG sollte an die Vorgaben der Aktionärsrechterichtlinie (EU) 2017/828 angepasst und entsprechend – zum Beispiel nach dem Vorbild des § 289 Abs. 1 Nr. 2 HGB – ergänzt werden.
14. Erwägenswert sind darüber hinaus zwei bereits im Gesetzgebungsverfahren zum ARUG II angesprochene, indes nicht umgesetzte Vorschläge: Dazu gehören erstens die Regelung der Pflicht zur Prüfung des Vergütungsberichts (§ 162 Abs. 3 S. 1 AktG) im Zusammenhang mit der Abschlussprüfung gem. §§ 316 ff. HGB und zweitens die Ausweitung der *de lege lata* vorgesehenen formellen Prüfung des Vergütungsberichts auf eine materielle Prüfung.

3. Kompetenzen von Aufsichtsrat und Hauptversammlung im dualistischen System

15. Da der europäische Gesetzgeber mit der Stärkung der Hauptversammlung, die etwa mit dem verbindlichen Votum über das Vergütungssystem in der Aktionärsrechterichtlinie (EU) 2017/828 angelegt ist, ein allgemeines am monistischen System ausgerichtetes Konzept verfolgt, sollte bei künftigen europäischen Reformüberlegungen frühzeitig auf europäischer Ebene im Gesetzgebungsverfahren darauf hingewirkt werden, dass die Besonderheiten des dualistischen Systems ausreichend Berücksichtigung finden.
16. Der deutsche Gesetzgeber hat mit dem ARUG II durch Einführung des lediglich empfehlenden Votums der Hauptversammlung gem. § 120a AktG die Spielräume der Aktionärsrechterichtlinie 2017/828 ausgeschöpft, um die Balance zwischen den Gesellschaftsorganen Aufsichtsrat und Hauptversammlung nicht zu gefährden.
17. In Reaktion auf den erhöhten Einfluss der Hauptversammlung auf das Vergütungssystem gem. § 120a AktG sollte die Position des Aufsichtsrats jedenfalls dadurch gestärkt werden, dass zwingend das Plenum nicht nur über die Festsetzung der Vorstandsvergütung zu entscheiden hat, sondern auch über das Vergütungssystem. § 107 Abs. 3 S. 7 AktG sollte entsprechend um § 87a AktG ergänzt werden.

Isabelle Tassius

Diskussionsbericht

I. Korreferat

An das Referat von *Dörte Poelzig* zum Thema „Aufsichtsrat und Hauptversammlung“ schloss sich zunächst das Korreferat von *Christian Decher* an, das zu den einzelnen Thesen der Referentin wie folgt Stellung bezog:

Der Korreferent befürwortete die These der Referentin, das Vorlagerecht gem. § 119 Abs. 2 AktG auch dem Aufsichtsrat im Bereich seiner originären Kompetenzen einzuräumen.

Auch die These, dass in § 131 Abs. 1 AktG die Fragenbeantwortung durch den Aufsichtsrat aufgenommen werden sollte, soweit die Fragen in seinen Kompetenzbereich fallen, erhielt die Zustimmung des Korreferenten, zumal die Frage *de lege lata* umstritten und eine gesetzliche Regelung somit besonders angebracht sei.

Allerdings sprach sich der Korreferent aufgrund der sonst drohenden zusätzlichen Dokumentationsaufgaben gegen eine Kodifizierung der im Schrifttum entwickelten Anforderungen an den Aufsichtsratsbericht gem. § 171 Abs. 2 AktG aus.

In Bezug auf die ebenfalls im Referat angesprochene Thematik einer etwaigen Haftungsprivilegierung des Versammlungsleiters äußerte sich der Korreferent unentschieden. Zwar bezweifelte er die Unentgeltlichkeit und damit die Rechtfertigungsgrundlage für eine Haftungsprivilegierung; gleichzeitig gab er jedoch zu bedenken, dass fraglich sei, ob auch die jeweilige D&O-Versicherung die Versammlungsleitung als (entgeltlich abgegoltenen) Teil der Aufsichtsratstätigkeit begreife.

Der Vorschlag der Referentin, die Qualifikation des jeweiligen Aufsichtsratsmitglieds bei der Vergütung zu berücksichtigen, stieß beim Korreferenten auf Zurückhaltung. Zum einen sei es schwierig, der jeweiligen Qualifikation monetär Ausdruck zu verleihen und zum anderen ginge damit ein erhebliches Konfliktpotential innerhalb des Gesamtgremiums einher.

Hingegen wurden die von der Referentin angestellten Überlegungen zur Zulässigkeit erfolgsabhängiger Aufsichtsratsvergütung vom Korreferenten positiv aufgenommen, wenngleich er dazu neigte, eine entsprechende Regelung im Kodex zu verorten.

Zu guter Letzt sah auch der Korreferent Vorteile darin, eine gesetzliche Regelung zur Abgrenzung von Leistungen innerhalb und außerhalb der Organpflicht

https://doi.org/10.1515/9783110746372-019

zu treffen. Allerdings sollte seines Erachtens dabei nicht die strenge Rechtsprechungslinie festgeschrieben, sondern diese vielmehr abgemildert werden.

II. Schwerpunkte der Diskussion

Schwerpunkte der anschließenden Diskussion bildeten die Vorlagekompetenz des Aufsichtsrats (1.), die Auskunftserteilung durch den Aufsichtsrat (2.), der Haftungsmaßstab im Rahmen der Versammlungsleitung (3.), die Behandlung der Qualifikation des einzelnen Aufsichtsratsmitglieds als Vergütungskriterium (4.) und das Verbot von Drittvergütungen der Aufsichtsratstätigkeit (5.). Knappere Stellungnahmen zur erfolgsbasierten Vergütung (6.), zur Einführung einer materiellen Prüfung des Vergütungsberichts durch den Abschlussprüfer (7.) sowie zur Wahlanfechtung (8.) rundeten die Diskussion ab.

1. Vorlagekompetenz

Die Forderung einer (die Regelung des § 119 Abs. 2 AktG ergänzenden) Vorlagekompetenz des Aufsichtsrats wurde von den Vertretern der Wissenschaft und Anwaltschaft ganz überwiegend positiv aufgenommen. Insbesondere wurde angeführt, dass gerade bei nicht börsennotierten Gesellschaften ein entsprechendes praktisches Bedürfnis bestehe. Dem Einwand eines Vertreters der Praxis, dass bei Schadensersatzansprüchen der Gesellschaft gegenüber dem Vorstand eine Vorlagekompetenz aufgrund der gesetzlichen Verpflichtung des Aufsichtsrats zur Geltendmachung des Anspruchs hinfällig sei, begegnete die Referentin mit dem Hinweis, dass die Hauptversammlung vor einer (endgültigen) Verzichtsentscheidung gem. § 93 Abs. 4 S. 3 AktG durchaus in die Entscheidung über die (vorläufige) Nichtgeltendmachung des Anspruchs miteinbezogen werden könne. Allerdings stieß die Vorlagekompetenz des Aufsichtsrats im Kreis der Organmitglieder auch auf Bedenken. Befürchtet wurde eine Flucht aus der Verantwortung, wenn man dem Aufsichtsrat etwa gestatten würde, die Frage der (Nicht-)Verfolgung von Organhaftungsansprüchen der Hauptversammlung vorzulegen.

2. Auskunftserteilung durch den Aufsichtsrat

Die Regelung einer Auskunftserteilung im Rahmen des § 131 Abs. 1 AktG in den eigenen Angelegenheiten des Aufsichtsrats wurde allgemein begrüßt. Ein Diskutant regte (aus Praktikabilitätsgründen) an, die Kompetenz beim Aufsichtsratsvorsitzenden anzusiedeln. Von anderer Seite wurde geltend gemacht, dass die Kompetenz beim Aufsichtsrat liegen solle, dieser aber die Beantwortung der Fragen auf den Vorsitzenden delegieren könne.

3. Haftungsmaßstab im Rahmen der Versammlungsleitung

Rege diskutiert wurde auch die Frage nach dem richtigen Haftungsmaßstab im Rahmen der Versammlungsleitung. Hier sprach sich ein Diskutant für eine Haftungsprivilegierung aus, sofern diese lediglich für Aufsichtsratsmitglieder und nicht auch für externe Versammlungsleiter gilt. Gerade bei weniger professionell organisierten Gesellschaften würde damit dem hohen zeitlichen Druck, unter dem die Entscheidungen getroffen werden müssen, besser Rechnung getragen werden. Demgegenüber bezog ein Vertreter der Wissenschaft gegen eine Haftungsprivilegierung Stellung. Der Maßstab der Fahrlässigkeit sei flexibel genug, um den Zeitdruck in der Entscheidungssituation angemessen berücksichtigen zu können. Für eine Parallele zu § 31a BGB fehle es an der erforderlichen Unentgeltlichkeit; schließlich agiere das jeweilige Aufsichtsratsmitglied innerhalb seiner (entsprechend vergüteten) Organpflichten.

4. Qualifikation als Vergütungskriterium

Der Vorschlag der Referentin, auch die Qualifikation eines Aufsichtsratsmitglieds im Rahmen der Vergütung zu berücksichtigen, stieß neben dem Korreferenten auch bei den übrigen Diskussionsteilnehmern auf große Zurückhaltung. Vielmehr wurden die Bedenken des Korreferenten (Bemessungsschwierigkeiten und Konfliktpotential) geteilt. Ein Vertreter der Praxis verneinte zudem ein Regelungsbedürfnis, da die Praxis sich meist dadurch behelfe, dass ein besonders qualifiziertes Aufsichtsratsmitglied zum Vorsitzenden (des Gesamtgremiums oder eines Ausschusses) mit entsprechend höherer Vergütung gemacht werde.

5. Drittvergütungen der Aufsichtsratstätigkeit

Kontrovers diskutiert wurde die Frage eines grundsätzlichen Verbots von Drittvergütungen der Aufsichtsratstätigkeit. Mehrere Diskussionsteilnehmer insbesondere aus dem Kreis der Vorstands- und Aufsichtsratsmitglieder sprachen sich gegen ein Verbot und für eine bloße Offenlegungspflicht aus. Dass zumindest die Offenlegung verpflichtend sein sollte, stieß auf breite Zustimmung.

6. Erfolgsbasierte Vergütung

Der Vorschlag einer Regelung zur erfolgsbasierten Vergütung wurde grundsätzlich positiv aufgenommen. Offen blieb aber, ob diese Materie im Gesetz geregelt oder dem Kodex überlassen werden sollte.

7. Materielle Prüfung des Vergütungsberichts

Eine Pflicht zur (auch) materiellen Prüfung des Vergütungsberichts durch den Abschlussprüfer wurde von den Diskussionsteilnehmern entschieden abgelehnt.

8. Wahlanfechtung

Ergänzend wurde noch zur Frage des richtigen Umgangs mit Anfechtungsklagen, die sich gegen die Wahl eines Aufsichtsratsmitglieds richten, Stellung bezogen. Als Lösungsmöglichkeit wurde insofern eine Ausweitung des Freigabeverfahrens gem. § 246a AktG auf Wahlbeschlüsse von Aufsichtsratsmitgliedern in Betracht gezogen. Jedenfalls aber solle diese Thematik mit besonderer Dringlichkeit einer gesetzlichen Regelung zugeführt werden.

Peter Hommelhoff

Gebt der Kodexkommission einen verfassungskonformen Handlungsrahmen

Zusammenfassung: Die Empfehlungen des Corporate Governance Kodex, im comply or explain-System rechtlich gezielt zu normgleicher Wirkung gehärtet, gestalten die Unternehmensverfassung der Börsengesellschaft in Ergänzung zum Aktiengesetz prägend mit. Mitgestaltet wird insbesondere ihr Aufsichtsrat vornehmlich von den Kodexempfehlungen zur Unabhängigkeit seiner Mitglieder. Damit widerstreiten Kodexkommission und Justizministerium dem Wesentlichkeitsgebot des Grundgesetzes. Ihm muss in einer grundlegenden Reform des § 161 AktG Rechnung getragen werden; der Kodexkommission und ihrem erfolgreichen Wirken ist ein verfassungskonformer Handlungsrahmen zu verschaffen.

Abstract: The recommendations of the German Corporate Governance Code, which are legally reinforced by the system of 'comply or explain' to have the same effect as rules, play a formative role in shaping the corporate governance of the public company in addition to the German Stock Corporation Act. In particular, the Supervisory Board of the public company is primarily shaped by the Code's recommendations on the independence of Supervisory Board members. As such, the Code Commission and the German Ministry of Justice contradict the constitutional principle that fundamental regulations are to be made by the parliamentary legislature (Wesentlichkeitsgebot). This has to be taken into account in a fundamental reform of section 161 of the German Stock Corporation Act. The Code Commission and its successful activities must be given a legal framework that is in line with the constitution.

Inhaltsübersicht

https://doi.org/10.1515/9783110746372-020

Um im globalen oder doch zumindest im europäischen Wettbewerb der Rechtsordnungen[1] an der Spitze mithalten zu können, bedarf das Aktiengesetz mitsamt seiner nahezu einzigartig dualen Unternehmensverfassung grundlegender Überarbeitung in einer großen Aktienrechtsreform 2025. In ihrem Zuge sollten neben den Regeln für eine virtuelle Hauptversammlung[2] nicht allein das Recht für den Aufsichtsrat modernisiert und das Beschlussmängelrecht neu konzipiert, sondern auch der Kodexkommission für ihre Empfehlungen ein verfassungskonform fundamentierter Handlungsrahmen geschaffen werden; er ist seit langem überfällig.

---

1 Teichmann, Binnenmarktkonformes Gesellschaftsrecht, 2006, S. 330 ff; Ders., ZGR 2017, 543, 545 ff; zum vertikalen Wettbewerb innerhalb der EU Klöhn, RabelsZ 76 (2012), 276; Hommelhoff, GesRZ 2008, 337.

2 Dazu u. a. Gesellschaftsrechtliche Vereinigung (VGR), AG 2021, 380.

I. Der Kodex: Bestandteil der Aufsichtsrats-Regulatorik

Wer dem Gesetzgeber vorschlägt, den Rechtsrahmen, innerhalb dessen der Aufsichtsrat seine aktienrechtlich vorgegebenen Aufgaben zu erfüllen hat, mit Blick auf sein stark verändertes Tätigkeitsfeld und auf die ganz erheblich gesteigerten und verschärften Herausforderungen im Gefolge dieser Veränderungen durchgreifend zu modernisieren[3], der darf den Deutschen Corporate Governance Kodex nicht außer Acht lassen; dies aus doppeltem Grunde nicht: Zum einen steuern und lenken die Kodexempfehlungen (und deutlich schwächer die Kodexanregungen) in der Unternehmenspraxis das Verhalten der Börsengesellschaften mitsamt dem ihrer Organe kaum minder intensiv als die Handlungspflichten aus dem Aktiengesetz. So sind sämtliche DAX30-Unternehmen (mit Ausnahme der Wirecard AG) der Kodexempfehlung D.3 gefolgt, einen Prüfungsausschuss einzurichten, obwohl § 107 Abs. 3 AktG allen Aktiengesellschaften die Freiheit belassen hatte[4], ob sie die Arbeit innerhalb des Aufsichtsrats über einen solchen Ausschuss organisieren wollen oder nicht[5]. Zum anderen agiert die Kodexkommission von Existenzbeginn an erfolgreich als Akteur, um das duale deutsche Corporate Governance System vor allem über die internationalen Standards guter und verantwortungsvoller Unternehmensführung (Präambel Abs. 3), fortlaufend zu modernisieren. Damit trägt schon der Kodex mit dazu bei, in der Regulatorik für den Aufsichtsrat die Entwicklungen in seinem Umfeld und die aus diesen herrührenden Herausforderungen aufzugreifen und nachzuzeichnen.

Trotz seiner rechtspraktisch überaus bedeutsamen Funktion für alle Börsengesellschaften finden der Deutsche Corporate Governance Kodex und seine Kommission bloß schwachen Niederschlag im Gesetz über die in § 161 Abs. 1 AktG behandelten Kodexempfehlungen im Zentrum des comply or explain-Mechanismus. Eine umfassende Reform des Aufsichtsratsrechts muss daher zugleich den Kodex nicht zuletzt deshalb in den Blick nehmen, weil dieser schon rein quan-

---

3 Arbeitskreis Recht des Aufsichtsrats (AKAR), NZG 2021, 477; Interdisziplinärer Arbeitskreis Corporate Governance (AKCG), DB 2021, 550.

4 Anders nun aber § 107 IV AktG in Reaktion auf das Wirecard-Desaster; zustimmend und weiterführend u. a. AKCG, DB 2021, 550, 551.

5 Drygala, in: Schmidt/Lutter, Komm. z. AktG, 4. Aufl., 2020, § 107 Rdn. 58 (auch zum unionsrechtlichen Hintergrund der Bestimmung); Hüffer/Koch, Komm. z. AktG, 15. Aufl., 2021, § 107 Rdn. 22; zur unternehmenspraktischen Verbreitung des Prüfungsausschusses zuletzt Dolzer, Die Emanzipation des Prüfungsausschusses, 2019, S. 209 ff; vgl. auch E. Vetter, ZGR 2010, 751, 757 ff.

titativ mehr als zwei Drittel seines Gesamtvolumens dem Aufsichtsrat und seiner Arbeit widmet. Deshalb: müssen der Kodex und die Arbeit seiner Kommission ebenfalls einer grundlegenden Reform unterzogen werden[6]?

II. Kodexempfehlungen im comply or explain-System

Im Zentrum der unternehmenspraktischen Kodexanwendung stehen die Empfehlungen; sie halten die Organe der Börsengesellschaften zu bestimmtem Verhalten an, geben ihnen aber zugleich die Möglichkeit, sich dem angesonnenen Verhalten zu entziehen. Dafür genügte nach der ursprünglichen Vorgabe des § 161 AktG in seiner Fassung des TransPuG von 2002[7] die Erklärung, dass den Empfehlungen des Corporate Governance Kodex grundsätzlich entsprochen werde (opt in), aber zugleich welchen im Einzelnen nicht (opt out)[8]. Die verweigerte Entsprechung musste nicht begründet werden, ihre bloße Kundgabe reichte aus (comply or declare[9]). Damit standen die Empfehlungen des Kodex, ja: dieser insgesamt[10] zur freien Disposition der einzelnen Börsengesellschaft. Die Kodexempfehlungen waren vollständig unverbindlich, nicht mehr als wirkliches „soft law".

1. Die Einführung des Begründungszwangs

Diese Rechtsqualität der Kodexempfehlungen veränderte sich grundlegend mit dem Bilanzrechtsmodernisierungsgesetz, dem BilMoG von 2007[11], mit dem die EU-Änderungsrichtlinie 2006/46 zur Änderung der Bilanzrichtlinien[12] in deut-

6 Vgl. nur die rechtspolitische Würdigung des Kodex zuletzt von Hüffer/Koch, aaO (Fn. 5), § 161 AktG Rdn. 5a: eine zweite wuchernde Regelungsebene, die die Überregulierung des Aktiengesetzes noch verstärkt.

7 BGBl. I S. 2681.

8 Ulmer, ZHR 166 (2002), 150, 159.

9 Semler, Münchener Komm. z. AktG, 2. Aufl., 2003, § 161 Rdn. 30 sprach dennoch (fälschlicher Weise) bereits von „comply or explain"; in der Rückschau als „comply or disclose" bezeichnend Leyens, Großkomm. z. AktG, 5. Aufl., 2018, § 161 Rdn. 84; treffend „comply or declare" bereits Berg/Stöcker, WM 2002, 1569, 1571.

10 Leyens, ZEuP 2016, 388, 396.

11 BGBl. I S. 1102.

12 Vom 14. Juni 2002, ABl. EU 2006, L224/1.

sches Recht umgesetzt wurde. Nach dem neuen Art. 46a Abs. 1 Bilanzrichtlinie (jetzt Art. 20 der EU-Bilanzrichtlinie 2013/34[13]) hatte die Börsengesellschaft in ihren Lagebericht eine gesonderte Erklärung zur Unternehmensführung aufzunehmen und in dieser zumindest auf den praktizierten Unternehmensführungskodex hinzuweisen (lit a) sowie auf eine Erklärung, in welchen Punkten und aus welchen Gründen sie von diesem Kodex abweicht (lit b). Nach Unionsrecht war mithin die Kodexabweichung nunmehr zu begründen. Auf welchen Überlegungen dieser Begründungszwang beruhte, lässt sich den Erwägungsgründen zur Änderungsrichtlinie 2006/46 nicht entnehmen. Entsprechend blass ist die Begründung zum transformierenden Regierungsentwurf für das BilMoG ausgefallen: Der wesentliche Unterschied gegenüber der bisherigen Rechtslage bestehe darin, dass künftig auch darüber berichtet werden müsse, warum bestimmte Empfehlungen nicht angewendet werden (comply or explain)[14].

2. Regelmäßige Gefolgschaft

Ganz offenbar blieben damit den an den Gesetzgebungsverfahren Beteiligten die grundstürzenden Auswirkungen auf die Rechtsqualität der Kodexempfehlungen, die der Wechsel vom comply or declare zum comply or explain mit sich brachte[15], zunächst verborgen. Hell angeleuchtet wurde die geänderte Rechtsqualität der Kodexempfehlungen danach aber in der Empfehlung der EU-Kommission 2014/208 zur Qualität der Berichterstattung über die Unternehmensführung[16]. Ausgehend von der Einschätzung, die Begründungen, welche die Unternehmen für Kodexabweichungen in der Praxis lieferten, seien von defizitärer Qualität (Erwägungsgrund 8), empfiehlt die EU-Kommission in Ziff. 8 eine detaillierte Struktur mit Einzelangaben zur Abweichungsbegründung. Diese Strukturempfehlungen beruhen auf bemerkenswerten Erwägungen: Die vollumfängliche Einhaltung eines Kodex müsse unter dem Aspekt der Unternehmensführung nicht immer(!) die beste Option sein; mitunter(!) könne es effektiver sein, von einer Kodexvorgabe abzuweichen (Erwägungsgrund 7). Hier klingt das Regel-/Ausnahmeverhältnis, das den Kodexvorgaben als Leitvorstellung zugrunde liegt, deutlich wahrnehmbar an und findet seine Zuspitzung in Erwägungsgrund 10, in dem die EU-Kommission das Parlament zitiert: Der für das jeweilige Unternehmen

13 Vom 26. Juni 2013, ABl. EU 2013, L182/19.

14 Begr. § 161 AktG, RegBilMoG, BT-Drucks. 16/10067, S. 103.

15 S. aber Hüffer/Koch, aaO (Fn. 5), § 161 AktG Rdn. 3: durch Begründungspflicht intensivierter Gestaltungsanspruch.

16 Vom 9. April 2014, ABl. EU 2014, L109/43.

geltende Kodex solle verbindlich eingehalten(!) und jede Abweichung davon angemessen begründet werden.

Mithin ist festzuhalten: So wie die EU-Kommission das „Comply or Explain"-System nach der Änderungsrichtlinie 2006/46 interpretiert, sind die Kodexvorgaben in aller Regel einzuhalten; davon kann sich ein Unternehmen nur dann befreien, wenn es seine Abweichung mit guten Gründen zur Ausnahme zu rechtfertigen vermag und diese Gründe publiziert. Angemessener Offenlegung der Abweichungen und ihrer Gründe misst Erwägungsgrund 17 der EU-Empfehlung 2014/208 große Bedeutung bei, damit die Beteiligten fundierte Entscheidungen treffen können. Ein wirksamer „Comply or Explain"-Ansatz erfordert nach Erwägungsgrund 19 ein effizientes Monitoring, das die Unternehmen motiviert, einen Corporate Governance-Kodex einzuhalten oder die Nichteinhaltung im Ausnahmefall zu begründen. Nach Vorstellung der EU-Kommission fällt dabei den Aktionären als Informationsadressaten zentrale Funktion zu: Über die Abweichung von einer Empfehlung führen die Aktionäre einen konstruktiven Dialog mit dem Unternehmen (Erwägungsgrund 18), also mit dessen Verwaltungsorganen – ein Gedanke, den die EU-Kommission mit dieser Erwägung fundiert: Bei der Förderung von Begründungen hoher Qualität spielen Aufsichtsräte und Aktionäre eine wichtige Rolle. So könnte insbesondere ein aktiveres Monitoring durch die Aktionäre als Unternehmenseigentümer zu besserer Corporate Governance-Praktik führen (Erwägungsgrund 20).

Abweichungsbegründungen unterliegen somit innerhalb eines ambitionierten Monitoring auch und insbesondere der kritischen Gegenlese durch die Aktionäre in deren konstruktivem Dialog mit den Verwaltungsorganen; diese müssen sich nach dem europäischen Regulierungskonzept, das der Empfehlung 2014/208 zugrunde liegt, für die Abweichung von der Kodexvorgabe, wie sie alle Börsengesellschaften grundsätzlich einzuhalten haben, mit ihrer Begründung für die Ausnahme rechtfertigen und versuchen, die Aktionäre von der Berechtigung der Abweichung zu überzeugen[17]. Damit eröffnet der comply or explain-Mechanismus zwar Abweichungsfreiheit und Flexibilität, sorgt aber geschickt über die Anforderungen an die Begründungsqualität zunächst dafür, dass die Kodexvorgaben (in Deutschland also die Kodexempfehlungen) in aller Regel eingehalten werden[18]. Von rechtlich unverbindlichen Kodexvorgaben kann daher keine Rede

17 Vom hohen Rechtfertigungsdruck, der den Kodex zum „hard law" mutieren lasse, spricht auch Kley, AG 2019, 818, 829.

18 Ganz auf dieser Linie auch die Präambel des DCGK 2020 (Abs. 4): die Abweichungsfreiheit „ermöglicht den Gesellschaften, branchen- oder unternehmensspezifische Besonderheiten zu berücksichtigen"; dazu v. Werder, in: Kremer/Bachmann/Lutter/v. Werder, Komm. z. DCGK,

sein; über das „Comply or Explain"-System des Unionsrechts erhalten ihre Verhaltensvorgaben normgleiche Dignität. Wegen dieser rechtlich gezielt gewollten Wirkungen der Verhaltensvorgaben kommt dem Umstand, dass die Vorgaben selbst nicht auf unionaler oder nationalstaatlicher Rechtsetzung beruhen, keine maßgebliche Bedeutung zu.

3. Normgleiche Kodexempfehlungen

Die EU-Empfehlung 2014/208 ist zwar gemäß Art. 288 Satz 5 AEUV nicht verbindlich; nach der Rechtsprechung des EuGH jedoch sind Empfehlungen bei der Auslegung anderer Rechtsakte, hier also des Art. 46a der Änderungsrichtlinie 2006/46, nun des Art. 20 der EU-Bilanzrichtlinie 2013/34, zu berücksichtigen[19]. Über das Gebot zu richtlinienkonformer Auslegung transformierenden Nationalrechts[20] strahlt die EU-Empfehlung daher auch auf § 161 AktG und die in ihm angesprochenen Empfehlungen des Deutschen Corporate Governance Kodex aus: Die Kodexempfehlungen haben daher seit Einführung der obligatorischen Abweichungsbegründung im BilMoG 2008 den Rechtscharakter normgleicher Regeln und entfalten dementsprechend rechtlich gewollte Rechtswirkungen gegenüber allen Börsengesellschaften; mit der faktischen Kodexbefolgung[21] trägt die Rechtspraxis dem Rechnung.

8. Aufl., 2021, Teil 4. Praxis, Rdn. 133 ff; plastisch Hüffer/Koch, aaO (Fn. 5), § 161 AktG Rdn. 3: Geltungsanspruch mit Ausstiegsklausel.

19 EuGH, Rs. C-322/88, Slg. 1989, 4421, Rdn. 18 (Grimaldi/Fonds des Maladies Professionnelles); Rs. C-188/91, Slg. 1993, I-388, Rdn. 18 (Deutsche Shell AG/Hauptzollamt Hamburg-Harburg); aus dem Schrifttum Nettesheim, in: Grabitz/Hilf/Nettesheim, Komm. z. AEUV, Stand 71. EL August 2020, Art. 288 Rdn. 206; Ruffert, in: Calliess/Ruffert, Komm. z. AEUV, 5. Aufl., 2016, Art. 288 Rdn. 95.

20 Zur richtlinienkonformen Interpretation, welche sich aus dem Umsetzungsgebot des Art. 228 III AEUV und aus dem Grundsatz der Gemeinschaftstreue gem. Art. 4 III AEUV ergibt, vgl. EuGH, Rs. C-334/92, Slg. 1993, I-6911, Rdn. 22 (Wagner Miret/Fondo de garantía salarial); BGHZ 195, 135, Rdn. 18; Nettesheim, aaO (Fn. 19), Art. 288 AEUV Rdn. 133 m.w.N.

21 S. dazu die rechtstatsächlichen Angaben zuletzt von v. Werder/Danilov, DB 2018, 1997, 2000.

III. Kodexempfehlungen als Gestaltungselemente in der aktienrechtlichen Unternehmensverfassung

Nach der Präambel des Deutschen Corporate Governance Kodex enthält dieser Grundsätze, Empfehlungen und Anregungen, die national und international als Standards guter und verantwortungsvoller Unternehmensführung anerkannt sind[22]. Da die Kodexempfehlungen, wie gezeigt[23], als normgleiche Regeln zur Steuerung und Lenkung des Organverhaltens in Börsengesellschaften qualifiziert werden müssen, verschaffen die Kodexkommission diesen Standards mit ihrer Aufnahme in den Empfehlungskatalog und das Bundesjustizministerium mit ihrer Bekanntmachung im Bundesanzeiger (§ 161 AktG) diesen normgleich bindende Rechtswirkung für die Unternehmensverfassung aller Börsengesellschaften; von diesen dann normgleich wirkenden Standards kann sich die einzelne Gesellschaft bloß mit ausnahmsweise rechtfertigender Begründung im Einzelfall lösen[24]. Die über Kodexempfehlungen in deutsches Recht transferierten Standards prägen demnach die Unternehmensverfassung der Börsengesellschaften zusammen mit den Bestimmungen des Aktiengesetzes als regulatorische Gesamtheit.

Aus diesem Befund resultieren zwei Fragen: zum ersten die, ob die Kodexempfehlungen im Einklang mit dem geschriebenen und auch dem ungeschriebenen Aktienrecht stehen; und zum zweiten die Fundamentalfrage, ob die Kodexkommission mit ihren Empfehlungen mittlerweile in jenen Zuständigkeitsbereich hinübergreift, der dem Gesetzgeber unaufgebbar überantwortet ist.

Auf der Suche nach Antworten bedürfen deshalb zunächst die Kodexempfehlungen einer Analyse ihrer Herkunft und ihrer Auswirkungen auf die Gestaltungsentscheide, die der Gesetzgeber des Aktiengesetzes zur Verfassung der Börsengesellschaft getroffen hat. Dies soll anhand jener zentral bedeutsamen Empfehlungen unternommen werden, welche die Unabhängigkeit der Aufsichtsratsmitglieder auf der Anteilseignerseite breitflächig und intensiv regulieren (C.6 bis C.12).

---

22 Abs. 3; dazu auch v. Werder, aaO (Fn. 18), Teil 3. Komm., Rdn. 30 ff.

23 Siehe dazu oben unter II. 2. und II. 3.

24 Siehe dazu oben unter II. 2.

IV. Unabhängige Boardmitglieder und Aufsichtsrat

Der Kodexabschnitt zur Unabhängigkeit der Aufsichtsratsmitglieder beginnt mit der einleitenden Empfehlung C.6: „Dem Aufsichtsrat soll auf Anteilseignerseite eine nach deren Einschätzung angemessene Anzahl unabhängiger Mitglieder angehören". Diese Forderung entstammt dem monistischen System angloamerikanischer Aktiengesellschaften und prägt dort das Verhältnis zwischen den executive directors und den non executives. Wenn diese jene in ihrer Betätigung kontrollieren sollen, versteht es sich, dass die non executive directors gegenüber den executives trotz ihrer Zugehörigkeit zum einheitlichen board unabhängig sein müssen, um sich bei der Ausführung der Kontrolle allein am Wohl des Unternehmens ausrichten zu können[25].

1. Der regulatorische Ansatz des Kodex

Die Unabhängigkeit der non executive directors soll der Bewältigung von Interessenkonflikten dienen; verpflichtet auf das Unternehmenswohl sollen diese directors sich weder von Interessen der executive directors bei der Kontrolle korrumpieren lassen, noch von ihren eigenen Interessen. Ohne dass es darauf ankommt, ob, wann und in welcher Form ein konkreter Interessenkonflikt im Rahmen der Kontrolle tatsächlich eintritt oder auch nur droht, soll schon von Amtsbeginn jedes einzelnen non executives an, also von vornherein ausgeschlossen werden, dass es in der Person des non executive zu einem Interessenkonflikt kommen kann. Ob überhaupt die Gefahr eines Interessenkonflikts besteht, spielt ebensowenig eine Rolle wie die Beschaffenheit eines möglichen Konflikts.

Damit zielt das Unabhängigkeitspostulat auf einen abstrakten, breitflächigen und vor allem präventiven Schutz vor Interessenkonflikten bei der Kontrolle der executive directors ab[26]. In größter Vorsicht wird die „rote Linie weit vorn gezogen"[27]. Allerdings setzt dieser Präventivschutz bei den non executive directors als

25 Vgl. KREMER, in: Kremer/Bachmann/Lutter/v. Werder, Komm. z. DCGK, 8. Aufl., 2021, Teil 3. Komm., C.6 Rdn. 10.

26 So schon HABERSACK, Münchener Komm. z. AktG, 5. Aufl., 2019, § 100 Rdn. 87; HEMELING, 69. DJT, 2012, Bd. II/1, N 31, 41.

27 HOFFMANN-BECKING, NZG 2014, 801, 802.

Individuen an und nicht bei ihnen insgesamt als in sich organisierter Gruppe, vergleichbar dem Aufsichtsrat; offenbar kennt das monistische System nicht die executives und die non executives als je in sich abgeschlossen formierte Untereinheiten innerhalb des board[28]. Konsequent lässt sich Interessenkonflikten nicht institutionell, sondern bloß individuell vorbeugen.

2. Konfliktbewältigung nach deutschem Aktienrecht

Unabhängigkeit bei der Geschäftsführungs-Überwachung gewährleistet das deutsche Recht institutionell durch die beiden je in sich formierten Organe Vorstand und Aufsichtsrat sowie durch ihre strikte personelle Trennung (§ 105 Abs. 1 AktG). Schon diese gesetzlich zwingend vorgegebene Grundstruktur der dualistischen Unternehmensverfassung ist dahin angelegt, es bei Wahrnehmung der jeweiligen Organaufgaben möglichst gar nicht erst zu Interessenkonflikten kommen zu lassen; dafür sorgt das Aktiengesetz durch strenge Funktions- und Rollentrennung. Dies Konzept institutioneller Konfliktvermeidung wird punktuell durch die Inhabilitätsbestimmungen des § 100 Abs. 2 Satz 1 Nr. 2 und 3 AktG erweitert und abgesichert[29].

Eine institutionelle Konfliktvermeidung mit Präventiveffekt, wie sie ebenfalls in den Kodexempfehlungen C.6 ff konzipiert ist, hat der Gesetzgeber in Umsetzung der Aktionärsrechte-Richtlinie II[30] unlängst in § 107 Abs. 3 Satz 6 AktG etabliert: Der sog. RPT-Ausschuss[31] muss mehrheitlich aus Aufsichtsratsmitgliedern zusammengesetzt sein, bei denen keine Interessenkonflikte mit Blick auf „related party transactions" zu besorgen sind. Daneben ist jenen Ratsmitgliedern die Zugehörigkeit zum RPT-Ausschuss verwehrt, die selbst an dem zur Überprüfung nach § 111b Abs. 1 AktG im Ausschuss anstehenden Geschäft beteiligt sind (§ 107 Abs. 3 Satz 5 AktG).

Sollten dagegen die Geschäfte mit nahestehenden Personen nicht in einem Ausschuss überprüft werden, sondern im Gesamtaufsichtsrat, so schließt § 111b Abs. 2 AktG jene Aufsichtsratsmitglieder von der die Geschäftsüberprüfung be-

---

28 Vgl. TEICHMANN, BB 2004, 53, 54; organisatorisch verfestigt wird das Zusammenwirken der non executives weit verbreitet in spezialisierten Ausschüssen: Audit-, Compensaiton- und Nomination Comittee (vgl. BÖCKLI, in: Schweizer Aktienrecht, 4. Aufl., 2009, § 13 Rdn. 953).

29 HABERSACK, aaO (Fn. 26), § 100 AktG Rdn. 31 ff; HOPT/ROTH, in: Großkomm. z. AktG, 5. Aufl., 2019, § 100 Rdn. 78 ff.

30 RL 2017/828 vom 17. Mai 2017, ABl. EU L132/1.

31 Zu ihm eingehend näher HÜFFER/KOCH, aaO (Fn. 5), § 107 AktG Rdn. 26a ff m.w.N.; s. auch HOMMELHOFF, FS Windbichler, 2020, S. 759, 760 ff; VERSE, FS Hopt, 2020, S. 1335.

endenden Beschlussfassung aus, die entweder an dem Geschäft beteiligt sind oder bei denen ihre Beziehungen zur nahestehenden Person einen Interessenkonflikt besorgen lassen. Also: sogar falls diese Voraussetzungen in der Person eines Aufsichtsratsmitglieds erfüllt sein sollten, nimmt dieser Umstand ihm mitnichten die allgemeine Befähigung, in dieser Gesellschaft als Aufsichtsrat zu amtieren. Vielmehr reagiert das Gesetz auf den (möglichen) Interessenkonflikt gezielt und beschränkt auf das konkret zur Überprüfung anstehende Geschäft.

Damit greift § 111b Abs. 2 AktG den in § 34 BGB kodifizierten allgemeinen Grundsatz auf, wonach niemand über ein Geschäft auf Seiten des Verbandes mitentscheiden kann, an dem er selbst als Dritter beteiligt ist[32]. Dieser Grundsatz gilt in gleicher Weise für Entscheidungen im Aufsichtsrat, erfasst so aber keineswegs alle Konfliktlagen, die in diesem Organ entstehen können. Oder anders gewendet: im Aktiengesetz fehlt ein umfassendes Instrumentarium, um Interessenkonflikte bei Aufsichtsratsmitgliedern zu bewältigen, die bei der Arbeit des Aufsichtsrats im konkreten Einzelfall entstehen können.

3. Vergleichende Würdigung

Über die Unabhängigkeit von Aufsichtsratsmitgliedern werden Interessenkonflikte gelöst, die die Arbeit im Aufsichtsrat beeinträchtigen können. Davor soll die Unabhängigkeit schützen. Diesen Schutz leistet im deutschen Aktienrecht institutionell präventiv bereits die strikte Trennung zwischen Vorstand und Aufsichtsrat. Die institutionelle Prävention über unabhängige Aufsichtsratsmitglieder setzt später an, weil sie, aus dem monistischen System herrührend, keine in einem eigenständigen Organ etablierte Überwachung kennt, wirkt dann aber vergleichbar breit, wenn sie alle Gremienmitglieder nach ihrer Abhängigkeit oder Unabhängigkeit qualifiziert. Im dualistischen Aufsichtsratssystem ist das Unabhängigkeitspostulat des Kodex somit dahin angelegt, den intendierten Konfliktschutz zu verstärken, wenn nicht gar zu verdoppeln. So hat offenbar auch der deutsche Gesetzgeber das Unabhängigkeitspostulat eingeschätzt, wenn er auf dies beim Finanzexperten im Aufsichtsrat nachträglich verzichtete und § 100 Abs. 5 AktG entsprechend korrigierte[33].

Allerdings wird die Wirkung der Kodexempfehlungen zur Unabhängigkeit von Aufsichtsratsmitgliedern dadurch markant abgeschwächt, dass die Feststel-

---

32 Dazu in diesem Band Koch, oben S. 115, 128.

33 Vgl. RegBegr. BT-Drucks. 18/7219, 56; freilich ist dieser Verzicht auf breite rechtspolitische Ablehnung gestoßen Drygala, aaO (Fn. 5), § 100 AktG Rdn. 40; Schipporeit, BOARD 2016, 15; *Nodoushani*, AG 2016, 381, 383 f.; Strenger, WPg 2016, 313; Velte, WPg 2015, 482, 489.

lung, ein bestimmtes Aufsichtsratsmitglied sei abhängig, nicht automatisch zum Verlust seiner Amtsbefähigung führt. Dies Ratsmitglied ist keineswegs gezwungen, sogleich nach Feststellung der Abhängigkeit sein Amt niederzulegen. Denn nach dem Kodexkonzept hat die Feststellung der Abhängigkeit lediglich Bedeutung für die personelle Zusammensetzung des Aufsichtsrats. Oder um es mit einem Mitglied der Kodexkommission auf den Punkt zu bringen: Das abhängige Aufsichtsratsmitglied ist kein Ratsmitglied zweiter Klasse[34].

Dennoch schreiben die Kodexempfehlungen zur Unabhängigkeit das aktiengesetzliche Konzept einer Trennung zwischen Vorstand und Aufsichtsrat durch Vorgaben für dessen Zusammensetzung fort – wenn auch nicht mit der ausschließenden Rigidität des § 100 Abs. 2 Satz 1 Nr. 3 und 4 AktG, gleichwohl jedoch mit einem gesetzesgleichen Ansatz, wie er sich in der Zusammensetzungs-Vorgabe des § 107 Abs. 3 Satz 6 AktG für den RPT-Ausschuss findet. Diese regelt freilich bloß einen eingegrenzten Sektor, die Überprüfung der Geschäfte mit nahestehenden Personen, während die Zusammensetzungs-Vorgaben des Kodex den Aufsichtsrat in seiner ganzen Breite und ohne Bezug zu bestimmten Aufgaben erfassen.

Unabgestimmt offen gelassen ist im Kodex schließlich die Beziehung zwischen der Abhängigkeit eines Aufsichtsratsmitglieds und dem konkreten Schutz vor Interessenkonflikten durch Stimmverbot: Ist das abhängige Ratsmitglied von Abstimmungen ausgeschlossen oder nur unter zusätzlichen, also qualifizierten Voraussetzungen? Es versteht sich: der Kodex kann keine Stimmverbote festsetzen; dafür fehlt der Kodexkommission die Regelungsmacht. Aber trotzdem bedarf diese Frage im Interesse eines kohärenten Konfliktschutzes der Klärung[35].

V. Unabhängigkeit gegenüber einem kontrollierenden Aktionär

Bedeutsam ist die Unabhängigkeit der Aufsichtsratsmitglieder nicht allein gegenüber der Gesellschaft und ihrem Vorstand, sondern darüber hinaus die gegenüber einem kontrollierenden Aktionär (Kodexempfehlung C.6 Abs. 2). Die in seine Richtung hin angelegte Unabhängigkeit geht auf eine Empfehlung der EU-

34 Kremer, aaO (Fn. 25), Teil 3. Komm., C.6 Rdn. 26.

35 Siehe dazu näher unten unter VI. 2. Und VI. 3.

Kommission zu den Aufgaben u. a. der Aufsichtsratsmitglieder und zu den Aufsichtsratsausschüssen von 2005 zurück[36].

1. Der Regelungsansatz der EU-Empfehlung

In Ziff. 13.1 der EU-Empfehlung 2005/162 erscheint die Unabhängigkeit von Mitgliedern des Aufsichtsrats (und des Vorstands, arg. Ziff. 2.2) gegenüber Aktionären ganz unspektakulär als Definitionsbestandteil der Unabhängigkeit: keine geschäftliche, familiäre oder sonstige Beziehung zum Mehrheitsaktionär, die einen Interessenkonflikt begründet, der das Aufsichtsratsmitglied in seinem Urteilsvermögen beeinflussen könnte. Darüber, wie es in Brüssel zu dieser speziellen Ausrichtung zur Sicherung der Unabhängigkeit gekommen ist, geben die Erwägungsgründe der Kommission zu dieser EU-Empfehlung näheren Aufschluss. So stützt sie sich zum einen auf den Befund in Erwägungsgrund 18 ab, in den Corporate Governance-Kodizes der Mitgliedstaaten werde Unabhängigkeit als Fehlen einer engen Beziehung zur Geschäftsführung, zu Anteilseignern mit einer Kontrollbeteiligung und zur Gesellschaft selbst verstanden.[37]

Zum anderen und vor allem jedoch begründet die EU-Kommission die Unabhängigkeit gegenüber bestimmten Aktionären mit der eigenen Überlegung in Erwägungsgrund 7: Die Präsenz unabhängiger Vertreter im Aufsichtsrat, die in der Lage seien, den Entscheidungen der Geschäftsführung entgegenzutreten, werde allgemein als Möglichkeit angesehen, wie die Interessen der Aktionäre und die der anderen Stakeholder geschützt werden könnten. Dies allgemeine Schutzziel konkretisiert die EU-Kommission sodann für die Unabhängigkeit der Aufsichtsratsmitglieder gegenüber bestimmten Aktionären: In Gesellschaften mit kontrollierenden Mehrheitsaktionären richte sich das Augenmerk vornehmlich darauf, wie gewährleistet werden könne, dass die Gesellschaft so geführt werde, dass die Interessen der Minderheitsaktionäre hinreichend berücksichtigt würden.

Daraus wird deutlich: Der EU-Kommission geht es mit ihrer Empfehlung 13.1 (Unabhängigkeit gegenüber dem Mehrheitsaktionär) um Minderheitenschutz in der Börsengesellschaft[38], um den Schutz der Streubesitz-Aktionäre. Über die Regelung von Interessenkonflikten soll das Vertrauen der Finanzmärkte wieder

36 Empfehlung 2005/162/EG, ABl. EU 2005 L52/51; dazu neuestens KELM, Vom kontrollierenden Aktionär unabhängige Aufsichtsratsmitglieder, 2021, passim.

37 Zur offenbaren Anregung durch den UK Corporate Governance Code LEYENS, ZEuP 2016, 388, 403.

38 Dazu schon HOMMELHOFF, ZIP 2013, 953, 960; KREMER, aaO (Fn. 25), Teil 3. Komm., C.6 Rdn. 24; eingehend jüngst KELM, aaO (Fn. 36), S. 290 ff..

hergestellt (Erwägungsgrund 3) und damit auch das Vertrauen der Kleinaktionäre zurückgewonnen werden. Konsequent schließt Anhang II zur EU-Empfehlung 2005/162 Anteilseigner mit einer Kontrollbeteiligung oder deren Vertreter als unabhängige Aufsichtsratsmitglieder aus; ihnen kann in der Tat nicht der Schutz der Außenseiter anvertraut werden, da diese gerade umgekehrt des Schutzes vor den „Kontrolleuren" und ihrer Interessenverfolgung bedürfen.

2. Minderheitenschutz im Aufsichtsrat der Börsengesellschaften

Auf Minderheitenschutz zielt die EU-Empfehlung mit ihrem Grundsatz 13.1 ab und lässt den Mitgliedstaaten zwei Möglichkeiten, um diesen Grundsatz auf der nationalen Ebene wirksam werden zu lassen (Erwägungsgrund 4): Die Bestimmungen für Börsengesellschaften, die den in der EU-Empfehlung festgelegten Grundsätzen folgen, werden entweder nach dem „Comply or Explain"-Prinzip eingeführt oder aber auf gesetzlichem Wege. Bezeichnend qualifiziert bereits die EU-Kommission Bestimmungen im Gesetz und im Kodex als frei austauschbare Regulierungsinstrumente. Zugeschnitten auf die Verhältnisse in Deutschland folgt aus dem: Der Schutz der Aktionärsminderheit in Börsengesellschaften kann entweder im Aktiengesetz geregelt werden oder im Corporate Governance Kodex über Empfehlungen. Aber ohne Rücksicht auf die Form der Regulierung sollte dieser Minderheitenschutz nach Grundsatz 13.1 der EU-Empfehlung auf jeden Fall geregelt werden.

3. Der Grundsatz-Transfer in deutsche Regulatorik

Dieser EU-Empfehlung ist die Kodexkommission mit Zustimmung des Bundesjustizministeriums (arg. § 161 Abs. 1 AktG) nachgekommen; sie hat den Grundsatz 13.1 mit den Kodexempfehlungen C.6 Abs. 2/C.9 in deutsche Regulatorik transferiert. Deshalb kommt es nicht darauf an, dass EU-Empfehlungen nach Art. 288 Untabs. 5 AEUV nicht verbindlich sind[39]. Mithilfe der genannten Kodexempfehlungen werden die Minderheitsaktionäre in börsennotierten Konzerntöchtern geschützt; ihr Schutz ist den gegenüber dem Mehrheitsaktionär, also den dem herrschenden Unternehmen (§ 17 AktG) gegenüber unabhängigen Mitgliedern des Tochteraufsichtsrats anvertraut. Dieser kann sich zwar im „comply or explain"-

39 Siehe dazu oben unter II.3.

Mechanismus von den dahingehenden Empfehlungen lösen, muss dann aber dem Kapitalmarkt und den Kleinaktionären mit auf Überzeugung hin angelegten Argumenten[40] im Einzelnen begründen, warum er auf dies Instrument qualifizierten Außenseiterschutzes ausnahmsweise verzichten will. Das wird einem Tochteraufsichtsrat schwerlich gelingen; der Hinweis auf das Ausgleichsystem der §§ 311 ff. AktG kann (trotz dessen grundsätzlicher Eignung[41]) in den Augen der Minderheitsaktionäre einen Verzicht auf zusätzlichen Schutz durch unabhängige Aufsichtsratsmitglieder nicht wirklich legitimieren.

Nach allem sind die Kodexempfehlungen (C.6 Abs. 2/C.9) darauf angelegt, Minderheitenschutz im Aufsichtsrat durch unabhängige Ratsmitglieder zu etablieren, um die Kapitalanleger in börsennotierten Konzerntöchtern auf qualifizierte Weise zusätzlich abzusichern. Zwar werden diese unabhängigen Aufsichtsratsmitglieder nicht mit einem Sondervotum der außenstehenden Aktionäre gewählt, aber dennoch sind sie nach Grundsatz 13.1 der EU-Empfehlung auch Funktionäre des Minderheitenschutzes in konzernabhängigen Börsengesellschaften.

Damit hat der Corporate Governance Kodex eine Regelung getroffen, die schon die Gesetzgebung zum AktG 1965 beschäftigt[42] und bis in diese Zeit hinein die rechtspolitische Debatte herausgefordert hat: die Repräsentanz der Aktienminderheit im Aufsichtsrat. Das Aktiengesetz hat diese Entscheidung an den Satzungsgeber delegiert und diesem über § 138 AktG[43] die Möglichkeit eröffnet, durch eine entsprechende Ausgestaltung des Wahlverfahrens in der Satzung für Minderheiten-Repräsentanz im Aufsichtsrat zu sorgen. Die Unternehmenspraxis hat freilich von dieser Ermächtigung, soweit ersichtlich, keinen Gebrauch gemacht. Einen erneuten Vorstoß, Minderheitenvertreter rechtlich zwingend im Aufsichtsrat zu etablieren, hat die Wirtschaftsrechtliche Abteilung des Deutschen Juristentags 2012 (wenn auch nur mit knapper Mehrheit) rechtspolitisch verworfen[44].

---

40 Siehe dazu oben unter II.2.

41 H.-F. Müller, in: beck-online Großkomm. z. AktG, Stand 1.2.2021, § 311 Rdn. 18; Habersack, in: Emmerich/Habersack, Aktien- und GmbH-Konzernrecht, 9. Aufl., 2019, § 311 AktG Rdn. 12 m.w.N.; J. Vetter, in: Fleischer/Koch/Kropff/Lutter, 50 Jahre Aktienrecht, 2015, S. 231, 252 f; Hüffer/Koch, aaO (Fn. 5), § 311 AktG Rdn. 6; Decher, ZHR 171 (2007), 126, 132 ff.

42 S. Begr. RegE zu § 101 AktG Kropff, Textausgabe AktG, 1965, S. 138; zur Diskussion schon während der Kaiserzeit und der Weimarer Republik s. Hommelhoff, ZIP 2013, 953, 960 m.w.N.

43 Zu den statutarischen Sonderbeschlüssen und den Grenzen ihrer Begründung G. Bezzenberger, Großkomm. z. AktG, 5. Aufl., 2019, § 138 Rdn. 13 ff.

44 69. DJT, 2012, Bd. II/2, N 232, Beschluss Nr. 12 b); dazu Hoffmann-Becking, NZG 2014, 801, 806 m.w.N. pro et contra.

Der deutsche Gesetzgeber hat die Minderheiten-Repräsentanz im Aufsichtsrat seit 1965 nicht wieder aufgegriffen – weder für alle Aktiengesellschaften schlechthin, noch speziell für die Börsengesellschaften. Anders die Kodexkommission: Sie begreift die gegenüber dem kontrollierenden Aktionär unabhängigen Aufsichtsratsmitglieder, ganz in Übereinstimmung mit der EU-Empfehlung 13.1[45], als Instrument des Minderheitenschutzes. Mit ihm, so offenbar die Kodexkommission[46], gingen die Empfehlungen in C.9 über die konzernrechtlichen Schutzregeln der §§ 291 ff AktG hinaus – eine doppelt bemerkenswerte Selbsteinschätzung der Kodexkommission: insbesondere für den Schutz der Aktionäre in der faktisch konzernierten Börsengesellschaft verstärkt sie aus eigenem Antrieb zum ersten mit einem eigenen Kompromiss zum Interessenausgleich das gesetzliche Schutzinstrumentarium der §§ 311 ff AktG und hält zum zweiten an dieser Verstärkung trotz der jüngsten Vorgaben in §§ 111b Abs. 2/107 Abs. 3 Satz 6 AktG und ohne deren Berücksichtigung fest, obwohl diese ebenfalls dahin angelegt sind, den Außenseiterschutz in der börsennotierten Börsengesellschaft auszubauen (arg. § 311 Abs. 3 AktG)[47].

VI. Unabhängigkeit und Aufsichtsratsbesatz

Unabhängigkeit fordert der Corporate Governance Kodex nicht von sämtlichen Aufsichtsratsmitgliedern (der Anteilseignerseite) ein, sondern bloß von einem angemessenen Teil der Ratsmitglieder (Kodexempfehlung C.6 Abs. 1).

1. Die empfohlenen Mindestbesetzungen

Für die Angemessenheit empfiehlt der Kodex differenziert Mindestbesetzungen: In Börsengesellschaften ohne kontrollierenden Aktionär sollen auf der Anteilseignerseite mehr als die Hälfte der Ratsmitglieder gegenüber der Gesellschaft und ihrem Vorstand unabhängig sein (Empfehlung C.7 Abs. 1 Satz 1). Das sind in mitbestimmten AG-Aufsichtsräten mithin 4, 5 oder 6 unabhängige, in solchen unter dem DrittelbG 3, 4, 5, 6, 7 oder 8 unabhängige Ratsmitglieder je nach der Größe des Aufsichtsrats.

---

45 Siehe dazu oben unter V. 3. Zu Beginn.

46 S. Kremer, aaO (Fn. 25), , Teil 3. Komm., C. 9 Rdn. 1/4.

47 Bürgers/Guntermann, FS Krieger, 2020, S. 141; H.-F. Müller, ZGR 2019, 97, 121 f; Lieder/Wernert, ZIP 2018, 2441, 2442; Tarde, NZG 2019, 488, 494 f.; zum Regelungsanliegen des dem § 111b AktG zugrundeliegenden Art. 9c ARRL II Tarde, Related Party Transactions, 2018, S. 196.

Hat dagegen die Börsengesellschaft einen kontrollierenden Aktionär, so soll ihr Aufsichtsrat nach den Kodexempfehlungen C.9 Abs. 1 zudem mit Ratsmitgliedern besetzt sein, die gegenüber dem kontrollierenden Aktionär unabhängig sind – und zwar in Aufsichtsräten mit mehr als 6 Mitgliedern mit mindestens 2 so unabhängigen und in Aufsichtsräten mit 6 oder weniger Mitgliedern mit mindestens einem unabhängigen Anteilseignervertreter. Somit müssen in sämtlichen Aufsichtsräten unter dem Mitbestimmungsgesetz mindestens zwei Kontrollaktionärs-unabhängige Ratsmitglieder amtieren, in kleinen drittelbeteiligten Aufsichtsräten mindestens ein Mitglied, in größeren ab 9 Aufsichtsratsmitgliedern jedoch mindestens zwei.

Beide Unabhängigkeitsanforderungen, sowohl die Gesellschafts- und Vorstands-, als auch die Kontrollaktionärs-orientierten, kommen nebeneinander mit dem Effekt zum Zuge, dass in konzernabhängigen Börsengesellschaften deren Aufsichtsrat sich auf der Anteilseignerseite zu mehr als der Hälfte aus Ratsmitgliedern zusammensetzen muss, die unabhängig gegenüber Gesellschaft und Vorstand sind, von diesen Unabhängigen jedoch müssen mindestens einer oder zwei zusätzlich unabhängig gegenüber dem kontrollierenden Aktionär sein.

2. Diverse Zusammensetzung und Entscheidungsprozess

Nach den Kodexempfehlungen C.6 ff sind mithin die Aufsichtsräte in Börsengesellschaften auf ihrer Anteilseignerseite divers aus unabhängigen und abhängigen Ratsmitgliedern zusammengesetzt. Dabei sind die abhängigen weder von der Abstimmung ausgeschlossen, was die Kodexkommission ohnedies mangels Ermächtigung nicht regulieren könnte, noch von der Beratung über den Entscheidungsgegenstand, der die Besorgnis ihrer Befangenheit begründet. Im Gegenteil:

Der im Entscheidungsgegenstand angelegte Interessenkonflikt, dem die abhängigen Aufsichtsratsmitglieder ausgesetzt sind, soll in den Entscheidungsprozess eingeführt, dort analysiert und mitberaten werden.[48] Mit diesem Konflikt sollen sich die unabhängigen und die abhängigen Aufsichtsratsmitglieder im offenen Diskurs befassen, sollen die Tatsache möglicher Befangenheit der abhängigen Ratsmitglieder würdigen und auf dieser Grundlage zusammen mit den anderen entscheidungsrelevanten Aspekten ihr jeweils individuelles Votum herausbilden. Dabei fällt dem Votum der unabhängigen Aufsichtsratsmitglieder besonderes Gewicht zu: sie haben es in Kenntnis und Abwägung möglicher Befangenheit der anderen Ratsmitglieder gefunden. Aber auch die Abhängigen

48 Zum Ablauf des Entscheidungsprozesses auch Verse, FS Hopt, S. 1335, 1355.

fordert der so gestaltete Entscheidungsprozess heraus: ihnen stehen die Unabhängigen mit Mehrheit gegenüber; deshalb müssen sie im Diskurs versuchen, die Bedeutung ihrer möglichen Befangenheit für die anstehende Entscheidung möglichst weitgehend abzuschwächen. Der in alledem angelegten Intensität des Diskurses würde ein bloßes Anhörungsrecht für die Abhängigen nicht gerecht; ihren Argumenten würde das rechte Gewicht im Diskurs fehlen.[49] Der Interessenkonflikt selbst ist im Entscheidungsprozess aller Aufsichtsratsmitglieder zu neutralisieren.

Ein solcher Diskurs setzt allerdings voraus, dass alle Aufsichtsratsmitglieder wissen, wer in ihrem Kreis die abhängigen sind. Aber dafür sorgt bereits die Kodexempfehlung C.6 Abs. 1 in ihrer Umsetzung, da die aufgabenadäquate Besetzung des Aufsichtsrats mit einer angemessenen Anzahl unabhängiger Aufsichtsratsmitglieder auf der Anteilseignerseite Aufgabe aller Aufsichtsratsmitglieder ist[50], sie sich mit der Qualifizierung der einzelnen Anteilseignervertreter folglich schon bei den Wahlvorschlägen nach § 124 Abs. 3 AktG befasst haben müssen.

Vergleichbares gilt für den Diskurs im Aufsichtsrat einer konzernabhängigen Börsengesellschaft: In ihm fällt dem einen oder den beiden Kontrollaktionärs-unabhängigen Ratsmitgliedern insbesondere auch die Aufgabe zu, in die Entscheidungsprozesse die Belange der Streubesitz-Aktionäre ein- und zum Tragen zu bringen, soweit dies notwendig ist. Zwar können sich die so unabhängigen Ratsmitglieder aus eigener Entscheidungsmacht nicht gegenüber den abhängigen durchsetzen. Als Druckmittel bleibt den Unabhängigen jedoch die Aufnahme ihrer Argumente in den Aufsichtsratsbericht nach § 171 Abs. 2 Satz 2 AktG[51].

3. Diskursive Konfliktbewältigung

Mit der vorgegebenen Zusammensetzung des Aufsichtsrats aus unabhängigen und abhängigen Ratsmitgliedern sowie mit dem daraus folgenden Entschei-

---

49 A.A. Verse, FS Hopt, S. 1335, 1344 ff, der konsequent für weitergehende Kodexempfehlungen plädiert.

50 Zur Verantwortung des Gesamtaufsichtsrats für seine regelkonforme Zusammensetzung in diesem Band oben Verse, S. 71, 74 f. m.w.N.

51 Als informationelle Grundlage für die Entlastungs- und Wiederbestellungsbeschlüsse der Hauptversammlung (Hennrichs/Pöschke, in: Münchener Komm. z. AktG; 4 Aufl., 2018, § 171 Rdn. 183 f) muss die Information über Aufsichtsratsentscheide, die Minderheitsbelange gefährden, hier ihren Niederschlag finden, insbesondere wenn dieser Entscheid die Prüfung des Abhängigkeitsberichts betrifft (§ 314 II 1 AktG).

dungsprozess, in dem die potentiellen oder gar aktuellen Interessenkonflikte im Diskurs zwischen Unabhängigen und Abhängigen verarbeitet werden, hat die Kodexkommission einen weiteren Rechtsmechanismus zur Bewältigung von Interessenkonflikten bei der Entscheidungsfindung im Aufsichtsrat etabliert. Er tritt neben die überkommenen Mechanismen des vollständigen Ausschlusses aus dem zur Entscheidung aufgerufenen Organ, dem Ausschluss aus dem konkret anstehenden Entscheidungsprozess oder dem bloß von der Abstimmung zur Entscheidung.

Mit ihrem partizipativen Lösungsansatz ergänzen die Kodexempfehlungen zur gemischten Zusammensetzung des Aufsichtsrats die exkludierenden Ansätze des Gesetzes zur Neutralisierung von Interessenkonflikten. Diese wollen die Konflikte präventiv gar nicht erst entstehen oder sie zumindest sich nicht auswirken lassen. Die Kodexempfehlungen dagegen mit ihrem diskursiven Lösungsansatz nehmen den Interessenkonflikt hin und setzen darauf, dass die Aufsichtsratsmitglieder ihn im Widerstreit der Argumente pro et contra entschärfen. Damit setzt der Kodex auf die Eigenverantwortung des Aufsichtsrats und die seiner Mitglieder; er traut ihnen die Konfliktentschärfung zu, während die exkludierenden Lösungen des Gesetzes nur das einzelne abhängige und deshalb möglicherweise befangene Ratsmitglied in den Blick nehmen und es ihm verwehren, in eigener Verantwortung zu handeln und zu entscheiden.

Dieser Mechanismus zur Behandlung von Interessenkonflikten, wie ihn die Kodexempfehlungen C.7 Abs. 1 und C.9 Abs. 1 installiert haben, ist innovativ, muss jedoch in seinen tatsächlichen Auswirkungen, namentlich in faktisch konzernabhängigen Börsengesellschaften[52] beobachtet werden. Aber immerhin hat nun auch der Gesetzgeber den diskursiven Lösungsansatz, den zuerst die EU-Empfehlung 2005/162 ins Gespräch gebracht hatte (Ziff. 4 mit den Erwägungsgründen 15 und 18), für den RPT-Ausschuss (§ 107 Abs. 3 Satz 6 AktG) angewendet: Er muss sich mehrheitlich aus Mitgliedern zusammensetzen, bei denen keine Besorgnis eines Interessenkonflikts auf Grund ihrer Beziehungen zu einer nahestehenden Person besteht. Die konfliktbefangenen Mitglieder der Ausschussminderheit unterliegen keinem Stimmverbot (arg. e contrario § 111b Abs. 2 AktG)[53]. Ausweislich der Gesetzesbegründung soll auf diesem Wege ein Anreiz zum Austausch der Argumente aller Seiten geschaffen werden[54].

---

52 Dazu HOFFMANN-BECKING, NZG 2014, 801, 804 m.w.N.; HOMMELHOFF, ZIP 2013, 1645; HÜFFER/KOCH, aaO (Fn. 5), § 100 AktG Rdn. 44.

53 Zur Unionskonformität dieser Regelung VERSE, FS Hopt, S. 1335, 1341 ff, der freilich den damit verfolgten Konfliktlösungsmechanismus für rechtspolitisch verfehlt, weil überzogen erachtet: ein Anhörungsrecht für die konfligierten Ausschussmitglieder hätte ausgereicht.

54 S. Begründung § 107 III AktG, RegE ARUG II, BT-Drucks. 19/9739, S. 85.

Im Aktiengesetz ist die diskursive Konfliktbewältigung im RPT-Ausschuss ein neuer und weiterer Lösungsmechanismus, allerdings mit eng begrenztem Anwendungsbereich. Dieser vorsichtige Einstieg des Gesetzgebers erlaubt es, erste Erfahrungen mit diesem Mechanismus in seiner praktischen Anwendung zu gewinnen, insbesondere im Wirkungsvergleich mit den anderen überkommenen Mechanismen der Konfliktbewältigung – etwa den Stimm- oder Teilnahmeverboten an der Beratung. Demgegenüber greifen die Kodexempfehlungen zur Diskurs-orientierten Zusammensetzung des Aufsichtsrats sehr viel weiter aus und umfassen sein gesamtes Handeln und Entscheiden.

VII. Aktienrecht ergänzende Kodexempfehlungen

Schon allein anhand der Kodexempfehlungen zur Unabhängigkeit von Aufsichtsratsmitgliedern lässt sich zusammenfassend konstatieren, in wie starkem Maß der Corporate Governance-Kodex die Unternehmensverfassung der Börsengesellschaften über das Aktiengesetz hinaus mit prägt, auch und insbesondere die der konzernabhängigen Gesellschaften.

Mit dem Ziel, Interessenkonflikte, soweit sie innerhalb der Gesellschaft den Aufsichtsrat erreichen können, zu bewältigen, verstärken die vom Kodex normgleich eingeforderten unabhängigen Aufsichtsratsmitglieder die institutionelle Trennung zwischen Vorstand und Aufsichtsrat nach dem Aktiengesetz und transplantieren auf diesem Weg ein Element der Konfliktbewältigung in das dualistische Aufsichtsratssystem, das in der individualistisch unorganisierten Kontrolle des monistischen Systems wurzelt. In gleicher Weise systemergänzend wirken die Kodexempfehlungen zur Zusammensetzung des Aufsichtsrats aus unabhängigen und abhängigen Ratsmitgliedern: Sie etablieren mit der Konfliktbewältigung im Diskurs einen weiteren Rechtsmechanismus neben den überkommenen Mechanismen des Aktiengesetzes. Und speziell für die konzernabhängigen Börsengesellschaften ergänzt der Kodex mit seiner Besetzungsempfehlung den gesetzlichen Schutz der Außenstehenden in §§ 311 ff AktG um den speziell Kleinaktionärs-bezogenen Minderheitenschutz durch ein oder zwei unabhängige Aufsichtsratsmitglieder.

Diese Ergänzungen der im Aktiengesetz normierten Unternehmensverfassung durch normgleiche wirkende Kodexempfehlungen[55] auf der Grundlage eigenständiger Interessenabwägungen der Kodexkommission führen zurück zur Aus-

55 Von einer Selbstregulierung im Schatten der Gesetzgebung (dazu Leyens, AcP 2015 (2015), 611, 635 m.w.N.) kann deshalb keine Rede sein.

gangsfrage (oben III), ob und inwieweit sie mit dem Aktienrecht harmonieren oder im Widerspruch zu ihm stehen.

VIII. Freiheits-einschränkende Kodexempfehlungen im unvollständigen Übermaß

Mit den Kodexempfehlungen zum Besatz des Aufsichtsrats und damit zu seiner Zusammensetzung wird in dessen Freiheit eingegriffen, eigenverantwortlich zu bestimmen, wie die gesetzliche Vorgabe aufgabenadäquater und rechtskonformer Besetzung der Aufsichtsratspositionen[56] erfüllt werden soll. Die Kodexempfehlungen beschränken mithin die Aufsichtsratsautonomie, wie sie die aktienrechtliche Unternehmensverfassung als Fundamentalprinzip durchzieht[57].

1. Alternativen der Konfliktbewältigung

Selbstverständlich ist der Aufsichtsrat in konkretisierender Umsetzung seiner Verpflichtung zu ordentlicher und gewissenhafter Aufgabenerfüllung (arg. §§ 116, 93 Abs. 1 AktG) gehalten, dabei auftretende Interessenkonflikte aufzuspüren, zu gewichten und sie mit angemessenen Maßnahmen zu bewältigen[58]. Es ist ihm jedoch zu autonomer Entscheidung überantwortet, auf welchen Wegen er den anstehenden Interessenkonflikt bewältigen will[59]: etwa durch die freiwillige Abstandnahme des oder der konfligierten Aufsichtsratsmitglieder von der Abstimmung oder gar schon von der Beratung der konfliktbeladenen Entscheidung in Wahrnehmung ihrer individuellen Verantwortlichkeit (arg. § 111 Abs. 6 AktG). Sollten die konfligierten Ratsmitglieder keinen gebotenen Beitrag zur Konfliktbewältigung aus eigenem Antrieb leisten, bleibt dem Aufsichtsratsvorsitzenden, im Extremfall dem Gesamtaufsichtsrat, die Möglichkeit, auf Konflikt-bereinigende Beiträge hinzuwirken.

Sollten dagegen die in bestimmten Aufsichtsratsmitgliedern angelegten Interessenkonflikte von solcher Dauer und von so großem Gewicht sein, dass sie durch ad hoc-Maßnahmen im Zusammenhang mit den konkret anstehenden

---

56 Dazu VERSE, in diesem Band, oben S. 71, 74 f.
57 S. HOMMELHOFF, in diesem Band, oben S. 45 ff.
58 HOPT/ROTH, aaO (Fn. 29), § 116 AktG Rdn. 81, 173 ff.
59 S. schon HOFFMANN-BECKING, NZG 2014, 801, 808.

Entscheidungen und Maßnahmen nicht bewältigt werden können, so ist der Aufsichtsrat aufgerufen, durch geeignete organisatorische Vorkehrungen für Konfliktbewältigung zu sorgen – etwa durch die Einrichtung eines Ausschusses, in dem die konfliktträchtigen Entscheidungen und Maßnahmen ersetzend oder auch nur vorbereitend behandelt werden. In der Organisationsautonomie des Aufsichtsrats[60] liegt es dann gleichermaßen, ob er diesen Ausschuss vollständig mit konfliktfreien Aufsichtsratsmitgliedern besetzen will oder nach dem Vorbild des RPT-Ausschusses (§ 107 Abs. 3 Satz 6 AktG) mit einem Mix aus (potentiell) konfligierten und konfliktfreien, um die anstehenden oder zu erwartenden Interessenkonflikte diskursiv zu bewältigen.

2. Unverhältnismäßigkeit

Vor diesem Hintergrund wird zu den Besetzungs- und Zusammensetzungs-Empfehlungen des Corporate Governance-Kodex deutlich: Sie greifen nicht nur überhaupt in die gesetzliche Autonomie des Aufsichtsrats ein; sie regulieren zudem und vor allem übermäßig. Diese Kodexempfehlungen sind mit ihren Vorgaben zur Zusammensetzung des Gesamtaufsichtsrats auf breitflächig überschießende Regulierung hin angelegt und versperren den Aufsichtsräten so den Zugang zu schmaleren und deshalb verhältnismäßigen Maßnahmen, um im konkreten Unternehmen auf dessen konkrete Konfliktlagen angemessen (und sei es organisatorisch-präventiv) zu reagieren. Solche Alternativlösungen entgegen den Kodexempfehlungen lassen sich nicht im comply or explain-System durchsetzen, weil die dafür notwendige Begründung[61] sich schwerlich im Rahmen einer Entsprechungserklärung nach § 161 Abs. 1 AktG mit Überzeugungskraft gegenüber den Publizitätsadressaten vermitteln lassen würde.

3. Ergänzungsbedürftiger Minderheitenschutz

Mit der Besetzungs- und Zusammensetzungsvorgabe für den Aufsichtsrat in Börsengesellschaften mit einem kontrollierenden Aktionär, also in der konzernabhängigen Börsengesellschaft hat die Kodexkommission nicht bloß eine rechtspolitische Entscheidung getroffen, die der Gesetzgeber seit mehr als einem

---

60 Zu ihr HOMMELHOFF, in diesem Band, oben S. 57 f. m.w.N.
61 Siehe dazu oben unter II. 2.

halben Jahrhundert abgelehnt hat[62]. Als vom Kodex empfohlene Minderheitenschützer werfen der oder die unabhängigen Aufsichtsratsmitglieder eine Reihe von Folgefragen auf, derer sich der Gesetzgeber in Fortschreibung der §§ 311 ff AktG annehmen müsste:

Sie beginnen mit dem ausdrücklichen Zuschrieb der Aufgabe für den oder die Unabhängigen, auch und speziell die außenstehenden Aktionäre in der konzernabhängigen Börsengesellschaft zu schützen, ohne dass jedoch die anderen Aufsichtsratsmitglieder von ihrer Verpflichtung entbunden sind, unter allen während ihrer Aufgabenerfüllung wahrzunehmenden Belangen auch die der schutzbedürftigen Aktionäre in den Blick zu nehmen[63]. Sodann ist zu erörtern, ob der oder die unabhängigen Aufsichtsratsmitglieder allein auf der Grundlage jener Stimmen gewählt werden sollen, die der kontrollierende Aktionär abgibt, oder ob es auch der mehrheitlichen Zustimmung der außenstehenden Aktionäre in einem Sonderbeschluss bedarf. Vergleichbare Fragen stellen sich für die jährliche Entlastung sowie für die Möglichkeit der vorzeitigen Abberufung dieser besonderen Aufsichtsratsmitglieder in Fortschreibung des § 103 Abs. 1 AktG. Konsequenzen kämen ebenfalls für den Abhängigkeitsbericht und seine Prüfung nach § 314 AktG in Betracht: gesonderter Ergebnisbericht des oder der Unabhängigen nach §§ 314 Abs. 2/171 Abs. 2 AktG, ihre gesonderte Schlusserklärung nach § 314 Abs. 3 AktG sowie ihre Stellungnahme zur Vorstandserklärung nach § 312 Abs. 3 Satz 3 AktG im Lagebericht. Diese Stellungnahme könnte in Fortschreibung des § 315 Satz 1 Nr. 2 AktG das Tor zu einer Sonderprüfung öffnen.

Solche Fortschreibungen sind keineswegs die zwingende Konsequenz aus der Berufung von einem oder zwei Minderheitsschützern in den Aufsichtsrat einer konzernabhängigen Börsengesellschaft. Sie zeigen jedoch, dass es mit einer Kodexempfehlung wie C.9 Abs. 1 allein nicht ohne weiteres getan ist.

4. Ein erster Zwischenbefund

Mit alledem zur Unabhängigkeit von Aufsichtsratsmitgliedern kann für die erste der oben III aufgeworfenen Fragen zu den Kodexempfehlungen festgehalten

62 Siehe dazu oben unter V.3.

63 Dies ist zumeist in der Formel angelegt, der Tochteraufsichtsrat habe sich trotz Konzernierung strikt am Interesse der Tochtergesellschaft zu orientieren, BGH Urt. v. 21.12.1979 – II ZR 244/7, NJW 1980, 1629, 1630 = AG 1980, 111; Hopt/Roth, aaO (Fn. 29), § 111 AktG Rdn. 361; Habersack, aaO (Fn. 41), § 311 AktG Rdn. 81; Lutter/Krieger/Verse, Rechte und Pflichten des Aufsichtsrats, 7. Aufl., 2020, Rdn. 166; Krieger, Münchener Handbuch des Gesellschaftsrechts, Band 4, Aktiengesellschaft, 5. Aufl., 2020, § 70 Rdn. 40; Hoffmann-Becking, ZHR 159 (1995) 325, 344 ff.

werden: Zwar transformieren sie, angeregt durch internationale oder europäische Standards, innovative Gestaltungselemente in die dualistische Unternehmensverfassung. Aber diese Innovationen widerstreiten zum Teil Grundprinzipien des Aktienrechts, können der Einfügung und Ausrundung im geschriebenem Recht bedürfen und treffen rechtspolitische Entscheidungen, die der Gesetzgeber gerade nicht hat treffen wollen.

IX. Zur Gewährleistung des Wesentlichkeitsgebots

Damit gelangen die Überlegungen zur empfohlenen Unabhängigkeit von Aufsichtsratsmitgliedern zum Kernproblem des Deutschen Corporate Governance Kodex mitsamt seinen normgleich wirkenden Empfehlungen: Eröffnet § 161 Abs. 1 AktG der Kodexkommission eine so weithin uneingeschränkte Empfehlungsmacht, dass jene in die Lage versetzt wird, in den Kompetenzbereich des Gesetzgebers sogar dort überzugreifen, wo dieser aus rechtsstaatlichen und demokratischen Gründen unaufgebbar verpflichtet ist, die wesentlichen Regelungen selbst zu treffen und diese nicht anderen Regulatoren zu überlassen?[64] Es geht mithin um die schon früher aufgeworfene, aber bis heute nicht abschließend beantwortete Frage, ob die Empfehlungs-Ermächtigung aus § 161 AktG gegen das grundgesetzliche Wesentlichkeitsgebot verstößt[65].

Allerdings stellt sich diese Frage nicht allein und nicht so sehr für die einzelnen Kodexempfehlungen, sondern ganz vordringlich für das Verfahren der Regelgebung von der Empfehlungsinitiative über die Entwicklung und Formulierung von Empfehlungen bis hin zu ihrer Ingeltungsetzung: Finden sich in

---

64 Zum verfassungsrechtlichen Wesentlichkeitsgebot BVerfGE 33, 125, 158 = NJW 1972, 1504; BVerfGE 49, 89, 126 = NJW 1979, 359; BVerfGE 64, 208, 214 f. = NJW 1984, 1225; GRZESZICK, in: Maunz/Dürig, Komm. z. GG, 92. EL, August 2020, Art. 20, VI. Die Verfassungsgrundsätze des Art. 20 Abs. 3 GG Rdn. 105; P. KIRCHHOF, ZGR 2000, 681, 685, 690 f unter Bezug auf BVerfGE 78, 32, 36.

65 Kritisch etwa GOETTE, Münchener Komm. z. AktG, 4. Aufl., 2018, § 161 Rdn. 26 ff; HÜFFER/KOCH, aaO (Fn. 5), § 161 AktG Rdn. 4 f.; SPINDLER, in: Schmidt/Lutter, Komm. z. AktG, 4. Aufl., 2020, § 161 Rdn. 11; DERS., FS Hopt, S. 1205, 1214 ff; HOFFMANN-BECKING, ZIP 2011, 1173, 1174; KRIEGER, ZGR 41 (2012), 202, 216 f; WERNSMANN/GATZKA, NZG 2011, 1001, 1007; einen Verstoß gegen das Wesentlichkeitsgebot dagegen verneinend BACHMANN, in: Kremer/Bachmann/Lutter/v. Werder, Komm. z. DCGK, 8. Aufl., 2021, Teil 2. Einl., Rdn. 97 ff; BAYER/SCHULZ, in: beck-online Großkomm. z. AktG, Stand 1. 2. 2021, § 161 Rdn. 29; GRIGOLEIT/ZELLNER, in: Grigoleit, Komm. z. AktG, 2. Aufl., 2020, § 161 Rdn. 7; LUTTER, Kölner Komm. z. AktG, 2015, § 161, Rdn. 23; LEYENS, aaO (Fn. 9), § 161 AktG Rdn. 60; HEINTZEN, ZIP 2004, 1933.

diesem System hinreichende Mechanismen, um Übergriffe des Kodex in den zwingend zugewiesenen und unaufgebbaren Regelungsbereich der Gesetzgebung rechtsgewiss zu unterbinden? Das ist nicht der Fall:

Es fehlt bereits an einer ausdrücklichen und klaren Vorgabe an die Kodexkommission, nicht mit ihren Empfehlungen die Unternehmensverfassung in deren wesentlichen Elementen anstelle des Gesetzgebers zu gestalten.[66] Eine solche Vorgabe aber wäre nur konsequent namentlich vor dem Hintergrund der aktienrechtlichen Satzungsstrenge (§ 23 Abs. 5 AktG) gewesen; mit ihr hat der Gesetzgeber schon und sogar dem Satzungsgeber die Freiheit verwehrt, die Unternehmensverfassung nach seinen Vorstellungen wie in der GmbH (§ 45 GmbHG) zu gestalten. Damit lässt sich eine weithin uneingegrenzte Gestaltungsermächtigung an die Kodexkommission nicht ohne weiteres friktionsfrei vereinbaren[67].

Weiter finden sich im System der Regelgebung nach geltendem § 161 AktG keine Instanzen, die kontrollierend gewährleisten, dass Kodexempfehlungen nicht das Wesentlichkeitsgebot verletzen. Zwar ist zutreffend aus der Bekanntmachung des Kodex im Bundesanzeiger (§ 161 Abs. 1 Satz 1 AktG) die Verpflichtung des Bundesjustizministeriums abgeleitet worden, den Kodex und seine Empfehlungen vor ihrer Verlautbarung zu prüfen[68]. Es fehlt jedoch der notwendig scharf zugeschnitten eindeutige, weil zentral bedeutsame Prüfungsmaßstab „Wahrung des Wesentlichkeitsgebots"; die Verfassungskonformität als Maßstab bleibt zu verschwommen.

Vor allem aber ist das Ministerium die falsche Stelle, um über die Wesentlichkeit einer Kodexempfehlung abschließend zu befinden. Denn noch vor der verfassungsrechtlichen Qualifizierung einer Regelung als wesentlich steht ihre rechtspolitische: Zunächst ist der Gesetzgeber aufgerufen, darüber zu befinden, ob er einen Regelungskomplex oder auch nur eine bestimmte Regelung für derart bedeutsam erachtet, dass er über diese Regelung selbst entscheiden und sie im Gesetz in Kraft setzen will. Dabei kann der Gesetzgeber aber auch zu dem Schluss gelangen, der Gesellschaft und ihren Organen bewusst zur Gänze oder auch nur abgestuft Freiheit zu belassen: entweder durch eine vollständige Nichtregelung,

66 Pointiert Kley, AG 2019, 818, 820: am Beispiel der Kodexempfehlungen zur Unabhängigkeit werde die von der Kodexkommssion eingenommene Rolle eines Ersatzgesetzgebers besonders deutlich.

67 Zur Alternative Kodexempfehlung oder Satzungsbestimmung Spindler, FS Hopt, S. 1205, 1212 f.

68 Lutter, aaO (Fn. 64), § 161 AktG Rdn. 13 f.; Leyens, aaO (Fn. 9), § 161 AktG Rdn. 75: Prüfung der Gesetz- und Verfassungsmäßigkeit der Kodexregelungen, nicht die ihrer Zweckmäßigkeit; so auch schon Seibert, BB 2002, 581, 582.

durch eine bloße Anregungsnorm[69], durch einen Regelungsauftrag[70] oder durch eine dispositive Regelung[71] im Gesetz. Diese Entscheidungen kann die Ministerialverwaltung dem Gesetzgeber nicht abnehmen. Indes – im Regulierungssystem des § 161 AktG taucht der Gesetzgeber mit Blick auf den Kodex und seine Fortschreibungen nicht auf[72].

Somit kann auch die zweite aufgeworfene Frage[73], die Fundamentalfrage beantwortet werden: Mit ihren Empfehlungen zur Unabhängigkeit von Aufsichtsratsmitgliedern greift die Kodexkommission hinüber in den unaufgebbaren Kompetenzbereich des Gesetzgebers. Solchen Übergriffen wirkt das geltende Recht nur unzureichend entgegen. Daraus folgt: § 161 AktG muss umfassend reformiert werden[74].

X. Für eine verfassungskonforme Fundamentierung der Kodexarbeit

Da die Kodexempfehlungen im comply or explain-System rechtlich gewollt normgleiche Wirkung entfalten[75], die Kodexkommission sich somit als Staatsersetzendes Privatgremium[76] betätigt, kann ihre bloße Erwähnung in § 161 Abs. 1 AktG nicht ausreichen, um ihren Empfehlungen über die Bekanntmachung im Bundesanzeiger verfassungskonform Wirkkraft gegenüber den Börsengesellschaften zu verleihen.

---

69 HOMMELHOFF/MATTHEUS, AG 1998, 249, 250; BACHMANN, Private Ordnung. Grundlagen ziviler Regelsetzung, 2006, S. 377 f.

70 BEIER, Der Regelungsauftrag als Gesetzgebungsinstrument im Gesellschaftsrecht, 2002; BACHMANN, aaO (Fn. 69), S. 375 ff.

71 Zusammenfand zur Steuerungs- und Kontrollfunktion dispositiven Rechts s. MÖSLEIN, Dispositives Recht, 2011, S. 153; zu seiner Leitbildfunktion zurückhaltend KÄHLER, Begriff und Rechtfertigung abdingbaren Rechts, 2012, S. 131 ff.

72 Deutlich KLEY, AG 2009, 818, 823: mit seiner Untätigkeit habe der Gesetzgeber sich selbst in den Schatten gestellt und anderen Akteuren die Rolle eines Normgebers ermöglicht. Anders dagegen in den USA; dort werden die zentralen Elemente der Corporate Governance im Gesetz vorgegeben: LEYENS, EuZW 2015, 388, 394.

73 Siehe dazu oben unter III.

74 So schon zutreffend HÜFFER/KOCH, aaO (Fn. 5), § 161 AktG Rdn. 5a.

75 Siehe dazu oben unter II.2.

76 Dazu HOMMELHOFF/SCHWAB, FS H.W. Kruse, 2001, S. 693.

1. Zur staatlichen Gewährleistungsverantwortung

Wenn der Staat aus wohl erwogenen Gründen auf die Regeln privater Regelsetzer (hier: zur Gestaltung der Unternehmensverfassung in Börsengesellschaften) zurückgreifen will, dann muss er seiner im Demokratieprinzip wurzelnden Gewährleistungsverantwortung gerecht werden und sowohl an den Regelsetzer gewisse Mindestanforderungen stellen, wie dies ansatzweise für das private Rechnungslegungsgremium in § 342 Abs. 1 Satz 2/3 HGB geschehen ist (vgl. auch § 342b Abs. 1 Satz 2 HGB), als auch den Prozess der privaten Regelsetzung moderieren und ihn in seinen Ergebnissen kontrollieren[77]. Notwendig ist mithin eine gesetzlich fundierte Anerkennung der Kodexkommission sowie eine im Gesetz vorgespurte Steuerung ihrer Arbeit einschließlich Ergebniskontrolle, um die Empfehlungen und Anregungen des Kodex in vollendete Übereinstimmung mit dem Aktienrecht zu bringen.

Ein im Gesetz breiter und tiefer angelegtes Fundament braucht die Kodexkommission für ihre Arbeit überdies deshalb, weil auf ihre Regulierungsimpulse für die Unternehmensverfassung deutscher Börsengesellschaften und deren kontinuierliche Fortentwicklung nicht verzichtet werden kann. Zur Ausgestaltung der Unternehmensverfassung sollten Gesetzgeber und Kodexkommission künftig abgestimmt zusammenwirken. Die Kommission hat sich mittlerweile als erfolgreicher und anerkannter Transformator erwiesen, um internationale und nationale Entwicklungen in der Corporate Governance aufzugreifen und für die Börsengesellschaften fruchtbar zu machen[78]. Ohne die kontinuierliche Arbeit der Kodexkommission, ihrer Vorsitzenden und Mitglieder, ohne die Fortschreibungen des Corporate Governance Kodex und auch seiner grundlegenden Reform im Kodex 2020[79] wäre die Regulatorik für die Börsengesellschaften und speziell für deren Aufsichtsräte allein auf der Grundlage des gerade für diese fast unveränderten Aktiengesetzes 1965 weit hinter all' jenen Anforderungen zurückgeblieben, die an ein modernes Börsengesellschaftsrecht zu stellen sind. Der Kodex hat es vor Verkrustung und Überalterung bewahrt, weil die Kommission schon länger als Generator innovativer Gestaltungsideen fungiert. Dessen Leistungskraft sollte sich der Gesetzgeber normativ fundiert zunutze machen. Mit einer verfassungskonformen Fundamentierung könnte der Gesetzgeber zugleich die erfolgreiche Arbeit der Kodexkommission anerkennend würdigen.

---

77 S. Schwab, Staub Großkomm. z. HGB, 5. Aufl., 2012, § 342 Rdn. 19 f m.w.N.

78 Leyens, AcP 215 (2015), 611, 620 sieht die „gesellschaftsrechtsnahen Verhaltenskodices" im Zusammenhang mit den internationalen Konvergenzbewegungen (vertiefend Ders., ZEuP 2016, 388, 399).

79 Dazu v. Werder, aaO (Fn. 18), Teil 2. Einl., Rdn. 16 ff.

2. Die Anerkennung der Kodexkommission

Damit der Staat seiner Gewährleistungsverantwortung auch für den Deutschen Corporate Governance Kodex gerecht wird, bedarf die Kodexkommission einer gesetzlich vorgegebenen förmlichen Anerkennung durch das Bundesjustizministerium. Diese Anerkennung, nach dem Vorbild der §§ 342, 342b HGB durchaus in Vertragsform, setzt die Erfüllung einer Reihe von Bedingungen voraus, wie dies in der Sache schon heute bei der Kodexkommission weithin tatsächlich der Fall ist:

Als erstes muss die Kodexkommission ausgewogen mit Blick auf die von ihrer Arbeit Betroffenen und Berührten zusammengesetzt sein. Daher sollten ihr nach dem Kommissionsstatut (also nicht nach gesetzlich ungelenktem Ministerialentscheid) Vorstands- und Aufsichtsratsmitglieder aus Gesellschaften möglichst aller Börsensegmente sowie Repräsentanten der Kapitalanleger-Gruppen (Streubesitzaktionäre, Investoren/Vermögensverwalter) angehören, daneben auch Arbeitnehmerrepräsentanten. Angezeigt sein könnte überdies die Repräsentanz spezifischer Expertise: Anwaltschaft, Wissenschaft und ggf. Wirtschaftsprüfung/ Unternehmensberatung. Wegen des Brückenschlags der Kommissionsarbeit hinüber zu den internationalen Entwicklungen müsste das Kommissionsstatut unbedingt die hinreichend internationale Ausrichtung der Kommission in ihrer Gesamtheit vorgeben.

Ausdrücklich verlautbart werden müssten im Statut Unabhängigkeit und Weisungsfreiheit der Kommissionsmitglieder gegenüber den Institutionen, denen sie angehören, sowie ihre höchstpersönliche und eigenverantwortliche Amtsführung einschließlich Verschwiegenheit.

Ob und inwieweit der Gesetzgeber aus seiner Gewährleistungsverantwortung heraus diese Anerkennungs-Voraussetzungen selbst bis in die Details hinein steuernd vorzugeben hat, bedarf noch weiterer Erörterung.

Regeln sollte das Statut, gesetzlich als Anerkennungs-Bedingung vorgegeben, ebenfalls die Einrichtung einer Geschäftsstelle unter der ausschließlichen Leitung des/der Kommissionsvorsitzenden sowie die Finanzierung der gesamten Kommissionsarbeit durch Beiträge aller börsennotierten Gesellschaften. Da die Kommission diese Finanzierungsbeiträge nicht aus eigener Rechtsmacht anordnen kann, wäre etwa zu prüfen, ob den Börsengesellschaften diese Finanzierungspflicht im Rahmen ihrer Börsenzulassung auferlegt werden könnte. Alternativ kommt aber auch eine Umlagefinanzierung auf gesetzlicher Grundlage nach dem Vorbild aus § 342d HGB (künftig: § 16 l Finanzdienstleistungsaufsichtsgesetz) in Betracht.

3. Regulierungsverfahren und Regulatorenberatung

Weiter setzt die Anerkennung der Kodexkommission einen statutarisch aufgefalteten und abgesicherten Entstehungsprozess voraus, in dem die Kodexempfehlungen und -anregungen entwickelt werden. In ihm ist sicherzustellen, dass die von der Kommissionsarbeit Betroffenen und Berührten, wie dies schon heute im Konsultationsverfahren der Kommission geschieht[80], Gelegenheit erhalten, zu den Entwürfen Stellung zu nehmen. Das allein langt freilich nicht aus, wie die Analyse der Kodexempfehlungen zur Unabhängigkeit von Aufsichtsratsmitgliedern ergeben hat[81]. Der Gesetzgeber selbst muss in den Arbeitsprozess der Kodexkommission einbezogen werden, und dies zudem in einem sehr frühen Prozessstadium[82].

Da der Gesetzgeber für die Gestaltung der Unternehmensverfassung in ihren wesentlichen Grundzügen unaufgebbar verantwortlich ist (Wesentlichkeitsgebot[83]), muss die Kodexkommission ihn schon dann einschalten, wenn sie vor der Frage steht, ob und wie sie den Kodex, angeregt durch internationale, europäische oder auch nur nationale Entwicklungen, fortschreiben sollte. So von der Kommission informiert, steht der Gesetzgeber dann, beraten vom Bundesjustizministerium, vor der Frage, ob der Komplex (weiterhin ungeregelt im Gesetz und im Kodex) der eigenverantwortlichen Behandlung durch die Börsengesellschaften überlassen bleiben soll, etwa mit Blick auf die Aufsichtsratsautonomie, oder ob er, der Gesetzgeber, den Komplex (wie auch immer[84]) selber regeln will, um dem Wesentlichkeitsgebot zu entsprechen, oder ob der Komplex der Kodexkommission überlassen werden soll – um etwa über eine Kodexempfehlung erste Anwendungserfahrungen zu sammeln[85]. In einer solchen Regulatorenberatung steht mithin das gesamte Instrumentarium zur Debatte, mit dem die Unternehmensverfassung der Börsengesellschaften geordnet werden kann: von der zwingenden oder dispositiven Bestimmung im Gesetz über den gesetzlichen Regelungsauftrag,

---

80 v. WERDER, aaO (Fn. 18), Teil 2. Einl., Rdn. 13.

81 Siehe oben unter IV. – VI.

82 Im Ansatz zutreffend die wirtschaftsrechtliche Abteilung des 69. DJT, wenn sie der Kodexkomission auch die Rolle zuspricht, Fortentwicklungen anzustoßen (69. DJT 2012, Bd. II/1, N 86 Beschluss 6 b).

83 Siehe dazu oben unter IX.

84 Siehe dazu oben unter IX. aE.

85 Richtig LEYENS, ZEuP 2016, 388, 419, allerdings mit der problematischen Weiterführung, der Gesetzgeber solle sich dort zurückhalten, wo die Funktionsfähigkeit des privaten Leistungsaustauschs (?) schon durch Erklärungspflichten zu einem untergesetzlichen Kodexwerk sichergestellt werden könne. Damit wird das Wesentlichkeitsgebot verkannt.

die Anregungsnorm und die Verordnungsbestimmung bis hin zur Kodexempfehlung oder -anregung.

Eine solche Regulatorenberatung in Ein- oder Zweijahresabständen sollte sich der Gesetzgeber selbst und der Kodexkommission nach dem Vorbild gesetzlicher Überprüfungsaufträge an den Gesetzgeber[86] vorgeben. Dabei könnte der Gesetzgeber sich durch die gesellschaftsrechtlichen Berichterstatter der Fraktionen im Bundestagsrechtsausschuss repräsentieren lassen. Gleichzeitig wäre die abschließende Kontrolle der zur Ingeltungsetzung anstehenden Kodexempfehlungen durch das Bundesjustizministerium wesentlich erleichtert. Kontrolliert werden müsste konsequent lediglich, ob die vorgeschlagenen Empfehlungen allgemein anerkannten Standards entsprechen und ob sie mit dem geltenden Aktienrecht, insbesondere mit den Prinzipien der dualistischen Unternehmensverfassung einschließlich ihrer Vorstands- und Aufsichtsratsautonomie vereinbar sind.

XI. Die Grundstruktur eines reformierten § 161 AktG

Vor diesem Hintergrund käme für einen reformierten § 161 AktG diese Struktur in Betracht:

In einem neuen Absatz 1 könnten die Aufgaben der Kodexkommission fixiert werden: die Beratung des Gesetzgebers zur Regelung der Unternehmensverfassung in Börsengesellschaften sowie die Entwicklung von Empfehlungen und Anregungen für diese Unternehmensverfassung in Abstimmung mit dem Bundestag.

In einem neuen Absatz 2 könnten dann die Voraussetzungen im Einzelnen aufgelistet werden, die die Kodexkommission mit ihrem Statut erfüllen muss, um vertraglich vom Bundesjustizministerium anerkannt werden zu können. An dieser Stelle ließe sich überdies die Finanzierung der Kodexkommission nach ihrer Anerkennung regeln.

In einem neuen Absatz 3 ließe sich die Kodexkontrolle durch das Bundesjustizministerium samt ihrer Kontrollmaßstäbe vorgeben.

Absatz 4 könnte das überkommene comply or explain-System übernehmen.

Absatz 5 wäre dann der alte Absatz 2.

86 Zuletzt § 113a WpHG in Reaktion auf Wirecard; näher Begr. RegE FISG, BT-Drucks. 19/26966, S. 82.

Martin de Wall

Diskussionsbericht

I. Korreferat

Auf das Referat von *Peter Hommelhoff* zum Thema „Gebt der Kodexkommission einen verfassungskonformen Handlungsrahmen" folgte das Korreferat von *Gerd Krieger.*

Der Korreferent rief zunächst in Erinnerung, dass der Kodex nach seiner ursprünglichen Konzeption in erster Linie der Information in- und ausländischer Investoren über die wesentlichen in Deutschland geltenden Corporate-Governance-Regeln dienen sollte. Dieser Informationsauftrag habe sich dann zu einer Sammlung von Best-Practice-Regelungen weiterentwickelt. Der Kodex wolle nicht nur informieren, sondern auch lenken. Problematisch sei allerdings, dass sich der Kodex nicht wie in seiner Präambel angekündigt auf die Wiedergabe national und international anerkannter Best Practices beschränke; vielmehr gebe es eine Reihe von Empfehlungen, die lediglich subjektive Vorstellungen der Mitglieder der Kodexkommission zum Ausdruck brächten. Dies gelte z. B. für die Empfehlung D.7 DCGK, dass der Aufsichtsrat regelmäßig ohne den Vorstand tagen solle. Die dem Begründungsaufwand und der Scheu vor einer negativen Wahrnehmung in der Öffentlichkeit geschuldete geringe Nichtbefolgungsquote zeige zudem, dass der Kodex die Aufsichtsratsautonomie stark einschränke. Die Abschaffung des Kodex sei dennoch nicht wünschenswert, da sowohl das Ziel, Investoren zu informieren, als auch das Ziel, anerkannte Standards als Empfehlung auszusprechen, grundsätzlich richtig seien. Eine Abschaffung von *comply-or-explain* sei gleichfalls nicht wünschenswert. Der Kodex solle sich aber auf die Empfehlung anerkannter Standards beschränken. Darüber Hinausgehendes sei nur als unverbindliche Anregung in den Kodex aufzunehmen. Eine ministerielle Überprüfung der Kodexempfehlungen, die sich darauf beschränkt, zu prüfen, ob die oben genannte Begrenzung des Kodex eingehalten wird, sei erwägenswert.

Was die Empfehlungen der Stimmrechtsberater anbelangt, so sah der Korreferent darin kein grundsätzliches Problem. Er äußerte sich aber dahingehend, dass – sollte es tatsächlich zu einer gesetzeswidrigen Empfehlung kommen – dies nicht tolerabel sei. Ein Widerspruch der Empfehlungen der Stimmrechtberater zum Kodex sei dagegen kein Problem. Die Stimmrechtsberater stünden gerade durch ihre Mandatierung im Lager der Aktionäre. Diese größere Nähe zum Unternehmen begründe eine gegenüber dem Kodex bessere Legitimationsbasis.

https://doi.org/10.1515/9783110746372-021

II. Schwerpunkte der Diskussion

In der anschließenden Diskussion dominierten Wortmeldungen zur Rolle des DCGK (1.) und der Rolle der Stimmrechtsberater (2.)

1. Die Rolle des DCGK

Während die Vorstands- und Aufsichtsratsmitglieder die derzeitige Gemengelage von gesetzlichen Regelungen und Kodexempfehlungen überwiegend als unbefriedigend ansahen, äußerten sich die übrigen Diskussionsteilnehmer zwar vorwiegend positiv über die Rolle des Kodex. Eine gewisse Besorgnis über eine zu kleinteilige Regulierung, insbesondere wenn diese nicht etablierte Standards abbilde, wurde von Letzteren aber ebenso deutlich geäußert. Eine Reduzierung des Kodex auf tatsächlich etablierte Standards wurde teilweise für nicht mehr realisierbar gehalten, von den Organmitgliedern jedoch ausdrücklich begrüßt.

Im Rahmen der Diskussion wurde auch auf die Verantwortung der Unternehmen verwiesen, die gerade nicht zur Befolgung der Empfehlungen verpflichtet seien. Diese müssten mehr Mut aufbringen, von der Abweichungsmöglichkeit Gebrauch zu machen. Auch aus dem Kreis der Organmitglieder wurde das Fehlen einer Abweichungskultur bestätigt und damit erklärt, dass das Abweichen von Kodexempfehlungen meist langwierige Diskussionen mit Investoren nach sich ziehe.

Eine behördliche oder parlamentarische Überprüfung der Kodexempfehlungen fand keine breite Unterstützung. Hierbei wurde insbesondere die einschlägige Expertise der staatlichen Stellen als geringer als die der Kodexkommission eingeschätzt.

Von einem Vertreter der Wissenschaft wurde schließlich darauf hingewiesen, dass in jedem Einzelfall überlegt werden müsse, ob und – wenn ja – auf welcher Regelungsebene (Kodex oder Gesetz) eine Maßnahme zu angemessener Geltung gelangen kann. Dabei sollten – insofern waren sich sämtliche Diskussionsteilnehmer einig – wesentliche rechtspolitische Grundentscheidungen stets im Gesetz getroffen werden. Deshalb könne z. B. die Schaffung angemessener Unabhängigkeits- und Overboarding-Regelungen nicht allein dem Kodex überlassen bleiben.

2. Die Rolle der Stimmrechtsberater

Stimmrechtsberater wurden allgemein als „im Lager“ der Aktionäre stehend angesehen. Die Befolgung ihrer Empfehlungen sei nicht verbindlich, weshalb ein Einschreiten des Staates in Bezug auf einzelne Empfehlungen abzulehnen sei. Zudem sei in der Praxis die Entwicklung zu beobachten, dass die Stimmrechtsberater zunehmend bereit seien, auf Hinweise und detaillierte Sachverhaltsschilderungen von Unternehmen einzugehen und ggf. ihre Empfehlungen anzupassen. Ergänzend wurde von einem Organmitglied auch auf die Bedeutung institutioneller Investoren und deren Einfluss auf Corporate-Governance-Standards eingegangen. Auch diesbezüglich wurde jedoch mit Blick auf die Eigentümerrechte der Investoren kein Regulierungsbedürfnis gesehen.

Angaben zu den Verfassern

Angaben zu den Mitgliedern des Arbeitskreises

Dr. Kurt Bock
Vorsitzender des Aufsichtsrats der BASF SE und der Fuchs Petrolub SE, Mitglied des Aufsichtsrats der BMW AG

Dr. Christian E. Decher
Rechtsanwalt, Consulting Partner bei Freshfields Bruckhaus Deringer Rechtsanwälte Steuerberater PartG mbB, Frankfurt a. M., Honorarprofessor an der Johann Wolfgang Goethe-Universität Frankfurt a. M.

Dr. Mathias Habersack
Universitätsprofessor, Lehrstuhl für Bürgerliches Recht und Unternehmensrecht an der Ludwig-Maximilians-Universität München

Dr. Dr. h.c. mult. Peter Hommelhoff
emeritierter Professor, Lehrstuhl für Bürgerliches Recht, Handels- und Wirtschaftsrecht, Rechtsvergleichung an der Ruprecht-Karls-Universität Heidelberg, Richter am OLG Hamm a. D.

Renata Jungo Brüngger
Mitglied des Vorstands der Daimler AG und der Mercedes-Benz AG, Mitglied des Aufsichtsrats der Münchener Rückversicherungs-Gesellschaft AG

Dr. Karl-Ludwig Kley
Vorsitzender des Aufsichtsrats der e.on SE und der Deutsche Lufthansa AG, stellvertretender Vorsitzender des Aufsichtsrats der BMW AG, Honorarprofessor an der WHU – Otto Beisheim School of Management

Dr. Jens Koch
Universitätsprofessor, Lehrstuhl für Bürgerliches Recht, Handels- und Gesellschaftsrecht an der Rheinischen Friedrich-Wilhelms-Universität Bonn

Dr. Gerd Krieger
Rechtsanwalt, Partner bei Hengeler Mueller Partnerschaft von Rechtsanwälten mbB, Düsseldorf, Honorarprofessor an der Heinrich-Heine-Universität Düsseldorf

Dr. Marc Löbbe
Rechtsanwalt, Partner bei SZA Schilling, Zutt & Anschütz Rechtsanwaltsgesellschaft mbH, Frankfurt am Main

Dr. Michael Niggemann
Mitglied des Vorstands der Deutsche Lufthansa AG

Dr. Dörte Poelzig, M.Jur. (Oxford)
Universitätsprofessorin, Lehrstuhl für Bürgerliches Recht, Deutsches und Internationales Wirtschaftsrecht an der Universität Leipzig

Dr. Gabriele Roßkopf, LL.M.
Rechtsanwältin, Partnerin bei Gleiss Lutz Hootz Hirsch PartmbB Rechtsanwälte, Steuerberater, Stuttgart

Dr. Johannes Teyssen
Vorsitzender des Vorstands der e.on SE (bis März 2021), Mitglied des Board of Directors der bp plc

Dr. Dirk A. Verse, M.Jur. (Oxford)
Universitätsprofessor, Lehrstuhl für Bürgerliches Recht und deutsches, europäisches und internationales Unternehmensrecht an der Ruprecht-Karls-Universität Heidelberg

Dr. Jochen Vetter
Rechtsanwalt, Partner bei Hengeler Mueller Partnerschaft von Rechtsanwälten mbB, München, Honorarprofessor an der Universität zu Köln

Dr. Norbert Winkeljohann
Vorsitzender des Aufsichtsrats der Bayer AG, der Bohnenkamp AG und der Sievert AG, Mitglied des Aufsichtsrats der Deutsche Bank AG und der Georgsmarienhütte GmbH, Honorarprofessor an der Johann Wolfgang Goethe-Universität Frankfurt a. M. und der Universität Osnabrück

Angaben zu den Verfassern der Diskussionsberichte

Martin de Wall
Wissenschaftlicher Mitarbeiter, Lehrstuhl Prof. Verse, Ruprecht-Karls-Universität Heidelberg

Elias Kehrel
Wissenschaftlicher Mitarbeiter, Prof. Hommelhoff, Ruprecht-Karls-Universität Heidelberg

Julia Rebecca Kohler
Doktorandin, Prof. Hommelhoff, Ruprecht-Karls-Universität Heidelberg

Dr. Isabelle Tassius
Akad. Rätin a. Z., Lehrstuhl Prof. Verse, Ruprecht-Karls-Universität Heidelberg

Register